聖地牙哥動物園中，穿山甲巴巴即將被用棉花棒擦下牠的皮膚細菌。就像我們一樣，巴巴是微生物的集合體。

迷人的夏威夷短尾烏賊豢養著一種會發光的細菌，它能發出讓烏賊隱身的光芒，以躲避掠食者的攻擊。

安東尼・范・雷文霍克的顯微鏡看起來像升級版的門鉸鏈，但它可是當時製作最精良的顯微鏡，雷文霍克也因此成為歷史上第一個看見細菌的人。

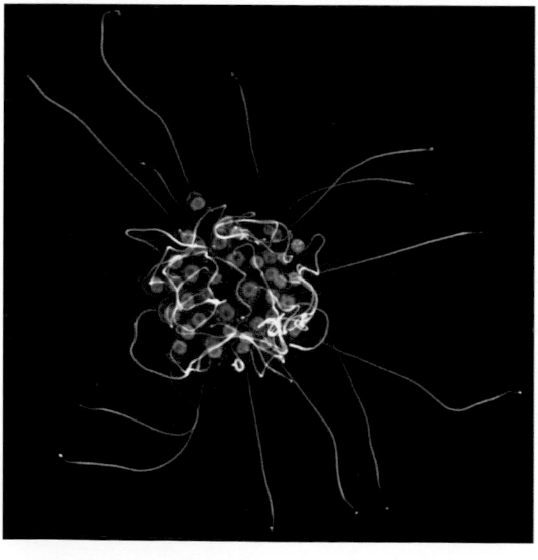

當單細胞的領鞭毛蟲偵測到特定的細菌分子時，會形成玫瑰形的群落。地球上第一隻動物或許也做過類似的事。

就如許多兩棲類，這隻黃腿山蛙受到蛙弧菌的威脅，然而牠皮膚上的細菌或許可以救牠一命。

這隻十三年週期蟬體內有一種稱為哈金氏菌屬的細菌，它已經分裂成兩個物種，各自是原來的一半。

成年的華美盤管蟲會分泌白色的管子，鋪蓋在船體表面，形成一層數公分厚的地毯。但如果缺少細菌，管蟲便無法成年。

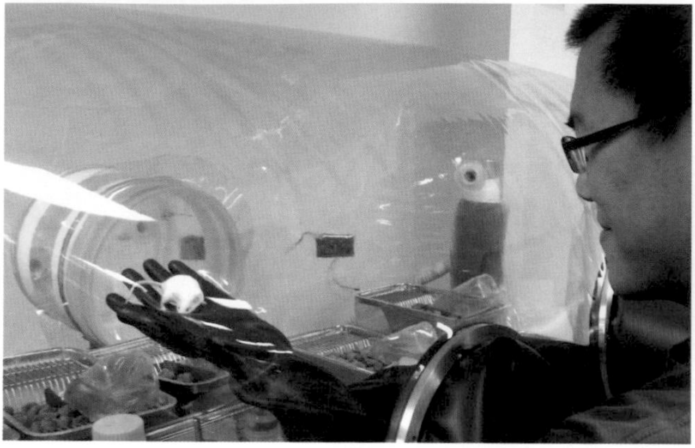

我手裡握著的這隻無菌小鼠被養在一個無菌的隔離箱中，牠是地球上其中一隻只是動物的動物，牠從來不曾接觸過細菌。

沒有美味的花生時，沙漠林鼠可以勉為其難地吞下木焦油灌木的有毒葉子，因為牠們腸胃道中的細菌會中和其毒性。

駭人聽聞的大頭泥蜂會將製造抗生素的微生物塗在牠的地洞，以保護其幼蟲。

鯊魚和大型掠食性動物的消失會使微生物群落的發展高於珊瑚礁而傷害珊瑚礁。

巨管蟲在海面兩千四百公尺以下地獄般的熱液噴口附近興盛繁茂。牠們沒有嘴，也沒有腸胃道，因為牠們體內的細菌已經提供一切所需。

有些人帶有特別善於消化紫菜的微生物，因為這些微生物從海洋細菌那裡偷來了消化紫菜的基因。

我和親愛的波・迪格利隊長交換微生物。

柑桔粉介殼蟲是隻活生生的俄羅斯娃娃，這個現象在動物中不太常見。牠的細胞裡住著細菌，這些細菌裡又住著更多的細菌。

乍看是美麗的秋日森林景緻，實際上卻是受到嚴重破壞的情景。山松甲蟲透過與微生物建立伙伴關係，破壞了數百萬英畝的北美常綠森林。

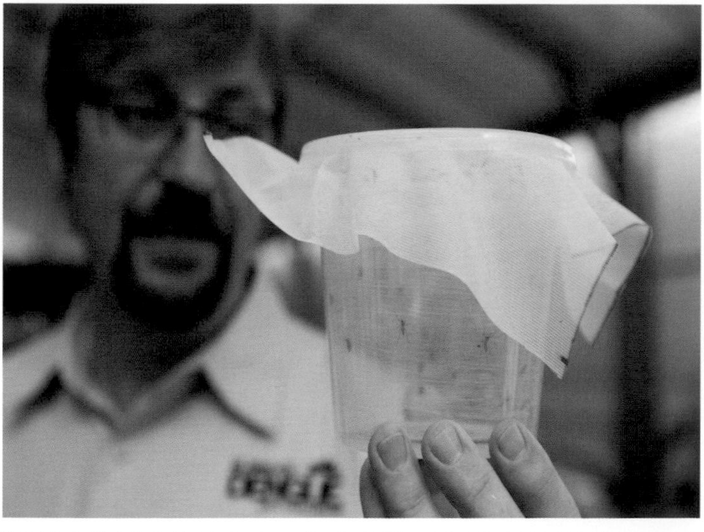

蚊子通常會散播登革熱病毒，但史考特・歐尼爾利用植入沃爾巴克氏菌，將這些蚊子變成登革熱殺手。這種細菌能阻止病毒散播，它在昆蟲群落之間傳播的速度也相當快。

與宿主爭奪身體的小繭蜂會在一隻倒楣的毛蟲體內產卵。小繭蜂會利用被馴化的病毒來抑制宿主的免疫系統。

栽進體內的微米宇宙，
看生物如何與看不見的微生物互相算計、
威脅、合作、保護，塑造大自然的全貌

田菡、楊仕音、劉蓉蓉——譯

The Microbes Within Us and a Grander View of Life

艾德·楊 ED YONG

I Contain Multitudes

我擁群像

慈濟大學生命科學系助理教授｜科普作家——**陳俊堯**——審訂、導讀

科普漫遊 FQ1056Y

我擁群像

栽進體內的微米宇宙，看生物如何與看不見的微生物互相算計、威脅、合作、保護，塑造大自然的全貌

I Contain Multitudes: The Microbes Within Us and a Grander View of Life

作　　者　艾德・楊（Ed Yong）
譯　　者　田菡、楊仕音、劉蓉蓉
審 訂 者　陳俊堯
編輯總監　劉麗真
總 編 輯　謝至平
責任編輯　鄭家暐
行銷企畫　陳彩玉、林詩玟
封面設計　廖韡

發 行 人　凃玉雲
出　　版　臉譜出版
城邦文化事業股份有限公司
臺北市中山區民生東路二段141號5樓
電話：886-2-25007696　傳真：886-2-25001952
發　　行　英屬蓋曼群島商家庭傳媒股份有限公司城邦分公司
臺北市中山區民生東路二段141號11樓
客服專線：02-25007718；25007719
24小時傳真專線：02-25001990；25001991
服務時間：週一至週五上午09:30-12:00；下午13:30-17:00
劃撥帳號：19863813　戶名：書虫股份有限公司
讀者服務信箱：service@readingclub.com.tw
城邦網址：http://www.cite.com.tw
香港發行所　城邦（香港）出版集團有限公司
香港灣仔駱克道193號東超商業中心1樓
電話：852-25086231　傳真：852-25789337
新馬發行所　城邦（新、馬）出版集團
Cite（M）Sdn Bhd.
41, Jalan Radin Anum, Bandar Baru Seri Petaling,
57000 Kuala Lumpur, Malaysia.
電話：+6（03）-90563833
傳真：+6（03）-90576622
電子信箱：services@cite.my
一版一刷　2019年10月
二版一刷　2023年5月

城邦讀書花園
www.cite.com.tw
ISBN 978-626-315-278-6（紙本書）
ISBN 978-626-315-281-6（電子書）
售價　NT$ 480

國家圖書館出版品預行編目資料

我擁群像：栽進體內的微米宇宙，看生物如何與看不見的微生物互相算計、威脅、合作、保護，塑造大自然的全貌／艾德.楊(Ed Yong)著；田菡，楊仕音，劉蓉蓉譯. 二版. 臺北市：臉譜，城邦文化出版；家庭傳媒城邦分公司發行，2023.04
面；　公分. --（科普漫遊；FQ1056Y）

譯自：I contain multitudes : the microbes within us and a grander view of life

ISBN 978-626-315-278-6（平裝）

1.CST：微生物學　2.CST：共生

369　　112003337

導讀　最該推薦你讀的一本微生物群落入門書

慈濟大學生命科學系助理教授、泛科學專欄作家　陳俊堯

我很喜歡這本書，也很幸運掛了審稿，有機會把這本書認真讀了好多遍，所以該來跟大家介紹這本書到底在寫什麼。

這本書告訴我們，人類全身內外布滿細菌，細菌多到數量比我們自己的細胞還多。不只人類，其他動物、植物也全被細菌占滿。而且這個星球上的許多生物還被細菌控制生理、思考和行為。更可怕的是，我們每個細胞裡都有古早古早以前就入住共生的細菌。我們甚至還算是細菌的後人——有沒有比聽見黑武士那句 I am your father 更驚嚇？

讀了這樣的介紹，大概有很多人會尖叫，同時把書丟得遠遠的，接著趕快拿酒精努力擦手，或許還想灌一大口烈酒想幫自己消毒腸道兼壓驚。如果你有這樣做的衝動，那你是最該讀這本書的人。過去兩百年來，人們認定細菌生來就是要害人的，不擊敗它們的話就換人類被擊敗，好像一定要拚個你死我活才是人的生存之道。但這其實是個天大的誤解。醫院裡的生離死別當然不是假象，我們的確天天面對細菌的威脅。但是這個星球上超過百萬種的細菌和病毒，有這本事的比例其實微乎其微，大部分連理都不會理我們。

是的，我們動物是闖入細菌星球的小白兔。動物的祖先從出現以來，就靠著跟細菌訂定某種合約，甚至展開各種形式的合作，才跟它們在這個星球上和平共處到現在。而人類一直到最近才開始認清這個事實。達爾文當年以天擇說提出物競天擇、適者生存的理論，改變了後世人們對生物的看法，堪稱生物學上最大的典範轉移。我們學會從演化的角度來欣賞生物，了解原來生物可以依著環境改變，找出構造隨時間改變的原因，理解各式各樣的生物可以從同種生物慢慢演化而來。這個全新角度的詮釋，造就出了一個新世界。

當艾德・德隆（Ed DeLong）和傑夫・高登（Jeff Gordon）開始發表論文，展示他們用ＤＮＡ序列分析描繪出的世界樣貌時，生物學家的世界觀又出現了一次驚天動地的大改造。我們看世界的角度又再次改變。動物和植物的生活，不再只是這隻動物或這種植物自己的事，原來住在上面的細菌們也有發言權。每個多細胞生物都像是在細菌海洋裡航行的巨型船艦，帶著巨量的微生物闖蕩江湖。我們的所做所為都可能不經意地影響了微生物，造成我們還不知道的影響。該是時候來重新認識這個有微生物共存的世界了。

作者艾德・楊（Ed Yong）是知名科普作家。用科普作家稱呼他好像還不到位，其實他是位受過科學家訓練，而且擅長報導科學事件的記者。記者的專長是追蹤挖掘真相寫成好故事，而他的故事說得真好，帶著讀者在這些頂尖科學家的實驗室裡，好奇地到處張望。整本書看起來只是他到處找朋友串門子，閒聊之間就帶出一個個重要的概念。這本書從開頭出場的穿山甲巴巴，短尾烏賊的發光器，鞭毛蟲小領，不吃東西就能長大的管蟲，綁架昆蟲的沃爾巴克氏菌一路聊過數十個讓人驚呼連連的研究案例，就像讀著鄉野傳奇故事一樣有趣。我還發現這些德高望重、喊水會結凍的研究泰斗們，原來也跟隔壁實驗室煩人的研究生一樣，會抓著人滔滔不絕地講自己最近發現的神奇現象。然而有趣之餘，作者的科學訓練也讓人放心。書裡每句話背後可能就有篇重量級學術論文支持，內容是禁得起檢驗的。

或許要等到你把書從頭到尾讀完，喝杯咖啡讓過度興奮的心情慢慢平靜下來後，你才會注意到作者埋在故事次序裡的用心。這些故事不是照著作者的旅行計畫隨意編排，整本書其實是經過精心設計的訓練手冊，要循序漸進幫助讀者認識這個與微生物共存的世界。這書在做完導航（第一章）後，從微生物研究史（第二章）切入，接著談微生物怎麼幫助動物建造身體（第三章），動物怎麼控管住在自己體內的房客（第四章），微生物如何跨坐在疾病和健康間的模糊界線上（第五章），如何將微生物盟友代代相傳（第六章），互利共生（第七章），動物運用微生物來突破困境（第八章）以及我們運用微生物改善生活的機會（第九、十章）。

身為微生物生態研究人員，天天從文獻裡看到令人驚嘆的微生物故事，看著這個菌群巧妙地幫動物補上欠缺的能力，那個菌群幫助植物跟來犯的惡霸節肢動物嗆聲。但是想要跟人分享這些故事卻不容易，我得在講故事的同時附上一堂課來解說知識背景才能讓讀者聽懂故事。大學課本知識密度高，不如科普讀物容易入口，好看易懂的書不可能塞進大量專業知識的。但是這本書做到了，裡面引用的學術資料比研究所課程還多，觀點全面完整，又是本讓人捨不得放下的有趣小書。

謝謝你拿起這本書來讀，你不會後悔的。下次有人想跟細菌交朋友的時候，推坑這本書就對了。

目次

序　動物園之旅

被一群興奮且激動的孩子包圍的巴巴，並沒有感到畏懼或受擾。牠對加州夏季炎熱的氣候已經習以為常。牠不介意有棉花棒刷過自己的臉、身體和爪子。巴巴的淡定其來有自，因為牠目前的生活既安全又舒適。住在聖地牙哥動物園裡的牠，一身堅固盔甲，蜷曲地盤掛在動物園管理員的腰上。巴巴是隻白腹穿山甲（whitebellied pangolin），一種非常可愛的動物，外觀看起來像是食蟻獸和松毬的綜合體，體形跟小貓差不多。牠的黑眼睛流露出一股悶悶不樂的氣息，臉頰上的毛髮彷若沒整理好的落腮鬍。粉紅色的臉龐前端是錐形無牙的鼻頭，非常適合湊近享用螞蟻或白蟻，粗壯的前腿前端長而彎曲的爪子，便於緊貼樹幹，直搗昆蟲巢穴將其四分五裂。白腹穿山甲長長的尾巴則是懸掛在樹枝上的利器（當然也可以懸掛在動物園管理員身上）。

但巴巴最顯著的特徵其實是牠覆滿全身的鱗片——從頭部、四肢、身體到尾巴。這些相互交疊的淡橙色板狀物構成極為堅韌的防禦外套。鱗片的成分是角蛋白（keratin）和我們人類的指甲相同。不僅如此，這些鱗片的外觀也與手指甲幾乎一模一樣：大片，充滿光澤，而且參差不齊像被咬過一樣。每一片白腹穿山甲的鱗片都充滿彈性，但同時又緊密地附著在其身上，這也是為什麼當我撫摸牠的背時，鱗片會先被壓進去、再回彈。而如果我「逆鱗」摸牠，很可能會因為邊緣鋒利的形狀割傷自己的手。巴巴全身上下只有少數幾處不受鱗片保護：臉、腹部、爪子，所以牠可以蜷縮成一顆球的姿態自我防禦。這個能力正是白腹穿山甲名字的由來：「pangolin」來自馬來文的「pangguling」，意思是「捲起來的東西」。

身為動物園親善大使之一的巴巴參與公眾活動時，非常溫順且訓練有素。動物園管理員經常帶牠去養老院和兒童醫院，一方面可以鼓舞病人，另一方面還可以讓他們更認識不常見的動物。今天巴巴不用出勤，牠坐在動物園管理員的肚子上，彷彿一條世上最奇特的寬腰帶，而生物學家羅伯．奈特（Rob Knight）則拿著棉花棒輕輕碰觸牠的臉。他說：「這是我從小就為之著迷的物種——只因為竟然有這樣的生物存在。」

奈特是位身形瘦高，留著一頭刺刺平頭的紐西蘭人，是一名微生物學家，也就是「隱形生物」的鑑賞家。他專門研究細菌及其他各式各樣的微生物，尤其熱愛那些生活在動物體內或動物身上的微生物。但要研究微生物，奈特得先採集它們。蝴蝶收藏家的工具是網子和罐子，奈特選擇的工具則是棉花棒。他拿著小棉花棒末端在巴巴的鼻子上沾滾一會兒，以採集足夠的穿山甲細菌。現在，成千上萬的微小細胞被棉花棒白色的絨毛纏住了。為了避免打擾巴巴，奈特輕輕地移動位置。巴巴看起來平靜安穩，我甚至覺得如果炸彈在牠身旁爆炸，牠可能只會稍稍坐立不安。

巴巴不僅是隻穿山甲，也是微生物遍布全身的集合體。某些微生物生活在巴巴體內，多數位於腸道；某些生活在牠的臉、腹部、腳掌、爪子和鱗片上。奈特依序拂過這些部位。奈特也曾多次這樣擦拭自己身體的各部位，因為他也有自己的微生物群落。當然，我也有。動物園裡的每一隻動物皆然。不僅如此，地球上的每個生物都是如此，唯一的例外是科學家刻意培育的無菌實驗動物。

我們每個人都有一座豐富的迷你動物園，統稱為微生物相（microbiota）或微生物體（microbiome）。[1]❶它們居住在身體內外，甚至住在我們的細胞裡。微生物群落中的成員絕大多數是細菌，還有一些微小的生物，包括真菌（如酵母）和古菌（archaea）——這個神祕的群體在往後的章節中會再進一步討論。此外，還有數量龐大到難以估算的病毒——合稱病毒體（virome），會感染所有的微生物，偶爾也會感染宿主細胞。這些微小生物無法看見，但是假設有一天，每個個體擁有的細胞忽然離奇地消失了，也許就能察覺微生物發著似有若無的微光，勾勒出消失的細胞輪廓。[2]

但有時即使細胞消失也難以察覺微生物，例如構造最簡單的動物之一——海綿。當牠們處於靜止狀態時，身體的總厚度加起來不過數個細胞厚，而且牠們也是一座家園，住滿蓬勃生長的微生物群落。[3]如果你在顯微鏡下觀察海綿，可能會因為上面被太多微生物覆蓋，而幾乎看不到動物本體。比海綿構造更簡單的扁盤動物（placozoans）就像一小灘從某處滲出的細胞，牠們的外貌與變形蟲

---

❶審訂註：此處註解為原文翻譯。然而考慮到這兩個單字在英文中誤用狀況頻繁，沒有辦法以單一中文名詞對應。因此本書使用的翻譯原則如下：

(1)當microbiome指的是一地所有微生物的集合時，譯為微生物群落。

(2)當microbiome指的是一地微生物組成(=microbiota)時，譯為微生物組成。

(3)當microbiome指的是一地微生物的基因及功能組合時，譯為微生物體。

（amoebae）相似，卻和我們一樣同是動物，因此也擁有自己的微生物伙伴。螞蟻以數百萬隻的聚落方式生活，然而每一隻螞蟻本身也是一座聚落。一隻獨自穿越北極的北極熊，除了被冰雪包圍，周圍看似什麼都沒有，但如同在喜馬拉雅山上的斑頭雁（bar-headed goose），或潛入海洋最深處的象鼻海豹，牠們身上都攜帶著一群微生物。在尼爾．阿姆斯壯（Neil Armstrong）和伯茲．艾德林（Buzz Aldrin）登陸月球之際，他們也為微生物邁出了一大步。

奧森．威爾斯（Orson Welles）曾說：「人，隻身來到世上，獨自活著，獨自死去。」其實他錯了。即使隻身一人，我們也從不孤單，因為我們存在於共生關係（symbiosis）中——這個美妙的詞彙代表生活在一起的不同生物。有些動物在未受精時，微生物就入住了；有些則是在出生的那一刻遇到生命中第一個共生伙伴。接下來，我們的餘生都有這些微生物與我們同在。無論吃飯、旅行，它們都如影隨形；當死亡來臨時，它們則會把我們「解決掉」。每個人都是一座屬於自己的動物園，一群封在身體裡的聚落，一個住滿各個物種的集合體，一個完整的世界。

這些概念或許不易理解，畢竟人類的足跡已經遍及全世界。我們的觸角近乎無限，延伸到藍色星球的每個角落，其中少數人甚至已經抵達地球以外的地方，所以不論是想像有生物住在某個腸道或某個細胞裡，或是想像身體是一整片起伏的地景，都似乎有些詭異。然而這是不爭的事實。地球上蘊藏著各式各樣不同的生態系：熱帶雨林、草原、珊瑚礁、沙漠、鹽沼，每個生態系都有獨特的物種群落。但每隻動物身上也包含了不同的生態系。從皮膚、嘴巴、腸胃道、生殖器，以及任何與外界相連的器官——每個器官都有自己特有的微生物群落。[4]凡是所有生態學家能從衛星觀測到的「大陸尺度」的生態系概念，全都適用於身體內部那些透過顯微鏡才能觀察到的生態系。探討微生物的物種多樣性時，科學家也能畫出不同生物間吃與被吃關係形成的食物網。我們可以找出哪些微生物是關鍵物種（keystone species，意思是數量少但對環境影響重大），相當於海獺或狼。我們可以把致病微生物——病原體（pathogen）——當作如海蟾蜍（cane toad）或紅火蟻（fire ant）等入侵生物看待；也能將罹患炎症性腸病（inflammatory bowel disease）患者的腸道類比成垂死的珊瑚礁或休耕地等物種失衡，遭受破壞的生態系。

這些相似之處意味著我們在觀看白蟻、海綿或老鼠的同時，也在觀看我們自己。即使其他動物的微生物組成可能與我們不同，共生的結盟關係卻遵循著同樣的原理。烏賊身上那些只在晚上發光的細菌可以幫助我們瞭解腸道裡細菌的日常變動和移動。因汙染或過漁而出現微生物氾濫的珊瑚群，可以透露線索說明當我們吞下有礙健康的食物或抗生素後腸道裡的亂象。老鼠在腸道微生物變動時出現的行為變化，可以告訴我們自己體內的小同伴對我們心智產生的影響力。

微生物讓我們發現，儘管生活方式有非常大的差異，我們與其他生物同類之間仍然存在一致性。沒有一種生命是孤立存在的，牠們一定得活在有微生物的環境中，一定得參與這種大小物種間的持續交涉。微生物也在動物之間移動，在我們的身體與周圍的土壤、水、空氣、建築物和其他環境之間移動。它們把我們連繫在一起，也把我們和世界連繫在一起。

所有的動物學都是生態學。如果不瞭解我們的微生物和與它們的共生關係，我們就無法充分瞭解動物的生活。想瞭解我們自己身上微生物群落的重要性，就得先瞭解其他物種是如何靠微生物豐富和影響牠們的生活。我們需要把鏡頭拉遠來觀察整個動物界，同時也要拉近來檢視存在於每個生物裡的隱藏生態系。當我們看到甲蟲和大象、海膽和蚯蚓、父母和朋友時，看到的是單一個體，用一群細胞努力工作，由單一大腦指揮，受單一獨立的基因體操控。就像一部迷人的虛構故事。但事實上，我們是軍團，我們每個人都是。此處永遠都是「我們」，從來都不是「我」。忘了奧森・威爾斯說的吧！改傾聽華特・惠特曼（Walt Whitman）：「我遼闊廣大，我包羅萬象。」[5]

第1章　生命是座島嶼

地球的年齡已經有四十五億又四千萬年。這個時間跨距大到令人難以想像，所以姑且把整個星球的歷史濃縮成一年。[1]當你在閱讀這一頁書的此時此刻，恰好是十二月三十一日午夜之前（幸好煙火在九秒前發明了）。人類存在的時間就這三十分鐘，甚至更短。恐龍統治世界直到十二月二十六日晚上，一顆小行星撞擊地球並消滅牠們為止（除了鳥類）❶。開花植物、哺乳動物在十二月初出現，植物在十一月登上陸地，當時大部分主要的動物類群現身於海洋。植物和動物都是由許多細胞組成，而類似的多細胞生物，可以確定在十月初就已演化出來。牠們或許出現得更早，畢竟有些化石證據模稜兩可，解釋的空間也大，就算如此，找到的化石非常稀少。十月之前，幾乎所有地球上的生物都是由單細胞組成，要是當時有眼睛這種東西，也看不見這些生物。單細胞生物自三月生命誕生以來，便一直都是如此。

❶審訂註：鳥類是由恐龍演化而來，可說是恐龍的後代。

我想強調的是，當我們想到「大自然」時，浮出腦海的那些熟悉又肉眼可見的生物都出現在生命演化史的晚期，牠們是故事的尾聲。大部分的情節裡，地球上只有微生物，它們在假想的地球年曆裡獨占地球從三月到十月。

這段期間，微生物讓地球發生不可逆的轉變。細菌分解了汙染物，肥沃了土壤，也驅動了碳、氮、硫、磷的化學循環，將這些元素轉換成動物和植物可利用的化合物，再透過分解有機物讓它們重返自然再被循環利用。細菌利用太陽能進行光合作用，成為第一個能自給自足的生命形式。過程產生的廢物——氧氣，多到徹底改變了整顆行星的大氣。多虧它們，我們才能在充滿氧氣的世界裡生活。直至今日，海洋中行光合作用的細菌（photosynthetic bacteria）製造的氧氣占我們呼吸所需的一半，同時，也消耗了一半我們呼出的二氧化碳。[2]一般認為，我們正處於人類對地球有巨大影響的人類世（Anthropocene），但你也可以說，我們仍然生活在始於生命誕生之初，並將持續到所有生命終結的「微生物世」（Microbiocene）。

微生物確實無所不在。它們住在最深的海溝及更深處的岩石之間，也堅守在持續噴發的海底熱泉、沸騰的泉水和南極冰層中。它們甚至能做為晶種，在雲層中促成雨滴和雪。它們如恆河沙數。事實上，微生物的數量遠遠超過天文數字，光是你腸道中的細菌，就比銀河系的恆星還要多。[3]

這個世界的動物從微生物中誕生，死後被微生物分解，也因與微生物共存而改變。正如古生物學家安德魯．諾爾（Andrew Knoll）曾說，「動物可能只是演化這塊蛋糕上面的糖霜，微生物才是蛋糕本體。」[4]微生物一直是生態系的一部分，我們在它們之間演化，也從它們演化而來。動物屬於真核生物（eukaryote），這個類別還包括所有的植物、真菌和藻類。儘管真核生物種類繁多，但因為都是由基本構造相同的細胞組成，所以可與其他生命類型區別開來。真核生物幾乎將其所有的ＤＮＡ擠進細胞中心的細胞核，而這也成了這群生物名字的由來：「eukaryote」來自希臘文，意思是「真正的核」。這些細胞有內部骨架，提供結構性支撐與運送各種分子，還有粒線體（mitochondrion）（豆形的「發電廠」）提供細胞能量。

所有的真核生物都有這些特徵，因為我們全是在大約二十億年前由同一個祖先演化而來。在此之前，地球上的生命可以分為兩邊陣營，或稱為「域」（domain）：一邊是我們的老朋友細菌，另一邊是和我們不太熟且喜歡生活在惡劣的極端環境的古菌（archaea）。兩方陣營都由單細胞生物組成，因此不像真核生物那麼複雜。它們沒有內部骨架或細胞核，也沒有供應能量的粒線體（原因我很快就會提到），古菌看上去也跟細菌很相似，所以科學家一開始以為古菌就是細菌的一種。但人不可貌相，其實古菌與細菌在生物化學上的差距，就像微軟和蘋果作業系統間的差別那麼大。

細菌和古菌大概占據地球生命史的前二十五億年，然而兩者在演化史上卻沒有什麼交集。終於，某個關鍵的時刻，一隻細菌不知怎麼地竟與古菌融合，失去原本自由獨立的生活方式，永遠被困在它的新宿主中。許多科學家認為這就是真核生物的由來，是我們起源的故事。兩個生物域融合，創造出第三個生物域，這是史上最偉大的共生。古菌提供真核細胞的軀殼，而細菌最終變成粒線體。[5]

所有的真核生物都來自這次重要的命中相遇。這不僅說明為什麼我們的基因體既包含許多具有古菌特徵的基因，又有一部分與細菌相似，也說明為什麼我們的細胞都有粒線體。這些被馴化的細菌改變了一切，它提供額外的能量來源，使真核細胞變得更大，得以積累更多基因，而變得更加複雜。尼克・連恩（Nick Lane）稱此為「生物學核心議題的黑洞」：細菌和古菌等簡單生物的細胞與較複雜的真核生物細胞之間有一道鴻溝，生命在這四十億年中曾經設法跨越這條鴻溝，但只有成功那麼一次。從那之後，雖然世界上無數的細菌和古菌以驚人的速度演化，卻再也無法成功製造出真核生物。為什麼眼睛、保護殼或是多顆細胞連成一體等複雜構造可以在獨立的情況下各自演化，真核細胞的形成卻是絕無僅有的創舉？如連恩等人所說，那是因為古菌和細菌融合創造出真核生物的機率微乎其微，所以後來再也沒有出現（至少再也沒有成功過）。兩種微生物克服萬難，讓所有植物、動物以及其他所有眼睛可見的生命（和真的有「眼睛」的生物）得以存在，這場聯盟是我與你能存在的原因。在那份假想的地球年曆中，融合而成的真核生物在七月中旬誕生，而本書要談的，就是在那之後發生的事。

真核細胞出現後，其中一部分開始合作、聚集，或是變成動植物等多細胞生物。生物開始可以長得很大，大到足以在體內容納大量的細菌和其他微生物。[6]想計算這些微生物的數量可不是件簡單的事，一般說法是，每個人體內的微生物細胞數是人的細胞數的十倍之多，這樣一來，我們身體裡自己細胞的數量少到好像四捨五時會被捨棄一般。十比一的說法，廣泛地出現在書籍、雜誌、TED演講，甚至是幾乎所有關於這個主題的科學綜述文獻上，但其實那只是項隨手計算一下後概略估算的結論。[7]最新估計的結果顯示，我們大約擁有三百兆個人類細胞和三百九十兆個微生物細胞——兩者勢均力敵。這些數字或許也不是非常準確，但這不重要，因為所有結論都顯示：我們不只是我們。

如果將皮膚放大來看，就能看到上面的微生物。有的像球狀的小珠子，有的像短棒狀的香腸，有的又像逗號形狀的小豆子，而且都只有幾百萬分之幾公尺那麼短。儘管它們為數眾多，但因為非常小，所以全部加起來根本沒有幾兩重。十幾個小生物可以輕輕鬆鬆在一根人類頭髮的寬度內排成一列，圖釘的針頭甚至還可以讓一百萬個它們在上面跳舞。

如果沒有顯微鏡，大部分的人將永遠無法親眼看見這些微小生物，而只會注意到它們帶來的影響（尤其是負面的），例如感覺到發炎腸道的痙攣陣痛，或聽到不由自主打噴嚏的聲音。我們雖看不到結核分枝桿菌（*Mycobacterium tuberculosis*），卻看得見結核病患者的血痰。鼠疫耶氏桿菌（*Yersinia pestis*）同樣不可見，但它引起了不容忽視的鼠疫流行。這些致病微生物——病原菌——在歷史上重創人類，並在文化上留下無法撫平的傷痕。直至今日，大多數人仍認為微生物是致病菌，應該不計一切代價殺得它們片甲不留。每隔一陣子，報章媒體上就會出現一些關於鍵盤、手機，甚至門把等生活物件的恐怖故事，諸如「驚！上面都是細菌，比馬桶座墊還要髒！」這些言論指涉微生物淨是汙染物，它們的存在象徵汙穢、骯髒和隨之而來的疾病。然而，這種刻板印象非常不公平，因為大多數的微生物不是病原菌，並不會讓我們生病。事實上，造成人類傳染病的細菌種類不到一百種[8]，相反地，我們腸道中數千種的細菌大都無害。它們最壞不過是搭我們身體的便車，但往好處想，它們是我們身體中非常珍貴的一部分，它們不是死神，而是我們生命的守護者。微生物就像看不見的器官，其重要性可以和胃或眼睛互相比擬，它卻不是單一的臟器，而是由數兆個不同的小細胞組成，分散在我們體內。

微生物群落（microbiome）比其他熟知的身體部位更多才多藝。我們的細胞裡攜帶兩萬到兩萬五千個基因，但根據估計，體內微生物的基因數估計是這個數字的五百倍。[9]巨大的遺傳潛力加上飛快的演化速度，讓它們成為操控生物化學的大師，能應付各種挑戰。微生物幫助我們消化食物，並釋放原本無法獲得的養分，也為我們提供飲食中缺乏的維生素和礦物質。微生物一方面幫我們分解有毒、危險的化學物質，一方面則取代或用抗菌化學物質殺死危險的微生物，保護我們免受疾病侵害。此外，微生物製造的分子影響我們散發出來的體味。微生物是如此不可或缺，我們將生活中各種想得到或想不到的任務都託付給它們，例如：引導身體構成，釋放分子和信號導引器官的生長；教育免疫系統，訓練它分辨敵友；影響神經系統發育，甚至可能影響我們的行為舉止。微生物深刻而廣泛地為我們的生命付出，並遍布我們身上的每個角落。如果我們在審視自己的生命時忽略它，就是以管窺天了。

本書要徹底打開通往新世界的大門，探索體內不可思議的宇宙，瞭解我們與微生物相依為命的起源，它們如何用超乎意料的方法改變我們的身體也形塑我們的日常生活，以及我們為了確保能與它們保持不越界的伙伴關係所使用的各種手段。你將目睹我們是如何在無意間破壞這層伙伴關係，危害自己的健康；也將知道如何操縱微生物群落來扭轉這些處境，來造福我們自己；也將聽到一群富有想像力且充滿幹勁的科學家，不畏嘲弄、否定和失敗，致力於瞭解微生物世界的故事。

當然，我們不只關心人類。[10]我們也將看見微生物如何賦予動物非凡的力量、演化的機會，甚至是自己的基因。戴勝（hoopoe）是種鳥喙和冠羽讓頭部看起來像十字鎬，全身帶著虎斑紋路的鳥。牠會從尾巴下的腺體分泌出充滿細菌的液體，將之塗在蛋殼上，利用細菌釋放的抗生素阻止其他危險的微生物滲透蛋殼，傷害雛鳥。切葉蟻（leafcutter ant）身上因為帶有可以產生抗生素的微生物，讓牠能幫自己在土壤中培養的「真菌菜園」消毒。長有尖刺，可以鼓起身體的河豚藉由細菌製造的河豚毒素——一種十分致命的物質——讓企圖捕食牠的掠食者中毒。科羅拉多金花蟲（Colorado potato beetle）是種主要的作物害蟲，當牠啃食植物時，會利用唾液中的細菌抑制植物的防禦機制。斑馬條紋的天竺鯛（cardinalfish）帶有會發光的細菌以吸引獵物。蟻獅（ant lion）是種長著駭人下顎的掠食性昆蟲，其唾液中細菌產生的毒素會使獵物癱瘓。有的線蟲（nematode）會藉由吐出有毒的發光細菌到昆蟲體內來殺死牠們[11]，有的則會利用從微生物中偷來的基因進入植物細胞，造成巨大的農業損失。

我們與微生物的結盟再三地改變了動物演化的過程，也改變了周遭的世界。理解這種聯盟重要性的最佳方式，就是去思考如果它瓦解了會發生什麼事。想像一下，如果這個星球上所有的微生物突然消失，往好處想是不再會有傳染病，許多害蟲也無法維生——但好消息僅止於此。草食性的哺乳動物，如牛、羊、羚羊和鹿都會餓死，因為牠們完全依賴腸道微生物分解堅韌的植物纖維；非洲草原的獸群將會消失。同樣必須依賴微生物幫助消化的白蟻也會消失，將白蟻做為食物來源或仰仗蟻丘做為防護的大型動物也會不見。蚜蟲、蟬和其他吸食樹液的昆蟲會因沒有細菌補充牠們飲食中缺少的養分而滅亡。到了深海，蠕蟲、貝類等動物完全依賴細菌獲取能量，一旦沒有微生物，牠們也會死亡，黑暗深海世界中的食物網將因此崩潰。較淺的海洋還好一些，但依賴微型藻類及非常多種細菌的珊瑚，將因為少了它們而變得虛弱而易受攻擊。原本強大的珊瑚礁群會白化、被腐蝕，其孕育的生命都將受到影響。

奇怪的是，人類倒還過得去。對其他的動物來說，「無菌」意味著死神降臨，但人類不同，我們還可以苟活數週、數月甚至數年。我們的健康或許最終會受到影響，但我們將面臨一些相較之下更急迫的問題：少了微生物這個腐爛之神，廢物會急速堆積；我們養的牲畜也將步上和其他草食性哺乳動物一樣的滅亡後塵；農作物也逃不過，沒有微生物為植物提供氮，地球上的植被將經歷災難性的滅亡（由於本書完全側重在動物，我在此向植物學愛好者致上最誠摯的歉意）。微生物學家傑克・吉爾伯特（Jack Gilbert）和喬許・紐菲爾德（Josh Neufeld）在這一系列想像的實驗後寫道[12]，「從食物供應鏈的浩劫看來，我們可以預測大概只消一年不到，人類社會就會完全崩潰，地球上大多數的物種將會滅絕，倖存物種的族群規模也將大大衰減。」

微生物很重要。我們一直以來都忽略、害怕，甚至仇視它們，但現在該是改變的時候了，若不試著欣賞它們，我們對自己的認識就會顯得非常薄弱。我希望藉由本書向你展示動物界的真實面貌，以及當你將微生物視為伙伴時，世界會變得多麼奇妙。本書是另一個版本的自然史，我們將在偉大自然學家們打下的基礎上繼續深化它。

一八五四年三月，三十一歲的英國紳士阿爾弗雷德・羅素・華萊士（Alfred Russel Wallace）在馬來西亞和印尼之間的島嶼展開長達八年的偉大征途。[13]他看到毛色火紅的紅毛猩猩、跳躍在樹叢間的袋鼠、燦爛奪目的天堂鳥、翅膀巨如鳥翼的蝴蝶、從鼻側長出獠牙的鹿豚（babirusa pig），以及用腳上降落傘般的蹼在林間滑翔的青蛙。華萊士用網子捕、用手抓，也用槍射殺，最後蒐集到的奇妙生物標本竟然超過十二萬五千項，包括貝殼、植物、成千上萬釘在標本盒中的昆蟲，以及製作成毛皮填充標本，或是酒精浸液標本的鳥類與哺乳類。與當時的人們不同的是，華萊士一絲不苟地記下所有標本採樣的地點。

這點很重要。華萊士從這些細節中歸納出模式。他發現，生活在同一處的動物個體間有許多變異，這些變異甚至能發生在同種之間。他發現特殊物種只出現在某些島嶼上；當他從峇里島向東航至僅距二十二英里的龍目島（Lombok）時，亞洲的動物突然變成澳大拉西亞（Australasia）❷的動物相，就像被一道看不見的屏障（後來稱做華萊士線）隔開。也因此華萊士被後人譽為生物地理學（一門關於物種在哪裡或不在哪裡分布的學問）之父。但正如大衛・逵曼（David Quammen）在《渡渡鳥之歌》（*The Song of the Dodo*）中所寫的：「在深思熟慮的科學家們眼中，生物地理學不僅要扣問哪個物種在哪裡，還要探究為什麼牠會出現在這裡，更重要的，有時甚至得關心『為什麼在那個地方沒有牠呢？』」[14]

微生物群落的研究也是用這樣的方式開始的：先根據微生物所在的動物或身體部位分門別類並記錄下來。什麼物種生存在哪裡？為什麼？又為何不是生存在別處？在我們深入瞭解微生物的貢獻之

---

❷編按：地屬大洋洲的一部分，包括澳洲大陸、紐西蘭與其鄰近的太平洋島嶼。

前，我們需要先瞭解它的生物地理學。華萊士透過觀察和標本採集，提出生物學上極為重要的洞見：物種會改變。「每個新物種都是由同一個時間與空間中非常相似的既有物種誕生而來。」他反覆寫道（有時還以斜體字記錄）。[15]隨著動物間的競爭，最適合生存和繁殖的個體會將有利的特徵傳遞給下一代，這些動物的演化是藉由天擇（natural selection）來進行的。這份領悟大概可以算是科學上數一數二的重大突破，而這一切都從對世界滿滿的好奇心、探索世界的渴望，以及觀察什麼生物住在哪裡的能力而來。

許多自然學家遊歷世界時，都會為自然的寶藏分門別類，華萊士只是其中的一員。查爾斯・達爾文（Charles Darwin）在小獵犬號（*Beagle*）上環球航行五年，在阿根廷發現大地懶（giant ground sloth）和犰狳的骨骼化石，也在加拉巴哥群島（Galapagos Islands）遇見巨型陸龜、海鬣蜥和多種不同的小嘲鶇（mockingbird）。他的經驗和收藏後來化為思想的種子，萌芽出日後與他的名字密不可分的演化論，而這個學說剛好也與華萊士的想法相符。因為激烈倡導天擇說而被稱為「達爾文的鬥牛犬」的湯馬斯・亨利・赫胥黎（Thomas Henry Huxley）曾到澳洲和新幾內亞研究海洋無脊椎動物。植物學家約瑟夫・胡克（Joseph Hooker）輾轉來到南極洲，沿途蒐集植物。較為近期也有艾德華・威爾森（E. O. Wilson）在研究美拉尼西亞（Melanesia）的螞蟻後，編寫了生物地理學教科書。

一般認為，這些鼎鼎有名的科學家完全關注在可見的動植物世界，卻忽略了看不見的微生物世界。但其實並不盡然。達爾文確實有蒐集微生物，他蒐集那些被吹到甲板上，將之稱為「infusoria」的小東西，他也與當時最重要的微生物學家通信往來，[16]只不過他手邊沒有合適的工具讓他進行研究。

相形之下，今日的科學家可以蒐集微生物樣本，分離、萃取DNA，並透過基因定序鑑別微生物，這些方式讓他們得以完成達爾文和華萊士所做的事情。他們可以採集不同地方的標本，分辨它，並探問基本的問題──「誰生活在哪裡？」今日的科學家也研究生物地理學，只是研究的方法不同。棉棒取代了捕蟲網，讀取基因如同翻閱圖鑑，而在動物園的獸籠間走一個下午，就像小獵犬號在島嶼間穿梭航行五年。

達爾文、華萊士和當時的人之所以特別著迷於島嶼，理由可想而知。如果你想找到最繁複瑰麗的生命就得去島嶼。島嶼遺世獨立，有限制生物進出的邊界，範圍也不大，讓物種得以在其中盡情演化發揮。與廣大綿延的大陸相比，島上的生物更獨特也更容易辨認。不過，島嶼不一定只限於被水包圍的陸地，對微生物來說，每個宿主就是一座島嶼，像個獨立的世界。當我伸手撫摸聖地牙哥動物園的穿山甲巴巴時，就像有一艘木筏，將物種從人類島嶼運送到穿山甲島嶼一樣。身體慘遭霍亂肆虐的成年人，就如同被外來蛇種入侵的關島一樣。有人說「沒有人是座孤島」，但從細菌的角度來看，這句諺語不大正確，因為我們就是一座座的島嶼。[17]

每個人都有獨特的微生物群落，並由我們遺傳的基因、住過的地方、服過的藥物、吃過的食物、度過的歲月、接觸過的人所形塑。從微生物的角度來看，人類雖彼此相似，卻不盡相同。當初微生物學家開始將人類微生物群落成員分門別類時，他們希望能找到共同的「核心微生物」，也就是每個人都共享的物種。但現在看來，這個核心是否存在其實頗有爭議。[18]雖然有些物種很常見，卻不是隨處可見。而且，如果真的有所謂的「核心」，指的應該是有共同的核心功能，而不是生物學上的共同物種。比如這些微生物都能消化特定養分，或那些微生物能執行特定的代謝途徑。相同的趨勢在巨觀的世界中也看得到。紐西蘭的奇異鳥會在落葉枯枝中找蟲吃，但在英格蘭，這是獾的工作。老虎和雲豹在蘇門答臘的森林中徘徊，但在沒有貓科動物的馬達加斯加，相同的生態棲位就由獴科的大型掠食者——馬島長尾狸貓（fossa）負責，而在科摩多（Komodo），身處食物鏈頂端的掠食者則是一種巨大的蜥蜴。不同的島嶼上有不同的物種承擔相同的任務，而這個島嶼可以是廣大的土地，也可以是一個人。

事實上，比起一座孤島，人體更像群島——也就是一群島嶼的集合。每個身體部位都有專屬的微生物，就像加拉巴哥群島的各個小島都有自己獨特的龜和雀鳥。人體皮膚微生物群落由丙酸桿菌（*Propionibacterium*）、棒狀桿菌（*Corynebacterium*）和葡萄球菌（*Staphylococcus*）組成；擬桿菌（*Bacteroides*）統治腸道；乳桿菌（*Lactobacillus*）占據陰道；鏈球菌（*Streptococcus*）掌控口腔。每個部位的各部分也存在差異，比如生活在小腸前段的微生物與生活在直腸的就非常不同；牙齒和牙齦上牙菌斑裡面的微生物也有差異；就算是皮膚，臉和胸口的「油田」中的微生物，與腹股溝、腋窩的濕熱叢林，或前臂和手掌的乾燥沙漠上的微生物也不同。說到手掌，你的右手和左手的微生物只有六分之一的種類相同。[19]人與人之間微生物的差異比起身體部位之間的差異會相形見絀，換句話說，我和你前臂上細菌的相似度，比你自己前臂和口中細菌的相似度更高。

微生物組成除了會隨空間改變，也會受時間影響。當嬰兒出生離開母親子宮的無菌世界，母親陰道內的微生物便會立即跑到新生兒身上定居，因此其身上將近四分之三的菌株都可以直接追溯至母親。當「大擴張時代」來臨，嬰兒會從父母和環境中得到更多新物種，腸道微生物組成也逐漸變得更加多元。[20]隨著嬰兒的飲食改變，優勢種興衰更替，專門消化母乳的比菲德氏菌（*Bifidobacterium*）會讓位給擬桿菌這種消化醣類的菌種。隨著微生物的變化，功能也發生改變，新的微生物開始產生不同的維生素，同時也啟動新的能力，以消化更成人式的飲食。

這時期雖然動盪不安，但接下來會進入穩定且可預期的階段。想像一下，有一片剛經歷大火的森林或一座剛從海面下升起的初生島嶼，地衣和苔蘚等簡單的植物很快開始在島上繁殖，隨後是草和較矮的灌木，較高的樹木則比較晚才會出現。生態學家稱這個過程為消長（succession），這個概念也同樣適用於微生物。從嬰兒的微生物組成到成人的狀態需要一到三年，之後會維持恆定，雖然微生物組成在每天、每次晝夜，甚至每次進食都可能發生變化，但是與幼兒時期的變化相比，這種差異很小。成人身上微生物組成的變化其實是不變中的變。[21]

不同動物間實際的微生物消長情況也會有所不同，我們可是很挑剔的宿主，並不會輕易讓每一種正好落在身上的微生物繁殖，而是備有挑選微生物做為合作伙伴的方法。我們在後面的章節會看到相關的策略技巧，但現在容我先簡單說明：人類的微生物組成不同於黑猩猩，也與大猩猩不同，就像婆羅洲雨林有紅毛猩猩、婆羅洲侏儒象和長臂猿，馬達加斯加森林有狐猴、馬島長尾狸貓和變色龍，而新幾內亞森林有天堂鳥、樹袋鼠和食火雞。我們之所以知道這點，是因為科學家已經用棉花棒沾遍整個動物界並進行基因定序。他們調查了各種動物的微生物組成——大貓熊、袋鼠、科摩多巨蜥、海豚、懶猴（loris）、蚯蚓、水蛭、熊蜂、蟬、管蟲（tube worm）、蚜蟲、北極熊、儒艮、蟒蛇、短吻鱷、采采蠅（tsetse fly）、企鵝，鴞鸚鵡（kakapo）、牡蠣、水豚、吸血蝙蝠、海鬣蜥、杜鵑鳥、火雞、紅頭美洲鷲（turkey vulture）、狒狒、竹節蟲等，還有很多很多其他種類。除此之外，科學家們也蒐集人類的微生物組成資料——嬰兒、早產兒、兒童、成人、老年人、孕婦、雙胞胎；美國與中國的城市居民、布吉納法索或馬拉威的農村民民、喀麥隆或坦尚尼亞的狩獵採集民族、未接觸過外人的亞馬遜民族；還有或胖或瘦，或健康或生病的人。

這類研究正蓬勃發展。雖然對微生物群落的科學研究實際上已有數世紀的歷史，但由於技術的進步，人們愈來愈瞭解微生物的重要影響（特別是在醫療院所），研究微生物群落的科學在過去幾十年進步甚鉅。微生物「無微不至」地影響我們的身體，它們可以決定我們對疫苗的反應程度，決定兒童從食物中能吸收到什麼養分，以及決定癌症患者對藥物的反應。包括肥胖、氣喘、結腸癌、糖尿病和自閉症在內的許多身體狀況，也都伴隨微生物組成的變化。這告訴我們微生物若不是造成疾病的原因，也至少是疾病的徵兆。如果是前者，我們可以透過調整微生物群落來大幅改善健康，例如添加或減少某些微生物，將整個微生物群落從一個人移植到另一個人身上，或使用基因工程合成的微生物。我們甚至可以操縱其他動物的微生物群落，例如破壞寄生蟲與微生物的伙伴關係來預防熱帶地區的可怕疾病，或建立新的共生關係讓蚊子能抵禦登革熱病毒。

雖然這是個正快速發展的科學領域，但它仍然帶著些許不確定性、不可預測性和具有爭議性的色彩。很多體內的微生物至今我們仍無法辨認，更不用說瞭解它們如何影響我們的生活或健康。但這也多麼令人興奮！畢竟站在風頭迎浪而行，絕對比已經死在沙灘上的前浪好。如今數百名科學家就正站在浪頭上，隨著研究經費流入，相關科學論文的數量也呈指數增長。微生物一直以來統治著這個星球，但這是它們在史上第一次蔚為「潮流」。「原本是一灘死水，但現在變成前瞻性的科學。」生物學家瑪格麗特．麥克弗爾－奈（Margaret McFall-Ngai）說，「看到人們意識到微生物是宇宙的中心，並能見證這個領域的蓬勃發展很有趣。我們如今瞭解到生物圈（biosphere）的高多樣性是來自微生物，它們與動物密切相關，藉由與動物的互動，調整塑造了動物的生理特性。在我看來，這是自達爾文以來最重要的生物學革命。」

不過，批評者卻說微生物體學是虛有其表，他們認為該領域大多數的研究不過就像蒐集花花綠綠的郵票。知道哪些微生物生活在穿山甲的臉上或人的腸道中又如何呢？這只讓我們瞭解哪些微生物生活在哪裡，卻不知道它們為什麼在那裡，或是如何在那裡生活。為什麼有些微生物會只生活在某些動物身上，而不會生活在其他動物上？為什麼有些微生物只生活在少數幾個人身上，而不是在所有人身上？為什麼有些微生物只生活在某些身體部位，而不是全身都有？為什麼我們會看到這種分布的模式？它是什麼原因導致的？微生物一開始如何進入宿主？它們如何鞏固和宿主的伙伴關係？兩者如何互相改變對方？如果伙伴關係破裂，彼此又會如何應對？

微生物體學正在試圖解開這些更進一步的問題。在本書中，我將向你展示我們在解決這些問題上取得了多大的進展，關於理解、操縱微生物群落有什麼願景，以及我們還有多少路要走才能達成目標。現在容我提醒各位，這些問題只能透過不斷蒐集一點一滴的資料來解答，就像達爾文和華萊士在他們的開創之旅中所做的一樣，就算只是「集郵」也很重要。「即便是達爾文的小獵犬號航海見聞，也只是一本科學遊記，記錄著各形各色的生物和環境，它並沒有提出任何演化理論，」大衛．逵曼寫道。[22]「理論是後來的事。」理論之前必須做很多像分類、編目、蒐集之類的「粗活」。「如果有塊尚未被探索的新大陸，在你去問為什麼這生物會出現在那裡之前，首先你得先找到它們在哪。」羅伯．奈特說。

奈特首次拜訪聖地牙哥動物園，是帶著探索新世界的心情去的。他想用棉花棒沾取各種哺乳動物的臉和皮膚，以識別牠們身上的微生物群落，和這些微生物產生的化學物質——代謝物。這些物質塑造了微生物生存和演化的環境，除了可以告訴我們這裡有哪些微生物存在，更能說明這些微生物究竟在這裡做了什麼。研究代謝物就像是列出一份城市的藝術、美食、製造和出口清單，而不是只對市民人口普查。奈特近期曾嘗試研究人類臉部的代謝物，但發現防曬乳和面霜等保養品淹沒了自然生成的微生物代謝物[23]，因此他的解決方案就是換用棉花棒沾取動物的臉，畢竟穿山甲巴巴不需要保濕。「我們也希望得到口腔的樣本，」奈特說，「以及陰道樣本。」這讓我有點驚訝。他向我保證，「這裡因為獵豹（cheetah）和大貓熊的繁殖計畫而有一整間冷凍室的陰道樣本。」

動物園飼養員向我們展示一群在相互連接的塑膠管中跑來跑去的裸鼴鼠（naked mole rat）。牠們除了長得不怎麼討喜，活像條長著牙齒的皺巴巴香腸之外，也很古怪：對疼痛不敏感，對癌症有抵抗力，壽命極長，難以調節體溫，還擁有畸形、無能的精子。牠們生活的社群如同螞蟻群落有蟻后和工蟻之分。牠們也挖洞居住，奈特對這點頗感興趣，因為他剛剛獲得一筆經費，可用於研究在具有特定特徵或生活方式相似的動物身上出現的微生物群落，包括同樣都是挖洞的、會飛的、生活在水中的、住在特別熱或特別冷的地方的，甚至是智力相同的。他說，「這想法還在推測階段，但這樣的菌群可能讓動物預先掌握基本的適應能力，以幫助牠們在未來能做其他更特別的嘗試。」雖然只是猜測，但這個想法並不是牽強附會。微生物為動物打開了許多機會之門，讓牠們能以通常應該做不到的奇特方式生活。當動物有類似習性，它們的微生物組成常常就會愈來愈相似。例如，奈特和他的同事們曾經證明，食用螞蟻的哺乳動物，包括穿山甲、犰狳、食蟻獸、土豚（aardvark）和土狼（一種鬣狗），都有類似的腸道微生物，儘管牠們已經分開各自演化了一億年。[24]

接著，我們遇見一群狐獴，有的警覺站直，有的玩耍在一塊兒。一隻沒伴的雌狐獴（她是這群狐獴的雌性家長）是奈特唯一有機會用棉花棒沾取樣本的對象，但她已經老了，並且患有心臟病。這並不罕見。狐獴有時會攻擊對方的幼崽或拋棄自己的孩子，當這種情況發生時，動物園會介入並撫養小狐獴。飼養員告訴我們，活下來的小狐獴經常在長大後出現病因不明的心臟問題。「這非常有意思，」奈特說，「你對狐獴奶有什麼瞭解嗎？」他會這樣問，是因為哺乳動物的母奶含有特殊的醣類，雖然嬰兒無法消化，但某些微生物卻有辦法。當人類母親用母乳哺育孩子時，她不僅僅餵養了嬰兒，也滋養了孩子的第一批微生物，以確保有對的拓荒者在嬰兒的腸道中定居。奈特想知道這個概念是否同樣適用於狐獴，被遺棄的幼崽是否因為沒有得到母乳，因此與錯誤的微生物共存？幼年時期的微生物改變，會影響動物未來的健康嗎？

奈特正在進行一項改善動物園動物們健康狀況的計畫。我們走過一個籠子，看見裡面住滿有一身美麗銀白毛皮，且擁有讓人眼睛為之一亮的大鬍子葉猴（langur），他告訴我他正試圖釐清為什麼人工飼養下，特定物種的猴子常常結腸發炎（結腸炎），但其他種的猴子卻不會。這有充分的理由讓人懷疑微生物參與其中。人類族群中，炎症性腸病（inflammatory bowel disease）的患者通常伴隨擁有過多激發免疫反應的細菌，而缺乏抑制免疫系統的細菌。其他如肥胖、糖尿病、氣喘、過敏和結腸癌等身體狀況也有出現類似的模式。這些健康問題開始被當作生態問題重新思考，它們不是單一微生物造成的，而是整個群落一起落入不健康的狀態。它們是共生出現問題的案例。

如果扭曲的微生物群落真的會導致各式各樣的健康問題，我們應該也能透過操縱微生物來恢復健康。即使微生物群落**是因為**疾病而發生變化，但在症狀變得明顯前，它們也能被用來診斷病情，這就是奈特希望在葉猴身上看到的現象。他比較不同種的葉猴，有的罹患結腸炎，有的沒有，他想看看在沒有症狀的情況下，是否存在飼養員可以用來判斷動物是不是已經罹病的特徵，而這些研究也可能有助於我們瞭解炎症性腸病患者的微生物組成會有什麼變化。

最後，我們走進後場，裡面的動物都暫時不對外展示。其中有一個籠子關著一幢巨大的黑影——是一隻身高三英尺，黑色毛皮，身形像黃鼠狼，卻有一張熊臉的生物。牠是一隻貍貓（binturong），一種體形很大又毛茸茸的靈貓科（civet）動物，動物節目主持人傑拉德．達雷爾（Gerald Durrell）把牠形容成「粗製濫造的爐邊黑色地毯」。飼養員認為我們可以輕易地用棉花棒沾取牠的臉和腳，但真正費力的其實在「後」頭。貍貓肛門兩側的氣味腺所散發的氣味會讓人聯想到爆米花。我們很可能又看到細菌會產生味道的例子。科學家已經研究過獾、大象、狐獴和鬣狗的氣味腺所散發的微生物氣味，下一個就輪到犛貓了！

「我們有可能用棉花棒沾一下牠的肛門嗎？」我問。

飼養員看著籠子裡那隻嚇人的動物，慢慢退回我們身邊。「我想……還是不要好了。」他說。

當我們站在微生物的角度觀察動物界，即使是生活中最熟悉的部分也會為我們帶來奇妙的新鮮感。當鬣狗在葉片上摩擦氣味腺，牠身上的微生物會寫下這隻鬣狗的故事讓其他鬣狗讀。當狐獴媽媽哺餵小狐獴時，便會在牠們的腸道中建立起一方世界。當犰狳嚐了一口螞蟻，就能為體內數兆個微生物的群落提供食物，同時，牠自己也會獲得來自它們提供的能量。當葉猴或人類生病時，就會像被藻類淹沒的湖泊，或被雜草覆蓋的草地一樣，生態系出現問題。我們的生命深受外在力量影響，但這些力量實際上來自我們體內，數以兆計的生命不屬於我們，卻又是我們的一部分。那些我們以為是個人管轄範圍的氣味、健康、消化、發育和其他許多特徵，事實上都是宿主和微生物複雜磋商導致的結果。

在知道這些之後，我們該如何定義個體？[25]解剖學上的定義是：特定身體的所有者。但你仍得承認你和微生物共享著相同的空間。或試試用發生學上的定義：個體是從受精卵生長出來的一切。但這也不行，因為從魷魚、小鼠到斑馬魚等動物都是同時利用牠們的基因和微生物的指令來構建自己的身體，若在無菌環境下，牠們就會無法正常生長。如果用生理學上的定義：個體由組織和器官等零件組成，為了整體的利益而合作。這點無庸置疑，但如果是藉由細菌和宿主的消化酶共同製造必需養分的昆蟲呢？這些微生物絕對是整體的一部分，也是不可或缺的一部分。如果你用遺傳上的定義——個體由共享相同基因體的細胞組成——也會遇到相同的困境。

所有動物都有自己的基因體，但也有許多微生物的基因體會影響動物的生命和發育。有時候，微生物的基因可以永久滲入宿主的基因體。將動物視為獨立的個體真的合理嗎？隨著定義個體的方法逐漸失效，你可以把希望放在免疫系統上，因為它應該可以區分我們自己的細胞和入侵者的細胞，從「我」中區分「非我」——但這也不太對。正如我們即將看到的，我們的常駐微生物能幫助我們建立免疫系統，同時免疫系統也學會容忍它們。無論我們如何對微生物視而不見，它卻很明顯地顛覆我們對個體的觀念，微生物也會共同塑造個體。你的基因體與我的基因體大致相同，但我們的微生物體可能大有不同（我們的病毒體更是不同）。與其說我體內擁有眾多生命，不如說，我就是眾多生命的共同體。

這些概念可能會令人深感不安。獨立、自由意志和身分認同是我們生命的核心。微生物體學研究的先驅大衛．雷爾曼（David Relman）曾經指出，「失去自我認同感，出現自我認同的妄想和『被外星人控制』的經驗」都是精神疾病的潛在跡象。[26]「難怪最近關於共生的研究引發很大的影響、興趣和關注。」但他還補充道，「（此類研究）凸顯了生物學之美。我們是社會性生物，試圖瞭解我們與其他生物個體的關係。共生是成功合作的終極例證，也證明了許多親密依存關係的好處。」

我認同。共生暗示我們地球上各種生命之間的共同特性，就像細線般讓彼此相繫。為什麼即使有天壤之別的生物（如人類和細菌）卻仍然能合作？因為我們來自共同的祖先；使用相同的編碼方案將訊息儲存在DNA中；都使用ATP做為能量貨幣。所有生命都是如此。拿一份經典三明治來看：想像裡面的每一種食材，從萵苣、番茄、用來製作培根的豬、烘焙麵包用的酵母，到肯定會出現在表面的微生物，這些生物全都說著同樣的分子語言。正如荷蘭生物學家阿爾伯特．克萊佛（Albert Jan Kluyver）曾說的，「從大象到丁酸細菌（butyric acid bacterium）都一樣！」

一旦瞭解我們之間的相似程度，也瞭解動物和微生物之間的牽絆有多深，我們對世界的看法將變得無比豐富。我自己就是這樣。我從小喜歡自然世界，書架上總擺滿野生動物紀錄片和有關狐獴、蜘蛛、變色龍、水母和恐龍的書。可是因為這些書都沒有提及微生物如何影響、增強和操縱其宿主的生命，所以並不完整，就像沒有裱框的畫作、沒有糖霜的蛋糕，或是沒有麥卡尼的藍儂。但我現在知道這些生物如何依賴看不見的微生物生存卻不知其存在，受其幫助甚至有時功能全得依賴它們，以及在地球上存在的時間也遠遠不如它們。這種轉變讓人眼花撩亂，卻也讓人目不暇給。

在我年紀還小，尚無法記得事情（或還不懂得「不可以爬進巨型陸龜的柵欄裡」這件事）時就常去動物園，但我與奈特（和巴巴）一起造訪聖地牙哥動物園的感覺卻分外不同。雖然那裡人來人往又充滿噪音，但我知道這裡大部分的生命既看不見也聽不著。人們在園區入口拿出載滿微生物的鈔票，為了進到動物園觀看形形色色的微生物載體在籠子和圍欄裡游蕩。數兆的微生物躲在羽毛下，飛過鳥舍；其他群落盪過樹枝或鑽過地洞；一群住在「黑色地毯」屁股附近的細菌持續散發著爆米花的香氣。這就是生命世界真正的模樣，雖然肉眼難察，但我終於可以知道它們的存在。

第2章　只求親眼看見的人

細菌無所不在，但我們目光所及之處又似乎不存在。不過，還是有一些特例，費氏魚宴菌（*Epulopiscium fishelsoni*）是一種僅在褐斑刺尾鯛（brown surgeonfish）腸道內的細菌，大小相當於英文的句點。其餘的細菌得靠其他工具輔助才看得到，這代表大部分的時候細菌根本不可見。在假想的地球年曆中，細菌三月中旬就已出場，但幾乎在它們占領地球的整段期間裡，都沒有其他生物意識到它們的存在。然而，在一年即將結束的前幾秒，隱姓埋名的細菌被識破了——一名好奇的荷蘭人異想天開，在拿起世界一流的手工鏡頭檢查一滴水時發現了它。

一六三二年，安東尼・范・雷文霍克（Antony van Leeuwenhoek）出生在台夫特（Delft）。台夫特是個繁華的國際貿易樞紐，城市裡交錯著運河、樹木和鵝卵石小徑。[1]他白天在市政府工作，一面經營一家小型布料商行，晚上則製作鏡片。雷文霍克恰好占了天時地利，當時荷蘭人剛發明複式顯微鏡和望遠鏡，讓科學家得以透過圓形的小玻璃片觀察原本肉眼看不見的那些太遠或太小的物體。英國博學家羅伯特・虎克（Robert Hooke）也加入這個行列，觀察各種微小的東西：跳蚤、黏附在毛髮上的蝨子、針尖、孔雀羽毛及罌粟籽。一六六五年，虎克出版《微物圖誌》（*Micrographia*），收錄他的觀察文章並附有華麗且十分詳盡的插圖，旋即成為當時英國的暢銷書。這就是「小」兵立「大」功。

雷文霍克與虎克不同，他從未讀過大學，也不曾受過科學訓練，甚至不懂學院派的拉丁文，只會說荷蘭文。即使如此，雷文霍克還是自己摸索出無人能比的鏡片製作技術。雖然技術的確切細節我們並不清楚，但大致上來說，他能將一小塊玻璃磨成光滑、完全對稱，且整體不到兩毫米的鏡片。他把鏡片夾在一對長方形的黃銅片之間，並將標本用小針固定在鏡片前方，再用上方的螺絲調整標本位置。顯微鏡的外觀像升級版的門鉸鏈，功能則和可調節的放大鏡差不多。使用時，雷文霍克必須將它拿至快要貼到臉的程度，瞇起眼睛看進窄小的鏡頭，而且最好在充足的太陽光下。這種單式顯微鏡雖比虎克提倡的複式顯微鏡更不容易觀看，卻能看見比較清晰的高倍率影像。虎克的顯微鏡能將物體放大二十到五十倍，雷文霍克的顯微鏡最高則可放大到**兩百七十**倍，它無疑是當時世界上最好的顯微鏡。

阿爾瑪・史密斯・潘恩（Alma Smith Payne）更在《顯微觀察者》（*The Cleere Observer*）一書中提出自己的想法：雷文霍克「不只是一個優秀的顯微鏡製造商，也是一位懂得善用顯微鏡的專家。」他會記錄一切，重複觀察，並進行嚴謹且注重系統性的實驗。儘管只是名業餘愛好者，科學化的方法卻本能地深植於他內心深處，就像科學家總滿懷對世界無限的好奇心一樣。透過自製鏡頭，他觀察了動物毛髮、蒼蠅頭、木頭、種子、鯨魚肌肉、皮屑和牛眼。雷文霍克目睹了奇觀，並將這些展示給親朋好友和台夫特的學者們看。

當時英國皇家學會（Royal Society）剛在倫敦成立，卻已是聲名遠播的科學學會，一位名叫雷尼爾・德・葛拉夫（Regnier de Graaf）的醫師，同時也是學會成員，向學識淵博的同事們推薦雷文霍克，「他做的顯微鏡無人能比，」並央求他們與雷文霍克會面。皇家學會的祕書，同時也是學會頂尖期刊的編輯亨利・奧登伯格（Henry Oldenburg）答應了，最終，也翻譯出版了這位「外行人」的信，雖然內容未經修飾，冗長又沒重點，卻嚴謹而詳盡地描述了紅血球細胞、植物組織和蝨子的腸胃道。

後來，雷文霍克觀察水，更準確地說，是台夫特附近柏克斯米爾湖（Berkelse Mere）的湖水。他用玻璃吸管吸取混濁的液體後，將之放到顯微鏡下觀察，發現裡面充滿生命：有像「小巧的綠色雲朵」的藻類，以及數千隻手舞足蹈的小生物。[2]「大部分小生物的移動都相當快速，不停地向上、向下或轉圈，令人目不轉睛，」他寫道，「有的小生物看上去比之前在乳酪表面看到的生物小一千倍。」[3]它們是原生動物（protozoaist）——一群由變形蟲和其他單細胞真核生物等組成的生物類群。雷文霍克是第一個見到它們的人。[4]

一六七五年，雷文霍克用顯微鏡觀察他家外面一只藍色桶子蒐集的雨水，再次看見美妙的小天地。他看到像蛇一樣不停扭動蜷曲的物體，時而纏繞又解開，以及「長著許多不同樣子小腳」的橢圓形小東西——是更多的原生動物。他還發現一群更小的生物，它們比蝨子的眼睛還要小一千倍，「像衝浪選手做浪頂迴旋般迅速地旋轉」——是細菌！他又觀察了從自家書房和屋頂、台夫特的運河、鄰近的海邊和花園的水井裡取來的水，發現真是小生物滿人間。原來，生命的數量遠遠大於我們所能想像的天文數字，卻只有這個帶著一流顯微鏡的傢伙才看得到。正如歷史學家道格拉斯・安德森（Douglas Anderson）之後所寫的，「幾乎所有雷文霍克看到的東西，他都是第一個目擊者。」更重要的是，**他為什麼一開始就觀察水？**究竟是什麼原因讓他仔細探究桶子裡的雨水？在整個微生物群落研究的歷史中，我們對許多人——就是對那些渴望探究真相的人，都可以提出這樣的疑問。

一六七六年十月，雷文霍克向英國皇家學會報告他觀察到的事情。[5]他呈遞的文件中完全不像學術期刊那樣全是沉悶枯燥的學術用語，反倒充滿當地八卦，甚至是雷文霍克自己的健康狀況。（「這個人需要部落格。」安德森說。）例如他在當月的信件中，告訴大家當年夏天台夫特的天氣狀況，當然也詳細描述了細菌：它們「非常小，不過在我看來，正因為很小，即使是一百個小傢伙一個接一個地接連上去，也湊不到一粒砂礫的大小。如果假設是對的，那湊齊一百萬個小傢伙才可能會與砂礫的大小相當。（他後來提到砂礫大小大約是八十分之一英寸，所以「小傢伙」大概三微米長——這差不多就是細菌的平均長度。這個人實在準確地令人震驚。）

如果有人突然告訴你，他曾經看過一群奇妙、隱形，而且從來沒有人見過的生物，你相信嗎？當奧登伯格聽到雷文霍克描述的「微小生物」時，當然抱持過懷疑，儘管如此，他仍然在一六七七年出版了雷文霍克的信。尼克・連恩稱這件事為「一個重要的里程碑，以紀念即使抱持懷疑，仍保持開放心胸的科學態度」。然而，奧登伯格特別加了一條但書，稱學會要求瞭解雷文霍克技術方法的細節，以便其他人能證實他的意外發現。但雷文霍克沒有全然配合，他希望鏡片的製作技術嚴格保密。為了避免洩露自己的技術，他選擇向公證人、大律師、醫師和其他有名望的紳士展示這些微小生物，讓他們對皇家學會保證他確實觀察到他所說的東西。同時，其他顯微鏡專家紛紛試圖複製他的顯微鏡，但都宣告失敗，就連虎克這樣的頂尖科學家起初也掙扎過，直到改用他討厭的單鏡頭顯微鏡，才成功觀察到那些微小生物。虎克的成功圓滿地替雷文霍克辯護，鞏固了這位荷蘭人的聲譽。一六八〇年，雷文霍克——這位從來沒有受過科學訓練的布料商當選為皇家學會會員，由於他仍然無法閱讀拉丁文或英文，學會甚至同意用荷蘭文書寫他的會員證書。

雷文霍克是第一個看到微生物的人，也是第一個看到自己的微生物的人。一六八三年，他注意到牙縫間有麵糊般黏稠的白色牙菌斑，按照慣例，他用顯微鏡觀察。他看見有許多活生生的小東西，「優雅地移動著」！有長長如魚雷的桿狀物「像長矛一樣」穿過水中，小一點的則像上旋球一樣旋轉。「荷蘭全部的人口加起來都還沒有今天我口腔裡出現的動物多。」他記錄道。他將這些微生物畫下來，這幅簡筆插圖後來成為了微生物學界的蒙娜麗莎。他也研究台夫特當地市民（包括兩位女士、一個八歲的孩子和一個據說從來不刷牙的老人）的口腔，甚至將葡萄酒醋滴在自己刮下來的牙菌斑上，而觀察到微小生物死亡——那是文獻上第一次出現殺菌的紀錄。

一七二三年，雷文霍克去世，享壽九十歲，那時他已是皇家學會最著名的成員之一。他留給學會一個黑色漆面的櫃子，裡面裝著他的二十六臺獨門顯微鏡及排列得滿滿的玻片標本。奇怪的是，櫃子後來消失了，而且再也沒人見過。這是項巨大的損失，因為雷文霍克從未告訴過任何人他如何製作顯微鏡。他曾在某封信中抱怨學生們對金錢名利比較感興趣，卻不想「發現隱藏在我們視線以外的東西」。「只有萬中選一的人能夠接受這樣的研究，因為這耗時又傷財，」他感嘆道，「總而言之，大部分的人對這些事沒有好奇心，有些人甚至直言不諱地說：知不知道這些東西，跟我們有什麼關係？」[6]

然而，雷文霍克的固執幾乎抵銷了他的貢獻。當其他人透過他們比較沒那麼精良的顯微鏡觀察時，他們什麼也看不見，或只能憑空想像，於是大眾對微生物的興趣慢慢消失了。在一七三〇年代，卡爾．林奈（Carl Linnaeus）開始將所有生命分類時，卻將微生物歸為蠕形動物門（Vermes，意思是蟲）的混沌屬（*Chaos*，意思是無形）。於是，微生物世界從被發現，到人們開始認真鑽研它，整整隔了一個半世紀。

* * *

說到微生物，人們通常會聯想到骯髒和疾病，如果你向大家展示住在他們口腔裡的眾多微生物，他們可能會因為覺得噁心而卻步。不過，雷文霍克卻不抱這樣的反感。成千上萬的小東西？在他喝的水裡？在他**嘴裡**？在**每個人的**口腔裡？多麼令人興奮啊！就算他真的懷疑過這些小東西會致病，雷文霍克也不曾在他的著作裡表現出來，他從不在文字裡置入那些假設性的推斷，然而其他學者通常可就沒那麼自律了。一七六二年，維也納醫生馬庫斯．普倫西茲（Marcus Plenciz）聲稱微生物可能會因為在人體內繁殖及經由空氣擴散傳播而致病。「每種疾病都有相對應的微生物，」他頗有先見之明地說。不幸的是，普倫西茲沒有任何證據，因此無法說服其他人認為這些微不足道的生物很重要。「我不會浪費時間反駁這種荒謬的假設。」一位當時的評論家如此寫道。[7]

事情在十九世紀中期因為一名桀驁不馴的法國化學家路易．巴斯德（Louis Pasteur）而有了轉機。[8]短時間之內，巴斯德證明了細菌會使酒變酸，也會使肉腐敗。他說，如果細菌會導致發酵和腐爛，也可能導致疾病。「細菌致病論」（germ theory）後來得到了普倫西茲和其他人的支持，但仍存有爭議，因為當時人們仍普遍認為疾病是由於腐爛物質釋放的惡劣空氣（「瘴氣」〔miasma〕）所引起。一八六五年，巴斯德發現，當時在法國產絲蠶之間流行的兩種疾病都是由微生物引起。藉由隔離受感染的蟲卵，巴斯德成功阻止疾病蔓延，挽救了絲綢產業。

同時期的德國，羅伯・柯霍（Robert Koch）醫生正在研究一種侵襲當地農場動物的炭疽病。有其他科學家在受感染動物的組織中觀察到炭疽桿菌（*Bacillus anthracis*）。一八七六年，柯霍將這種微生物注射到小鼠身上，造成小鼠死亡，再從死去的小鼠身上取出微生物，並將它注射到另外一隻同樣即將面臨死亡命運的小鼠身上。他堅持不懈地重複這個殘酷的實驗總共超過二十次，每次都得到相同的結果。柯霍因此清楚地得出就是細菌引起炭疽病的結論，細菌致病論是正確的。

在微生物重新被正視的同時，它也立即被當作死亡的化身，例如認為它們是病菌、病原體，或是會帶來鼠疫的東西。在柯霍研究炭疽病的二十年間，他和許多人一起發現了導致痲瘋病、淋病、傷寒、肺結核、霍亂、白喉、破傷風和鼠疫的細菌。就像雷文霍克當時一樣，新技術開了條新路：更好的顯微鏡透鏡，在果凍狀的洋菜培養基中純化培養（pure culture）微生物的方法，以及可以幫助顯微鏡專家看到及識別細菌的新染色技術。但是，在能識別細菌之後，他們卻直接展開殺戮。英國外科醫生約瑟夫・李斯特（Joseph Lister）由於受到巴斯德的啟發，開始在臨床使用消毒技術，他規定參與手術的人員必須將雙手、器械和手術房進行化學消毒，讓無數的患者免於感染侵襲。其他科學家藉由尋找阻斷細菌入侵繁衍的方法以治療疾病、改善環境衛生和保存食物。慢慢地，細菌學成為一門應用科學，目標是研究微生物，以便驅逐或消滅它們。

更糟的是，一八五九年，也就是在這波發現之前，查爾斯．達爾文出版了《物種源始》（*On the Origin of Species*）。「這是歷史上的意外，細菌致病論在達爾文主義掛帥的『血腥時期』大肆發展，生物之間的互動被認為是生存鬥爭，雙方非友即敵，沒有討價還價的空間。」微生物學家勒內．杜博斯（René Dubos）寫道，[9]「這種態度從一開始就定調往後人類面對所有微生物疾病時，都傾向採取殲滅的手段，不管是對罹病的個體或整個社群，都試圖讓微生物一個都不剩。」

這樣的態度仍然持續到現在。如果我把一本微生物學教科書扔出圖書館的窗外，應該會把路人砸到腦震盪，但如果我只把其中關於**有益微生物**的章節撕下來，卻可能薄到足以割傷手指。關於疾病和死亡的陳述仍然是微生物學的主流觀點。

雖然研究病菌的學者在聚光燈下鑑別出一種又一種的致命病原體，但也有其他生物學家不參這一腳，而是提供其他微生物揮灑的舞台。

荷蘭人馬丁努斯．拜耶林克（Martinus Beijerinck）是最早證明微生物有其他重要性的人之一。他粗暴無禮，不受人們歡迎，除了幾位比較熟的同事之外，他不喜歡和人交往，也不喜歡醫用微生物學。[10]他對疾病不感興趣，而只想研究在土壤、水和植物的根等自然棲地中的微生物。一八八八年，他發現細菌能從空氣中吸收氮氣，並將它轉化為氨供植物使用。後來，他分離出讓硫在土壤和大氣之間轉換的細菌。拜耶林克住在台夫特（也就是雷文霍克兩個世紀以前，第一次看到細菌的地方），他的發現重振了台夫特的微生物學風氣。當時剛成立的台夫特學院的成員們，以及像俄羅斯的謝爾蓋・維諾格拉茨基（Sergei Winogradsky）這樣的同道中人，都稱自己是**微生物生態學家**（microbial ecologist）。他們告訴眾人：微生物不一定是人類的威脅，它們也是構成世界很重要的一部分。

那個時代的報紙開始報導「好細菌」會滋養土壤、幫忙釀酒和製造乳製品。根據一本一九一〇年的教科書所述，大家在意的「壞細菌」只是所有細菌中「一小群特殊的分支，而且一般而言，它們相對不重要」。[11]書中提到，大多數的細菌是分解者，能透過腐化有機物質幫助養分回歸自然。「如果沒有（它們），地球上所有的生命都必然結束，這話一點也不誇張。」

其他十九、二十世紀之交的微生物學家也意識到有許多微生物會與動物、植物和其他肉眼可見的生物共享身體。大家逐漸瞭解地衣（那些在牆壁、石頭、樹皮和木頭上帶著顏色的斑斑點點）是複合生物：裡面微小的藻類提供養分給它的真菌宿主，以換取礦物質和水。[12]許多海葵和扁形動物的細胞也被證實含有藻類，巨山蟻（carpenter ant）的身上也豢養著活生生的細菌。長久以來被認為是寄生在樹根上的真菌，也終於被澄清是提供氮源來換取醣類的伙伴。

這類伙伴關係的正式名稱叫做「**共生**」（symbiosis），是由希臘文的「一起」和「生活」兩個字組合而成。[13]它原本是個中性的詞，能代表任何形式的共存。如果其中一個伙伴以犧牲另一個伙伴的利益為代價來謀生，它就是寄生蟲；如果引起疾病，則是病原體；如果它在不影響宿主的情況下獲益，就是片利共生者（commensal）；如果它也使宿主受益，那它就是互利共生者（mutualist）。這些形式都屬於「共生」的一環。

但共生的概念生不逢時。在達爾文主義的陰影下，生物學家們大肆地談論適者生存，自然界因此沾滿血腥，生存必然要付出代價。「達爾文的鬥牛犬」湯馬斯・赫胥黎就曾將動物世界比擬為「古羅馬格鬥士競技表演」。共生中隱含的團隊合作精神難以打入這種標榜衝突和競爭的框架，也不符合將微生物視為惡棍的觀念。到了後巴斯德的時代，微生物的存在已經成為疾病的徵兆，當它們消失，才能被定義為健康。一八八四年，當弗里德利希・布拉曼（Friedrich Blochmann）第一次看到巨山蟻體內的細菌時，因為那些「無害的體內微生物」實在違反他的直覺，以至於讓他玩起文字遊戲，以免將它們的真實身分寫得太明白。[14]他用「細胞中的桿狀物」或「卵細胞中非常明顯的纖維狀物體」來稱呼他所發現的東西。在最終論定之前，布洛赫曼花了數年的時間嚴謹地研究，終於在一八八七年寫道，「我只能說這些小型的桿狀物是細菌，除此之外很難有其他可能」。

同時，其他科學家也注意到人類和其他動物的腸胃道含有大量的共生細菌，而且它們並沒有造成明顯的疾病或腐敗，只是在那裡做為「正常菌相」。研究腸道細菌的先驅亞瑟・艾薩克・肯德爾（Arthur Isaac Kendall）寫道，「動物在地球上出現後，就難免三不五時看到細菌出現在動物身上」。[15]對微生物而言，人體不過是其中一個棲息地。肯德爾覺得微生物值得研究，不該一味殲滅或抑制。但說比做容易。即使在那個年代，人們也已經知道我們體內的微生物群聚大到令人無從下手。發現大腸桿菌（該菌後來成為科學實驗的要角）的西奧多・埃希里賀（Theodor Escherich）曾經說過，「檢查和分辨正常腸道、糞便有什麼細菌，是件毫無意義、甚至根本不該執行的任務，因為它們顯然是隨機出現，而且千百種偶發情況都會影響結果。」[16]

但埃希里賀那個時代的人已經盡力了。在**微生物群落**成為流行語的一個世紀之前，他們描述了貓、狗、狼、獅子、老虎、綿羊、山羊、大象、駱駝和人類身上的細菌[17]，勾勒出人類微生物生態系的基礎知識（這遠比一九三五年才被提出來的**生態系**概念早了好幾十年）。他們向大家說明從出生起，微生物就開始在我們體內累積，而且不同器官占優勢的微生物也有所不同。他們發現腸道的微生物特別豐富，也會隨著吃進的食物不同而發生變化。一九〇九年，肯德爾將腸道描述成適合細菌的「絕佳培養箱[18]」，且這些細菌「並不會積極地對抗宿主」，而是當宿主免疫力下降時，才可能伺機引發疾病，但除此之外都是無害的。

那麼，微生物可能為宿主帶來好處嗎？諷刺的是，長期把微生物當作大敵的巴斯德卻同意這點。在知道牛胃中的細菌會幫助消化植物的纖維素，並產生養分供宿主吸收後，他認為細菌可能對生命有幫助（甚至到不可或缺的程度）。肯德爾則認為，人類腸道中的微生物可以藉由對抗外來細菌，防止對手增加來幫助宿主（儘管他懷疑微生物是否真能幫助消化）。[19]俄羅斯籍的諾貝爾獎得主埃黎耶·梅契尼可夫（Elie Metchnikoff）將這些觀點推到兩個極端。梅契尼可夫曾經被說是「杜斯妥也夫斯基小說中歐斯底里的角色[20]」，他本身就是個自相矛盾的範例：一個至少試圖自殺兩次的深沉悲觀主義者，卻寫了一本名為《延年益壽：樂觀的研究》（*The Prolongation of Life: Optimistic Studies*）的書。在這本一九〇八年出版的書中，他將自己內在的矛盾投射到微生物的世界中。

一方面，梅契尼可夫認為腸道細菌會產生導致疾病和衰老的毒素，指控它是「導致人類生命短暫的主要原因」。但另一方面，他也相信某些微生物可以**延長**壽命，這是他從那些經常喝發酵乳，而且健康活到超過一百歲的保加利亞農民身上得到的啟發。梅契尼可夫說，這兩個面向是相互關聯的，發酵乳含有細菌（包括他說的保加利亞桿菌）。這些細菌會產生乳酸，殺死保加利亞農民腸道中縮短壽命的有害微生物。梅契尼可夫對這個想法深信不疑，他自己也開始規律地喝發酵乳，其他人因為信服梅契尼可夫（畢竟他是一位很令人尊敬的科學家）也開始跟風。（他的看法甚至導致腸造口術的流行，並啟發阿道斯．赫胥黎（Aldous Huxley）撰寫《長夏之後》〔*After Many a Summer*〕一書，內容描述一位好萊塢大亨吃下鯉魚腸，改變腸道微生物組成而獲得永生的故事。）當然，人類飲用發酵乳製品已有數千年的歷史，只是現在開始一邊喝，一邊意識到有微生物的存在。這種時尚在梅契尼可夫七十一歲死於心臟衰竭後仍然持續。

儘管肯德爾和梅契尼可夫等人付出了努力，人類和其他動物的共生細菌研究還是被對病原體日益關注的風氣輾壓了過去。公共衛生宣導開始鼓勵人們使用抗菌產品，清除身體和周圍環境的細菌，打造其實過於衛生的起居環境。同時，科學家們發現並開始大量製造第一代抗生素，它不僅擊敗了病菌，也擊潰了關於病菌的討論。我們雖然終於有機會戰勝這些小小敵人，但也因此讓共生細菌的研究長期無人聞問，直到二十世紀下半葉。一九三八年，一本詳細記錄細菌學歷史的書出版，然而，書中卻沒有提到常駐在我們體內的微生物。[21]當時最頂尖的細菌學教科書也只留給它們一個章節的篇幅，而且內容主要是在探討如何辨識它們與病原菌，這些細菌之所以會被關心，是因為我們必須知道它們與其他比較受到注意的同類間的差別。當時的科學家如果真的研究細菌，大部分是為了更瞭解其他生物，因為許多生物化學的面向，例如基因如何啟動或能量如何儲存等，在整個演化樹的所有生物身上都是相同的。科學家想見微知著，藉由研究大腸桿菌來瞭解大象。歷史學者馮克・珊格德伊（Funke Sangodeyi）曾形容：「在經過簡化，認為萬物共通的生命觀裡，細菌成為替代其他生物的角色，是微生物學成就了科學。」[22]

微生物生態學的興起是條漫漫長路。透過新技術（包括培養動物腸道裡優勢厭氧菌的方法），科學家們可以研究先前無法接觸的大量重要微生物。[23]人們的態度也隨之改變，多虧台夫特學派的微生物生態學家，科學家們意識到應該要把細菌當作生活在**棲地**（在這裡是指生活在宿主動物體內，而不是孤獨地在試管中受摧殘）的**群聚**來研究。其他醫學相關領域，例如牙醫學和皮膚醫學領域的研究者，紛紛研究他們專精器官中微生物的生態，[24]「他們的研究工作已經做好與當時主流微生物學對抗的準備。」珊格德伊寫道。但他們多是孤軍奮戰。植物學家研究植物的微生物，動物學家研究動物的微生物，導致微生物學被分裂成許多不同的領域各自為政，所有零碎的成果也因此容易被忽視。研究共生微生物的科學家沒有彼此相通的群聚可以研究，更不用說相通的「領域」了。因此，本著「共生」的精神，我們需要有人來化零為整。

這個人是口腔微生物學家西奧多・羅斯伯里（Theodor Rosebury），他在一九二八年開始統合人類微生物群落的研究。三十多年來，他一點一滴蒐集所有能找到的研究，並在一九六二年出版一本開創性的書籍，名為《原生的人類微生物》（*Microorganisms Indigenous to Man*）。[25]「據我所知，從來沒有人寫過這樣的書，」他寫道，「實際上，這個主題應該是第一次被當作完整的概念來處理。」他說的沒錯。這本書不僅內容詳盡、清晰，更是這個主題的先驅。[26]羅斯伯里仔細描述每個身體部位常見的細菌，也提到這些微生物如何在出生時移居到嬰兒體內，以及它們可能會產生維生素和抗生素，和預防病原體引起的感染。他也表示在抗生素治療後，微生物群落會恢復正常，但若長期使用抗生素可能會造成更長久的改變，他的見解絕大部分都正確。「很久以前，人們忽視這些正常菌群，不知道它們的好處，」他寫道，「本書的目的之一就是還它們公道。」

這本書大獲成功，羅斯伯里的統整振興了這個幾乎停滯的領域，也啟發了許多新的研究。[27]其中一位投身於此的是位迷人的科學家，叫做勒內・杜博斯，是名出生於法國的美國人。他早年因為效法台夫特學派用「生態」的角度來研究土壤微生物，並從中分離出藥物，迎來抗生素時代而聲名遠播。但杜博斯認為，他的藥物是「馴化」微生物的工具，並不是殺死它們的武器，所以即使在他後來關於肺結核和肺炎的研究中，他仍然避免將微生物當作敵人（也避免採用帶有軍國主義色彩的隱喻）。微生物是大自然的一部分，而杜博斯是個十足的自然愛好者，「他一生都堅信，只有透過個體與一切事物的關係，才能理解生命。」其傳記作者蘇珊・莫伯格（Susan Moberg）寫道。[28]

杜博斯看見共生微生物的價值，也因它們的優點被人們忽略而感到沮喪。「這些微生物對人類提供幫助的知識對人們來說沒有太大的吸引力，因為人們通常比較在乎會威脅生命的危險，而不是他們賴以為生的助力，」他寫道，「戰爭的歷史總是比合作的故事更有魅力。鼠疫、霍亂和黃熱病在小說、舞台和大銀幕上已經找到位置，但在腸胃道扮演正派角色的微生物卻沒有人幫它們寫一篇漂亮的故事。」[29]於是，杜博斯與同事德韋恩・薩維奇（Dwayne Savage）和羅素・謝德勒（Russell

Schaedler）打算攜手為微生物平反。他們發現，用抗生素消滅原生物種，可以使原本在這裡難以立足的微生物成為優勢種。他們也在無菌培養箱中培養無菌小鼠，並且證明牠們不僅壽命較短、生長較慢，還發育出異常的腸道和免疫系統，而且容易受到壓力和感染的影響。「某些種類的微生物在動物和人類的發育和生理作用中扮演至關重要的角色。」杜博斯寫道。[30]

但杜博斯知道他只研究到冰山一角，「可以肯定的是（目前為止發現的細菌）只是所有原生微生物相裡很小，也不是最重要的一部分。」他寫道。其餘的——可能高達百分之九十九的微生物——無法在實驗室裡培養生長。這些「無法被培養的大多數細菌」對研究者來說，是個讓人卻步的阻礙。儘管從雷文霍克時代以來就是如此，微生物學家仍然對大多數的微生物一無所知。如果連一流的顯微鏡或培養微生物的技術都無法解決問題，看來我們需要換個研究策略。

六〇年代後期，一位名叫卡爾・烏斯（Carl Woese）的美國年輕人展開一項冷門的研究計畫：他蒐集不同種類的細菌，並分析它們的 16S 核糖體 RNA（16S rRNA）基因，這種分子在所有的細菌中都能找到。不過由於其他的科學家絲毫看不出這項研究的價值，所以烏斯沒有競爭對手。「這是場只有一匹馬的賽馬比賽。」他後來說道。[31]這場比賽既昂貴，又緩慢，而且還很危險，含放射性物質液體的用量多到令人擔憂，但它是個革命性的創舉。

當時的生物學家全憑生物的生理特徵來判斷物種之間的關係，例如比較大小、形狀和解剖學上的細節，以確定哪些生物彼此有親緣關係。烏斯認為利用普遍存在於生物中的分子，如DNA、

RNA和蛋白質，可以將這件事做得更好。這些分子的變化會隨著時間慢慢累積，親緣關係愈接近，分子的模樣也愈相似，反之亦然。烏斯相信，如果選用正確的分子在不同物種間比較，整個演化生命樹從枝葉到樹幹的結構就會自然顯現。[32]

他選擇由製造16S核糖體RNA的基因著手，因為這段RNA是所有生物製造蛋白質都需要具備的零件，這點恰好符合烏斯希望能在各物種間比較的普遍性。到了一九七六年，他已經分析了大約三十種不同微生物的16S核糖體RNA。同年六月，烏斯開始研究的物種改變了他的人生——也改變了我們所認知的生物學。

它就是甲烷菌（methanogen），而帶來這個契機的雷夫・沃爾夫（Ralph Wolfe）當時已是這類微生物的權威。甲烷菌主要依賴二氧化碳和氫生存，會把這兩種分子代謝成甲烷。雖然在沼澤、海洋和人類腸胃道中都可以發現它們，不過沃爾夫寄來的嗜熱自營甲烷桿菌（*Methanobacterium thermoautotrophicum*），卻是在高溫的廢水汙泥裡發現的。烏斯一開始和其他人一樣，認為它只是某種細菌（雖然它有奇怪的特性）。然而，當烏斯仔細研究嗜熱自營甲烷桿菌的16S核糖體RNA序列時，他發現那一點都不像細菌。後人對他當時掌握這個發現的程度、對此事抱持積極或保守的態度，以及究竟他有沒有重複這個實驗，看法不一。但我們可以確定的是，該年十二月他的研究團隊對幾種甲烷菌進行基因定序後，也都得到相同的結論。沃爾夫記得烏斯曾經告訴他，「這東西根本不是細菌。」

烏斯在一九七七年發表他的研究成果，並在論文中將甲烷菌重新命名為古細菌（archaebacteria，後來簡稱古菌）。[33]烏斯表示，它們並不是一種比較奇怪的細菌，而是另外一種完全不同的生命形式。這是項驚人的主張，烏斯將這些不起眼的微生物從泥裡捧起，賦予它們與無所不在的細菌和強大的真核生物同等的地位，就像當每個人都盯著世界地圖時，只有烏斯能暗暗揭開隱藏的第三方世界。

不出所料，他的主張引起強烈的批判聲浪，有的甚至來自反傳統的人士。《科學》（*Science*）期刊稱他為「微生物學裡帶著傷疤的革命家」，而最後烏斯帶著這些「傷疤」在二〇一二年過世。[34]但今天，他的貢獻不可抹滅，他除了正確地認定古菌與細菌的不同之外，更重要的或許是他所提倡的方法——以比較基因來確定物種的親緣關係，成為現代生物學中最重要的方法之一。[35]他的方法也替其他科學家例如他的老友諾曼．培斯（**Norman Pace**）鋪路，讓他們得以**真正**開始探索微生物的世界。

八〇年代，培斯開始研究生活在酷熱環境中的古菌核糖體ＲＮＡ。他對黃石國家公園裡像一只深藍色湯鍋的章魚泉（Octopus Spring）特別情有獨鍾。那裡的水溫高達攝氏九十一度，泉水充滿不知名的嗜熱微生物，其數量之大，以至於形成許多肉眼可見的粉紅色細絲。培斯還記得當他得知這口溫泉的消息時，還衝進實驗室大喊，「嘿，大家快來看！這樣本可以採到好幾公斤啊！我們趕快拿一個桶子到那裡去！」團隊裡其中一位成員說，「但你又不知道那是什麼生物。」

「沒關係，我們幫它定個序就知道了。」培斯回應道。

他簡直就像在大喊，「尤里卡！」❶培斯發現，只要利用烏斯的方法，他就不需要先**培養**微生物

❶審訂註：這個典故來自阿基米德測量王冠含金量的故事。阿基米德在想到測量方法後高興得大叫「Eureka!」，意思是「我發現了」。

才能研究它們，他甚至不需要**看到**它們，就可以直接將DNA或RNA從環境中分離出來進行定序。這個方法同時讓我們知道，有哪些生命在此生活，也知道該把它們放在演化生命樹的什麼位置，把它們的生物地理學和演化生物學一次搞定。「我們就真的拎著水桶到了黃石公園。」他說。在那個「靜謐、美麗卻又致命的」水域中，培斯的團隊檢測出兩種細菌和一種古菌，這些菌種從沒有人培養過，是全新的科學發現。這個結果發表於一九八四年[36]，那是人類第一次只透過基因分析就發現新物種，在當時是史無前例，卻不會是最後一次。

一九九一年，培斯和他的學生艾德．德隆（Ed DeLong）分析太平洋的海水樣本，並發現了比在黃石公園找到的更加複雜的微生物群落：十五種新種的細菌，其中兩種還與任何已知的分類群完全不同。慢慢地，原本稀疏的細菌演化生命樹萌出新的葉子、樹枝，甚至是新的主幹。一九八〇年代，所有已知的細菌被妥善歸類到十二個主要的大群，或稱「門」（phylum）。到了一九九八年，新種細菌累計到四十個門，而當我和培斯談到這事時，他告訴我現在已經將近有一百個門，其中大概有八十個門從來沒有被人工培養過。一個月後，吉兒．班菲爾德（Jill Banfield）宣布，她從科羅拉多州的地下含水層中，發現了三十五個新的門。[37]

當微生物學家從微生物培養和顯微鏡的枷鎖中被解放出來後，他們開始可以對地球上的微生物進行更全面的調查。「這一直以來都是我們的目標。」培斯說，「微生物生態學原本是死氣沉沉的科學，那時當人們走到外面，翻開岩石找到一種細菌，就認定它是那個地方的全貌——這很蠢。但自從我們開始利用基因定序，通往微生物世界的大門也被猛然打開了。我想在我的墓誌銘上寫上這些，這種美妙的感覺到現在仍是如此。」

基因定序的方法並不限於16S核糖體RNA。培斯和德隆等人很快開發出在一撮土壤或一瓢水中定序**各種**微生物基因的方法。[38]他們可以萃取環境中所有微生物的DNA，切成小片段，再把它們一起定序。「不管是什麼該死的鬼基因，只要我們想要都可以拿得到。」培斯說。他們可以找出16S核糖體RNA的主人是誰，也可以藉由找出合成維生素，消化纖維，或是產生抵擋抗生素攻擊的基因，來瞭解當地物種的能力。

這項技術有望徹底改變微生物學，現在萬事俱備，就差一個吸引人的名字。喬．漢德爾斯曼（Jo Handelsman）在一九九八年將它命名為「**總基因體學**」（metagenomics，意思就是整個**群聚**的基因體學）。[39]「總基因體學的出現，可能是微生物學領域自顯微鏡發明以來，最重要的事件。」她說道。終於，我們有一種瞭解地球所有生命的方式。漢德爾斯曼等人開始研究生活在阿拉斯加土壤、威斯康辛州草原、加州礦區的酸性廢水逕流、馬尾藻海的海水、深海蠕蟲體內和昆蟲腸道裡的微生物。當然有些微生物學家也效法雷文霍克，開始研究起自己。

大衛．雷爾曼就像杜博斯和其他最終愛上微生物的人一樣，起初都在想辦法殺死它們，因為他身為醫師，執業之初就是在對抗傳染性疾病。他在一九八〇年代末採用培斯的新技術來識別人類神祕疾病背後的未知微生物，一開始讓他很沮喪，因為每個可能含有新病原體的組織樣本總是被正常的微生物群落淹沒。這些小居民是非常惱人的干擾，直到雷爾曼想通了它們的有趣之處。與其研究致病的那些稀客，為什麼不試著辨別**這些**常駐的微生物呢？

就是雷爾曼開啟了微生物學家對自己的微生物群落定序的好傳統。他要求牙醫從他的牙齦溝刮取一些牙菌斑，將它放進無菌採樣管裡。他把這塊寶貝的疙瘩帶回自己的實驗室解碼它的DNA。雷爾曼這麼做可能不會有什麼新發現，畢竟口腔可說是人體中被研究得最多的微生物棲息地。雷文霍克觀察過，羅斯伯里檢查過，微生物學家以前也從口腔各個部位培養出將近五百個菌株。如果你問身體哪個部位不可能再有新發現，那應該就是口腔了。然而，雷爾曼卻在他的牙齦中發現多種新的細菌，其數量遠遠超過用培養方法分離得到的數量。[40]即使是在這個被瞭解得最透澈的人體棲地，仍有大量的未知物種等待人們發現。二〇〇五年，雷爾曼在其腸道中的研究也發現相同的情況，他從三名志願者腸道的不同位置蒐集樣本，識別出將近四百種細菌和一種古菌（其中百分之八十是新發現的物種）。[41]換句話說，杜博斯的預感沒錯：他那個時代的微生物學家看見的只是冰山一角。

情況在二十一世紀初開始改變，研究人員著手對人體各部位利用基因定序進行普查。傑夫・高登（Jeff Gordon）（他是我們在後面的章節會提到的研究先驅）認為，我們的微生物會調控脂肪的儲存和新血管的產生，胖瘦不同的人也有不同的腸道微生物。[42]雷爾曼則開始將微生物群落描述成一個「重要器官」。這些研究先驅引來生物學各領域的合作者和大眾媒體的關注，也獲得大型國際計畫數百萬美元的資金投入。[43]幾個世紀以來，人類微生物群落的研究僅是在生物學外圍觀望，參與其中的淨是反傳統和叛逆分子，如今它卻一飛衝天。這是一個人們對於身體和科學的新概念，慢慢從舞臺邊緣打入中心的故事。

＊＊＊

阿姆斯特丹的阿提斯動物園（Artis Royal Zoo）入口旁有一幢兩層樓高的建築，側牆上有幅巨大壯觀的圖像，由橙色、米色、黃色和藍色的毛茸茸小球組成。這道牆代表著人類的微生物群落，正友好地向路人揮手，邀請他們進入世界上第一個專門致力於介紹微生物的博物館——Micropia 微生物博物館。[44]

這間博物館經過十二年的開發，耗資一千萬歐元，終於在二〇一四年九月正式開幕。這個博物館蓋在荷蘭再合適不過，因為四十英里外就是台夫特（雷文霍克首先揭開細菌不為人知的天地，並介紹給全世界的地方）。當我通過微生物博物館的票閘後，率先看到的就是雷文霍克超級顯微鏡的複製品。它被放在玻璃罩中，模樣比想像中簡陋，而且還內外顛倒，周圍還有一些雷文霍克應該看過的標本，包括辣椒水、當地池塘的浮萍以及牙菌斑。

穿過那裡之後，我和朋友及一個小家庭一起走入電梯。只要抬頭就能看到自己映在天花板上的影像，隨著電梯上升，影像就會大幅放大我們的臉，愈來愈近，愈來愈近，直到看見睫毛上的蟎蟲、皮膚細胞、細菌還有病毒。當電梯到了二樓，門一打開，我們看到點點亮光組成的標誌，像一座微微閃爍的小聚落。「當你非常貼近事物地去看時，你會看到一個全新的世界，它比預期得更美，比想像得更壯觀，」標誌上面寫道，「歡迎來到 Micropia 微生物博物館。」

到了二樓展覽廳，我們可以透過一整排顯微鏡接觸新世界，直接觀察孑孓、水蚤、線蟲、黏菌、藻類和來自優養化池塘的細菌。它們被放大兩百倍，當我想起雷文霍克的自製顯微鏡也能做到一樣的效果時，那種感覺有點奇妙。他應該也看過這些奇觀，儘管比較不容易。他得努力瞇眼睛看進一個很小的鏡頭，但我可以將臉貼在一雙有軟墊的目鏡上，看著清晰的數位影像。

除了顯微鏡之外，那裡還有一面全尺寸的顯示螢幕，上面標示著人類微生物群落的生物地理分布。當參觀者站在攝影鏡頭前，攝影機就會掃描他的身體，並在螢幕上模擬出他布滿微生物的化身。化身的皮膚輪廓用白點描繪，器官則用較亮的顏色表示，它還會模仿參觀者的動作。你動，它跟著動，你揮手，它也跟著揮手。只要動個手就能認識不同器官的資訊，瞭解從皮膚、胃、腸、頭皮、口腔到鼻子的微生物，知道有誰生活在哪個部位，以及它們在那裡會做什麼。從肯德爾、羅斯伯里再到雷爾曼，幾十年來的研究發現都呈現在這個展覽中，事實上，整個博物館都是對微生物研究歷史的致敬。這裡展示著一排一排的地衣，它是一種複合生物，在十九世紀就提醒科學家們注意共生的重要性；這裡也有一臺顯微鏡顯示著梅契尼可夫最愛，能製造的乳酸的細菌——它們是一群被放大六百三十倍的微小球體，正優雅地移動著。

我很驚訝這麼多微生物資訊毫無顧忌地呈現在眾人面前，而眾人又那麼輕易地接受微生物世界的概念。在這裡，沒有人會被嚇退或做出嫌惡的表情。一對情侶站在一個紅色的心形平臺上，在叫做「Kiss-o-Meter」的儀器前親嘴，這個儀器會告訴他們剛才接吻時交換了多少細菌。一名年輕女子專注地看著大猩猩、水豚、小貓熊、小袋鼠、獅子、食蟻獸、大象、樹懶、蘇拉威西黑冠獼猴（Sulawesi crested macaque）的糞便樣本牆，這些糞便都是從附近的動物園蒐集而來，雙重密封在真空罐和壓克力盒中。一群青少年凝視著背後打光的洋菜培養基，上面長著細菌與黴菌，從它們的形狀可以看得出來可能來自鑰匙、手機、滑鼠、遙控器、牙刷、門把和長方形的歐元紙幣。青少年盯著點點橘色的克雷伯氏菌（*Klebsiella*）、一串串藍色的腸球菌（*Enterococcus*）和看起來像鉛筆素描陰影的灰撲撲葡萄球菌。

和我一起搭電梯的那家人正盯著烏斯的演化生命樹，它在整面牆上美麗地展開。動物和植物被限縮在生命樹角落的一小塊區域，細菌和古菌則主導在各個枝條上。那位爸爸出生的時候古菌還不為人知，現在，他的孩子們卻在這個觀光景點就能學習各種微生物知識。

微生物博物館展覽了三百五十年來逐漸累積的微生物知識，以及人們對微生物態度的變化。在這裡，微生物不會被矮化成不重要的小咖，或滿肚子壞水的惡棍。在這裡，它們美麗迷人而且備受重視，它們是這裡的明星。在《米德鎮的春天》（*Middlemarch*）中，喬治・艾略特（George Eliot）寫道，「我們大多數人確實對偉大的原創者知之甚少，直到他們從群星中升起，掌管了我們的命運。」她指的或許是那些幫助我們認識微生物世界的科學家，但也適用於這些微生物本身。

第3章　身體的建造者

「你要找的東西大概就像高爾夫球那麼大。」涅爾・貝基亞雷斯（Nell Bekiares）說。[1]

我在威斯康辛大學麥迪遜分校（University of Wisconsin-Madison）的實驗室裡，仔細地盯著一個小水族缸。它看起來空空如也，我沒看到任何高爾夫球大小的東西，除了一層砂子外，裡面一無所有。接著，貝基亞雷斯用手在水中攪動了一下，有東西噴出一團黏稠的黑色墨汁。原來是隻夏威夷短尾烏賊（Hawaiian bobtail squid），雌性，大小與我的拇指相當。貝基亞雷斯用碗把短尾烏賊舀起來，牠四處亂衝，觸手伸長，鰭猛烈撲動，身體因為受到驚擾而像幽靈般蒼白。當短尾烏賊平靜下來，觸手收在身體下方，身體從飛鏢的形狀變成像一顆大雷根糖。牠的皮膚也會改變，針尖般的各色小點擴大成深褐色、紅色和黃色的扁平圓盤，周圍點綴著虹彩色的斑點。烏賊不再是白色，牠現在看起來像點描派畫家秀拉（Seurat）畫的秋色景緻。「當牠們回復到這樣的棕色時，代表牠們的心情好轉，」貝基亞雷斯說，「牠現在是棕色，很不錯。通常雄烏賊會更暴躁，一直噴墨，一直噴墨，還會橫衝直撞。當牠們朝你的臉或胸口噴水時，代表牠一定是故意的。」

我喜歡。這烏賊很有個性，外型也十分漂亮。

雖然碗裡沒有其他動物，但短尾烏賊並不孤單。牠腹側的兩個腔室（發光器）充滿叫做費雪弧菌（*Vibrio fischeri*）的發光細菌投射出向下的亮光。這種光在實驗室的日光燈下太微弱，所以不太容易發現，但在短尾烏賊原本生活的夏威夷淺礁灘中，卻清晰易見。到了晚上，發光細菌發出來的光會和從夜空流淌而下的月光交融在一起，藏起烏賊的身形輪廓，使牠不被掠食者發現。短尾烏賊是沒有影子的動物。

從下方往上看可能很難發現短尾烏賊的蹤影，但是由上往下看卻很容易。你只要飛到夏威夷，等待夜幕降臨，戴著頭燈和網子涉過及膝的海水。如果你的反應夠敏捷，可以在日出之前捕撈到半打的短尾烏賊。被捕獲的短尾烏賊飼養或繁殖起來都很容易，「如果短尾烏賊能住在威斯康辛州，牠當然就可以住在任何地方。」負責這個實驗室的動物學家瑪格麗特・麥克弗爾－奈說。麥克弗爾－奈既沉著優雅，又熱情洋溢，近三十年來一直研究短尾烏賊和牠身上的發光細菌。她將這對組合的地位提升成共生關係的典範，而在這個過程中，她自己也成為了共生研究者的典範。她的同事們形容她是一位直爽敢言的革新者、充滿熱情的滑板愛好者（想不到吧！），或是早在「微生物群落」成為人們琅琅上口的流行語之前，就已經是孜孜不倦的微生物擁戴者。一位生物學家告訴我，「瑪格麗特談到微生物這個『新生物學』時，會變成『新！生！物！學！』這種模樣。」但她以前其實並不是這樣，是短尾烏賊改變了她的想法。[2]

當麥克弗爾－奈還是名研究生時，她研究的是一種也帶有發光細菌的魚類。麥克弗爾－奈為之著迷，卻也因牠而感到很沮喪。這種魚無法在實驗室中繁殖，所以每一隻她經手的個體都已經有共生菌入住，她因此無法用來研究她真正有興趣的問題：共生伙伴第一次相遇時會發生什麼事？雙方如何建立連結？是什麼力量阻止其他微生物進駐到宿主身上？直到那天，一位同事對她說：「嘿，妳聽說過這種烏賊嗎？」

雖然胚胎學家熟悉夏威夷短尾烏賊，微生物學家熟悉牠身上的發光細菌，大家卻都忽略兩者之間的共生伙伴關係——但這種伙伴關係對麥克弗爾－奈來說正是重點。為了研究共生伙伴，她自己也需要一個「伙伴」，一個瞭解細菌的人來與她的動物學專業知識互補。這個人是涅德・盧畢（Ned Ruby）。「我大概是她找的第三個微生物學家，卻是第一個答應她的人。」盧畢說。他們兩人先是在專業上合作，但不久之後，也開始了浪漫關係。盧畢優哉游哉的衝浪人性格與麥克弗爾－奈的女強人特質正好「陰陽互補」，正如一位他們的共同朋友告訴我的，那兩個人是「真正的共生」。今天，他們的實驗室相鄰，研究的物種——短尾烏賊——也相同。

短尾烏賊被養在一整排陳列於狹窄走廊的水族缸裡，這些水族缸一次總共可以住得下二十四隻。每當新一批的短尾烏賊送到時，實驗室主任貝基亞雷斯就會挑一個字母，讓所有學生替牠們取名。我之前見到的那隻「女士」叫Yoshi。Yahoo、Ysolde、Yardley、Yara、Yves、Yusuf、Yokel和Yuk（這是位「先生」）分別住在相鄰的水族缸裡。「女士們」每兩週會有一次「約會之夜」，交配後，牠們會被留在一間育嬰中心，裡面的水缸裡擺滿PVC水管，在水管裡面產下數百顆卵。孵化的過程耗時數週。

當我們參觀育嬰中心時，看見架子上有一個塑膠杯，杯裡有幾十隻小烏賊在抖動，每隻身長約莫數毫米。十隻雌烏賊每年可以生出六萬隻小烏賊，這也是牠們成為如此受歡迎的實驗動物的原因之一。另一個原因則是：小烏賊出生時是無菌的。如果在野外，費雪弧菌在幾個小時內就會住進小烏賊體內。但在實驗室中，麥克弗爾－奈和盧畢可以控制要讓哪種共生菌進入小烏賊體內。他們還可以把發光的蛋白質標在費雪弧菌的細胞上，以便觀察它們如何進入烏賊的發光器。這樣一來，研究人員就能見證共生關係的發生。

這段共生關係始於物理機制。發光器的表面覆蓋著黏液和會擺動的小毛（稱為纖毛），纖毛擺動造成小水流，可以推動與細菌差不多大小的顆粒，但再大就不行，所以可以讓各種微生物聚集在黏液中，包括費雪弧菌。物理之後是化學接棒，當一隻費雪弧菌接觸到短尾烏賊時，烏賊不會有任何反應；兩隻，依然無動於衷；但如果有五個細胞接觸到短尾烏賊，就會啟動很多烏賊基因。其中一些基因負責製造各種抗菌物質，這些物質傷不了費雪弧菌，卻可以讓其他微生物難以生存。其他基因則釋放出能分解短尾烏賊身上黏液的酵素，用來產生能吸引更多費雪弧菌前來的分子。這些烏賊身上的變化解釋了為什麼即使一開始其他細菌數量是費雪弧菌的一千倍，費雪弧菌卻仍能很快地占據黏液層。光是費雪弧菌自己，就能把短尾烏賊的表面轉化成能吸引自己同類及阻止競爭對手的環境。費雪弧菌就像科幻故事裡的主角，能把環境艱困的星球變成舒適的家園，只是它改造的是動物不是星球。

當費雪弧菌在體外造成短尾烏賊的改變後，接著就開始往烏賊體內移動。費雪弧菌從其中一個小孔鑽入，穿過長長的管道，擠過管頸，最後抵達盡頭的隱窩。費雪弧菌會在這裡進一步改造短尾烏賊。隱窩內壁排列的柱狀細胞會因此變得更大、更緊密，緊緊包圍著來到這裡的費雪弧菌。在細菌適應改造後的內部構造時，烏賊也關上了弧菌的來時路：隱窩的入口變窄，管道收縮，表面纖毛脫落。發光器終於發育成熟。有了正確的細菌入住——再次強調，費雪弧菌是這趟旅程唯一的主角——之後，沒有其他微生物可以再住進來了。

好喔，但那又怎樣？花這麼多力氣把一隻小動物研究得那麼透徹，似乎太鑽牛角尖。但是這些短尾烏賊上的細節隱藏著深遠的意義，而且麥克弗爾－奈馬上就領悟到這一點。一九九四年，在她的第一批烏賊研究完成後，她寫道，「這些研究結果會是第一個實驗數據證明，特定的共生細菌可以誘導動物發育。」

換句話說，微生物「雕塑」了動物的身體。

但，怎麼做？二○○四年，麥克弗爾－奈的研究團隊發現，費雪弧菌表面上的兩個分子擁有改造烏賊的能力：肽聚醣（peptidoglycan）和脂多醣（lipopolysaccharide）。這真是個驚喜！當時的人們只知道這些化學分子在疾病上的角色，它們被稱為「病原相關分子結構」（pathogen-associated molecular pattern，PAMP），是警告動物的免疫系統感染即將發生的告密者。但費雪弧菌不是病原，雖然它與導致人類霍亂的細菌是親戚，但根本不會傷害烏賊。因此，麥克弗爾－奈換去縮寫的第一個字母，將病原體（pathogen）的P改為更具包容性的微生物（microbe）的M，重新將這些分子命名為「微生物相關分子結構」（microbe-associated molecular pattern，MAMP）。新術語象徵著微生物體學是個更全面的科學，向全世界昭告：我們不該只把這些分子視為疾病的徵兆，這些分子雖然的確可能讓人發炎、身體虛弱，但它也可能幫助動物和細菌之間建立美好的友誼。如果沒有它們，發光器永遠不會到達最終形態；如果沒有它們，短尾烏賊就算存活下來，到最後也無法完成這段共生發育。

現在我們很清楚地知道，許多動物（從斑馬魚到小鼠）在成長過程中會受到細菌伙伴的影響，而且時常是藉由和塑造烏賊發光器一樣的微生物相關分子結構來達成。[3]多虧這些研究的發現，我們可以用全新的角度來看待這個讓動物從單細胞變成正常運作的成體的過程。

如果你小心地取出一個受精卵（不管是人類的、烏賊的，還是其他動物的），把它放在顯微鏡底下觀察，你會看到它分裂成兩個、四個、八個，細胞群變得愈來愈大，該折疊的折疊，該凸出的凸出，該扭曲的扭曲。細胞之間交換著分子信號，告訴彼此該形成哪些組織和器官，於是身體各部位開始成形。胚胎會長大，只要能獲得足夠的營養，它就會持續生長，整個過程似乎獨立自主、行雲流水，就像非常複雜的電腦程序一樣自動運行。但是短尾烏賊和其他動物的經驗告訴我們，發育並非如此，除了需要動物基因中的指令之外，也需要來自微生物基因的指令。這是持續交涉的結果：這是多種生物間的會談，而會談結果只針對其中一個成員的發育造成影響。這個結果成為一整個新生態系的開端。

想確認動物是否需要微生物的幫助才能正常發育，最簡單的方法就是奪去這項幫助。有些動物會直接死亡：登革熱的病媒蚊——埃及斑蚊（*Aedes aegypti*）雖然能孵化成孑孓，卻沒法長大成蚊。[4]有些動物則比較可以忍受沒有微生物的狀態：短尾烏賊只是不能發光，這點雖然在麥克弗爾－奈的實驗室裡無傷大雅，但在野外，缺乏偽裝保護的動物很容易成為掠食的目標。科學家們還飼養了幾種常見實驗動物的無菌版本，包括斑馬魚、果蠅和小鼠，發現牠們雖然能存活下來，卻變了。「簡而言之，無菌動物是種悲慘的生物，每缺乏一種細菌幾乎就需要補上另一項人工輔助，」西奧多・羅斯伯里寫道，「牠就像住在玻璃屋的小孩，完全隔絕外面世界的紛紛擾擾。」[5]

無菌動物奇特的生物學現象在其腸道中最為明顯，一副功能良好的腸道需要夠大的表面積吸收營養，所以腸壁才布滿長形的指狀皺褶。由於這些在表面的腸壁細胞會因滾滾而來的食物浪潮沖刷而脫落，所以需要不斷地再生，也需要豐富的血管網絡來供應和帶走吸收的養分。腸壁細胞間還必須彼此緊密連結形成屏障，防止外來分子（和微生物）滲漏而進入血管。如果沒有微生物的存在，以上重要的特徵都會受到影響。斑馬魚和小鼠如果在沒有細菌的情況下長大，牠們的腸道便無法完整發育，指狀皺褶會變短，腸壁會有空隙，血管稀疏得像鄉間小徑，而不是密集的城市道路，細胞再生的循環也會變慢。不過，只要幫這些動物補充體內一般情況下會存在的微生物，或甚至只要提供微生物產生的分子，就可以改善這些問題。[6]

細菌本身不會重塑腸道，相反地，它們是**透過宿主**完成這項工作，它則負責監工。蘿拉・胡珀（Lora Hooper）將一種常見的腸道細菌——多形擬桿菌（*Bacteroides thetaiotaomicron*）注入無菌小鼠體內後[7]，發現微生物活化了大量的小鼠基因，這些基因與養分的吸收、屏障的建立、毒素分解、血管新生及細胞成熟有關。換句話說，微生物教小鼠如何使用**自己的基因**來塑造健康的腸道。[8]發育生物學家史考特・吉爾伯特（Scott Gilbert）稱此為「共同發育」（co-development）。認為「微生物就是威脅」的想法或許仍揮之不去，但我們之所以能成為現在的我們，是因為微生物的幫助。[9]

抱著懷疑的人可能會質疑小鼠、斑馬魚和短尾烏賊其實**不需要**微生物也可以發育。無菌小鼠看起來就與一般小鼠無異，牠像小鼠一樣走路，像小鼠一樣吱吱叫。的確，當我們除去牠身上的細菌並不會得到另一種截然不同的動物。但那是因為無菌動物生存的環境條件相對安逸：他們住在食物和水都很充足的溫控環境，裡面也沒有任何掠食者和感染源。然而，一旦牠們到了荒郊野外就活不長了。牠們的確可以存活，卻持續不了多久。動物的確可以自行發育，但遠遠比不上有微生物伙伴幫助時來得好。

但，為什麼？為什麼動物會將生長發育的部分過程外包給其他物種？為什麼動物不自己包辦所有事情？「我認為這是不可避免的，」曾做過無菌小鼠和烏賊實驗的約翰．羅爾斯（John Rawls）說，「微生物是動物生命中不可或缺的一部分，動物不能沒有它們。」請記住，動物出現在一個數十億年來滿是微生物的世界中，在我們出現以前，微生物早已是這個星球的統治者；當我們**出現**時，**當然**會發展出與周圍的微生物相互交流的方式。如果不這樣做，豈不是像搬進新城市卻戴著眼罩、耳塞、口罩一樣荒謬嗎？此外，微生物不只避無可避，它們也**好處多多**。它們餵養了先驅動物，也提供了重要的環境線索：代表那個地方富含養分、溫度適合生存，或是有個可供生物休息的平面。先驅動物偵測到這些線索，獲得了周圍環境的寶貴訊息。而在後面我們也即將看到，這些古老的互動紀錄，至今仍然大量存在。

妮可．金（Nicole King）現在待的地方離家很遠。她通常待在她位於加州大學柏克萊分校的實驗室，只是目前正在倫敦度假。她答應八歲的兒子奈特，只要在我們談論一群鮮為人知的生物——領鞭毛蟲（**choanoflagellate**）時，他能乖乖坐在一旁的公園長椅上半個小時，下午就帶他去看音樂劇《舞動人生》（*Billy Elliot*）。金是少數專門研究領鞭毛蟲的科學家，因為她親切地稱牠們為「小領」，我也就跟著照辦。

「小領」生活在世界各地的水域中，從熱帶河流到南極冰層下的海洋都有牠的蹤跡。在我們談話的時候，奈特原本靜靜地在平板電腦上亂塗亂畫，聽到這裡卻興奮地倒抽一口氣，畫出一隻「小領」。他畫了一個橢圓，配上一條彎彎曲曲的尾巴和像衣領般圍成一圈的纖毛，看起來就像一隻穿著裙子的精子。「小領」擺動的尾巴能把細菌和其他碎屑推向那圈纖毛，先用纖毛困住它們，再吞食和消化它們，「小領」是精力充沛的掠食者。奈特的畫精準地捕捉到牠的本色，特別是點出「小領」是單細胞生物這個事實。它和你我一樣都是真核生物，擁有細菌沒有的粒線體和細胞核等豪華配備，但是它又和細菌一樣，是個能自由活動的單細胞生物。[10]

有時，「小領」會表現出牠社會性的一面。金最愛的物種——玫瑰形領鞭毛蟲（*Salpingoeca rosetta*）經常形成玫瑰狀的群落。她的兒子也能畫出牠們：幾十個「小領」頭向內，尾巴向外舞動，就像是長了毛的覆盆莓。這個構造看似一群「小領」相互聚集，但其實這是細胞分裂形成的群體，而不是許多「小領」擠成一團。「小領」透過一分為二的分裂來生殖，但有時兩個子細胞無法完全分裂，便會以小段短橋連接。當這種情況一次又一次地發生，連接的細胞就變成了一顆被包裹在鞘中的小球，成了我們看到的玫瑰形。要不是「小領」是所有動物在演化上最相近的親戚，這點不過是生物學的冷知識。[11]從青蛙、蠍子、蚯蚓、鷦鷯（wren）到海星，「小領」都是牠們的遠親。對於想瞭解動物界如何開始演化的金來說，「小領」非常吸引人，尤其是牠從單個細胞到建立玫瑰形多細胞群體的過程。

我們幾乎不知道第一批動物是什麼模樣，因為牠們的身體太過柔軟，無法形成化石，就如寒冬中的吐息，來去無蹤。但我們仍可以做出有根據的推測：所有現代動物都是多細胞生物，牠們在生命開始時都是空心的細胞球，也都依賴吃其他東西來生存，因此可以合理地認為我們的共同祖先也具有相同的特徵。[12]現今的玫瑰形群落能代表第一批動物可能的模樣，牠由一個細胞連續分裂成群體的過程，就像重現了從原生動物，到這個公園裡的松鼠、鴿子、鴨子、小朋友和其他動物整個演化的經過。金研究這些無害的微小單細胞生物，彷彿近距離拍攝了整個動物界的神祕起源。

她與玫瑰形領鞭毛蟲的關係有點坎坷。金知道牠在野外會形成群落，卻無法說服牠在實驗室也這麼做。在她或其他科學家手中，這種原本具社會性的生物變成了獨行俠。她試著改變培養溫度、養分濃度、酸鹼值……，但都沒有用，只好宣告放棄。沮喪的她於是轉向另一個目標：定序玫瑰形領鞭毛蟲的基因體，但這也帶來另一項麻煩。金曾用細菌餵養玫瑰形領鞭毛蟲，但她現在得試著清掉細菌，以免它們的基因汙染基因定序結果。她因此在「小領」身上使用許多抗生素，令她驚訝的是，這完全破壞了「小領」形成玫瑰形群落的能力。如果說，牠們本來是對在實驗室裡組成群落心不甘情不願，那現在就是堅決抵制。肯定有某些和細菌有關的祕密，會使「小領」比較願意形成群落。

研究生蘿西．阿萊加多（Rosie Alegado）取來原本的水體樣本，分離出其中的微生物，然後逐一餵給「小領」。在全部六十四種微生物中，只有一種細菌能恢復「小領」的玫瑰形群落。這解釋了為什麼金原本的實驗一直無法成功，因為玫瑰形領鞭毛蟲只有在遇到正確的微生物時，才會形成菌落。阿萊加多找到了這位功臣，並將它命名為霍格島寒食菌（*Algoriphagus machipongonensis*）——一種新物種，屬於支配我們腸道的擬桿菌譜系。[13]阿萊加多也找出了細菌誘導玫瑰形群落的方式：釋放一種類似脂肪的分子，叫做**RIF-1**。「RIF是玫瑰形誘導因子（rosette-inducing factor）的意思，因為我確定還有其他因子，所以我將它編號為1。」她說。阿萊加多想得沒錯，研究團隊後續又從許多微生物中發現其他分子，可以帶「小領」走向群體生活。

阿萊加多推測，這些分子是代表附近有食物的訊號。一群「小領」一起捕捉細菌比單打獨鬥好，所以當感應到附近有細菌時，牠們就會聚集在一起。「我認為『小領』都在偷聽同伴，」阿萊加多說，「牠們游得慢，擬桿菌門菌種是個很好的指標，當這些菌種出現時，代表牠們進入了資源和食物豐富的地區，於是能夠放心齊力創造出玫瑰形群落。」

這一切該怎麼解釋？是因為細菌提供我們單細胞祖先組成多細胞群落的誘發訊號，而推動了動物的起源嗎？金建議我們謹慎看待這件事，今天看到的「小領」是我們的**親戚**，不是我們的祖先，所以從牠們的行為來推測古代「小領」的作為太過武斷，更別說還得考量古代微生物會出現的各種反應。金還不想直接下推論，接下來她還想看看現代動物對細菌的反應是否相同。如果這些細菌透過相同的分子來控制「小領」**和**動物的發育，這項證據會大大支持「這現象影響我們動物起源」的想法。「我認為在第一批動物演化出來的海洋中，有大量的細菌，這點應該沒有爭議，」金說，「那裡有各式各樣的細菌，它們統治了世界，動物必須適應它們，所以認為細菌產生的某些分子影響第一批動物的發育並不誇張。」是的，一點也不誇張，尤其是當我們知道珍珠港至今還在發生的「事件」之後。

一九四一年十二月七日上午，一大隊日本戰鬥機突然對夏威夷珍珠港的美國海軍基地發動襲擊。亞利桑那號（*Arizona*）戰艦在開戰不久就陣亡，船上一千多名軍官和船員也隨之沉沒。港內的七艘戰艦，連同其他十八艘船艦和三百架軍機不是遭到摧毀，就是被嚴重破壞。今日的珍珠港比當年寧靜多了。雖然仍是容納幾艘巨大軍艦的重要海軍基地，但它最大的威脅已不是來自天空，而是海洋。

你可以隨意扔一塊金屬片到水中，藉此看看船體可能會發生什麼事。幾小時後，細菌開始在金屬片上面生長，藻類或許會隨之而來，也可能有蚌類或藤壺，幾天之內，上面會出現白色管狀物。這些管狀物很小，每個不過數公分長，數毫米寬，但很快就有數百、數千，甚至數萬個，最後整個金屬表面看起來就像結凍的絨毛地毯。這些管狀物隨處可見，從岩石、木樁、漁網到船隻上都可以發現牠們的蹤跡，如果一艘航空母艦在港口停泊數月，這些管狀物就會層層積聚在船體外，形成數公分厚的結構。描述這現象的專業術語叫做「生物附著」（biofouling），換成口語說法則是「屁股上的刺」（a pain in the ass）。海軍有時會派潛水員到船下，用塑膠袋蓋住螺旋槳和其他易受影響的構造，以免被管狀物塞住。[14]

這些白色管狀物裡面住著一隻隻動物，而這管狀物就是裡面的動物製造的。海軍的人叫牠「彎彎蟲」，夏威夷大學的海洋生物學家麥可・哈德菲爾德（Michael Hadfield）則會跟你說牠的名字是華美盤管蟲（*Hydroides elegans*）。其第一次被文獻記載的發現地點是在雪梨港，但地中海、加勒比海、日本沿海和夏威夷（任何有船隻停泊的溫暖海灣）都有牠的蹤跡。這個偷渡大師透過攀附人造船體，分布範圍遍及全世界。

在海軍的要求下，哈德菲爾德從一九九〇年開始研究「彎彎蟲」，他原本就是海洋生物幼蟲方面的專家，因此海軍希望他測試各種防止生物附著的塗料，看看是否能夠逼退「彎彎蟲」。但哈德菲爾德認為，想找到牠真正的弱點，應該先弄清楚為什麼彎彎蟲決定在船體上生活，又是什麼原因讓牠們突然出現在上面？

這個問題存在已久。在那本精采的亞里斯多德傳記中，作者阿曼德・馬里耶・利萊（Armand Marie Leroi）寫道：「（亞里斯多德）說，曾經有支海軍艦隊停泊在羅得島（Rhodos），並把許多陶器扔出船外，陶器首先是積了泥，接著牡蠣也慢慢出現。由於牡蠣無法自行移動到陶器中或其他地方，所以牠們肯定是從泥土中產生的。」[15]這種認為生物會自發生成的觀念流行了數個世紀，但絕對是錯誤的。牡蠣和管蟲之所以會出現的背後真相其實平淡多了。這些動物（如珊瑚、海膽、貽貝和龍蝦）的幼蟲會在大洋中漂流，直到牠們找到落腳的地方。這些幼蟲非常微小，數量卻相當龐大（一滴海水可能就有一百隻），而且其長相完全無法讓人直接聯想到牠們成年後的樣子。小海膽看起來比較像一顆羽毛球，而不是牠長大後像針插一般的造型；華美盤管蟲的幼蟲看起來像長著眼睛的釘塞，而不是套著管子的長長蟲體，所以很難想像幼蟲和成蟲是同一種動物。

幼蟲會在某個時刻安定下來，告別牠年輕時的流浪歲月，變成固著的成體。這個過程稱為變態

（metamorphosis），是牠們生命中最重要的時刻。科學家們曾經懷疑這些地點是任意選擇的：當牠們到了任何一個地方，如果夠幸運找到好位置安頓，就能存活下來。但事實上，幼蟲的做法具有目的性，而且會精挑細選。牠們追隨化學物質痕跡、溫度梯度甚至聲音等線索，找到最適合的變態位置。

哈德菲爾德很快便發現，吸引華美盤管蟲的是細菌，更準確地說是生物膜（biofilm），這種由細菌鋪排而成的黏稠薄膜會在水下物體的表面快速生成。當幼蟲發現生物膜時，會緊緊地將頭貼在這群細菌的表面，沿著它們游動。幾分鐘後，幼蟲會從尾巴擠出一條黏液來固定自己，並分泌出一層透明的套子將自己包裹起來。在牢牢固定住自己後，牠開始變形。曾經擺動、推著牠穿梭水中的纖毛消失，身體開始拉長，頭部周圍長出一圈觸手用來抓取食物碎片，也開始打造身上的硬管。現在的牠已經長大成蟲，永遠不會再移動，而這樣的轉變完全取決於細菌。對華美盤管蟲來說，乾淨無菌的燒杯就像彼得潘的夢幻島，住在那裡永遠不會長大。

不過，管蟲卻不是對任何存在已久的微生物都會有反應。哈德菲爾德發現，夏威夷海域的眾多菌株中，只有少數能誘導變態，而且只有一種能力較強，它有個拗口的名字——黃紫色假異單胞菌（*Pseudoalteromonas luteoviolacea*）（還好哈德菲爾德把它簡稱為「小紫」〔P-luteo〕）。「小紫」比其他微生物更擅長將幼蟲轉變為成蟲。如果沒有它或其他細菌，管蟲永遠不會成年。[16]

管蟲不是特例，當某些海綿幼蟲遇到細菌時，也會附著在表面並開始變形。貽貝、藤壺、海鞘（sea squirt）和珊瑚也是如此，牡蠣也算喔（抱歉了，亞里斯多德）！貝螅（*Hydractinia*）是水母和海葵長了觸手的親戚，當牠接觸到寄居蟹殼上的細菌時就會「轉大人」。海洋裡住著一群群只有在與細菌接觸時才能完成生命週期的動物小寶寶，而且這些細菌通常都是「小紫」。[17]

如果這些微生物突然消失，會發生什麼事？剛剛提到的那些動物都會滅絕、無法成熟或繁殖嗎？海洋中物種最多的珊瑚礁生態系會因為沒有細菌先行探路，而無法找到合適的表面發展嗎？「我不會把它們捧得那麼重要，」哈德菲爾德以科學家特有的謹慎說道。令我驚訝的是，他卻繼續補充道，「但這個說法還算公道。雖然不是所有海中的幼蟲都需要細菌刺激，也有很多動物的幼蟲還沒測試過，但現在管蟲、珊瑚、海葵、藤壺、苔蘚蟲（bryozoan）、海綿，還有很多很多類群的動物裡，都有用細菌做為啟動關鍵的例子。」

有些人可能又會問：動物為什麼要依賴來自細菌的提示？可能是因為微生物能增進幼蟲對表面的附著能力，也能提供阻止病原體進攻的分子，但哈德菲爾德認為細菌的價值對動物來說其實沒那麼複雜。生物膜的存在能向動物幼蟲傳達以下重要訊息：第一，這裡有堅硬穩固的表面。第二，這個表面已經存在好一陣子。第三，這裡沒有太大的毒性。第四，有足夠的養分支持微生物。這些都是代表該地適合安居的好理由，所以其實動物的問題應該是，為什麼**不依賴**細菌的提示？或更應該問：如果不依賴細菌，動物還能有什麼選擇？「當第一批海洋動物的幼蟲準備定居時，根本沒有乾淨的表面，」哈德菲爾德呼應著羅爾斯和金的想法說道，「到處都被細菌覆蓋，因此，不同的細菌群落變成是否適合定居的線索，這一點也不奇怪。」

* * *

金的「小領」和哈德菲爾德的「管蟲」都受微生物精細調控，也受它們影響而顯著地轉變。如果沒有細菌，樂於交際的「小領」會永遠形單影隻，海中的幼蟲也永遠不會成熟。這些都是微生物徹底「雕塑」動物（或動物遠親）身體很好的例子。然而這不算傳統意義上的共生，管蟲的體內其實並沒有「小紫」，成年後也似乎不再與細菌相互交流，兩者的關係就像「停車借問」，過客問路完便繼續前行，反觀其他動物與微生物形成的依賴關係則更為持久。

副鏈渦蟲（*Paracatenula*）這類扁蟲跟微生物的關係屬於後者，這種生活在世界各地溫暖海洋的沉積物中的小型動物，將共生關係發展到極致。在其數公分的身體裡，將近一半是由共生細菌所組成，這些細菌住在叫做滋養體（trophosome）的構造裡。而這類扁蟲的身體百分之九十都是滋養體，幾乎可說是「大腦以下就是微生物和它們住的地方」。研究副鏈渦蟲的哈拉德．古魯伯－佛第加（Harald Gruber-Vodicka）將細菌比喻成馬達和電池，它們既為副鏈渦蟲提供能量，也以脂肪和含硫分子的形式儲存能量。而這些儲存能量的分子讓牠們因此呈現亮白色。

副鏈渦蟲也因為細菌而擁有超能力[18]：牠是再生大師，若將牠切成兩半，這兩段都能成為功能完整的個體，後半部分甚至會重新長出腦袋。古魯伯－佛第加說：「剁了牠，你可以一口氣得到十隻。牠們在大自然中大概就是這樣做的，牠們的身體會愈來愈長，直到一天某端不小心斷掉，就能變成兩隻。」這種超能力完全仰賴滋養體內部的細菌和它們儲存的能量。只要蟲體斷掉的片段中含有足夠的共生菌，就能再生出整隻動物；如果共生菌太少，斷片就會死亡。和我們的直覺相反，這種扁蟲唯一無法進行再生的部位是不含細菌的頭部，單靠大腦長不出尾巴，尾巴卻可以重新長出大腦。

像副鏈渦蟲這樣與微生物建立伙伴關係的現象在動物界相當常見——包括你我也有。雖然我們沒有扁蟲神奇的再生修復能力，但我們也在體內豢養著微生物，一生中不斷和它們交流互動。與哈德菲爾德的管蟲不同，牠們的身體只在短時間內受環境中的細菌影響而改變構造，但**我們**的身體卻是不斷被體內細菌改造和重塑。我們與微生物的關係不是一期一會，而是持續的交涉。

現在我們已經知道微生物會影響腸胃道和其他器官的發育，但即便這項工作完成了，它們仍然不能休息，因為維持動物身體運作的工作還是得有人做。用奧利佛．薩克斯（Oliver Sacks）的話來說，「無論是大象還是原生動物，對於生物的生存和獨立來說，最重要的是維持恆定的內在環境。」[19] 在維持恆定的過程中，微生物至關重要：它們影響脂肪的儲存，幫助腸道和皮膚的表層再生，讓新的細胞替換受損和死亡的細胞。它也調控血腦障壁（blood-brain barrier）——由細胞緊密排列而成的細胞網——保護腦部不被侵犯的守備強度，讓養分和小分子可以從血液通過障壁運輸到腦部，但阻擋更大的物質和活細胞。微生物甚至持續影響骨骼的重塑，讓新的骨質沉積，舊的則被再吸收。[20]

免疫系統的細胞和分子共同保護我們的身體免受感染和其他威脅，是受恆定影響最顯著的例子。免疫系統相當複雜，想像它是一臺巨大的魯布．哥德堡（Rube Goldberg）式機器，能透過無數的零件啟動、激發或傳遞信號。接著，再想像另一臺相同款式的機器，只不過是臺還沒組裝好的半成品，不僅嘎吱作響，零件東漏西漏，還接線錯誤，無菌小鼠的免疫系統就像它一樣。這也是為什麼羅斯伯里曾說，無菌動物「通常很容易受到疾病感染，因為牠們等於是用嬰兒的不成熟組態去面對世界上的危險。」[21]

這代表我們動物的基因體不能獨自建立起成熟的免疫系統，而需要微生物的參與。[22]數百篇關於小鼠、采采蠅和斑馬魚等物種的科學論文顯示，微生物在某種程度上幫忙形塑了免疫系統。它們影響了各類免疫細胞的產生，也影響那些製造和儲存免疫細胞的器官發育。微生物在動物的幼年時期尤其重要（這時候，免疫系統這臺機器剛打造好，正在調校準備面對這個花花世界），機器開始運轉之後，微生物也會繼續調整免疫系統對威脅的反應。[23]

以發炎反應為例：發炎是種防禦性反應，免疫細胞會跑到傷口或感染部位，導致紅、腫、熱等不適。發炎反應的重要性在於：它能保護身體免受威脅，如果沒有它的保護，我們應該會被感染得七葷八素。但如果發炎遍布全身，持續時間太長，或是受輕微的刺激就啟動，可就麻煩了，會導致氣喘、關節炎、其他發炎性疾病和自體免疫疾病。因此，發炎必須在正確的時機啟動，並且受到妥善控制。抑制發炎和引起發炎一樣重要。微生物兩者都能做到，有些微生物會刺激鷹派的促發炎免疫細胞產生，有些則會誘導鴿派的抗發炎細胞。[24]有了它們，我們可以對威脅做些反應卻又不會反應過度；沒有它們，這樣的平衡就會消失。這就是無菌小鼠容易受到感染，也容易罹患自體免疫疾病的原因，牠既不能在需要的時候產生適當的免疫反應，也不能在和平的日子裡抑制不當的免疫反應。

現在讓我們先暫停一下，想想這些事情有多麼奇特。傳統對於免疫系統的觀點總是充滿軍事隱喻和敵意：我們將其視為一種「防禦」力，能區分自我（我們自己的細胞）與非自我（微生物和其他一切），並打算根除後者。但現在我們卻看到，微生物其實從一開始就在打造和調整我們的免疫系統！

讓我以一種常見的腸道細菌——脆弱擬桿菌（*Bacteroides fragilis*）來舉例。二〇〇二年，薩奇斯・瑪茲曼尼恩（Sarkis Mazmanian）表示，這種微生物可以解決無菌小鼠的免疫問題。具體來說，脆弱擬桿菌會讓無菌小鼠的「輔助性T細胞」（helper T cell）回復到正常數量。輔助性T細胞是一種重要的免疫細胞，可以集合和協調其他的免疫細胞。[25]瑪茲曼尼恩甚至不需要整隻微生物，他的研究結果顯示，單是脆弱擬桿菌表面的一種糖分子——多醣A（polysaccharide A），就能增加輔助性T細胞的數量。這是第一次有研究結果證明單一種微生物，不，是單一種微生物**分子**，就能解決特定的免疫問題。後來，瑪茲曼尼恩的研究團隊也證明，（至少在小鼠體內）多醣A可以預防和治療結腸炎（影響腸道）和多發性硬化症（multiple sclerosis，影響神經細胞）等發炎性疾病。[26]這些都是免疫系統過度反應造成的疾病，而多醣A能幫助平復反應，恢復健康。

但別忘了，多醣A是來自細菌的分子，依照過去的認知，免疫系統應該將其視為威脅引起發炎。然而它恰恰相反，多醣A能抑制發炎，使免疫系統平靜下來。瑪茲曼尼恩稱多醣A為「共生因子」（symbiosis factor）——一段微生物傳遞給宿主的化學訊息，上頭寫著「我為和平而來」。[27]這表示，免疫系統並不是天生就能分辨無害共生菌與有害病原菌之間的差異。透過這個例子我們知道，是微生物讓這兩者的分別更加清晰。

那麼，我們怎麼可以將免疫系統看作一支無敵艦隊，到處肆意地消滅微生物呢？免疫系統可精妙多了，它能在人體內造成災難性的猛烈沸騰，像是在第一型糖尿病或多發性硬化症等自體免疫疾病的狀況，但也能在無數常駐微生物（如脆弱擬桿菌）出現時，降低成文火慢燉。我覺得將免疫系統視為同樣也是生態系管理者的國家公園巡山員或許更為精確，它必須謹慎控制常駐物種的數量，也必須驅逐帶來麻煩的入侵者。

這裡的不同點是：國家公園裡的生物先雇用了巡山員，教他們要照顧哪些物種，哪些又應該驅逐，而且不斷製造出像多醣A這樣的化學物質，影響巡山員該警覺和反應到什麼程度。免疫系統不僅是控制微生物的手段，它也多少受**微生物**控制。這是我們載滿眾多小生命的身體，為了保護自己而另闢的蹊徑。

＊＊＊

如果列出某個微生物群落中的所有物種，就可以知道它們是誰；如果列出這些微生物的所有基因，就可以知道它們有什麼能力。[28]但如果列出微生物產生的所有化學物質（它們的代謝物），你就可以知道這些物種**實際上在做什麼**。到目前為止，我們已經看到許多化學物質，例如共生因子多醣A，以及麥克弗爾－奈發現能調控短尾烏賊的兩種MAMP（微生物相關分子結構），除此之外，還有成千上萬種科學家們剛開始試著瞭解其功能的分子。[29]這些物質是動物與共生菌交流的方式，現在有許多科學家都試圖「竊聽」這些對話，不過「竊聽」的人不只他們。微生物製造的分子也可以釋出到宿主體外，飄盪在空氣中，把訊息傳到遠處。如果你到非洲莽原上，或許可以「嗅」到一點蛛絲馬跡。

所有非洲的大型掠食動物中，就屬斑點鬣狗（spotted hyena）最樂於社交。獅群可能有十幾頭，但一群鬣狗可以多達四十到八十隻。牠們不會整群都一直待在同一個地方，而是一天之內多次拆散、重組成小群體。鬣狗群的社交動態，使牠們成為新一代野外生物學家研究的超棒主題。「你可以觀察野外的獅子，但牠們只會躺在那裡；你也可以投入好幾年的時間研究狼群，但只會看到牠的糞便或聽到牠的嚎叫聲，」鬣狗迷凱文．賽伊斯（Kevin Theis）說，「但是研究鬣狗……你會看到打招呼、入團、領導和順從的信號。你可以看到小鬣狗試圖在大家族中找到自己的位置，移入的雄鬣狗試圖觀察家族中有誰，牠們的社交生活非常複雜。」

鬣狗會使用各種不同的信號來應對複雜的社交，其中也包括化學訊息。斑點鬣狗會跨立在長草間，從屁股擠出氣味腺（scent gland），當腺體擦過草莖，會在上面留下一層薄薄的黏液，顏色從黑到橘都有，質地有稠也有稀，而氣味呢……「對我來說，它聞起來像發酵中的腐質土，但有些人覺得比較像切達起司或廉價肥皂。」賽伊斯說。

賽伊斯已經研究鬣狗的黏液多年，但當有個同事問他，「細菌是否也有參與這種黏液的形成呢？」他被問倒了。接著，他發現早在七〇年代，就有科學家提過類似的想法，認為許多哺乳動物的氣味腺中含有細菌，使裡面的脂肪和蛋白質發酵，產生不太好聞的氣味分子散播在空氣中。微生物組成的差異是否可以解釋為什麼不同的動物都帶有其獨特的氣味呢？還記得聖地牙哥動物園有爆米花香味的豴貓嗎？[30] 微生物也能當作身分徽章，透露宿主的健康狀況和其他資訊。當動物們互相玩耍、爭鬥和交配時，也可能分享彼此的微生物，使這群動物擁有牠們獨特的味道。

這個假說挺合理的，但當年的人們很難進行驗證，不過幾十年過去，現在賽伊斯掌握新的遺傳檢測工具，這個問題迎刃而解。他在肯亞從七十三隻被麻醉的鬣狗身上蒐集氣味腺黏液樣本，在定序常駐微生物的DNA後看見，新發現的細菌種類竟比之前所有研究所發現的總和還多。他還發現，這些細菌與其產生的化學物質在斑點鬣狗和條紋鬣狗間、不同群的斑點鬣狗間、雄性和雌性之間，以及是否處於發情期的個體之間都有差別。[31]也因為這些差異，氣味腺黏液就像用化學物質畫出的塗鴉，可以顯示留言者是誰、什麼物種、年紀多大，以及是否準備交配。鬣狗藉由讓草莖沾上有味道的微生物，在整片莽原上揮灑著自己的印記。

不過，這仍然是個假說。「我們必須能操控和氣味相關的微生物群落，看看氣味特徵是否會因此改變，」賽伊斯說，「然後，我們需要證明，當氣味改變時，鬣狗真的會注意到並做出反應。」同時，科學家也在其他哺乳動物的氣味腺和尿液中發現類似的情形，包括蜥蜴、狐獴、貛、老鼠和蝙蝠。老狐獴的味道與「青春的芬芳」截然不同；公象的「男人味」也與母象的「女人香」不同。

接下來，輪到我們了。人類的腋下與鬣狗的氣味腺沒什麼不同，同樣溫暖潮濕，而且充滿細菌。每個物種都有自己專屬的氣味，棒狀桿菌會將汗液轉化，發出類似洋蔥的味道，並將睪固酮轉化成香草或尿液的味道，或甚至沒有味道——端看嗅聞者的基因而定。這些氣味能當作有效的信號嗎？當然可以！腋窩的微生物組成非常穩定，因此連帶使我們腋下的氣味也很固定。每個人都有自己獨門的味道，在一些實驗中，志願者能從T恤上的氣味區分衣服的主人，甚至可以分辨出同卵雙胞胎身上不同的氣味。我們或許就像鬣狗一樣，也可以藉由嗅出微生物發出的訊息，來蒐集彼此的資訊。除了哺乳動物，沙漠飛蝗（desert locust）的腸道細菌會產生一些聚集費洛蒙，使原本孤身的昆蟲變得成群結隊，形成一個足以鋪天蓋地的大群集；德國蟑螂的腸道細菌也解釋了為什麼牠們都有聚集在彼此糞便周圍的噁心癖好；巨牧豆樹蟲（giant mesquite bug）依賴共生菌製造一種警戒費洛蒙，告知彼此小心危險。[32]

動物為什麼要倚賴微生物製造這些化學信號呢？賽伊斯的理由與羅爾斯、金和哈德菲爾德相同：這是「不可避免的」。世界各處都能被釋放揮發性化學物質的微生物占據，如果這些化學信號能反映出對某些特徵（比如性別、力量或生育能力）的有用線索，宿主動物就可能演化出能散發氣味的器官來滋養和保護這些微生物，使意外獲得的線索最終變成大鳴大放的公開信號。因此，藉由製造出能在空氣中傳播的訊息，微生物可以把影響的範圍擴張到自己宿主以外，去改變其他動物的行為。如果這是對的，微生物可以影響宿主附近動物的群體行為，也就不足為奇了。

二〇〇一年，神經科學家保羅．帕特森（Paul Patterson）在懷孕的小鼠身上注射一種模仿病毒引發免疫反應的物質。後來，小鼠生下健康的幼鼠，但在幼鼠長大之後，帕特森卻發現牠們出現有趣的怪癖。一般的小鼠不太願意進入開放空間，但這些小鼠尤其抗拒；牠們很容易被巨大的聲響嚇到，也會一遍又一遍地理毛和反覆掩埋玻璃珠❶；牠們的溝通能力比同儕差，也會特別避開社交接觸。焦

❶審訂註：研究人員在行為測試中，會給小鼠彈珠大小的玻璃珠，以牠們會不會反覆埋珠子，來檢驗焦慮的程度。

慮、重複性動作、社交問題，帕特森在這種小鼠身上看到兩種人類疾病：自閉症和思覺失調症。這些相似性還算在意料之中，因為帕特森曾經讀過遭遇嚴重感染（如流感病毒或痲疹病毒）的孕婦，其孩子出生後會比較容易患有自閉症和思覺失調症。他認為母親的免疫反應可能會以某種方式影響寶寶的大腦發育，只是還不知道背後的機制為何。[33]

幾年後，當帕特森和他的同事瑪茲曼尼恩（他發現了腸道細菌脆弱擬桿菌的抗發炎作用）共進午餐時才恍然大悟。這兩人湊在一起，才發覺他們一直在研究的剛好是一個問題的兩半。瑪茲曼尼恩證實了腸道微生物會影響免疫系統，帕特森則發現這個免疫系統會影響發育中的大腦。他們意識到帕特森的小鼠與人類自閉症兒童有共同的腸道問題：兩者都容易腹瀉和罹患其他腸道疾病，並且都有不太尋常的腸道微生物群落。兩人推斷，或許，那些微生物在某種程度上影響了小鼠和孩子的行為症狀？也或許，他們再推測，解決這些腸道問題，就可以引起行為上的改變？

為了檢驗這個想法，兩人將脆弱擬桿菌餵給帕特森的小鼠。[34]實驗結果非常明顯：小鼠變得更願意探索，比較不容易受驚嚇，出現重複動作的情形減少，也更常出聲與其他小鼠溝通。雖然牠們仍不願接近其他小鼠，但在其他方面，脆弱擬桿菌已經大幅扭轉母體免疫反應所造成的問題。

這是怎麼做到的？又為什麼可以做到？以下是目前所能做的最大猜測：實驗團隊引發免疫反應來模仿懷孕母體的病毒感染，使其子代的腸道變得容易滲漏，而且出現了不正常的微生物組成。這些微生物產生的化學物質進入血液，到了大腦，誘發了小鼠非典型的行為。其中，最大的罪魁禍首是一種叫做4－乙基苯基硫酸鹽（4-ethylphenylsulfate，4EPS）的毒素，會導致健康的動物出現焦慮問題。

而當小鼠吞入脆弱擬桿菌，這種細菌便封住腸道不再滲漏，進而阻止**4EPS**（和其他物質）抵達大腦，扭轉了小鼠出現不正常行為的症狀。

帕特森於二〇一四年去世，而瑪茲曼尼恩現在正接續著他朋友的工作，他的長期目標是開發一種口服細菌，來控制一些比較棘手的自閉症症狀。或許處方會是脆弱擬桿菌，它在小鼠身上確實能順利運作，也恰好是人類自閉症患者腸胃道中減損最多的微生物。那些讀到他研究的自閉症兒童父母，常常會透過電子郵件問他哪裡可以得到這種細菌。許多父母也開始給孩子吃益生菌解決腸道問題，有些人甚至聲稱行為問題有獲得改善。瑪茲曼尼恩現在希望除了這些傳聞之外，也能有臨床證據，對此他樂觀看待。

但有些人則抱持懷疑，正如科學作家艾米莉．威林漢（Emily Willingham）所說的，「老鼠沒有自閉症，自閉症是一種人類神經生物學的建構，會受到社會和文化上對什麼才算**正常**的看法而影響。」[35]一隻小鼠反覆掩埋玻璃珠，就真的和孩子來回搖擺的症狀一樣嗎？小鼠比較少發出叫聲，就等於孩子無法與他人交談嗎？如果你瞇起眼睛仔細瞧瞧，可能會找到相似的地方。定睛一看，可能又會看到和其他疾病的相似處。事實上，帕特森培育的小鼠品系最初是為了模擬思覺失調症而不是自閉症。不過，瑪茲曼尼恩的團隊最近做了一項實驗，顯示這兩種疾病的行為是相關的。他們將自閉症兒童的腸道微生物轉植到小鼠身上，發現小鼠竟發展出與帕特森小鼠相同的怪癖，如重複的行為和社交嫌惡，[36]這代表微生物多少要對這些行為負責。「我不認為有人可以聲稱自己能在小鼠身上複製出人類的自閉症，」但瑪茲曼尼恩仍然不失樂觀地說，「畢竟有先天條件上的限制，但實驗結果就是如此。」

至少，帕特森和瑪茲曼尼恩告訴我們，調整小鼠的腸道微生物，甚至只是改變微生物分子如4EPS，就可能會改變牠的行為。目前為止，我們已經知道微生物可以影響腸道、骨骼、血管和T細胞的發育，現在我們也知道它們可以影響大腦。然而，比起其他器官，大腦是最能決定我們是誰的器官，這也因此讓人不安。我們非常重視我們的自由意志，所以當看不見的力量導致我們失去獨立的想法時，就會挑起最深層的恐懼。在我們最黑暗的虛構作品中，充滿了歐威爾式反烏托邦、邪惡的陰謀，以及控制他人思想的反派角色，但其實一直把我們當作傀儡的，是這些生活在我們體內沒有腦袋的微小單細胞生物。

一八二二年六月六日，在五大湖的一座島上，一名二十歲的毛皮商人亞利克西斯・聖馬丁（Alexis St Martin）意外被火繩槍射中。當時島上唯一的醫生是位隸屬軍隊的外科醫生，名叫威廉・博蒙特（William Beaumont）。當博蒙特抵達現場時，聖馬丁已經流了半個小時的血，他的肋骨斷了，肌肉撕裂，一小部分焦黑的肺葉露到身體外面，胃上有一個一指寬的洞，食物從裡頭漏出來。「在那種險境下，我認為任何試圖挽救他生命的努力都沒有用。」博蒙特後來寫道。[37]

不過，博蒙特還是嘗試了。他把聖馬丁帶到家裡，經過多次手術和數個月的照護後，終於設法穩定了他的情況。但聖馬丁從未完全痊癒，他的胃貼在皮膚的洞上，形成一個連接到體外的永久性開口——套句博蒙特的話，那是一個「意外得到的開口」。聖馬丁再也無法進行皮毛交易，他成為博蒙特的雜工兼僕役，博蒙特則把他當作實驗白老鼠。當時人們幾乎不清楚消化作用的過程，但透過聖馬丁的傷口，博蒙特「看到了」一個好機會，他蒐集許多胃酸樣本，有時也會直接從洞口送入食物，以觀察胃如何消化它。博蒙特在聖馬丁身上的實驗一直持續到一八三三年，後來兩人分道揚鑣，聖馬丁回到魁北克當農民，享年七十八歲。博蒙特則被稱為胃生理學之父。[38]

在博蒙特的觀察中，他注意到聖馬丁的情緒會影響胃部，當聖馬丁生氣煩躁時（當有外科醫生用食物「吊你胃口」時，很難不暴躁），消化速率會改變，這是第一個大腦影響腸胃道的明顯跡象。大約兩個世紀之後的今天，大家對這件事都已經很熟悉了：當我們的情緒改變時，就會變得沒胃口，而當我們感到飢餓時，心情也會改變。精神問題和消化問題往往一起出現，生物學家也因此提出「腸－腦軸」（gut–brain axis）的概念，指出腸胃道和大腦之間的雙向交流。

我們現在知道，腸道微生物參與了腸－腦軸的溝通，而且是雙向的。自七〇年代以來，有一連串的研究顯示，任何壓力，例如飢餓、失眠、與母親分離、具攻擊性的個體突然出現、不舒適的溫度、過度擁擠，甚至巨大的聲響，都會改變小鼠的腸道微生物相，反之亦然：微生物組成會影響宿主的行為，包括其社交態度以及應對壓力的能力。[39]

二〇一一年，關於這主題的研究大量湧現。幾個月之內，許多科學家發表了精采的論文，顯示微生物可以影響大腦和行為。[40]瑞典卡羅琳斯卡醫學院（Karolinska Institute）的史文．皮特森（Sven Petterson）發現，無菌小鼠沒有身上帶有微生物的小鼠那麼焦慮，也更敢於冒險，但如果這些小鼠在幼年時被植入微生物，成年後就會長成和一般小鼠一樣謹慎。在大西洋的另一端，麥克馬斯特大學

（McMaster University）的史蒂芬・柯林斯（Stephen Collins）在幾乎算是偶然的情況下也有類似的發現。柯林斯是名訓練有素的胃腸病學家，當時正在研究益生菌如何影響無菌小鼠的腸道。「我的一位技術員對我說：這種益生菌有問題，因為它會讓小鼠變得緊張易怒，」他回憶道，「牠們真的看起來不太一樣。」柯林斯用了兩種常見的實驗小鼠品系來進行研究，其中一種天生比另一種膽小，而且容易焦慮。如果他將膽小小鼠的微生物移植在原本無菌的大膽小鼠身上，牠們就會變得膽小，反之亦然：無菌的膽小小鼠接受了牠豪勇的親戚身上的微生物，就會變得大膽。這個結果正是柯林斯期望看到的戲劇性改變：當動物交換腸道細菌之後，也會交換一部分的性格特質。

正如我們所見，無菌小鼠是很奇特的生物，許多生理變化都可能影響牠們的行為。所以當愛爾蘭科克大學（University of Cork）的約翰・克萊恩（John Cryan）和泰德・迪南（Ted Dinan）在具有完整微生物群落的正常小鼠身上也發現類似的結果，這就變成一項十分重要的證據。他們使用和柯林斯用來研究膽小小鼠同品系的小鼠，且成功藉由餵牠單株鼠李糖乳桿菌（*Lactobacillus rhamnosus*，一種常用於優格和乳製品中的細菌）來改變牠們的行為。在攝入這個被命為JB-1的菌株後，膽小小鼠變得比較能克服焦慮：敢在迷宮中沒有遮蔽的地方或開放場地的中央待更久；也更擅長抵抗負面情緒：當小鼠掉進水桶時，牠花在努力游泳的時間比漫無目地漂浮的時間更多。[41] 以上實驗通常用來測試精神科藥物的效果，而JB-1的表現和具有抗焦慮**和**抗憂鬱特性的物質相當，「就像小鼠接受低劑量的百憂解（Prozac）或煩寧（Valium）一樣。」克萊恩說。

為了找出細菌究竟做了什麼，研究團隊觀察小鼠的大腦，並發現JB-1改變了大腦不同區域（包括參與學習、記憶和情緒控制的部分）對γ-胺基丁酸（GABA）的反應。GABA是一種有安撫作用的化學物質，可以安定興奮的神經元。與先前一樣，此處的發現也與人類精神問題有驚人的相似之處：焦慮和憂鬱通常和對GABA的反應出問題有關，抗焦慮藥物——苯二氮平類（benzodiazepine）正是透過增強GABA的效果來達到治療的目的。該團隊也研究微生物如何影響大腦，他們推測主要是因為迷走神經。迷走神經是一條很長且有分支的神經，負責在大腦和內臟器官之間傳遞信號，有如腸－腦軸的具體化身。研究團隊發現，在切斷了迷走神經之後，原本能夠改變心智的JB-1會完全失去影響力。[42]

上述和後續的研究都顯示，改變小鼠的微生物群落可以改變其行為、大腦中的化學物質，以及讓牠們更容易發生焦慮和憂鬱。但在其他研究則得到許多不一致的結果。有些研究發現微生物只會影響幼鼠的大腦，有些則得到無論年齡大小都會受影響的結論；有些研究發現細菌可以減輕小鼠的焦慮，有些卻觀察到細菌會讓小鼠更加焦慮；有些研究顯示訊息是透過迷走神經來傳遞，有的研究則強調訊息來自微生物產生的像是多巴胺（dopamine）和血清素（serotonin）這類能將訊息從一個神經元傳遞到另一個神經元的神經傳導物質，再經由血液傳遞到神經系統。[43]不過，會出現這些矛盾其實是可以料想得到的結果，因為當兩種極其複雜的事情——微生物群落和大腦——作用在一起時，想期待簡單且清楚的結果實在太過天真。

現在最大的問題是，這些實驗結果在現實生活中到底重不重要？實驗鼠在實驗室受控的環境中會受到微生物造成的細微影響，但那在現實世界中真的很重要嗎？克萊恩瞭解這些懷疑的聲音其來有自，而且只有一種方法可以止息：他們需要進行更進階的實驗。「我們必須進行人體試驗。」他說。

有些零星的研究想找出使用抗生素或益生菌後人們的行為是否有所不同，但因為研究方法學上的問題和模稜兩可的實驗結果，因此還沒能有確定的結論。其中一項比較有前瞻性（儘管還是小型研究）的研究來自克爾絲登．提里須（Kirsten Tillisch），她發現每天吃兩次富含微生物優格的女性，和攝入不含微生物乳製品的女性相比，大腦處理情緒的部位活化程度較低。雖然這些差異究竟代表什麼含義還有爭議，但至少呈現出細菌可以影響人類的大腦活動。[44]

真正的考驗是看細菌是否可以幫助人們因應壓力、焦慮、憂鬱和其他心理健康問題。對此，目前研究已經出現成功的跡象：柯林斯剛剛完成了一項小型的臨床試驗，某一種益生菌（一家食品公司專利擁有的比菲德氏菌菌株）減輕了腸躁症候群（irritable bowel syndrome）患者的憂鬱症狀。[45]「我認為，這是第一次益生菌被證明具有改善患者不正常行為的能力。」他說。同時克萊恩和迪南也即將完成他們的臨床試驗，來看看益生菌（或者用他們的話：「精神益生菌」）是否能幫助人們面對壓力。迪南是一位自行開業的精神科醫生，專門治療憂鬱症，他斟酌著自己的期望，表示道：「我必須說，我曾對餵給動物微生物就會改變牠們的行為這件事感到相當懷疑。」但他現在改觀了，只是仍然覺得「我們不太可能弄出一套治療重度憂鬱的益生菌混合療法，但是在憂鬱程度較輕的患者身上，或許是有機會治療的。有很多病人不想吃抗憂鬱的藥物，或覺得治療費太過昂貴，如果我們能提供一種有療效的益生菌，那將是精神醫學的一大進展。」

這些研究促使科學家透過微生物的角度，觀察人類行為的不同面向。飲酒過量會使腸胃道滲漏，讓微生物更容易跑去影響大腦，但這有助於解釋為什麼酗酒者經常會出現憂鬱或焦慮的症狀嗎？我們的飲食重塑了腸胃道中的微生物，這些變化會進而影響我們的心智嗎？[46]腸道微生物群落在老年時會變得比較不穩定，這是否會導致老年人腦部疾病的增加？我們體內的微生物會不會一開始就操縱我們對食物的渴望？如果你拿起一個漢堡或一條巧克力，究竟是什麼讓你伸出了手？

從你的角度來看，點菜點得對不對，只不過是好吃和不好吃的差別，但對於你的腸胃道細菌來說，這個選擇很重要。不同的微生物會在得到某些飲食時過得比較好，有些微生物非常擅長消化植物纖維，有些微生物則能在脂肪中成長茁壯。當你選擇你的飲食，同時也選擇了哪種細菌能得到食物，讓它們比同儕更有優勢。但細菌可不用坐在那裡，客氣地等你做決定，正如我們所知，細菌具有駭入神經系統的方式，如果它們在你吃某些食物時釋放多巴胺——一種讓你感到愉悅和獲得獎賞的化學物質——是不是就可以驅使你選擇某些食物，而不是選擇其他？微生物在你點餐時也有發言權嗎？[47]

雖然到目前為止這還只是假說，但它並不牽強。畢竟大自然中充滿了控制宿主心智的寄生蟲。[48]狂犬病病毒感染神經系統，使帶原者變得暴力、具攻擊性，而如果帶原者攻擊同伴，造成咬傷和抓傷，就會將病毒傳播給新宿主。寄生在大腦的弓漿蟲（*Toxoplasma gondii*）是另一位操縱動物的傀儡大師。弓漿蟲只能在貓身上進行交配繁殖，如果進入老鼠體內，它會抑制其對貓氣味的自然恐懼，改用有性吸引力的分子取而代之，讓被寄生的老鼠朝附近的貓奔去，主動迎接死亡，弓漿蟲因此可以完成它的生命週期。[49]

狂犬病病毒和弓漿蟲是徹頭徹尾的寄生蟲，以對宿主有害或致命的結果為代價，自私地繁殖。但我們的腸道微生物不同，它們是我們生命中正常的一部分，有助於構建我們的身體——從腸道、免疫系統到神經系統——使我們受益。但我們不應該讓它引誘我們陷入它編織的溫柔鄉，因為共生的微生物仍然和我們是不同的個體，它們有自己的利益要維護，在演化這場戰役中，也有自己要付出的代價。微生物可以成為我們的合作伙伴，但不是我們的朋友，即使在最和諧的共生關係中，也始終存在衝突、自私和背叛的可能。

第4章 請嚴格遵守合約條款

一九二四年，馬歇爾・賀提格（Marshall Hertig）和西梅恩・伯特・沃爾巴克（Simeon Burt Wolbach）在美國波士頓和明尼阿波利斯附近蒐集到尖音家蚊（*Culex pipens*），並在這種常見的棕色蚊子體內，發現了一種新的微生物。[1]這種微生物看起來有點像沃爾巴克先前鑑定為引起落磯山斑疹熱與斑疹傷寒的立克次體（*Rickettsia*）細菌，但它似乎不會造成任何疾病，因此一直被忽視。賀提格花了十二年的時間，才將它正式命名為尖音沃爾巴克氏菌（*Wolbachia pipientis*），以紀念他的朋友沃爾巴克與攜帶這種微生物的蚊子，而後的生物學家又花了數十年的時間才又意識到這種細菌的特別之處。

要一位經常撰寫微生物學文章的科學作家挑出一種最喜歡的細菌並不難，就像人們能選出最喜歡的電影或樂團一樣。沃爾巴克氏菌（*Wolbachia*）就是我的最愛。它的行為令人嘆為觀止，它的傳播方式也壯美得令人屏息，再者，沃爾巴克氏菌也是微生物——而且是所有微生物中，帶有雙重性質的完美例子：既可做為伙伴又可化身為寄生蟲。

一九八〇、九〇年代，在卡爾・烏斯向世人展示如何利用基因定序來鑑定微生物之後，生物學家們開始廣泛地發現沃爾巴克氏菌。那些研究著能操縱宿主性生活的細菌的科學家們原以為自己於其他人互不相干，後來卻察覺彼此都在做同樣的事情。理查・斯陶特哈默（Richard Stouthamer）發現了一群無性繁殖，全為雌性，且只能藉由自我複製來繁殖的赤眼蜂。這就是沃爾巴克氏菌的傑作。當斯陶特哈默對赤眼蜂施予抗生素，雄蜂便再次出現，雄蜂與雌蜂於是又開始交配。堤耶利・里高（Thierry Rigaud）在鼠婦（woodlouse）身上發現某種細菌會透過干擾雄性荷爾蒙的產生，將雄性轉化為雌性。這也是因為沃爾巴克氏菌。在斐濟和薩摩亞，葛雷格・赫斯特（Greg Hurst）發現有一種細菌會殺死外表華麗的幻紫斑蛺蝶（blue-moon butterfly）的雄性胚胎，以至於雌蝶數量以一百比一的比例遠遠超過雄蝶的數量。是的，又是沃爾巴克氏菌。即使這些和在賀提格與沃爾巴克的蚊子身上發現的菌株可能不完全相同，但它們都是不同版本的沃爾巴克氏菌。[2]

上面這些沃爾巴克氏菌的策略之所以皆對雄性不利，其實是有原因的。沃爾巴克氏菌只能藉由卵傳遞到宿主的下一代，因為精子太小無法容納它。雌性是通往未來的門票，雄性卻是演化的死胡同。因此，它發展出許多方法來抑制雄性宿主，以讓雌性宿主壯大。沃爾巴克氏菌會殺死雄性，就像赫斯特的蝴蝶；它會將牠們雌性化，就如里高的鼠婦；它迫使雌性行無性生殖來完全消除對雄性的需求，則如同斯陶特哈默的赤眼蜂。事實上，這幾種操控手法並不是沃爾巴克氏菌獨有，但它是唯一一種可以使出所有手法的細菌。

即使在沃爾巴克氏菌允許某種昆蟲的雄性個體存活的情況下，它仍然操控著牠們。沃爾巴克氏菌會改變牠們的精子，使其不能成功地使卵受精，除非卵被同樣菌株的沃爾巴克氏菌感染。從雌性的角度來看，這種互不相容性意味著被感染的雌性（可以與牠們喜歡的任何雄性交配）比未被感染的雌性（只能與未被感染的雄性交配）有更大的競爭優勢。經過世世代代的傳遞，被感染的雌性變得愈來愈常見，而牠們所攜帶的沃爾巴克氏菌也是一樣。這種機制叫做細胞質不相容性（**cytoplasmic incompatibility**），是沃爾巴克氏菌最常見也最成功的策略，使用這種策略的菌株能在族群中散播得很快，而且通常可以成功感染所有的潛在宿主。

除了仇男主義的伎倆之外，沃爾巴克氏菌還擅長侵入卵巢並進入卵細胞，這讓它能像把舊衣服傳給下一代穿一樣傳遞給後代。它也特別擅長跳轉到新種宿主身上，所以即使它與任何一個物種分手，還是會有數十個新物種可以寄生，沃爾巴克氏菌因此非常普及。研究這種細菌的傑克・韋倫（**Jack Werren**）說，「我可能會在澳洲的甲蟲和歐洲的蒼蠅身上找到相同的沃爾巴克氏菌株。」根據近期的研究估計，每十種節肢動物中，就至少會有四種遭到沃爾巴克氏菌感染，包括昆蟲、蜘蛛、蠍子、蟎蟲、鼠婦等截然不同的動物，這實在很荒謬！在現存約七百八十萬種的動物中，大多都是節肢動物。如果沃爾巴克氏菌感染了其中的百分之四十[3]，稱它是全世界最成功的細菌一點也不為過，至少在陸地上是如此。[4]令人惋惜的是，沃爾巴克已於一九五四年去世，他永遠不會知道自己的名字已經被冠到生命史上影響規模數一數二的流行病上。

對許多動物而言，沃爾巴克氏菌是一種生殖寄生蟲，是群會操縱宿主性生活來增進自己利益的生物。宿主會因此遭殃，有些會死亡，有些會不孕，即使是未受影響的個體，也必須生活在一個配偶選擇不多的扭曲世界裡。如此看來，沃爾巴克氏菌似乎是「邪惡微生物」的原型，但其實它也有良善的一面。它為某些線蟲提供了一些科學至今尚未完全理解的好處，如果沒有它，這些線蟲就無法生存。沃爾巴克氏菌還可以保護某些蠅類和蚊類免於病毒和其他病原體的侵害。沒有它，反顎繭蜂（*Asobara tabida*）就不能製造蜂卵。而對床蝨（bed bug）而言，沃爾巴克氏菌是營養補品，它可以製造這些蟲子吸食的血液裡缺乏的維生素B，如果沒有它，這些蟲子不但會發育不良還會不孕。[5]

如果你在秋天漫步過歐洲的蘋果園，就能看見沃爾巴克氏菌最特別的影響。在黃色和橙色的樹葉間，你可能會發現一小叢一小叢的綠色，頑強地抵抗著季節的遞嬗。這些是斑點潛葉蟲（spotted tentiform leaf miner）的傑作，這種蛾的毛蟲生活在蘋果樹的葉子裡面，而且幾乎都帶有沃爾巴克氏菌。在這些昆蟲體內，沃爾巴克氏菌會釋放能防止葉子變黃及死亡的荷爾蒙。毛蟲以此抵禦秋天的來臨，讓自己有足夠的時間長為成蟲。如果把沃爾巴克氏菌消滅，葉子就會枯黃掉落，葉子內的毛蟲也會跟著死去。

整體而言，沃爾巴克氏菌是一種有著多種偽裝的微生物。有些菌株是典型的寄生蟲，是操控著眾多技能的自私鬼，而且已經藉著許多寄主的翅膀和腿傳播到世界各地。它們會殺死動物（昆蟲也是動物），扭曲動物的生理，並限制牠們的選擇。然而，有些菌株卻是與宿主互利共生，對宿主有益，是動物不可或缺的盟友。有些菌株則兩者都是。若要談到這種具有多重角色的特質，沃爾巴克氏菌並不是唯一的案例。

在此，我要在這本談論與微生物共同生活有什麼優點的書中，引入一個看似矛盾，卻極為重要的觀點，那就是：並沒有所謂「好的微生物」或「壞的微生物」。簡單區分好壞的說法只該出現在童話故事裡，並不適合拿來描述自然界生物之間既複雜，又難以捉摸，甚至必須同時考慮其他因素的關係。[6]

事實上，細菌存在於由「壞的」寄生菌和「好的」互利共生菌兩個極端所構成的連續光譜之間。有些微生物會依據菌株以及它們宿主的種類，而從「寄生菌－互利共生菌」光譜的一端分布到另一端，例如沃爾巴克氏菌。但也有許多微生物則是同時存在於光譜的兩端，例如在胃中的細菌「幽門螺旋桿菌」（*Helicobacter pylori*）會引起潰瘍和胃癌，但也可以預防食道癌，而且造成利與弊的是同一個菌株。[7] 有些微生物可以依情況不同，在同一宿主身上改變角色。這在在都意味著像互利共生菌、片利共生菌、病原菌或寄生菌這樣的標籤並不能成為代表其固定身分的徽章。它們比較像是在描述微生物當下的狀態，就像肚子餓、腦袋清醒的或活著，或者也可以說是描述微生物行為，像是合作或戰鬥。它們是形容詞和動詞，而不是名詞，且描述的是兩個個體在某個特定時間與地點下的互動關係。

妮可・布洛德里克（Nichole Broderick）研究的土棲微生物——蘇力菌（*Bacillus thuringiensis*）就是很好的例子。它產生的毒素可以造成昆蟲腸內穿孔而殺死牠們。農民從一九二〇年代以來就一直使用蘇力菌，將它噴灑在作物上做為活體農藥，就連從事有機栽作的農民也是如此。以這種細菌做為殺蟲劑的效果不容置喙，但幾十年來，科學家們對於蘇力菌**如何**造成昆蟲死亡，卻一直有錯誤的想法。他們認為，是它的毒素造成昆蟲腸子極大的損傷，使其挨餓致死。然而，整個故事絕不只如此，因為讓毛蟲餓死需要一個多星期，蘇力菌卻只用了一半的時間。

布洛德里克後來發現了事情的真相，而且可說是個意外。[8]她猜測毛蟲會有腸道微生物保護牠們免於蘇力菌的傷害，於是對毛蟲施予抗生素，再將牠們暴露在蘇力菌殺蟲劑中。隨著微生物死去，布洛德里克預期牠們應該會死得更快，但實際上，牠們全都存活了下來。原來，腸道內的細菌非但沒有保護毛蟲，反倒成為蘇力菌殺死毛蟲的手段。通常細菌留在毛蟲的腸道中是無害的，但它們現在可以穿過蘇力菌毒素所產生的孔洞，入侵到血液中。當毛蟲的免疫系統察覺到它們，就會開始變得狂暴。來勢洶洶的發炎反應迅速傳遍毛蟲全身，破壞其器官，干擾其血流並引發敗血症，這才是造成昆蟲如此迅速死亡的原因。

同樣的事情可能每年都會發生在數百萬人身上，人類也會被能在腸壁打洞的病原菌感染，而當正常的腸道微生物穿越孔洞進入血液，我們也會得到敗血症。就像在毛蟲體內一樣，同一種微生物可能在腸道中是好的，但在血液中卻很危險。細菌只有在特定的環境中才會和動物互利共生。這個原則也適用於生活在我們體內的「伺機性細菌」（opportunistic bacteria）。它們通常無害，但在免疫力較弱的人身上卻可能造成危及生命的感染。[9]一切都取決於環境。就像粒線體，它已是長期與動物細胞共存的能量發電廠，不可或缺，但若是偶然到了錯誤的地方，也會造成嚴重傷害。切傷或瘀傷會打破一些細胞，造成仍保留著些許古老細菌特徵的粒線體碎片流到血液中。當你的免疫系統發現它們時，會誤以為發生細菌感染而發動強烈的防禦攻擊。如果免疫系統造成的損傷很嚴重，又會有更多的粒線體釋放出來，便可能引發足以致命的「全身炎症反應綜合症候群」（systemic inflammatory response syndrome）。[10] 全身炎症反應綜合症候群的情況會比原來的損傷更嚴重。荒謬的是，這純粹只是人體錯認已被馴化超過二十億年的微生物而過度反應的結果。就像花朵若長錯地方就成了雜草，我們體內的微生物可能在某個器官中非常重要，但在另一個器官中卻很危險；又或者它在細胞內不可或缺，一旦到了細胞外便可能致命。「如果你的免疫系統稍微被抑制，微生物會殺了你。而在你死後，它們又會吃掉你，」珊瑚生物學家佛瑞斯特・羅爾（Forest Rohwer）說，「它們根本完全不在乎，這不是什麼友好關係，這只是生物學罷了。」

因此，在共生世界裡，我們的盟友可能會讓我們失望，而敵人也可能轉而與我們同盟。這是一個互利共生的關係能在毫釐之間瓦解的世界。

為什麼這些關係如此曖昧不明？為什麼微生物容易在病原菌和互利共生菌之間搖擺不定？首先，細菌扮演的這些角色並不如你所想的那麼鮮明對立。試想看看，如果「好的」腸道微生物要與其宿主建立穩定的關係的話，會需要什麼？它必須能在腸道中存活，錨定自身不被沖走，還要能與宿主的細胞互動，這些也都是病原菌必須做的事。因此，兩種角色——包括被視為英雄的互利共生菌，和被視為惡棍的病原菌——往往使用相同的分子來達到這些相同的目的。有些分子之所以被冠上負面的名稱，例如「毒力因子」（virulence factor），只因為它們最初是從疾病中發現，但它們的本質其實是中性的。它們只是工具，就像電腦、鋼筆和刀子，可以用來行美妙之事，也可以拿來幹盡壞事。

即使是有益的微生物，也可能在我們身上製造出利用其他寄生菌和病原菌能利用的弱點來間接傷害我們，它們的存在讓其他生物有機可乘。微生物對蚜蟲來說雖至關重要，卻會釋放在空氣中飄散的分子，引來細扁食蚜蠅（marmalade hoverfly）。這種黑白相間，看起來有點像胡蜂的昆蟲會殺死蚜蟲，牠在幼蟲時期就可以吃掉數百隻蚜蟲，而成蟲為了幫後代尋找獵物，能嗅出「微生物的氣味」（Eau de Microbiome），那是一股蚜蟲必定會散發的味道。自然界中充滿這類非蓄意的引誘，就連此時此刻的你也不例外。有些細菌可以將它們的宿主變成吸引瘧蚊的磁鐵，有的細菌卻能打消這群小吸血鬼進攻的念頭。你是否曾想過為什麼兩個人一起穿過一座充滿蠓的森林，其中一個人身上多了幾十個腫包，而另一個人卻安然無恙？部分的謎底便是你身上的微生物。[11]

病原體也可以利用我們身上的微生物發動入侵，例如引起小兒麻痺症的病毒。它會抓住腸道細菌表面的分子，像握住韁繩一般地騎著細菌，奔向宿主的細胞。病毒在接觸到腸道微生物**之後**，更容易黏在哺乳動物的細胞上，並在溫暖的體溫下變得更穩定。這些微生物無意間將它變成了更有侵略性的病毒。[12]

可見，飼養共生生物可不會白白受惠。微生物會幫助宿主，但也會製造麻煩。它們需要營養、居所和傳播，這些都需要能量。而且最重要的是，與其他所有生物一樣，它們也有自己的利益要顧，然而這些利益往往又與其宿主的利益互相衝突。如果像沃爾巴克氏菌這種母系遺傳的共生菌消滅了雄性，在短時間內或許可以獲得更多宿主，但是它就得冒著長期下來可能導致宿主滅絕的風險；如果短尾烏賊體內的某些細菌停止發光，雖能節省它們的能量，但若有太多的細菌停止發光，烏賊就會失去這具保護功能的光芒，引致整個烏賊－細菌聯盟都會被虎視眈眈的掠食者吞噬；如果我的腸道微生物抑制了免疫系統，它們會生長得更快速，但我就會生病。

自然界中幾乎每一對重要的伙伴關係都是如此。「欺騙」一直以來都是個問題，「背叛」暗暗隱藏在角落，隨時都可能發生。搭檔之間可以合作得很好，但如果其中一方可以花費較少的能量或精力就獲得相同的好處，他便會這麼做，除非他會受到懲罰或監督。威爾斯（H. G. Wells）在一九三〇年便對此寫道：「每段共生關係都在某種程度上隱藏著敵意，惟有適當的控管，且往往還需要精心的調整，才能維持互利的狀態。即使人類有與生俱來的智慧，並能藉此領悟這層關係的意義，在人與人之間互惠互利的伙伴關係並不容易維持。但較低等的生物沒有這般理解能力協助牠們維持關係。伙伴關係就像其他的適應[1]一樣，總是莫名奇妙地開始，又不知不覺地完成了。」[13]

然而，上述的事實很容易被遺忘。我們偏好非黑即白的故事，有明確的英雄與惡棍。過去幾年來，我看見觀點從「所有細菌都必須被殺死」轉變為「細菌是我們的朋友，它們也希望能幫助我們」，但兩者都不正確。我們不能因為某種微生物生活在我們體內，就認為它是「好的」，但即使是科學家也會忘記這一點。「共生」一詞已經被扭曲，以至於其原本的中性意義——「共同生活」被過度美化，甚至被片面地解釋成合作與和諧。然而，演化並非如此。它不一定傾向合作，即使那符合每個人的利益，相反地，它甚至會在最和諧的關係裡埋下衝突的種子。

---

❶編按：指生物經過天擇後，逐漸演化成適合某個生存環境。

如果我們暫時離開微生物的世界，更宏觀一點來思考，就能清楚看到這一點。我們可以在非洲看到一種棕色的鳥類緊貼著長頸鹿和羚羊的體側，牠們是非洲啄牛鳥（oxpecker）。過去牠們一直被視為清潔工，從宿主身上剔除蜱和吸血性的寄生蟲，但其實牠們也會啄食開放性傷口，這種行為會阻礙傷口癒合，並增加感染的風險。啄牛鳥渴望鮮血，牠們用來滿足這種渴求的方式對宿主來說可能有利，也可能是種懲罰。生活在珊瑚礁周圍的生態也有類似的行為，一種名為裂唇魚（cleaner wrasse）的小魚經營著健康水療中心。每當有大魚來時，裂唇魚就會清除大魚下顎、鰓和其他死角的寄生蟲。裂唇魚得到食物，客戶也得到醫療照護。但是，這位清潔工有時會作弊，牠會咬掉大魚一小塊的黏膜和健康組織。客戶便會憤而改找其他的裂唇魚幫忙藉此懲罰牠們，其他清潔工也會譴責那位惹惱客戶的同事。而在南美洲，相思樹倚賴螞蟻來保護它們免於雜草、害蟲和草食動物的侵害。為了回報牠們，相思樹會給保鏢們含糖點心吃，以及空心的尖刺居住。這一切看似公平合理，直到你發現相思樹會在食物中摻雜酵素阻止螞蟻消化其他糖源。簡單來說，這些螞蟻其實就是契約工人。上面這些全是教科書和野生動物紀錄片每每提及動物之間的合作時，會列舉的典型範例。它們全都帶有衝突、控制和欺騙的色彩。[14]

「我們必須將**重要**（important）與**和諧**（harmonious）區隔開來。微生物群落非常重要，但並不代表它和諧。」演化生物學家托比．基爾（Toby Kiers）說。[15]運作良好的伙伴關係很容易直接被視為單純的互利。「兩方都可能受益，但這種緊張局勢依然存在。共生**即是**衝突，而且永遠無法徹底解決。」

但是，共生關係可以得到控管和穩定。有些住在夏威夷周圍水域的烏賊也會發光；[16]許多感染沃爾巴克氏菌的昆蟲仍然存在雄性；我的免疫系統也還運作得不錯。萬物都找到了方法來穩定與微生物的關係，以促進忠誠且避免背叛。我們發展出一些方法來篩選與我們共存的物種，限制它們在體內的位置，並且控制它們的行為，使彼此之間的關係保持互利。所有經營良好的關係都需要付出努力來維持。每個生命史上的重大過渡——從單細胞到多細胞、從個體到共生的集體——都必須解決相同的問題：如何讓個體放下私利，組成相互合作的團隊？

換句話說，我如何控管生活在體內的芸芸眾生？

控管體內眾生其實跟務農沒有什麼差別。我們會用籬笆和柵欄標出園圃的邊界，替植物施肥，或連根拔起並毒殺剛破土的雜草。我們也會讓園圃保持適當的溫度、土質和日照強度，以栽培任何我們想要栽種的作物。同樣地，動物們也採用類似的手段來訂定與微生物伙伴之間的合約條款。[17]接下來，我們將一一介紹。

首先，所有物種的各個身體部位都有其獨特的風土，它包含了溫度、酸度、氧氣濃度，以及其他能決定哪些微生物可以生長的因素。對微生物而言，人類的腸道可能就像是極樂天堂，定時有食物和液體供應，但同時那也是充滿挑戰的環境。食物可能迅速奔流而來，因此微生物必須快速生長或需要分子錨來維持穩固。腸道裡幽深晦暗，因此，需要依靠陽光生產食物的微生物無法在此成長茁壯。那裡也缺乏氧氣，這也解釋了為什麼絕大多數的腸道微生物都是厭氧生物——一群靠發酵維生，不需要氧氣就能存活的生物，在其他生物都需要氧氣生存的情況下，在無氧的環境中也能存活。有些菌種甚至需要絕對無氧的環境，只要遇到氧氣就會死亡。

但皮膚就不同了：它的差異很大，從涼爽乾燥如沙漠的前臂，到溫暖潮濕如叢林的腹股溝和腋窩都有。皮膚接觸的陽光雖然充足，但其中的紫外線輻射也是一個問題。另外，氧氣也很重要，由於大部分的皮膚是暴露在新鮮的空氣中，因此需氧生物可以生長。然而，比較隱蔽的部位，如汗腺，仍可以維持厭氧生物生長，例如導致痤瘡（俗稱青春痘）的痤瘡丙酸桿菌（*Propionibacterium acnes*）。物理學原理和化學定律在我們全身上下形塑了很多生物特性。

動物也可以主動操控體內的環境，從布置迎賓地毯到拉起禁區封鎖線。人類的胃會分泌威力強大的酸液，這種酸液可以消滅大多數的細菌，除了少數像幽門螺旋桿菌這樣的「耐酸專家」。巨山蟻沒有分泌酸液的胃，但牠們身體後端的腺體會排出蟻酸。通常牠們會將蟻酸做為防禦性的武器噴灑，但是若牠們從自己的屁股吸食酸液，便可藉此酸化牠們的消化道，以阻擋不受歡迎的微生物。[18]

這些對體內環境的控制在我們身體裡建立起一道重要的門檻。在標記出微生物的棲身之地時，它們也是簡易的濾網，粗略地篩選可以與我們共生的微生物類型。但是我們還需要更精確的方法來微調我們身上的微生物群落，也需要更堅固的封鎖，將它們保持在適當的位置。請記得，位置很重要。微生物可以依據其所在位置，輕易地從盟友轉變為致命的威脅。因此，許多動物都建立起實質的壁壘來區隔牠們的微生物農場。自然界中已經發展出很多良好的圍欄供動物們結交這些好鄰居：短尾烏賊用隱窩來圈養一群發光的伙伴；有再生能力的副鏈渦蟲將其大部分的身軀都用來容納微生物；椿象的消化道在後半部變成一條非常狹窄的管道，食物和液體很難在裡面流動，因此變成一間寬敞的公寓供微生物居留；另外，還有多達五分之一種的昆蟲將牠們的共生菌包裹在稱為懷菌細胞（bacteriocyte）的特殊細胞中。[19]

懷菌細胞在不同的昆蟲譜系裡重複演化出現。有些昆蟲將它們塞在其他細胞之間；有些則將它們綁紮進被稱為懷菌體（bacteriome）的器官中，就像一串葡萄從腸道分支出來。但無論模樣為何，它們的功能都是相同的，包括容納和控管共生菌，阻止它們擴散到其他組織中，以及讓它們躲避免疫系統。但懷菌細胞並不是豪華的別墅。一個懷菌細胞裡可能容有成千上萬的細菌，它包裝得極為緊密，相形之下，沙丁魚罐頭或許還比較寬敞。懷菌細胞絕不只是「一個細胞」而已。

懷菌細胞也是昆蟲控制細菌的工具。儘管許多昆蟲與牠們的共生菌之間存在古老且相互依賴的關係，卻仍有許多衝突。如果你覺得這聽起來很奇怪，那就想想每年被診斷出患有癌症的那數百萬人吧！癌症是種細胞反叛的疾病，細胞會抵抗身體的規則，不受控制地生長和分裂，產生可能危及宿主生命的腫瘤。如果出自同一個體的人類細胞都可以叛逆到這種地步，就不難想像當布拉曼氏屬細菌（*Blochmannia*）住在跟它不同種的螞蟻宿主體內時，也可能會做出同樣的事。它可能變得如共生的癌症，可以不受限制地複製，吸收螞蟻的能量，並侵入它不應該侵入的細胞。[20]

但只要有了懷菌細胞，昆蟲就可以阻止這種情況發生。昆蟲可以控制懷菌細胞養分的進出，不提供養分給違反租賃條款及未能提供宿主任何好處的詐欺共生菌。它們可以用破壞性酵素和抗菌性化學物質連續轟擊這些被圈養的微生物，嚴密控管其族群數量。穀物象鼻蟲（cereal rveevil）——一種吃米粒及其他穀物的長鼻甲蟲——就會對其特化細胞內的伴蟲菌屬（*Sodalis*）細菌這麼做。懷菌細胞產生的化學物質可以用來建構象鼻蟲具保護功能的硬殼。當象鼻蟲變為成蟲要首次製造硬殼時，牠會放鬆對細菌的控制，使細菌數量因此增長四倍。但當硬殼製造完成，象鼻蟲就再也不需要牠的微生物伙伴——於是牠會殺死它們。象鼻蟲會將懷菌細胞裡的伴蟲菌屬細菌和其他物質再回收成原料，並讓細胞自我毀滅。利用這座細胞監獄，象鼻蟲可以視情況擴增其馴養的細菌數量，但又可以在伙伴關係結束時與它們徹底決裂。[21]

對於像我們這樣的脊椎動物來說，要遏制共生菌胡亂作怪更是困難。因為我們要管理的微生物集團遠比任何昆蟲所面對的要大得多，況且我們沒有懷菌細胞。我們身上大多數的微生物都生活在細胞周圍，而非細胞裡面。就拿長度很長，而且有很多皺褶的腸道來說，若將它完全展開，將足以覆蓋一整座足球場。腸道內部湧動著數兆隻的細菌，但只有一層排列在器官周圍的上皮細胞能阻擋它們穿過腸壁，進入可以將它們帶往身體其他部位的血管。腸壁上皮是我們與微生物接觸的主要部位，但同時也是我們最大的弱點。然而，像珊瑚和海綿這類簡單水生動物的情況更糟，因為牠們的身體差不多就只是一堆泡在微生物浴裡的上皮層，但牠們仍然可以控管好自己的共生菌。牠們究竟是怎麼做到的？

首先，因為牠們有黏液，就是當你感冒時，會堵塞鼻子的那種黏糊糊物質。「用黏液準沒錯，因為黏液很酷。」佛瑞斯特．羅爾說。[22]羅爾對此瞭如指掌，他多年來一直在各種動物身上採集黏液樣本。幾乎所有的動物都會使用黏液來覆蓋其暴露於外的組織，對我們來說，這些組織指的就是腸、肺、鼻和生殖器。而對珊瑚而言，指的就是全部。但不論是在誰身上或在哪個部位，黏液都是物理性的屏障。它由稱為黏蛋白（mucin）的巨大分子所組成，每個分子由一個中心蛋白質骨架以及數千個醣類分子分支所建構。這些醣類使黏蛋白之間纏繞形成緊密且幾乎不可穿透的分子叢，就像一道阻止那些難以管束的微生物進入體內的長城。如果這些都還不足以遏止細菌進攻，長城裡其實還部署了病毒。

當你想到病毒時，你可能會想到如伊波拉病毒、愛滋病毒或流感病毒這些眾所周知會讓我們生病的惡棍，但是大多數病毒想要感染並且殺死的目標其實是微生物。這類病毒被稱為噬菌體（bacteriophage），意思是「吃細菌的病毒」。在它們細長的腿上有一個稜角分明的頭部，看起來就像將尼爾．阿姆斯壯送上月球的登月小艇。當噬菌體降落在細菌上時，會注入自己的DNA，並將細菌變成工廠，用來製造更多的噬菌體。這些噬菌體最後會從宿主細胞裡迸發出來，同時造成宿主死亡。噬菌體不會感染動物，而且它們的數量遠遠超過其他病毒。腸道中幾兆隻的微生物就足以養活**幾千兆隻**的噬菌體。

幾年前，羅爾博士團隊的一位成員傑洛米．巴爾（Jeremy Barr）注意到噬菌體喜歡黏液。在一般的環境中，細菌和噬菌體的數量大約是一比十[23]，但在黏液中卻是一比四十。在人類牙齦、小鼠腸道、魚皮、海洋蠕蟲、海葵和珊瑚中都可以發現黏液中的噬菌體數量劇增四倍的現象。想像成群的噬菌體：頭部卡在一起、腳向外伸出去，每一隻都等著要給經過的細菌一個致命的擁抱。這些吸附在黏液裡的噬菌體可能不僅僅是殺死微生物的原始工具，羅爾博士懷疑動物可以透過改變黏液的化學物質組成，來招募特定的噬菌體殺死某些細菌，同時讓其他細菌安全通過。也許這就是我們用來選擇合適伙伴的方式之一。

這個概念隱含了一個更深的意義，它表示：噬菌體——記住，它們是**病毒**——與動物（包括我們）有著互惠互利的關係。噬菌體幫助我們控制微生物，而我們提供充滿細菌的世界讓它們繁殖做為回報。如果噬菌體吸附在黏液裡，它找到獵物的機會可以提高十五倍。由於不論是黏液之於動物，或是噬菌體之於黏液都相當普遍，因此這種伙伴關係應在動物界剛建立的時候就開始了。事實上，羅爾博士推測噬菌體是最早的免疫系統，它讓最簡單的動物可以控制微生物。[24]這些病毒在當時的環境裡應該很多，因為只需要簡單地用一層黏液讓它們固定自己就可以了。有了這個最初的起點，後來的世界才能演變出更多、更複雜的控制手段。

我們拿哺乳動物的腸道來說。覆蓋其上的黏液分為兩層：一層是位於上皮細胞上方緻密的內層，另一層是鬆散的外層。外層充滿了噬菌體，而這裡也讓微生物可以附著並建立繁榮的社區，這區的微生物數量很多。相形之下，在緻密的內層中很少看見它們的蹤影，因為上皮細胞在這裡布滿了抗菌肽（antimicrobial peptide），那是一種小分子子彈，可以消除任何侵入的微生物。這一區正是蘿拉·胡珀博士所說的非軍事區：緊鄰腸道上皮細胞的最前線，但微生物無法在那裡定居。[25]

就算有任何微生物能蜿蜒穿行並成功地越過黏液，逃過噬菌體和抗菌肽的攻擊，並穿透上皮細胞層，在細胞的另一側仍會有一群免疫細胞大軍等著吞噬、摧毀它們。這些細胞並不只是坐等壞事發生，反而出人意料地積極主動。有些士兵會穿過上皮細胞檢查另一側的微生物，就好像穿過籬笆一樣。如果它們在非軍事區找到細菌，免疫細胞便會捕捉並帶它們回來。透過檢查這些戰俘，免疫系統可以持續瞭解黏液裡的優勢物種，並製備抗體和採取其他適當的對策。[26]

這些對策——黏液、抗菌肽和抗體也決定了腸道中物種的去留。[27]我們能由科學家培育的許多突變小鼠中瞭解到這一點。牠們可能在這些防禦機制其中一項或多項上發生突變。最終，這些小鼠都以腸道中出現不正常的微生物組成收場，而且通常伴隨某種發炎疾病。由此可知，腸道的免疫系統是一道有選擇性的屏障，並不會隨意屠殺所有接近的微生物。這個系統的控制不只具有選別性，也能因應碰到的狀況來調整。例如，許多細菌會刺激腸道細胞產生更多黏液，當細菌愈多，腸道的防禦就愈加鞏固。同樣地，腸道細胞會在偵測到細菌出現的訊號後釋放某些抗菌肽，這些抗菌肽並非不斷地朝非軍事區發射，而是當目標菌距離過近時才會開火。[28]

你可以將這視為免疫系統根據微生物群落的狀況在進行調校，如果微生物愈多，免疫系統就會愈強烈抵抗；或者，你也可以說是**微生物**在調校免疫系統，利用引發某些免疫來消滅競爭對手，為自己創造合適的利基。當你知道許多常見的腸道微生物都有與免疫系統共存的適應時，後者的觀點就顯得很合理。傳統上認為免疫力是為了摧毀可能使我們生病的微生物而存在，然而這些新的證據讓人們對免疫力產生了不同於傳統觀點的認知。在我寫本書的時候，維基百科仍將免疫系統定義為「生物構造裡用來保護個體不會生病的一連串系統和機制」。如果系統啟動，代表它已經偵測到病原體，而且已經將它視為威脅，系統便會將病原體消滅。然而，對許多科學家來說，抵禦病原體只是免疫系統額外的伎倆，免疫系統的主要功能是管理我們與常駐微生物間的關係。這個系統的重點在於維持平衡和妥善管理，而不是防禦或破壞。

我們這類脊椎動物擁有非常複雜的免疫系統，能為特定的威脅量身訂製效果持久的防禦武裝。這就是為什麼我們能對小時候得過的傳染病（例如痲疹）免疫，或對接種過疫苗的傳染病還保有抵抗力的原因。但我們的免疫系統複雜並不是因為我們比其他動物更容易受到感染，相反地，烏賊專家瑪格麗特·麥克弗爾－奈博士認為，演化出更加複雜的免疫系統是為了控制更複雜的微生物群落，使脊椎動物能更精確地選擇存活在體內的物種，並能隨時調整彼此的關係。與其說限制微生物，不如說我們免疫系統的演化是為了能支持**更多**的微生物。[29]

回想在上一章，我將免疫系統比喻成一支用心管理國家公園的巡山隊。如果有微生物突破公園的圍欄（也就是黏液），巡山員會將它們推回去並重新補強屏障；它們也會剔除公園內數量太多的物種，並清除所有從外界入侵的病原體。它們努力維持不同物種群聚間的安詳和樂，並在內憂外患之下持續捍衛這之間的平衡。

巡山員只有在我們出生後那段時間能享有休假，從微生物學的角度來說，那段時間的我們正處於空白時期。為了讓第一批微生物在我們新生的體內定居，有一群特殊的免疫細胞會抑制身體其他部分的防禦軍團，這就是為什麼嬰兒在出生的前六個月特別容易受到感染。[30]這個看法與一般認知相左，不是因為嬰兒的免疫系統尚未成熟，事實上，是因為它被故意關閉，為了讓微生物能自由地在這段期間建立自己。但是，如果無法掌握對免疫系統的完全選擇權，哺乳動物的嬰兒該如何確保自己獲得正確的菌群呢？

媽媽會伸出援手。動物的母乳中充滿能控制微生物族群的抗體，嬰兒喝母乳時就會獲得這些抗體。免疫學家夏綠蒂·卡茲爾（Charlotte Kaetzel）以基因工程培育出一群無法在其乳汁中產生抗體的突變小鼠。她發現，當牠們的幼鼠長大後，腸道裡出現了奇怪的微生物[31]，其菌種通常能在炎症性腸病的患者身上發現。這些細菌會蠕動並鑽過腸壁，進入腸壁下面的淋巴結後造成發炎。正如我們前面所看到的，許多無害的細菌只有在它們應當所處的位置才是真正無害。母乳限制了它們的出現，而且母乳的功效遠不止於此。乳汁其實是哺乳動物控制其微生物的方法中，最令人震驚的一個。

在加州大學戴維斯分校（University of California, Davis），有幢紅陶磚牆的建築，俯瞰著一座廣大的葡萄園和一畦長滿夏季蔬菜的園圃，就像一座托斯卡尼的別墅被不知名的力量瞬間移動到了美國西部一般。事實上，它是一個研究所，裡面的科學家著迷於研究乳汁裡的科學，並由身材不高，但充滿活力的布魯斯・吉爾曼（Bruce German）教授所領導。如果世界上真的有一場較量誰最能說出乳汁好處的競賽，吉爾曼一定能獲得冠軍。有一次，我到他的辦公室拜訪，見面時我握著他的手，並問道：「你為什麼對乳汁那麼感興趣？」接下來的半小時，只見他坐在一顆健身球上，手裡把玩著一團破爛的塑膠泡泡紙，像表演單口相聲般眉飛色舞地說個不停。

他說，乳汁是優質的營養來源，稱它是「超級食物」一點也不為過。但這個觀點尚未被普遍接受。截至今日，比起那些談論其他體液如血液、唾液或甚至尿液的科學文獻，乳汁方面的出版數量可說是微不足道。乳品業投入的資金大到令人難以想像，目的是為了從乳牛身上取得更多牛奶，卻很少深入瞭解這種白色的液體是什麼，以及它如何影響生物。醫療研究贊助機構認為它不重要，他們認為「它與白種人的中年疾病沒有任何關係，」吉爾曼這麼說。營養學家認為，它是一種簡單的脂肪和醣類混合物，很容易合成或用配方奶代替。「人們認為它不過是一袋化學物質罷了，」吉爾曼說，「但它絕不僅僅於此。」

乳汁是哺乳動物的一大創新。無論是鴨嘴獸、穿山甲、人類還是河馬，每一位哺乳類母親會「溶解」（真的是溶解）自己的身體，透過乳頭分泌出白色的液體來餵養她的寶寶。經過兩億年的演化，乳汁的成分不斷調整，如今更臻完美，以提供所有新生動物需要的營養。其中有一種稱為寡糖（oligosaccharide）的複合醣類，你能在每一種哺乳動物的乳汁裡找到它，但是由於某些原因，人類母乳中的寡糖會產生特殊的變化。科學家迄今已經在母乳中發現兩百多種人乳寡糖（human milk oligosaccharide）。[32] 它們是人乳中第三多的成分，僅次於乳糖和脂肪，可以提供成長中的嬰兒豐富的能量。

然而，嬰兒無法消化它們。

當吉爾曼第一次得知人乳寡糖時，他感到十分驚訝。既然寶寶無法消化利用人乳寡糖，為什麼母親還會花這麼多能量製造如此複雜的化學物質呢？為什麼大自然沒有淘汰這般浪費的做法呢？這裡有一條線索：這些糖能完整無損地通過胃和小腸，並且到達大部分細菌所在的大腸。那麼，它會不會根本就不是嬰兒的食物，而是微生物的食物呢？

這個想法可以追溯到二十世紀早期，當時有兩組領域截然不同的科學家各別有了新的發現，但他們卻完全不知道彼此的研究其實密切相關。[33] 由兒科醫生組成的這一方發現在親餵母乳的嬰兒排出的糞便中，比菲德氏菌的數量，比瓶餵的嬰兒還多。他們認為人乳中必定含有某些物質，能滋養這些細菌，這種物質被後世的科學家稱之為「比菲德氏菌因子」。與此同時，由化學家組成的這方發現人乳含有牛乳沒有的醣類，他們將這種神祕的混合物逐步分析，並辨認各別成分——包括數種寡糖。終於，藉由理查．庫恩（Richard Kuhn）（奧地利裔德國化學家，一九三八年獲得諾貝爾化學獎）和保羅．捷爾吉（Paul Gyorgy）（出生於匈牙利的美籍兒科醫師，為母乳倡導者）之間的合作，兩條平行線於一九五四年相遇了。他們共同證實了神祕的比菲德氏菌因子就是人乳寡糖，而它們能滋養腸道微生物。（這個故事也告訴我們，通常要透過不同科學領域之間的合作，才能理解不同界〔kingdom〕生物之間的伙伴關係。）

到了一九九〇年代，科學家們在人乳中發現超過一百種人乳寡糖，其中卻只有少數幾種被仔細研究過。我們對多數寡糖的模樣，或它們餵養哪些細菌仍毫無所知。一般認為，這些醣類會平等地滋養所有的比菲德氏菌，但吉爾曼對這個答案並不滿意。他想知道這些食客的真實身分與它們點了什麼菜。為此，他向歷史學習，組織了一支由化學家、微生物學家和食品科學家組成的多元團隊。[34]他們協力辨認出所有人乳寡糖，將它們從母乳中分離出來，並餵給細菌做測試。然而，令他們懊惱的是，受測的細菌並沒有生長。

他們很快就瞭解：並不是所有的比菲德氏菌都吃人乳寡糖這一套，對的醣類必須餵給對的細菌才會有用。二〇〇六年，吉爾曼的研究團隊發現，人乳寡糖可以滋養長比菲德氏菌嬰兒亞種（*Bifidobacterium longum infantis*，或簡稱嬰兒比菲德氏菌〔*B. infantis*〕）。只要供給人乳寡糖，它就能打敗其他腸道細菌。但它的親戚——長比菲德氏菌長亞種（*Bifidobacterium longum longum*）——在餵養相同的醣類後，生長狀況卻不盡理想。更諷刺的是，名字裡有個「乳」字的乳酸比菲德氏菌（*B.*

lactis）身為益生菌優酪乳的常見班底，卻在科學家給它們醣類之後，根本不生長。反觀另一種益生菌的中堅分子——比菲德氏菌（*B. bifidum*），則還稍稍願意吃一點，但它卻是個挑嘴、吃相又難看的食客。它會打斷一些人乳寡糖的結構，在吃掉它喜歡的部分後，剩下的就隨意亂丟。相比之下，嬰兒比菲德氏菌有三十個基因，是整套專門享用寡糖大餐的餐具組，嬰兒比菲德氏菌會用它吞噬掉餐盤裡最後一點碎屑。[35]其他的比菲德氏菌並沒有這組基因，只有嬰兒亞種才有這本事。人乳已經演化成可以滋養嬰兒比菲德氏菌，反之，也讓這群微生物發展成專吃人乳寡糖的饕客。想當然爾，它們通常就是親餵嬰兒腸道中的優勢菌種。

保留這些菌非常值得。當嬰兒比菲德氏菌消化人乳寡糖時，會釋放出餵養嬰兒腸道細胞的短鏈脂肪酸（short chain fatty acid）。所以當母親滋養這種微生物，微生物也會轉而養育嬰兒。藉由直接接觸，嬰兒比菲德氏菌還會促使腸壁細胞製造能填封細胞間隙的黏性蛋白，與調校免疫系統的抗發炎分子。這些變化只有當嬰兒比菲德氏菌碰到人乳寡糖時才會發生；如果換成乳糖，嬰兒比菲德氏菌還是能存活，但不會對嬰兒的細胞執行任何反應。只有親餵母乳時，嬰兒比菲德氏菌才能展現母乳的潛在益處。同樣地，如果要讓孩子獲得母乳全部的好處，他的腸子裡必須要有嬰兒比菲德氏菌。[36]因此，與吉爾曼共事的微生物學家大衛・米爾斯（David Mills）便將嬰兒比菲德氏菌視為母乳的一部分，即便它不是在乳房製造的。[37]

在所有的哺乳動物乳汁中，以人乳最為獨特：它所含的寡糖種類是牛乳的五倍，數量則是數百倍。即使是黑猩猩的乳汁也無法和人乳相提並論。沒有人知道為什麼，但米爾斯提供了幾個很好的推測，其中一個和人類的大腦有關。相對其他與人類體形差不多的靈長類而言，我們的大腦非常大，此外，大腦在我們剛出生的第一年發育得非常快。這種快速的發育在某種程度上有賴一種稱為唾液酸（sialic acid）的養分，而它恰好也是當嬰兒比菲德氏菌攝入人乳寡糖時所釋放的化學物質。如果好好餵養這種細菌，母親就可能可以養育出更聰明的下一代。這也許可以解釋為什麼像猴子和猿類等有社會行為的物種，其乳汁裡的寡糖含量和種類都比習慣獨來獨往的物種還要高。生活在龐大的群體中意味著有更多社會關係需要記住，更多的人際關係需要管理，以及更多的競爭對手要應付。許多科學家認為，這些需求促進了靈長類動物智能的發展，也許也同步增加了人乳寡糖的多樣性。

另一個推測則與疾病有關。由於病原體很容易從一個宿主跳到另一個宿主身上，因此群居的動物需要保護自己免受猖獗的傳染病所害，而人乳寡糖就可以保護我們。當病原體感染腸道時，會以抓住腸細胞表面的聚醣（glycan）——也就是醣類分子開始。而因人乳寡糖與腸道聚醣具有驚人的相似性，因此病原體有時會被它們黏住，而不是與腸壁結合。人乳寡糖以自己做為誘餌，引開要攻擊嬰兒細胞的敵軍砲火。它們已被證實可以阻擋下列惡棍的攻擊：沙門氏菌（*Salmonella*）、李斯特菌（*Listeria*）、霍亂弧菌（*Vibrio cholerae*，引起霍亂的罪魁禍首）、空腸彎曲菌（*Campylobacter jejuni*，細菌性腹瀉最常見的原因）、溶組織阿米巴（*Entamoeba histolytica*，一種凶殘，且會引起痢疾的變形蟲，每年殺死十萬人），以及許多大腸桿菌的高毒性致病菌株。它們甚至可以阻擋愛滋病病毒，這也許可以解釋為什麼大多數的嬰兒在吸吮愛滋媽媽的母乳數個月後仍未感染。當科學家在人乳寡糖存在的情況下，以病原菌攻擊培養的細胞，細胞依然能神采奕奕地活下來。這也能解釋為什麼親餵母乳嬰兒的腸道比瓶餵嬰兒的更不容易受到感染，以及裡面為什麼有這麼多人乳寡糖。「這很合理，人乳寡糖的種類必須夠多樣，才能應付從病毒到細菌的各種病原體，」米爾斯說。「我認為這種驚人的多樣性為嬰兒提供了各種不同的保護。」38

這個團隊才剛剛起步。他們在那座仿托斯卡尼風格的研究所設置了一套令人印象深刻的乳汁加工設備，用來研究這種最為人熟知的液體裡不為人知的祕密。在米爾斯與食品科學家丹妮拉·巴利（Daniela Barile）共事的主實驗室中，設有兩個儲存乳汁的巨大鋼桶、一臺看起來像卡布奇諾咖啡機的巴氏殺菌機，以及其他用來過濾液體與分離成分的設備。數百個白色空桶堆放在附近的架子上。「通常它們都是裝滿的。」巴利告訴我。

盛滿的桶子會被存放在一間攝氏零下三十二度的冷凍室。冷凍室旁的長凳上有一排雨靴（「因為在處理乳汁時，會濺得到處都是，」巴利說）、一把用來敲碎冰塊的鎚子（「門沒關好」），以及一臺用途不明的火腿切片機（這個我倒沒問）。我們走進冷凍室，白色的牛奶桶羅列在棧板和貨架上，加總起來約有六百加侖。這些乳汁中，有很多是來自酪農場的捐贈，但令人驚訝的是，其中也有不少來自人類的乳房。「很多媽媽會先擠出母乳，再儲存起來哺育小孩，一旦孩子們斷奶，她們會想：現在可以用它做什麼？有的人在得知我們所做的事後，就捐給我們了，」米爾斯說。「我們從史丹佛大學的某個捐贈者那裡收集了八十公升的母乳。她說：我這裡有些母乳，有人要嗎？」當然，這些研究人員當然要，所有可以得到的乳汁他們都要。

他們計畫研究乳汁裡的成分，例如人乳寡糖等，乳汁裡聚醣與脂肪或蛋白質的結合也不禁讓他們好奇，它如何影響嬰兒亞種和其他的比菲德氏菌？他們也想瞭解乳汁裡的噬菌體——為數眾多的噬菌體。吉爾曼與傑洛米・巴爾於是攜手合作，想知道母乳是否為嬰兒提供了一套共生病毒的新手包。他們發現了一件奇怪的事情：噬菌體是吸附黏液的高手，但如果有母乳的幫助，吸附的效率會增加到十倍之多，可見乳汁裡有某種東西可以幫助它們固定在嬰兒身上。真相似乎就是被一層蛋白質（它跟黏液中的蛋白質相似）包裹著的脂肪球。如果將一杯牛奶在露天的環境下靜置，表面形成的脂肪層就會充滿這樣的小球。它們為嬰兒提供營養，但也可能使第一套病毒在嬰兒的腸道中立足。

當巴爾告訴我這件事時，我很震驚。這意味著塑造和控制微生物群落的各種手段（包括噬菌體、黏液、各式免疫系統軍隊，以及人乳中的成分）都能相互呼應。從前面的討論看來，它們似乎互不相關，但它們卻都屬於這個龐大且相互交織的系統，共同穩定我們與微生物的關係。在這個違反直覺的現實世界中，病毒可以成為盟友，免疫系統能支持微生物，而親餵母乳的母親不僅僅哺育嬰兒，還建立了嬰兒體內的微生物世界。那母乳呢？吉爾曼說得對：它並不只是一袋化學物質，它滋養小孩和細菌，同時照顧了嬰兒和嬰兒比菲德氏菌。這個初步的免疫系統能阻止惡毒微生物的威脅，也讓母親能確保孩子從生命的第一天起就擁有好伙伴[39]，並為他的未來做好了準備。

一旦斷奶，滋養微生物的責任就落到我們自己身上。滋養細菌所需的營養有的來自飲食，種類繁多的分支醣類分子（也就是聚醣）能代替無法取得的人乳寡糖。但我們也可以自己製造聚醣，腸道的黏液中就充滿了這些東西，為腸道微生物提供了一座食物豐富的牧場。藉由提供合適的食物，我們能培育或許對我們有益的細菌，並排除潛在危險的種類。滋養微生物非常重要，因此即使我們停止進食也不會停止。生病的動物經常會失去食慾，這個策略十分合理，它可以省下動物覓食所需耗費的能量來恢復健康。但這也意味著腸道的微生物必須經歷暫時的饑荒。生病的小鼠會釋放一種叫做岩藻糖（fucose）的單醣做為緊急糧食來解決這個問題。動物的腸道微生物在宿主恢復正常服務前，可以先取食這種醣以保持活力。[40]

善於食用聚醣的擬桿菌屬細菌很快地成為腸道中最多的微生物。但重要的是，聚醣的種類很多，因此沒有任何一種細菌能把所有種類的聚醣都吃下肚。這代表藉由飲食獲得或是自己製造不同的聚醣，可以讓我們豢養多種不同的細菌。有些細菌像鴿子或浣熊一樣什麼都吃，有些則如大貓熊或食蟻獸那般挑剔。這些微生物形成食物網，有些微生物會分解難處理的大分子，拆解並釋放小分子讓其他微生物利用。它們也會結群互相餵食，不同的物種各自消化不同的食物。它們還會產生同伴可以利用的代謝廢物，藉由調整代謝產物來避免與鄰居發生衝突。[41]

這些互動很重要，因為它促進了穩定。如果某種細菌採食聚醣的效率太高，可能會將黏液屏障吞噬，形成開口，導致其他微生物可以通過開口進入體內。但是，如果有數百個菌種同時競爭，就可以阻止彼此貪婪地壟斷食物。透過提供不同的養分，我們可以餵養各式各樣的微生物，這不僅穩定我們這個龐大且多樣化的群落，還能使病原體難以入侵。正確地擺設餐桌，可以確保正確的賓客出席晚宴，而不速之客則會被鎖在門外。母親在我們出生時，就為我們設下了這些規矩，而後，我們再繼續接手維護。

還有一種方式可以減少宿主與其微生物的衝突，不過這種做法非常極端：它們可以彼此完全互相依賴，就像是同一個個體。[42]當細菌跑進宿主的細胞長住下來，而且可以忠實地自親代傳給子代時，雙方的命運就此交織在一起。它們雖仍有各自的利益，但共同利益更大，已讓其他的利益衝突顯得微不足道。

這種在昆蟲中特別常見的關係會傾向將微生物推向基因體逐漸簡化的演化漩渦中。微生物生存在宿主細胞裡，只能自成一個個小群體，與其他細菌互不往來。因為族群間的隔離，使其DNA的有害突變更容易在族群中累積，不必要的基因慢慢出現缺陷或失去功能，最後完全消失。[43]如果將一種新的共生菌放入昆蟲體內，然後將演化的錄影帶向後快轉，就能看到它的基因體在逐漸扭曲、斷裂、變形和萎縮，最後幾乎萎縮到僅夠維持生命所需。像大腸桿菌這種能自由生活的典型微生物，其基因體約是由四百六十萬個核苷酸所組成。而目前已知最小的共生菌那蘇氏菌（*Nasuia*）則只有十一萬兩千個核苷酸。如果將大腸桿菌的基因體比喻成這本書的大小，你必須撕掉序言之後的所有內容才能得到那蘇氏菌。這種共生菌已被完全馴化——無法獨立生存，必須永遠被圈養在昆蟲宿主的寵愛堡壘之中。[44]而宿主通常也會變得依賴這些已經萎縮的共生菌，以獲取某種營養或其他重要的益處。這個過程與古老的細菌轉化為我們不可或缺的粒線體並無二致。

這種融合有效地緩和了宿主和微生物之間的衝突，但此法仍有黑暗的一面。高大禿頂，戴著眼鏡，笑容可掬的生物學家約翰·麥克欽（John McCutcheon），在研究了十三年週期蟬（13-year periodical cicada）後體會到這一點。這種黑身紅眼的昆蟲一生中大部分的時間都處於稚蟲期，生活在地底，並以植物根部的汁液維生。經過懶散的十三年後，所有的蟬同時現身，空氣中瞬時充滿牠們刺耳的歌聲。在經歷多次瘋狂的歡愉之後，牠們又在同一時間死去，逐漸腐爛的軀殼布滿全地。這些蟲子奇怪的生活史讓麥克欽不禁懷疑牠們可能也有同樣奇怪的共生菌。事實證明他是對的，只是麥克欽不知道它們竟然有**這麼**奇怪。

蟬的共生菌的DNA序列簡直是一團糟。它們看起來似乎全都屬於同一個生物，但在仔細比對後，卻像是有人給了麥克欽許多套同樣花色但又不完整的拼圖。這讓他感到十分困惑於是轉而研究另一種蟬：一種來自南美洲，壽命較短且絨毛較多的物種。但他發現了同樣的問題：這些DNA片段不能組裝成單一個基因體，卻能夠組裝出**兩個**不完整的基因體。

這兩個基因體的主人都來自哈金氏菌屬（*Hodgkinia*）的共生菌。很久以前這種微生物進到絨毛蟬（*fuzzy cicada*）的身體裡，卻因為不明原因分裂成兩個獨立的「物種」。[45]後來，兩個姐妹物種各自都拋棄了一些不同的哈金氏菌的基因，以至於它們目前的基因體雖然帶有些許祖先的影子，兩者卻完全互補。它們就像能形成同一個整體的兩半，原本哈金氏菌能做到的事，只要它們結合起來一樣也能做到。

麥克欽花了將近一年的時間才弄清楚這之間到底發生了什麼事，在一切都明朗之後，十三年週期蟬混亂的共生菌之謎也變得清晰許多。在十三年週期蟬身上也可以找到哈金氏菌，但它並不只一分為二，事實上，其分裂的確切數字沒有人知道。從序列上來看，它的DNA可以組合出至少十七個不同的DNA環，甚至可能多達五十個。然而，這裡每個環是否都屬於不同的物種，或者有些細菌的基因被放在不只一個DNA環上，卻沒有人知道答案。無論如何，麥克欽的團隊已經研究過許多其他種類的蟬，並且經常發現相同的情形。例如，在某種智利的蟬身上，就發現哈金氏菌分裂成六個互補的基因體。[46]

在這些例子中，製作重要維生素的基因分散在蟬和不同哈金氏菌的基因體中，因此只有在全員到齊的情況下，整體才能存活。如果時間不長，牠們還可以安然無恙，但時日一久就很難說了。如果哈金氏菌繼續分裂成小碎片，而且對分裂後的每一個碎片都極其依賴，群體就會非常不穩定，只要少了任何一個，大家就一起完蛋。「這就像看一場火車事故或慢動作播放滅絕災難一樣，」麥克欽說。「它讓我對共生關係產生了不同的看法。」在這之前，他總是將共生視為積極，且為雙方帶來利益和機會的力量。然而，它也可能是個圈套，合作伙伴間愈依賴，整體就愈脆弱。麥克欽的前指導教授——南西・莫蘭（Nancy Moran）將這稱為「演化的兔子洞」（evolutionary rabbit hole）。一旦伙伴雙方一起跌落，就代表一趟通往奇怪世界的旅程即刻展開，既無法回頭，一般規則在目的地的世界裡也完全不適用。[47]那裡沒有仙境，只有滅絕。

這就是共生的代價。即使微生物對我們而言並不像蟬的共生菌對蟬來說那麼不可或缺，但它們仍然會對牠們的生活和健康造成重大影響。一旦它們開始失常，便可能引發災難性的後果。這就是為什麼人類和其他動物會發展出這麼多方法來穩定體內的「群像」。我們用體內的化學物質限制它們，用物理屏障包圍它們；我們可以用養分來滋養它們，也可以用噬菌體、抗體和免疫系統的其他機制對它們施以威嚇；我們有許多手段可以解決與微生物之間存在已久的衝突，也有許多方法能強化與它們之間所簽訂的契約。

不幸的是，我們人類已經在無意間發展出許多打破這些契約的方法。

第5章　不論疾病或健康

旋轉一個地球儀，直到大片湛藍的海洋呈現在你眼前，你現在望著的是令人生畏的廣大太平洋。接著，將手指戳向太平洋中心，先向下，再向右一點，這裡便是萊恩群島（Line Islands），一串由十一塊極小的陸地組成的斜槓形島鏈橫亙海上的無人之境。它大約距離加州三千五百英里、澳洲三千八百英里、日本四千九百英里，萊恩群島是標準的與世獨立。或許對所有的人來說，這裡是地球上最遙遠的角落，佛瑞斯特．羅爾卻在這裡找到他所見過最美麗的珊瑚礁。

二〇〇五年八月，羅爾從白色冬青號（*White Holly*）的甲板上躍入京曼礁（Kingman Reef）的海域。京曼礁位於萊恩群島最北角，也是島鏈的頂端。[1]當視線穿透澄澈的海水，他看到巨大的珊瑚牆從深處升起，平鋪在海底。就像好萊塢電影和皮克斯《海底總動員》裡會出現的珊瑚礁場景，不僅光彩照人，還有A咖卡司的生態系：鬼蝠魟、海豚、群游成牆的六帶鰺（big-eye jack）、數群尖牙巴西笛鯛（Cubera snapper）與為數眾多的鯊魚。至少五十尾的灰礁鯊（grey reef shark）圍繞著潛水夫，每隻鯊魚的體形都可以和人類相比擬，但羅爾和其他的科學家並不擔心，因為他們知道鯊魚是珊瑚礁健康的象徵，也很高興能看到牠們的數量如此龐大。再說，鯊魚多半是在夜間覓食，只要研究人員能在日落前回到船上，他們就很安全。研究團隊盡力把握在海中的每一刻，當最後一位科學家回到船上，太陽也幾乎沒入地平線。後來，羅爾在他的筆記中寫道，「那天從原本的『有好多鯊魚』最後變成『天啊！有好多鯊魚』。」

然而東南方七百公里處的聖誕島（Christmas Island，當地方言又稱Kiritimati），景緻則全然不同。在那裡，羅爾見到最死氣沉沉的珊瑚礁。原本京曼礁那充滿活力、層層堆疊的美麗世界被一整片覆蓋著黏液的蒼白珊瑚殘骸所取代，彷彿被某種力量橫掃，喪盡所有生命與色彩。那裡的海水混濁而且夾雜著微粒，魚群消失，鯊魚也不見蹤影。這群科學家在潛入水裡的一百小時中，連一隻鯊魚也沒看見。

但這裡以前並不是這樣，當詹姆士．庫克（James Cook）於一七七七年抵達聖誕島時，領航員記錄到的是「有無數的鯊魚」。即使到了二十世紀晚期，珊瑚礁仍然很健康，周圍也有大型掠食動物泅泳。改變發生於一八八八年，人們開始在聖誕島上定居，情況便不同了。現在島上共有五千五百位居民——人數不多，但已足夠消滅鯊魚與珊瑚礁。相比之下，京曼礁始終無人居住，因為僅僅三個足球場大小的陸地，根本沒有能安頓居民的地方，不適合人居的陸地成就了這座海底皇宮。對羅爾而言，京曼礁是一扇可以通往過去的窗，讓他探進與庫克船長照面的壯麗珊瑚礁。然而聖誕島讓我們看見人類失去珊瑚後的荒涼未來，以及接下來我將提及的，許多常見的人類疾病。

珊瑚是動物，柱狀的柔軟身軀戴著會螫人的觸手皇冠。你很少看到這樣的珊瑚，因為牠們通常躲在自己分泌的石灰石中。這些由礦石組成的骨骼累積在一起，形成壯麗的珊瑚礁景觀，其中有的像樹枝，像層架或像巨型圓礫，那裡是無數海洋動物的家。珊瑚建造珊瑚礁已有數億年之久，但牠們輝煌的水下建築時代可能即將結束。加勒比海的珊瑚礁數量大幅減少，泰半的澳洲大堡礁也已消失。因為遭受許多威脅，超過三分之一的造礁珊瑚正面臨滅絕。人類釋放到大氣的二氧化碳困住太陽的能量，導致海水溫度上升。原本生活在珊瑚體內的藻類會提供牠們養分，但如今生活在溫暖海域的珊瑚將牠們的伙伴逐出體外。沒有了藻類，珊瑚變得既蒼白又虛弱。二氧化碳也會直接溶解在海裡，使海水酸化，耗盡了珊瑚建造珊瑚礁所需的礦物質，導致珊瑚礁開始破碎。再加上颶風、船隻和貪婪的海星進一步蹂躪，飢餓、蒼白、無家可歸，甚至被剝奪建屋材料的可憐珊瑚生病了。牠們被白斑病、黑帶病、粉紅線病和紅帶病等傳染病染得像一張張色票。數十種症候群，近幾十年來在珊瑚身上變得愈來愈普遍。

這種趨勢很不尋常。通常只有當宿主群落生活的密度高到利於傳染病傳播時，傳染病才會變得常見，然而，珊瑚的疾病似乎是隨著宿主數量減少而上升。這是因為只有一部分的傳染病是由特定的病原體所引起，其他則是源於更複雜的原因——可能是一大群微生物聯手搞鬼，或是由珊瑚上的微生物世界中本來就會存在的細菌所引起。就是這個世界引起羅爾的注意。

羅爾有一頭蓬亂的黑髮，舉止從容，嗓音高亢。他幾乎總是身著黑色和深灰色，而且戴著銀飾。他是總基因體學的先驅，在第二章我們曾經提過，這套技術讓科學家藉由基因定序就可以研究微生物。一開始，羅爾將這種技術應用在海中病毒的定序，後來又把這個方法擴展到珊瑚上。其他科學家已經證明，珊瑚身上覆滿非常大量的微生物。每平方公分就有一億個微生物，幾乎是人類皮膚或森林土壤的十倍以上。珊瑚礁是具有高多樣性的生態仙境，但這裡的多樣性卻大多來自肉眼不可見的種類。別管魟魚、海龜和鰻魚，細菌和病毒才是組成珊瑚礁的主要物種，然而它們絕大部分從未被研究過。

這些微生物對珊瑚做了什麼？「首先，最重要的是，」羅爾說，「它們會占據空間。」珊瑚體內可供微生物居住的空間有限，食物也有限。若良性物種先填滿了這些生態棲位，危險物種就無法入侵。因此，多樣化的微生物群落便可以防止疾病發生，這就是定植抗性（colonisation resistance）。但只要破壞這種機制，傳染病就會變得更加普遍，羅爾懷疑這就是造成這麼多珊瑚礁消失的根本原因。所有讓珊瑚失去活力的壓力，包括暖化的海洋、酸化的海水和營養鹽過剩，都會破壞珊瑚與微生物間的伙伴關係，扭曲珊瑚的模樣，也削減珊瑚的微生物群落，使其變得容易受疾病影響甚至引發疾病。[2]

為了證明這個想法，羅爾必須研究各種形態的珊瑚礁（包括未受汙染的或是已被破壞的），因此有了這艘白色冬青號。兩個多月內，這艘船沿著北萊恩群島的四個島嶼南下航行，沿途島上的人煙隨之增多：從無人居住的京曼礁，到有幾十位居民的帕邁拉環礁（Palmyra Atoll），到人口兩千五百人的范寧島（Fanning Island），再到有五千五百人的聖誕島。雖然其他科學家是計算魚類數量和撈起珊瑚來研究，羅爾和他的同事莉茲．丁茲戴爾（Liz Dinsdale）卻選擇研究微生物。他們從每個研究地點汲取海水並以玻璃濾網過濾，這些濾網的孔洞極小，即使是病毒也無法穿過。他們把這些微生物從這些超級濾網上刮下來，並用螢光染料染色。在顯微鏡下，這些微生物閃閃發亮。「珊瑚的命運——無論健康或孱弱——都記錄在這些小小的光點上。」羅爾寫道。

丁茲戴爾和羅爾發現，隨著人口增長，微生物也變得愈加普遍。從京曼礁到聖誕島，鯊魚這類的頂級掠食動物，已經從珊瑚礁生態的主角慢慢變成跑龍套演員，珊瑚礁的覆蓋率也從原本的百分之四十五降到百分之十五，但海水中的微生物和病毒卻多了十倍。這些趨勢都在一張複雜的因果關係網絡中被連繫在一起，圍繞著一場珊瑚與其古老競爭對手——「肉質藻類」——的地盤爭奪戰。

有些藻類是珊瑚的盟友，生活在珊瑚的細胞裡為珊瑚提供食物，或是能形成堅硬的粉紅色外殼，將不同的珊瑚連接成堅固的整體。但肉質藻類會與珊瑚競爭空間，若肉質藻類增加，珊瑚便會減少，反之亦然。大多數珊瑚礁中，肉質藻類是刺尾鯛和鸚哥魚（parrotfish）這類草食動物的食物，牠們能把藻類啃得和剛修剪過的草地一樣平。但是人類用長矛、魚鉤和魚網殺死了這些草食動物；我們也殺死了像鯊魚這樣的頂級掠食者，導致中型掠食動物數量暴增，吃光了草食動物。這些都讓藻類獲得生存的優勢。原本被嚴格管控的藻類開始大量孳生，導致鄰近的珊瑚死亡。參與萊恩群島研究的珍妮佛．史密斯（Jennifer Smith）以一個簡單的實驗證明了這一點。她在兩個水池中各放置了珊瑚碎塊和海藻碎屑，兩邊的水可以互相流通，中間以孔洞極細的過濾器讓微生物無法通過。兩天之內，全數珊瑚死亡，某種由藻類釋放的東西殺死了珊瑚。是毒素嗎？或許是，但當史密斯使用抗生素治療珊瑚，珊瑚便倖存下來時，這表示不是毒素在作怪。但凶手也不會是蔓延過來的微生物，因為過濾器會阻擋它們。原來是藻類正在製造某種東西，讓珊瑚因為自己身上的微生物而死。

後來證明，這個東西是溶解性有機碳（dissolved organic carbon），其實就是水中的糖和醣類。當珊瑚礁上的藻類數量太多時，就會產生大量的溶解性有機碳，這為珊瑚體內的微生物舉辦了一場饗宴。一般來說，藻類產生的糖會向食物鏈上方移動，先停留在草食動物與中型掠食者體內，最終才進入鯊魚的身體；一尾鯊魚儲存的能量就約等於好幾噸藻類的能量加總。但若所有的鯊魚死亡，這些糖便會留在食物鏈底層無法向上移動變成更多的魚，而是變成更多的微生物細胞。這場盛宴讓微生物的數量爆炸性地成長，消耗了周圍的所有氧氣，最後使珊瑚窒息。

但溶解性有機碳並不會平等地供養所有微生物。由於能量高也易於消化——羅爾將其比擬為漢堡——它會優先讓生長快速的物種獲得養分，尤其是病原體[1]。在京曼礁周圍，只有百分之十的當地微生物在分類上屬於可能導致珊瑚生病的科（family）。但在聖誕島附近，卻大約有百分之五十都屬於會致病的微生物。「你不會想在那裡游泳，」羅爾寫道，「不幸的是，珊瑚毫無選擇。」難怪儘管聖誕島的珊瑚總數只有京曼礁的四分之一，生病的珊瑚數量卻是京曼礁的兩倍。（後來的調查顯示，聖誕島仍然有一些健康的珊瑚礁，就位於前核能試驗場，對輻射的恐懼嚇退了漁民，也拯救了魚類和珊瑚。）聖誕島海域就像骯髒的醫院病房，充滿了免疫力低下的病患。就像人類世界爆發院內感染一樣，珊瑚很少死於外來的病原體，大多數的情況是珊瑚自己微生物群落裡的伺機者下的毒手，它們犧牲宿主，以換取源源不絕的溶解性有機碳。

羅爾所說的這一連串事件構成一個循環。當珊瑚死去，就會為藻類騰出更多空間，於是釋放出更多溶解性有機碳，餵養更多的病原體，進而又殺死更多珊瑚。這個循環迅速惡化，導致整個珊瑚礁生態從充滿魚類和珊瑚的景象最終被藻類占據。規模極大，而且恐怕這一切還不可逆。「這很可怕，而且速度非常快，」羅爾說，「這座美麗的珊瑚礁可能會在一年內死亡。」

所有造成珊瑚體質弱化的主要因素都可能誘發這個循環。二〇〇九年，羅爾的團隊將珊瑚碎片以不同的方式處理：更高的溫度，酸化的水質，增加的營養鹽，或是更多的溶解性有機碳。結果，原本健康珊瑚礁中的微生物群落漸漸轉變成能在生病珊瑚上發現的致病群聚。有些證據顯示，生病珊瑚上有較多讓細菌用來感染宿主的致病基因，也有證據指出生病珊瑚上也有較多和人類皰疹病毒相近的病毒。平時皰疹病毒能以休眠狀態潛藏在宿主的基因體中，直到有某個關鍵的壓力將它活化。當它們再度出現時，這些潛伏的病毒就會導致患者出現帶狀皰疹。然而，這些病毒對珊瑚有什麼影響，目前尚不清楚，但似乎有可能讓珊瑚生病。[3]

除了珊瑚，人類也可能一不小心就引發這種惡性循環。二〇〇七年，一艘八十五英尺長的漁船或許是因為引擎起火的緣故，而擱淺在京曼礁的岸上。即使這艘船的名字、來歷，以及船上所有船員的下落皆不得而知，它造成的後果卻顯而易見。事故發生後，船身解體，碎片沉到海中的珊瑚礁上，形成一塊長達一公里的死區。不像一般的海底是一片覆滿潔白珊瑚骨骼的碎石地，此地的珊瑚覆著深色的藻類，並籠罩在極為混濁的海水之下。這裡被稱為黑色珊瑚礁，場景像極了托爾金（J. R. R.

❶審訂註：病原體常能在有適當養分時快速生長。

Tolkien）筆下的魔多（Mordor）。當有大量的鐵落到養分貧瘠的生態系中時，就會發生這種情況。鐵變成肉質藻類的肥料，導致草食魚類還來不及將它們啃平，又有新的藻類冒出。這些藻類啟動了羅爾的循環：更多的溶解性有機碳，更多的微生物，更多的病原體，更多的疾病，以及更多的死珊瑚。

羅爾的團隊發現，在萊恩群島其他地方看到的黑色珊瑚礁都與沉船有關，並且總是出現在沉船碎片的海流下游。聖誕島的珊瑚幾乎是全面性均勻退化，黑色珊瑚礁則可能會出現在整片未受汙染的海域。「想像這是一片完好的珊瑚礁，」羅爾指著一張桌子說，「而**這**部分死了。」他的雙手在桌子中央猛擊，「只要有一塊鐵片，哪怕只是一顆螺栓，它的周圍都會出現一小區黑色珊瑚礁。」

二〇一三年，美國魚類及野生動物管理局（United States Fish and Wildlife Service）著手移除京曼礁那艘惹出麻煩的船隻。工人們或徒手拾起數千磅的船體碎片，或用電漿切割機和電鋸切開大片殘骸後再將其運出。只剩下那顆重達五千磅，含鐵量極高的主引擎仍留在原地。隨著大部分碎片的清除，該處珊瑚可望復原。

然而，其他地方珊瑚礁就沒這麼幸運了。他們的危機並不是來自單一次的鐵湧入，而是人類活動無情的壓力。羅爾的團隊還測量了太平洋九十九個地區的人類活動，提出一套統括的計分方式，能夠反映出漁業、工業、汙染、航運等的整體影響。針對相同的地點，他們計算出一個「微生物化分數」（microbialisation score），測量生態系的能量轉移到微生物，而非正常狀況下轉移到魚類的比例。這兩個數值之間有明顯的正相關。當人類活動對環境造成明顯影響，我們就會擾亂珊瑚與微生物間的古老關係，將生氣勃勃、充滿魚群的珊瑚礁，轉變成一鍋了無生機的藻類病原湯。

根據羅爾的研究，這就是珊瑚礁死亡的原因。先是被一連串的威脅削弱，最後再被自己的微生物淹沒而亡。雖然這不是珊瑚礁為什麼會衰敗的唯一解釋，但它卻令人信服而且面面俱到，就像珊瑚死亡的大一統理論（Grand Unified Theory）。它說明了最大的鯊魚如何和最小的病毒連結在一起，也告訴我們，看不見的部分最終決定了珊瑚礁的命運。羅爾清楚地指出，「儘管珊瑚礁非常複雜，但微生物是珊瑚礁健康與衰敗的主要決定因素。」

思及那些微生物所引發的疾病：流行性感冒、愛滋病、麻疹、伊波拉、腮腺炎、狂犬病、天花、肺結核、鼠疫、霍亂和梅毒，它們雖然彼此不同，卻都符合類似的模式：由某種微生物（可能是病毒或細菌）感染我們的細胞，利用我們進行複製，再引發各式各樣可預測的症狀。這個致病原可以被辨識、分離和研究。幸運的話，還可以將它移除，結束痛苦。

但是羅爾對珊瑚的研究卻暗示，有另一種沒有明顯凶手的微生物疾病存在。[4]引發這些疾病的元凶是改變了的微生物**群聚**，變得對宿主有害。若將這些微生物獨立來看，沒有一種是病原體，但是當它們集結起來時就會致病。有一個詞可以用來形容這種狀態：微生物生態失調（dysbiosis）[5]，指的是失衡與嫌隙取代了和諧與合作。它是共生的黑暗面，也是我們目前為止所有討論過的主題的反面。

記住，無論是人類還是珊瑚，每一個動物個體都自成一個生態系，在自身微生物的影響下長大，並持續與它們熱絡協商。另外也得記住，它們之間往往有利益上的衝突，宿主必須藉由提供對的食物，把它們限制在特定組織內，或置於免疫系統的監視下，來讓自己的微生物乖乖聽話。想一下如果有個突發事件破壞了這個控制的力量。微生物群落會受到擾動，改變群落內各物種的比例與它們會活化的基因，也會改變它們產生的化學物質。變了樣的群落仍然會與宿主溝通，但彼此對話的形態卻改變了。有時候微生物會過度刺激免疫系統，或在誘騙後就闖進不該去的組織導致發炎；但其他時候，微生物可能會抓住機會感染宿主。

這就是微生物生態失調。它會發生並不是因為這個個體無法抵抗病原體，而是得歸因於共同生活的物種——宿主和共生生物——間的溝通失常。這是一種疾病，卻轉以生態問題的樣貌出現。健康的個體就如原始雨林、茂盛的草原或京曼礁的生態系；而病態、失序的個體則如休耕地，被浮渣覆蓋的湖，或聖誕島死白的珊瑚礁生態系。從這個角度來看健康，比過去觀點複雜許多，也點出一些重要的問題。其中一個最重要的是：這樣的改變究竟是疾病的原因，還是後果？

「那個保溫罐裡是什麼？」我問。

那天我、傑夫．高登與他兩名學生站在聖路易華盛頓大學（Washington University in St Louis）的電梯裡，其中一位學生手裡提著一個金屬罐。

「只是一些裝在試管裡的糞粒。」她說。

「糞粒上面的微生物有的來自健康的孩童，有的來自營養不良的人。我們要將它們移植到小鼠體內。」高登用一副稀鬆平常的口吻解釋著。

傑夫．高登可以說是當今最有影響力的人類微生物體學家，同時也是最難取得聯繫的人。在我花了六年的時間撰寫關於他研究的文章後，終於收到他的電郵回信，因此能拜訪他的實驗室著實是項來之不易的殊榮。我原本以為他是個冷淡無禮的人，然而，他魅力十足，而且非常和藹可親。他的臉上堆滿笑容，眼角全是笑紋，舉止也十分詼諧有趣。他在實驗室裡會稱呼每個人為「教授」，包括他自己的學生。他刻意迴避媒體並不是因為高傲，而是純粹對展現自我不感興趣，他甚至不出席科學會議，寧願避開聚光燈，待在實驗室裡工作。高登安於這樣的狀態，他比其他人花更多工夫研究微生物如何影響我們健康，套句他的話，「事出有因，並非偶然」。但當我問及他對自己影響力的看法時，他反而傾向歸功到所有學生與合作伙伴的身上。6

高登之所以領先群倫，是因為在他研究微生物體學之前，他已是一位信譽卓著的科學家，曾發表數百篇關於人類腸道發育的研究。一九九〇年代，他開始懷疑細菌會對腸道發育的過程造成影響，但他同時也意識到要驗證這個想法有多麼困難。當時，瑪格麗特・麥克弗爾－奈證明了微生物可以影響烏賊的發育，但她只研究一種細菌，人類的腸道裡卻有數千種。高登需要先從這些眾多的微生物中分離出一小部分，並在可調控制條件下進行實驗。他需要進行實驗必需，但在大自然卻無法找到的關鍵資源：控制組。簡而言之，就是無菌小鼠，而且需要非常多隻。

當電梯門打開，我跟在高登、他的學生和裝著冷凍糞粒的保溫罐之後，走進一個大房間。那裡擺滿了一排排透明的塑膠密封箱。這些隔離箱是世界上最詭異的環境，因為它完全無菌，而且只有小鼠生活在裡面。隔離箱裡有小鼠生存所需的一切：飲用水、棕色的塊狀飼料、鋪在底層的稻草屑，以及一間讓小鼠能隱密交配的白色保麗龍小屋。研究團隊將這些東西以輻射線照射以確保無菌，然後放進輸送用的圓筒裡（這些圓筒也都經過高溫高壓消毒）。然後再將圓筒連接到隔離箱背面的小圓窗後，把東西送入箱中（使用的連接套管也都是無菌的）。這項工作相當繁瑣，但這能確保小鼠在沒有微生物的世界出生與成長。這個研究團隊具體呈現了「含特定菌狀態」（gnotobiosis）的概念，這個詞來自希臘文，意思是「已知的生命」。我們能確切地知道這些小鼠身上有什麼東西——什麼也沒有。與地球上的其他小鼠不同，牠們只是一隻小鼠，僅此而已。像是一只空容器、一張獨有輪廓的剪影，或是一個只有一隻生物的生態系。牠們體內並沒有大量的微生物。[7]

每個隔離箱都有一對黑色橡膠手套固定在兩個圓窗上，研究人員可以藉由這雙手套操作。手套很厚，當我的手穿進去，便馬上開始流汗。我笨拙地抓住一隻小鼠的尾巴，讓牠安適地窩在我的手心裡，牠有著白色的皮毛和粉紅色的眼睛。那種感覺非常奇怪，我握著這隻動物，卻僅僅透過兩個黑色的突出物進入那個密封的世界。牠坐在我手上，卻又完全與我隔離。當我撫摸穿山甲巴巴，我們交換了微生物；但當我撫摸這隻小鼠時，卻什麼也沒有發生。

目前全世界有數十種相似的無菌設施，它們是讓我們瞭解微生物群落如何運作的有力工具。但是當隔離箱技術在一九四〇年代被開發出來後，即使在十年後又被改良，卻一直沒有特別受到關注。[8]沒人需要無菌動物，但高登卻認為牠們完全符合他的需求。他可以給予無菌小鼠特定的微生物，以調配過的食物餵養牠們，並在受控和可重複的條件下反覆操作。他可以將小鼠當作活生生的生物回應器，利用牠們，高登可以將令人費解的複雜微生物群落，拆解成多個可控制的零件來系統化地研究。

二〇〇四年，高登的團隊利用無菌小鼠進行實驗，而這個實驗後來引領整個實驗室專注於一條新的研究道路上。[9]他們將常規飼養的小鼠腸道微生物移植到無菌小鼠上。通常無菌小鼠就算吃得再多體重也不會增加，然而，一旦牠們的腸道裡有了細菌，這種令人羨慕的能力就消失了。牠們並沒有吃得比較多——而且反而吃得比較少——但牠們開始將更多的食物轉化為脂肪，因此體重增加了。小鼠雖然與人類有明顯的不同，但兩者的生物特性卻很相似，足以讓科學家們以小鼠做為替身，運用在不論是藥物測試或腦部的研究上，當然微生物的研究也不例外。高登認為，若這些初步結果適用於人類，微生物就必定會影響我們從食物中攝取的養分，進而影響我們的體重。這個豐富又迷人的醫學領域值得他的團隊深入鑽研。

後來，這個團隊證明，肥胖的人（和小鼠）在腸道中有不同的微生物群落。最明顯的差異出現在兩種主要腸道菌群的比例。[10]肥胖者比起精瘦的對照組，有比較多厚壁菌門（Firmicutes）的菌種和比較少擬桿菌門（Bacteroidetes）的菌種。這凸顯了一個顯而易見的問題：額外的體脂肪會造成兩種細菌間平衡翹翹板的傾斜嗎？或者說得更聳動一點：翹翹板傾斜會使個體變胖嗎？然而高登的團隊無法只靠簡單的比較就回答這個問題，他們需要做實驗。

就在此時，彼得．湯博（Peter Turnbaugh）加入了團隊。當時他還只是個實驗室裡的研究生，他從肥胖和精瘦的小鼠身上採集微生物，然後將微生物餵給無菌小鼠。那些從精瘦小鼠身上獲得微生物的無菌小鼠，脂肪增加了百分之二十七，而那些從肥胖小鼠身上獲得微生物的無菌小鼠，則增加了百分之四十七的脂肪。這個結果令人震驚，湯博藉著移植微生物，成功地將肥胖轉移到另一隻小鼠身上。「那是讓我們驚呼『**天啊！**』的時刻。」高登說，「我們非常激動，而且受到鼓舞。」這些結果證明，（至少在某些情況下）肥胖個體腸道中那個已被改變的微生物群落確實能導致肥胖。微生物可能從小鼠的飲食中獲取更多的卡路里，或是影響小鼠儲存脂肪的方式。但無論是哪種手段，微生物顯然不只是搭便車而已，它們還會搶方向盤。

除了變胖，微生物也能讓宿主往相反的方向發展。當湯博證明腸道微生物可以導致體重增加時，其他的科學家也發現它們可以讓體重下降。嗜黏液艾克曼菌（*Akkermansia muciniphila*）是其中一種常見的腸道細菌，它在正常小鼠身上的數量比遺傳上易肥胖小鼠的數量多了三千倍。若肥胖小鼠吃下這種菌，不僅體重會下降，也會減輕第二型糖尿病的症狀。腸道微生物也解釋了胃繞道手術能獲得非凡成功的部分原因。這是一種極端的手術，能將胃縮減至只有雞蛋大小，並直接連接到小腸。在手術之後，人們往往能減重數十公斤。這樣的結果通常被歸功於縮小的胃，但這種手術也重組了腸道微生物群落，增加了很多菌種，包括嗜黏液艾克曼菌。若將這些重組後的微生物移植到無菌小鼠身上，也能看見類似的結果。[11]

世界各地的媒體都將這些發現視為所有為體重所苦者的救贖。如果效果快速的微生物療法即將付諸實現，何必遵守嚴格的飲食指導方針？如果事實已經證明細菌操縱了體重計，何必為攝取過多的卡路里而責怪自己？「覺得自己胖？怪你腸道裡的小東西吧！」一份報紙寫道。「體重過重？微生物可能是罪魁禍首。」另一份報紙隨之附和。但這些標語並不正確。微生物群落並不會代替或翻轉那些我們長期知悉的肥胖因素，而是與這些因素完全糾纏在一起。高登的另一名學生凡妮莎．瑞朵拉（Vanessa Ridaura），用小鼠來呈現精瘦者與肥胖者腸道內微生物的爭鬥。[12]首先，她將人類的微生物群落放入無菌小鼠體內，然後把這些小鼠放在相同的籠子裡。你要知道，小鼠很喜歡吃別人的糞便，因此牠們的腸道經常充滿鄰居的微生物。瑞朵拉發現，「精瘦」的微生物群落會入侵「肥胖」微生物群落所占據的腸道，而阻止它們的新宿主發胖。但相反的情形卻從來沒有發生過：肥胖的微生物群落從來就無法在精瘦的微生物群落已經占領的地盤裡搶到一分一毫。

這結果並不是因為精瘦的微生物群落先天上就具有優勢。相反地，是瑞朵拉藉由餵食這些小鼠植物成分較多的食物，而讓這場戰鬥變得對它們有利。飲食中複雜的纖維為擁有對的消化酵素的微生物創造了許多機會——套一句高登的話就是，「特別開設職缺讓它們來填補。」肥胖微生物群落中，能填補這些位置的菌種比較少，但精瘦的微生物群落卻充滿適合的候選人，例如多形擬桿菌這樣的纖維分解專家。因此，當肥胖微生物群落進軍精瘦的腸道時，便會發現食物已被吃得一口都不剩，每個生態棲位都被填滿了。相比之下，當精瘦的微生物群落進入肥胖者的腸道時，它們發現了大量還沒被吃掉的纖維，因此得以蓬勃發展。當瑞朵拉用油膩、低纖維的食物（以此表示西方飲食習慣最糟的狀態）餵養小鼠時，精瘦微生物群落才消失不見。沒了纖維，精瘦的微生物群落便無法住下來，也無法阻止小鼠發胖。它們只能進駐**飲食健康**的小鼠腸道。可見，老派的飲食建議仍然有效，而誇大的報紙頭條應該被捨棄掉。

這給我們一個重要的教訓：微生物很重要，但宿主的所作所為也很重要。就如所有生態系一樣，我們的腸道不單是由內部的物種來定義，也由通過腸道的養分來定義。雨林不僅僅是雨林，因為裡面有鳥類、昆蟲、猴子和植物，有從上面灑下的雨水和陽光，與豐富的土壤養分。如果你將森林裡的動物扔進沙漠，牠們會活得非常痛苦。高登的團隊已在實驗室裡多次見識到這個道理，又在馬拉威親身經歷了一次。

馬拉威是全世界兒童死亡率最高的國家，其中半數肇因於營養不良。但營養不良有許多不同的形式。嬰兒乾瘦症（Marasmus）的孩子最終會變得極度憔悴、骨瘦如柴。而紅孩症（Kwashiorkor）的孩子會有液體從血管中滲出，導致四肢浮腫、腹部鼓脹、皮膚病變。一直以來，紅孩症就一直籠罩著神祕的色彩。有人認為紅孩症是因飲食中的蛋白質不足而引起，但患有紅孩症的兒童攝取的蛋白質卻不少於患有嬰兒乾瘦症的兒童，這怎麼可能呢？如果是缺乏蛋白質，為什麼這些孩子在接受人道組織的幫助，吃了富含蛋白質的食物後，卻依然不見好轉？還有，為什麼一對有相同基因，住在相同村莊，吃相同食物的同卵雙胞胎，一個得了紅孩症，另一個卻得到嬰兒乾瘦症？

傑夫．高登認為這與腸道微生物有關，而且可能可以解釋那些外部條件上看起來完全相同的兒童，為什麼在健康上會有差異。在他的團隊完成開創性的肥胖實驗後，他開始好奇：如果細菌可以導致肥胖，那是否也會導致另一個極端——營養不良？他的許多同事都不這麼認為，但高登卻獨排眾議，展開一項野心勃勃的研究。他的團隊前往馬拉威，蒐集了一群一到三歲嬰兒的日常糞便樣本。他們發現，患有紅孩症嬰兒的腸道微生物並未正常發育。他們體內生態系的發育停滯不前，並沒有隨著年齡增長而變得更加多元且成熟。他們的微生物年齡很快地落後實際年齡。[13]當團隊將這些不成熟的微生物群落移植到無菌小鼠體內，並搭配模擬馬拉威當地營養缺乏的飲食時，這些小鼠的體重減輕了。但如果餵給小鼠標準的鼠糧，那麼無論牠們體內攜帶哪種細菌，都不會減少太多體重。和瑞朵拉的研究結果一樣，欠缺營養的食物加上錯誤的微生物才會造成問題。紅孩症的微生物似乎會干擾一連串為細胞提供能量的化學反應，使兒童難以從食物中獲取營養，更何況食物中的能量本來就不多。

治療營養不良的標準方法是給予由花生醬、糖、植物油和牛奶混合而成的糊狀高能量營養強化食品。但高登的團隊發現，這種混合糊對罹患紅孩症兒童體內的細菌只有短暫效果（這或許可以解釋為何這種療法並非總是有效）。一旦他們恢復馬拉威的日常飲食，體內的微生物也會回到先前的貧乏狀態。但這是為什麼呢？

現在，想像山谷中有一顆球，它的四周被陡峭的山坡包圍。這時，如果推動這顆球，它會先滾上山坡，減速，但最後又回到原來的位置。為了讓球能一路滾上山坡，越過山頂並進入相鄰的山谷，你必須一鼓作氣地向上推，或者是小力地連續推好幾次。這就是生態系的運作方式：任何改變都須面臨回復原狀的復原力，若想把生態系推入不同的狀態，就必須克服它。把健康的珊瑚礁想像成這顆球。最升溫的海水先將其輕輕地往上推，藻類入侵再把球更往山坡上推去，少量的鐵又將它再往上推。最後，鯊魚的消失將它推過山頭進入鄰近的山谷，球再次落入谷底並進入由藻類主導的新狀態。這個狀態比之前更不健康——甚至可說是微生物生態失調，但它一樣也有復原力。因此，要將它從藻類主導的狀態推回健康且充滿魚群的珊瑚礁，需要付出很多努力。[14]

同樣的情形也發生在我們體內。現在，這顆球是孩子的腸道，營養貧乏的飲食改變了其中的微生物。它也損害了孩子的免疫系統，改變了其控制腸道微生物群落的能力，並敞開有害傳染病入侵的大門，進一步擾亂微生物群落。一旦這些微生物群落開始破壞腸道，就會讓腸道無法有效地吸收養分，導致更嚴重的營養不良、免疫問題，與更扭曲的微生物組成等。球愈滾愈高，直到越過山頂，並滾入下一個微生物生態失調的山谷。一旦微生物群落演變至此，就很難再恢復。

我桌子旁的牆上有一臺恆溫控制器。因為型號老舊，所以還是以指針顯示而非用數位螢幕控制。當我將溫度調低，室內會變得濕冷；當我將溫度調高，屋內又會變得如火燒一般熱。但在表盤中央的某個點——通常只要非常細微的調整——就能設定到剛好舒適的溫度。儘管免疫系統十分複雜，卻和這個恆溫器表盤有異曲同工之妙。它就像一臺「免疫恆定器」，不是用來穩定溫度，而是用來穩定我們與微生物的關係。[15]它一邊管理那些與我們住在一起的數兆隻良性微生物，同時也阻止有傳染性的少數群體入侵。若恆定器設定得太低，它就會變得太過鬆懈，無法阻擋威脅，令我們容易受到感染。但若設定得太高，它就會變得過分提心吊膽，錯誤地攻擊自己的微生物，引發慢性發炎。免疫系統必須在兩個極端之間拿捏得宜，巧妙平衡誘發發炎與抑制發炎現象的細胞和分子。它必須有所回應卻又不能反應過度。但在過去的半個世紀裡，由於衛生系統、抗生素和現代飲食的綜合影響，我們逐漸將自己的「免疫恆定器」調高了設定，造成免疫系統對無害的事物發狂，例如灰塵、食物中的分子、居住在體內的微生物，甚至是我們自己的細胞。

炎症性腸病就是其中一例。[16]這種病會讓腸道嚴重發炎，症狀包括慢性疼痛、腹瀉、體重減輕和疲勞。它通常發生在青少年和年輕人身上，打擊他們青春的生命，讓他們必須硬著頭皮面對社會的不理解與痛苦的治療。即使藥物和手術能控制症狀，這個疾病卻終身都有可能復發。兩種主要的炎症性腸病——潰瘍性結腸炎（ulcerative colitis）和克隆氏症（Crohn's disease）——雖已存在數世紀，但自第二次世界大戰以來，盛行率飆升，尤其在已開發國家中特別明顯。

炎症性腸病的成因至今尚不清楚。科學家已經識別出超過一百六十種與該疾病相關的遺傳變異，但由於這些變異在一般人身上很常見，而且在人群中占的比例亦相當穩定，因此不太可能是疾病急遽上升的原因。然而，這些遺傳變異卻指向另一個可能的禍首。大部分的遺傳變異都與維持微生物穩定的機能有關，如產生黏液、強化腸道內壁或調節免疫系統。雖然人類基因的變化速度趕不上炎症性腸病盛行率急遽上升的速度，但微生物卻辦得到。

長久以來，科學家一直懷疑微生物是造成炎症性腸病的罪魁禍首，但儘管已經進行了廣泛的研究，還是沒辦法成功鎖定任何特定的病原體。就像羅爾研究的珊瑚和高登研究的那些營養不良孩子，這個問題很有可能與正常微生物群落的失控有關。炎症性腸病患者的腸道微生物組成肯定與健康者不同，但嫌疑犯名單卻隨著每篇新研究而持續增加，這或許不足為奇，畢竟炎症性腸病本來就很多種。即使如此，我們仍然可以在差異之中找到共通點。與較健康的對照組相比，炎症性腸病患者的微生物群落往往比較單一而且相對不穩定。它缺乏抗發炎的微生物，包括屬於纖維發酵菌[2]的普拉梭菌（*Faecalibacterium prausnitzii*）和脆弱擬桿菌。取而代之的卻是發炎性物種的大量增生，例如具核梭

---

[2] 審訂註：指在腸道這種厭氧環境裡，可利用纖維做為養分進行發酵作用產生能量並存活的細菌。

桿菌（*Fusobacterium nucleatum*）和入侵性大腸桿菌菌株。

即使沒有任何一個物種能夠獨力破壞或建構整個生態系，這些微生物卻明顯扮演了至關重要的角色。這種情況看起來就像微生物生態失調。把宿主的「免疫恆定器」調高至最緊繃不安的狀態，以至於整個微生物群落變得更容易讓宿主發炎。但這些微生物群落是如何產生的呢？是因為飲食習慣滋養了容易造成發炎的物種嗎？是因為服用的抗生素殺死了能避免發炎的物種嗎？是宿主的遺傳變異改變了免疫系統，而破壞其管理自身微生物的能力嗎？最後這一個假設或許比較合理。溫蒂・蓋瑞特（Wendy Garrett）已經證明，缺乏重要免疫基因的突變小鼠最終會出現不尋常的腸道微生物群落。若將那些微生物移植到健康小鼠身上，就會誘發炎症性腸病。這個研究表明了微生物群落會「導致」疾病，而非單純只是被動地對疾病產生反應。但究竟是微生物直接促使了發炎，還是它們只是在患病之後將發炎持續？若這些微生物只是讓發炎延續，那麼最初導致腸道發炎的原因是什麼？是感染嗎？是環境毒素嗎？還是因為某些食物打破了腸道內壁的屏障？抑或是要歸因於使宿主的免疫系統變得容易反應過度的遺傳變異？

答案是：都有可能。這個謎團相當棘手，尤其是因為沒有人能預知誰即將罹患炎症性腸病。在毫無預兆的狀況下，我們幾乎不可能在第一時間比對發病前後微生物組成的變化，從而辨別出真正的因果關係。我們唯一能做的，就是在剛確診的病患身上證明其微生物群落已經失調。[17]我們幾乎可以確定，炎症性腸病並不是源於單一因素（不論罹病原因是微生物或其他因素），它可能是在承受多次攻擊之後，才使生態系轉為發炎狀態。

賀伯・維爾金（Herbert W. Virgin）博士曾發表的一項個案研究完美地支持了這個想法。[18]他使用具有克隆氏症患者常見突變基因的小鼠來做實驗。這些小鼠只有在感染了能摧毀牠們部分免疫系統的病毒，且接觸到會導致發炎的毒素，再加上體內原本有正常腸道菌群時，腸道才會出現發炎的症狀。倘若中間缺少了任何一個誘發條件，小鼠就能夠繼續保持健康。綜合遺傳易感受性（genetic susceptibility）、病毒感染、免疫問題、環境毒素的影響，加上**體內的微生物組成**，才會讓人罹患炎症性腸病。如此複雜的病因同時也解釋了為什麼這種疾病如此變化多端，因為每個個案都各自有錯綜複雜的原因。

相似的發病原則也適用於其他發炎性疾病，包括第一型糖尿病、多發性硬化症、過敏、氣喘、類風濕性關節炎等。[19]這些疾病都和過度積極的免疫系統有關，導致在面對假想敵時便發動錯誤的攻擊。「宿主們體內蠢蠢欲動的發炎反應，正是所有問題的核心。」曾經是高登團隊成員的賈斯汀・索南堡（Justin Sonnenburg）如此說道。「先前發生的某些事讓反應偏向促進發炎反應，而不抑制發炎反應。為什麼西方人會時常處於發炎的狀態呢？」過去半世紀中，為什麼這些疾病都和炎症性腸病一樣，從相當罕見變得如此普遍？「這些現代版的鼠疫都朝著同一個方向走去，」索南堡繼續說，「所有趨勢都是一樣的。從我們現代的生活方式中，絕對能找出可以用來解釋大部分原因的主要因素。我想，三十種不同的疾病並非來自三十件我們所做的事。我認為應該只有五件、三件，甚至一件事，就能解釋九成疾病中的九成病例。這些應該都來自一個共同的原因。」

一九七六年，一位在加拿大薩斯喀屯（Saskatoon）住了二十年的小兒科醫生約翰．傑拉德（John Gerrard）發現，當地居民的疾病有個特殊的模式。那裡的白人比起原住民梅蒂人（Metis）更容易罹患氣喘、濕疹和蕁麻疹等過敏性疾病，而後者則比較常被絛蟲、細菌和病毒感染。傑拉德想知道這些趨勢是否互相關聯，以及究竟過敏性疾病是否是白人為了避免感染病毒、細菌和寄生蟲疾病而必須付出的代價。一九八九年，在大西洋的另一端，流行病學家大衛．斯特拉坎（David Strachan）在研究了一萬七千名英國兒童後也得到類似的結論：有愈多哥哥姐姐的孩童愈不容易得到花粉熱（hay fever）。

「這些觀察結果可以解釋，有些孩童之所以可以免於過敏，是由於幼年時期與兄姐之間不衛生接觸而引致的感染。」斯特拉坎在一篇題目為「花粉熱、衛生和家庭規模」的論文中寫到。「衛生」在這裡至關重要，因此後來將這個推論取名為：衛生假說（hygiene hypothesis）。[20]

衛生假說認為，已開發國家的兒童不像長輩們小時候一樣，那麼容易受到傳染病的威脅，因此他們的免疫系統不僅缺乏經驗，也比較神經質。[21]乍看之下，這些孩子似乎比較健康，但他們的免疫系統卻會被花粉等無害的物質觸發而展開恐慌的反擊。這個假說顯示，要在傳染病與過敏性疾病之間取捨確實是個難題，彷彿我們非得承受其中一種痛苦不可。後來修正的衛生假說，則將核心從病原體擴展到包括能教育免疫系統的友善微生物、潛伏在泥土和灰塵中的環境物種，甚至是病程較慢也沒有明顯危害的寄生蟲。它們是人類的「老朋友」。[22]在過去的演化史中，它們一直是我們生命的一部分，但如今人類和它們的關係卻逐漸動搖。

微生物、環境物種與寄生蟲的消失不僅是因為愈發徹底的個人清潔（就跟「衛生假說」的名字一樣諷刺），也來自都市化後的各種改變：日益縮小的家庭規模、從泥濘的鄉村遷居到混凝土城市，加氯消毒的自來水和殺菌過的食品，以及與牲畜、寵物和其他動物的距離愈來愈遠。這些變化一直以來都與過敏性和發炎性疾病的罹病風險有高度相關，同時也減少了我們接觸微生物的機會。光是一隻狗就能產生巨大的影響。當蘇珊・林區（Susan Lynch）用吸塵器蒐集十六個家庭的灰塵後，她發現沒養毛小孩的家根本是「微生物沙漠」。養貓的家庭微生物相對豐富，而養狗家庭甚至還更多。[23]原來，人類最好的朋友竟然也是載著人類「老朋友」的司機。

狗兒將微生物從室外帶入室內，讓更多的物種移居到我們發展中的微生物群落，為我們建立一個更大的物種庫。當林區將這些蒐集到的微生物餵給小鼠時，她發現小鼠對各種過敏原的敏感度降低了。這些沾有灰塵的食物也讓小鼠的腸道增加超過一百種細菌，其中至少有一種可以保護小鼠免受過敏原傷害。這就是衛生假說以及其各種衍生理論的精髓：暴露在比較廣泛的微生物中，可以改變體內的微生物組成，並抑制過敏性發炎的症狀——至少在小鼠身上是這樣。

但我們最重要的微生物老朋友來源並不是寵物，這個榮耀應該歸給我們的母親。當嬰兒離開子宮，媽媽陰道的微生物便會轉移到嬰兒身上——這是一項人類之所以能建立世代傳承傳播鏈的天賦。但這種天賦如今也改變了。大約分別有四分之一和三分之一的英美新生兒是剖腹產出生，而且其中有許多孕婦是刻意選擇剖腹產。瑪麗亞・葛羅莉亞－多明格茲－貝羅（Maria Gloria Dominguez-Bello）發現，如果嬰兒是剖腹產出生，他們最先接觸到的微生物便是來自母親的皮膚和醫院環境，而不是媽媽的產道。[24]雖然目前尚不清楚這樣的差異就長遠看來會有什麼差別，但正如島嶼上的第一批殖民者會影響最終定居的物種一樣，新生兒身上的第一批微生物也可能影響未來的微生物群落。這或許解釋了為何剖腹產嬰兒在往後的人生中更容易罹患過敏、氣喘、乳糜瀉和肥胖。「新生兒的免疫系統就像一個天真無邪的孩子，無論它看到什麼，都會開始學習，」多明格茲－貝羅說。「若一開始就遇到壞人而不是正常的好人，他們的免疫系統可能會因此出現漏洞。這可能讓他們的一生從此不同。」

瓶餵嬰兒可能讓這些問題惡化。如我們前面所見，母乳能打造寶寶體內的生態系。它為嬰兒的腸道提供了更多微生物居民和人乳寡糖（也就是母乳中用來餵養微生物的糖，用來滋養像嬰兒比菲德氏菌等的共同適應伙伴）。這樣的本事或許可以抵銷剖腹產在一開始所造成的任何差異，但是，「若你選擇剖腹產加上瓶餵，我敢說你的寶寶會走在一條不同的軌跡上。」乳汁專家大衛・米爾斯說。一旦我們斷奶，開始吃固體食物，若沒有用適當的食物餵養我們的微生物朋友，這條軌跡將會愈走愈歪。飽和脂肪會滋養容易引起發炎的微生物。我們會使用食品添加劑來延長冰淇淋、冷凍甜點和其他加工食品的保存期限。兩種常見的食品添加劑：羧甲基纖維素（carboxymethyl cellulose）和聚山梨醇酯（polysorbate 80）能讓促進發炎的微生物變多，同時也會抑制抗發炎的微生物。[25]

膳食纖維的效果則相反。它是多種複雜卻可被我們體內微生物消化的植物醣類的統稱。自從愛爾蘭的傳教士兼外科醫生丹尼斯・博基特（Denis Burkitt）發現，烏干達農村居民吃的纖維是西方人的七倍時，纖維便一直是健康飲食建議的中流砥柱。村民們的糞便重了五倍，但通過腸道的速度卻快了兩倍。一九七〇年代，博基特像傳福音般地傳遞這個觀念，他認為富含纖維的飲食是烏干達人為什麼很少罹患糖尿病、心臟病、結腸癌和其他在已開發國家常見疾病的原因。雖然這些差異有一部分是因為這些慢性病多半好發於老年人，而西方人的預期壽命又比較高。儘管如此，博基特的想法是對的。「美國是一個便祕的國家，」他很粗俗地說，「如果你排出的大便很小條，你就需要往大醫院跑。」[26]

但他並不知道真正的原因是什麼。他將纖維假想成一把「結腸掃帚」，可以清除腸道內的致癌物質與其他毒素。但他並未想到微生物。我們現在知道當細菌分解纖維時，會產生短鏈脂肪酸，這些脂肪酸能吸引抗發炎細胞進駐，讓瘋狂的免疫系統恢復平靜。如果沒有纖維，我們就會將「免疫恆定器」調至較高的設定，這會讓我們容易罹患發炎性疾病。更糟的是，當纖維缺乏時，我們體內飢餓的細菌會開始吞噬其他東西——包括覆蓋腸道的黏液層。隨著黏液層消失，細菌愈來愈接近腸道內襯，將可能觸發下方免疫細胞的反應。若是沒有短鏈脂肪酸來限制，這些反應很容易走向極端。[27]

纖維攝取不足也會重塑腸道的微生物群落。如我們先前所見，因為纖維非常複雜，因此能為各種擁有正確消化酵素的微生物創造工作機會。但若這些機會遲遲沒有開放，應徵者的數量就會縮減。是賈斯汀的妻子也是同事的艾瑞卡·索南堡（Erica Sonnenburg）藉由連續數月提供小鼠低纖維飲食證明——小鼠腸道微生物群落的多樣性崩解了。[28]當小鼠再次攝取纖維時，狀況會得到改善，但卻不會完全回復，許多物種已經擅離職守而且再也不會回來。當這些小鼠繁衍下一代時，牠們生下的幼鼠打從一開始就帶著相對貧乏的微生物群落。如果這些幼鼠再吃下更多的低纖維食物，將會有更多的微生物消失。愈來愈多的子代，伴隨著愈來愈多的微生物與牠們斷絕關係。這就可以解釋為什麼比起布吉納法索、馬拉威和委內瑞拉的鄉村農民，西方人腸道的微生物多樣性低得多。[29]我們不僅攝取較少的植物，還對吃進去的植物大量加工。例如，將小麥磨成麵粉的過程會去除小麥中大部分的纖維。用一句索南堡的話來說，我們正在「讓我們自己的微生物挨餓」。

若認為切斷微生物與我們聯繫的路徑且讓它們挨餓還不夠糟的話，那告訴你，我們還用了最強的武器來攻擊剩餘的倖存者——抗生素。自有微生物出現開始，它們便一直利用抗生素互相爭鬥。一九二八年，人類在偶然的情況下，首次踏入這個古老的軍火庫。當英國化學家亞歷山大・弗萊明（Alexander Fleming）結束假期，從鄉下回到實驗室後發現，有黴菌落在他的細菌培養皿中，而且在它的周圍開拓出一圈殺戮地帶，殺死區域內所有的微生物。弗萊明從那種黴菌中分離出名為青黴素（penicillin）的化學物質。十幾年後，霍華德・弗洛里（Howard Florey）和恩斯特・柴恩（Ernst Chain）研究出可以大規模生產這種物質的方法，讓這種原本沒人注意的化學物質成為二戰期間拯救無數盟軍的救世主，從此開啟了今日的抗生素時代。接二連三地，科學家們發展出一種又一種的新型抗生素，以藥學的大腳踩扁了許多致命的疾病。[30]

但抗生素是種令人又敬又怕的武器。它們不顧是否是我們想要保留的細菌，一律全數殺光——就像在城市裡用核彈處理一隻老鼠一樣。我們甚至不用看到老鼠就展開大屠殺：人類使用許多抗生素來治療病毒感染，但其實沒必要，因為抗生素對病毒根本無效。這些藥物被肆意濫用，在已開發世界中，每天有百分之一到百分之三的人正在服用抗生素。根據一項估計表示，兩歲以下的美國兒童平均接受過將近三次的抗生素療程，而十歲以下則增加至十次。[31]同時，其他的研究顯示，即使是短期抗生素治療也會改變人體的微生物組成。有些物種短暫消失，而整體的多樣性大幅下滑。當我們停止服用抗生素，微生物群落會恢復到大致的原始狀態，但並不會完全相同。和索南堡的纖維實驗一樣，每次的打擊都會使生態系受損。打擊愈多，受損愈嚴重。

諷刺的是，抗生素治療造成的連帶傷害還可能為更多疾病鋪路。還記得豐富繁盛的微生物群落可做為抵擋入侵病原的屏障嗎？當我們的老朋友消失，這個屏障也隨之消失。在微生物缺席的情況下，將有更多的危險物種利用吃剩的養分和留下來的生態空缺。[32]導致食物中毒和傷寒的沙門氏菌就是這樣的機會主義者，引起嚴重腹瀉的困難梭狀芽孢桿菌（*Clostridium difficile*）也是一例。這些原本貧弱的物種開始大量繁殖，填補族群縮小的微生物們留下的空缺，盡情地享用在過去通常會被競爭對手吃掉的食物殘渣。這就是為什麼困難梭狀芽孢桿菌主要是影響長期服用抗生素的人，而且大多數的感染都發生在醫院、療養院或其他醫療機構的原因。有人稱它為人為疾病，而且認為這些疾病與那些原本應該維護人類健康的機構有關。這就是無差別殺死微生物的意外後果。就像在雜草叢生的花園裡使用農藥，卻又希望花朵可以長得比雜草好一樣，但通常你只會得到更多的雜草。[33]

即使是微量的抗生素也會產生意外的結果。二〇一二年，馬丁・布雷瑟（Martin Blaser）給年輕小鼠服用抗生素，使用的是低到無法治療任何疾病的低劑量。儘管如此，這些藥仍然改變了小鼠的腸道微生物，培養出更能從食物中獲取能量的微生物群落。小鼠因此變胖了。接下來，布雷瑟的團隊又分別餵給剛出生和斷奶的小鼠低劑量的青黴素，並發現前者體重增加的幅度在停止服用藥物後更大。即使體內的微生物群落已經回復正常，但體重仍然增加。當研究人員將這些微生物群落移植到無菌小鼠體內時，這些接受移植的小鼠體重也增加了。這告訴我們幾件重要的事。首先，動物幼年時有一段關鍵時期，在此期間，抗生素造成的影響甚鉅。其次，這些影響是由於微生物群落的改變，但即使微生物群落已經大部分恢復正常，影響仍會持續。第一點雖是舊聞，第二點卻很重要。自一九五〇年代以來，農民其實一直在進行相同的實驗，只是他們渾然未覺。他們用低劑量的抗生素肥育他們的牲畜。無論是哪種抗生素或哪種牲畜，結果總是一樣：牲口長得更快，變得更胖。大家都知道這些「生長促進劑」（growth promoter）有效，但沒人真正理解為什麼。布雷瑟的研究提出一個可能的解釋：藥物破壞了微生物群落，導致體重增加。[34]

布雷瑟一再表明，過度使用抗生素可能會「導致肥胖等疾病急遽增加」，就更別提其他現代版鼠疫了。但真的是如此嗎？首先，他實驗出來的結果相對較弱：服用抗生素的小鼠體重雖有增加，但僅增加百分之十，這僅相當於一個七十公斤的人增加七公斤，或身體質量指數（BMI）增加兩單位。再說，小鼠並不是人，從在人類身上進行的研究結果看起來，抗生素和肥胖之間的關聯依舊曖昧不明。其中一項布雷瑟的研究也表明，在嬰兒時期曾接受抗生素治療的兒童到七歲時，並不會因此較容易體重過重。甚至就連動物的研究結果也不一致：在其他小鼠實驗中，科學家已經發現，早期給予高劑量的抗生素實際上會妨礙生長或降低體脂肪。

同樣看似可信的還有：在幼年時的重要時機，因服用抗生素而改變微生物群落可能增加過敏、氣喘和自體免疫疾病的風險。但是，與肥胖一樣，尚無任何明確的研究能證實這種風險存在。而抗生素的好處卻清楚得多。以諾貝爾獎得主巴瑞・馬歇爾（Barry Marshall）的話來說，「我從來沒有因為給病患抗生素而害死他們，但我聽說很多人因為沒服用抗生素而死。」[35]在抗生素問世之前，死於單純的抓傷、叮咬、肺炎或分娩的人數多得驚人。抗生素問世之後，這些原本可能危及生命的傷害變得可以被控制，生活因此變得更安全。許多必須承擔致命感染風險的醫療行為得以施行或變得普遍，諸如：整形手術、剖腹產、任何在細菌數量眾多的器官內進行的手術（像腸道）、抑制免疫系統的治療（像癌症化療和器官移植）和任何涉及導管、支架或植入物的手術（如洗腎、冠狀動脈繞道移植手術或髖關節置換術）。許多現代醫學建立在抗生素的基礎上，然而這些基礎正面臨崩潰。我們任意地使用這些藥物，以至於許多細菌已能抵抗它們，甚至有些近乎無敵的菌株已經可以對任何藥物毫不懼怕。[36]在此同時，我們卻完全沒有開發出新的抗生素來取代那些已經過時的藥物。我們正邁入可怕的後抗生素時代。

抗生素的問題不在於使用抗生素，而是過度使用；過度使用抗生素不只擾亂我們的微生物群落，還會加速抗生素抗藥性細菌（antibiotic-resistant bacteria）的增加。然而，解決的方法並不是妖魔化這些藥物，而是在真正需要的情況下聰明地使用，並充分瞭解風險和利益。「到目前為止，我們一直認為抗生素的影響是正面的。醫生可能會說：它或許無法幫助你，但它也沒有壞處。」布雷瑟說。「但只要你認為它可能有壞處，就必須重新計算風險。」對羅伯．奈特來說，當他的小女兒感染葡萄球菌時，這其中的利弊就很清楚了。「當時的我必須做出選擇，一個是讓這種可能危及生命且現在給她帶來很多痛苦的感染消失，」他說，「另一個則是可能讓她在八歲時 BMI 指數增加。一般情況下，我們傾向不讓她使用抗生素，但當你看到抗生素發揮作用時，真的很棒。」

同樣的標準也可以拿來衡量其他用來破壞微生物的武器。適度的衛生設施是促進公共衛生必要的助力，使我們免於許多傳染病。然而我們做得太過火了。「保持乾淨已從單純的信念變成一種信仰。」西奧多．羅斯伯里說。「我們正在成為一個過分狂熱於浸泡、刷洗與除臭的國家。」他一九六九年時寫到。現在的情況更糟糕。[37]若我上網到任何一個主流的網路零售商店，搜尋「抗菌產品」，我可以找到擦手紙、肥皂、洗髮精、牙刷、梳子、清潔劑、餐具、寢具，甚至還有襪子。抗菌化學物質——三氯沙（Triclosan），廣泛地融入各種生活消費品中，包括牙膏、化妝品、除臭劑、廚房用具、玩具、衣服和建築材料。我們把乾淨理解成沒有微生物的世界，卻沒有意識到這樣的世界會帶來什麼後果。我們一直對微生物有太多誤解，因而創造了一個對這些我們所需的生物充滿敵意的世界。

馬丁．布雷瑟不僅擔心有些人缺乏重要的微生物，他也非常擔心有些物種可能會完全消失。以他最喜歡的細菌——幽門螺旋桿菌為例。對於在一九九〇年代使幽門螺旋桿菌身敗名裂，布雷瑟也要負起部分的責任。當時的科學家們已經知道幽門螺旋桿菌會導致胃潰瘍，但布雷瑟和其他人證實它也會增加罹患胃癌的風險。直到後來，他才發現這種微生物的益處——它能降低許多風險，包括胃食道逆流（也就是胃酸逆流到喉嚨的症狀）和食道癌，或許也包括氣喘。如今，當布雷瑟談起幽門螺旋桿菌時總是充滿感情。它是我們最老的老朋友之一，已在人體內存在至少五萬八千年。

現在幽門螺旋桿菌已經瀕臨滅絕，病原體的惡名導致企圖根除它的各種嘗試獲得非常徹底且全面性的成功。「好的幽門螺旋桿菌就是死掉的幽門螺旋桿菌」一篇來自《刺胳針》❸（*The Lancet*）的評論寫道。幽門螺旋桿菌曾經普遍存在，但在今日的西方國家，僅能在百分之六的兒童身上找到。過去半個世紀裡，「人類胃中這個古老、頑固、近乎普遍且占有主導地位的居民基本上已經消失了。」布雷瑟寫道。失去幽門螺旋桿菌，表示罹患胃潰瘍和胃癌的人愈來愈少，這顯然是件好事。但如果布雷瑟說得沒錯，就可能會導致胃食道逆流和食道癌的患者增加。哪一個比較重要，孰優孰劣？似乎沒有定論。在一項近萬人的大型研究中，布雷瑟證實，幽門螺旋桿菌的存在與否對任何年齡的死亡風險完全沒有影響。那麼幽門螺旋桿菌的消失會有影響嗎？也許沒有，但布雷瑟極力聲稱幽門螺旋桿菌的消失是其他類似細菌消失的預兆。幽門螺旋桿菌很容易被發現，它就像礦坑裡警示用的金絲雀。這個現象警告我們，其他微生物可能已經不知不覺消失無蹤。[38]

像嬰兒比菲德氏菌這種被母乳滋養的殖民者，也可能處於危險之中。大衛・米爾斯的團隊最近注意到，出生在孟加拉或甘比亞等開發中國家的嬰兒，有百分之六十到百分之九十擁有嬰兒比菲德氏菌；而在愛爾蘭、瑞典、義大利和美國等已開發國家，卻只剩百分之三十到四十。[39] 這個差異並不是改以瓶餵造成的，因為團隊的研究數據幾乎都是來自親餵的嬰兒。剖腹產也無法解釋這種差異，因為大部分的孟加拉寶寶——最有可能帶有嬰兒比菲德氏菌的新生兒——都是剖腹產出生的。雖然沒有可靠的解釋，米爾斯卻提出一個推測。他注意到嬰兒比菲德氏菌似乎會在成年時從腸道消失，這意味著這種微生物無法由母親傳給子女。在大部分的人類歷史中這並不是問題，因為女性之間會幫忙養育和

---

❸ 審訂註：為重要的醫學研究期刊。

照顧嬰兒。「小孩子隨時都被照顧著，孩子會與媽媽們相互傳遞嬰兒比菲德氏菌。」米爾斯說。但隨著育兒方式愈來愈獨立，傳遞的途徑也因此中斷。或許這就是微生物開始從西方人之間消失的原因，即使是親餵母乳的嬰兒也一樣。若微生物根本不存在，母乳當然無法滋養它。無論這個推測是否正確，嬰兒比菲德氏菌無疑正瀕臨滅絕。

這項研究強調了一項重要的原則：只有在廣泛研究各地人群後，我們才能瞭解已開發國家是否真的缺乏重要的微生物。目前為止，大多數與微生物群落有關的研究主要來自「奇怪」（WEIRD）國家的人們，也就是那些西方（Western）、受過教育（Educated）、工業化（Industralised）、富裕（Rich）和民主（Democratic）的國家。然而，這些國家的人口僅占全球的八分之一。如果將研究限縮在這群人身上，就像試圖瞭解城市的運作方式，卻只研究倫敦或紐約，而忽略孟買、墨西哥市、聖保羅和開羅一樣。微生物學家們意識到這個問題，因此現在有些研究也包括布吉納法索、馬拉威和孟加拉農村居民的微生物群落。而其他的科學家則與過著狩獵採集生活的人合作進行研究，包括委內瑞拉的亞諾馬米人（Yanomami）、秘魯的馬特塞斯人（Matsés）、坦尚尼亞的哈扎人（Hadza）、中非共和國的巴卡人（Baka）、巴布亞新幾內亞的艾薩羅人（Asaro）和索西人（Sausi），以及喀麥隆的俾格米人（Pygmies）。[40]這些種族仍舊維持著傳統的生活形態，以採集與狩獵維生。他們極少接觸現代醫學。他們仍舊是住在現代，且擁有現代微生物的現代人，但他們至少能告訴我們，當沒有工業化的干擾時，微生物群落會是什麼模樣。

這些族人都擁有遠比西方人更多樣的微生物群落，他們體內的眾生比我們還要多很多。這些微生物群落還包含了一些在西方樣本中檢測不到的物種和菌株。例如，跟梅毒病原菌同屬的螺旋體屬（*Treponema*）細菌在哈扎人和馬特塞斯人身上的數量都比較多。不過，這些族人體內的菌株與那些引起疾病的菌株無關，而是與能代謝醣類的無害親戚比較接近。儘管這些菌株能在狩獵採集者和猿類的體內找到，卻不存在於生活在工業化社會的人身上。也許這些微生物是我們祖先之間共有的古老微生物的一部分，但是已開發國家的人已經失去與它們的連結。糞便化石的研究結果也顯示，工業時代以前的人們擁有比現代的城市居民更豐富的腸道微生物。

我們有因此變得比較不健康嗎？有證據顯示，多樣化的微生物群落較能抵抗困難梭狀芽孢桿菌等入侵者，而低多樣性通常伴隨疾病。在一項研究中，由歐勒夫．彼得森（Oluf Pedersen）領導的大型歐洲團隊，藉由計算近三百人腸道內的細菌基因數來衡量其微生物多樣性。[41] 相較於基因數較高的志願者，基因數低的志願者肥胖的風險較高，並且常伴隨發炎和代謝問題的症狀。然而，微生物群落變小也可能是他們健康狀況不佳的結果，而不是原因。迄今，還沒有研究能夠證實微生物組成多樣性較低的人比較容易生病，但卻有些案例指出，微生物組成較多樣化的人**更有可能**帶有某些特定的腸寄生蟲。[42]

也有跡象顯示，早在抗生素時代，甚至是工業革命之前，人類微生物組成就一直縮減。雖然農村居民的腸道微生物組成比城市居民的更豐富，但黑猩猩、倭黑猩猩和大猩猩的微生物群落又更加多樣。自從我們與猿類在演化之路分道揚鑣後，人類微生物組成便一直慢慢縮減。[43] 或許我們只是變得比較善於清除腸寄生蟲而已。除此之外，我們的飲食也改變了。大猩猩、黑猩猩和倭黑猩猩的飲食中有許多植物，農村居民也是如此，但農民們會烹煮食物，用熱分解食物，同時減少微生物群落本應負起的消化責任。飲食中攝取的植物少，加上剝除食物中的纖維，美國人因此在消化上更加獨立。動物最終會得到牠們所需的微生物群落，而因為我們的需求縮減，合作的伙伴庫也縮減了。

但這些改變總共費時數千年，讓宿主和微生物有時間適應新契約。令人擔心的是，我們改變體內微生物群落的速度正在加快，只消數個世代便破壞了這份古老的契約。即使雙方終究都會適應新的狀態，但那可能需要更多世代的時間。「在這個過程中，我們將碰見問題。」索南堡說。他指的就是現在。

布雷瑟也有相同的擔憂，他寫道：「失去我們體表或體內的微生物多樣性，是非常可怕的代價。」當他談到即將來臨的災難時，他說，「情況將非常嚴峻，就像暴風雪在冰凍的荒原上咆哮，我稱它為『抗生素之冬』。」[44]他說得確實比較誇張。我們**正在**改變我們的微生物群落這點無庸置疑，但布雷瑟警告的可怕滅絕，至今仍然只出現少許徵兆。儘管如此，他認為若要阻止災難，過度推論並引發一些騷動是必要之惡。他將自己視為微生物學的卡珊卓拉（Cassandra）❹，說著聽似戲劇化的末日預言。而且和卡珊卓拉一樣，他同樣招致了許多懷疑。

二〇一四年，強納森．艾森（Jonathan Eisen）頒給布雷瑟一個「超賣微生物體卓越獎」（Overselling the Microbiome）的獎項，因為布雷瑟告訴《時代》（*Time*）雜誌，「抗生素正在消滅我們的微生物群落，甚至改變人類的發展」。[45]這是一個線上獎項，旨在嘲諷任何誇大微生物體研究現狀，且將猜測視為事實的科學家或記者。歷來的得獎者至少有三十八位，包括《每日郵報》（*Daily Mail*）和《哈芬登郵報》（*Huffington Post*）。「我認為抗生素或許得為搞砸很多人的微生物群落或導致各種人類疾病增加負起責任，」艾森寫道，「但『讓人類滅絕』？差得可遠了。」

這個獎項可以當作是一個比較無禮的善意提醒，尤其因為艾森是個開朗、可親又熱情的微生物代言人。但儘管他對微生物抱有極大的熱忱和渴望，艾森仍適度地克制，並承認我們對微生物伙伴的理解尚有許多不足。他擔心研究態度的鐘擺正在從認為所有微生物必須被消滅的細菌恐懼症，擺向將微生物視為我們所有疾病原因和解方的微生物狂熱。

他的不安其來有自。生物學長期渴望能找到那些複雜疾病背後的共同原因。古希臘人認為，許多病痛是因為四種體液（包括血液、黏液、黑膽汁和黃膽汁）失衡所引起，這個觀念一直延續到十九世紀。而認為疾病是由「壞空氣」或瘴癘之氣引起的概念也持續得一樣久，直到最終被細菌致病論取代。若將時間軸再往後拉一點，來到一九六〇年代，許多研究癌症的科學家相信，所有腫瘤都是由病毒引起，只因為在雞隻上發現了一種致癌病毒。[46]科學家主張「奧坎剃刀理論」（Occam's razor），也就是在簡單明確的解釋與錯綜複雜的論述中偏好前者。但我認為事實是：科學家和其他人一樣，發現傾向簡單的解釋往往能讓人覺得心理比較舒坦。他們向我們保證這個混亂又令人困惑的世界其實可以被理解，甚至可以被掌握。他們承諾讓我們說不能說的話，控制不可控制的局面。但歷史告訴我們，

---

❹審訂註：希臘神話的人物之一，為特洛伊城的公主，有準確的預言能力，卻因故不為世人相信。

這樣的承諾往往不切實際。篤信病毒造成癌症的科學家展開長達十年的探索，花費了五億美元卻沒有任何收穫。後來，他們發現有幾種病毒能導致癌症，但卻只能解釋一小部分的病例。相信有共同的病因——認為某件事物可以支配一切的想法——到頭來原來只是一幅比較大的拼圖裡一塊小小的碎片。

這個教訓值得我們記取，尤其是當我們衡量微生物體在醫學上的意涵，或是思考那些已和微生物群落連結在一起的疾病清單的時候。[47]在此僅列舉一些例子如下：克隆氏症、潰瘍性結腸炎、腸躁症候群、大腸癌、肥胖、第一型糖尿病、第二型糖尿病、乳糜瀉、過敏和特異性體質過敏症（atopy）、紅孩症、動脈硬化、心臟疾病、自閉症、氣喘、異位性皮膚炎、牙周病、牙齦炎、痤瘡、肝硬化、非酒精性脂肪肝、酒精中毒、阿茲海默症、帕金森氏症、多發性硬化症、憂鬱症、焦慮、絞痛、慢性疲勞症候群、移植物抗宿主病（graft-versus-host disease）、類風濕性關節炎、乾癬和中風。一個名為「蔥蒜」（*The Allium*）的嘲諷網站作者曾寫道，「其實再也沒有什麼比微生物群落對我們的健康更重要的了——它可以戰勝癌症，治癒飢餓、貧困，甚至恢復被截斷的四肢，還有一切的一切。」[48]

暫且不論這些嘲諷，即使是那些認真提出微生物群落與這些疾病關聯的論述，也大多僅止於證明了兩者之間存在相關性而已。一般的情況是，研究人員將患者與健康志願者進行比較，發現他們之間有微生物上的差異後，研究就停止了。這些差異暗示了兩者彼此相關，卻未顯示他們的本質或因果關係。不過，我稍早所說的那些，包括肥胖、紅孩症、炎症性腸病和過敏的研究，都比一般研究更加深入。在研究微生物改變**如何**導致健康問題，與藉由移植微生物到無菌小鼠身上獲得再現的結果後，這些研究明顯指出兩者間的因果關係。儘管如此，這些研究延伸出的疑問還是多於答案。微生物是引發這些症狀，還是只是讓情況惡化？是由一種微生物引起，還是由一整群微生物造成？是因為某些微生物的存在導致，還是因為某些微生物不存在而引發？抑或是兩者皆是？即使實驗證明微生物**可以**導致小鼠和其他實驗動物生病，我們仍然不知道它們**是否真的**對人類有影響。暫且不論實驗室是個受控制的不變環境，以及實驗小鼠與一般動物的差異，微生物的變化是否真的會影響我們的日常健康？微生物要為二十一世紀疾病的崛起背負多大的責任？微生物要如何與其他造成「現代版鼠疫」的潛在原因（例如汙染或菸癮）相較？當你走出「一種微生物導致一種疾病」（one-microbe-one-disease）的思考框架，進入混亂而多面向的微生物生態失調世界時，因果關係將變得更加難解。

說到這個，到底什麼是微生物生態失調？該如何辨識一個生態系是否處於混亂狀態？困難梭狀芽孢桿菌數量劇增會導致持續腹瀉，這是個明顯失調的案例，但其他大多數的微生物群落並不那麼容易被定義。沒有嬰兒比菲德氏菌的腸道是否處於微生物生態失調？若你的微生物群落比狩獵採集者少，是微生物生態失調嗎？這個詞雖然非常明確地傳達了疾病的生態性本質，但它也像是生物學版本的「這是藝術還是色情？」一樣很難定義，但你看了就知道。然而，許多科學家莽撞地將**任何**微生物群落的改變，都快速地貼上微生物生態失調的標籤。[49]

這種做法沒有什麼意義，因為微生物群落的好壞必須視當時的環境而定。[50]在不同情況下，相同的微生物與其宿主的關係可能截然不同。幽門螺旋桿菌可以同時扮演正反兩派。有益的微生物若穿過黏液層進入腸道內襯，就會引發使人衰弱的免疫反應。看似「不健康」的微生物群落可能是正常，甚至必要的手段。舉例來說，在母親懷孕的最後三個月，其腸道微生物群落經歷了巨大的轉變，因此看起來就像代謝症候群患者的微生物群落（這種疾病和肥胖、高血糖有關，患者也有較高糖尿病和心臟病風險）。[51] 但這對孕婦來說並不是問題：要養育發育中的胎兒，堆積脂肪和增加血糖非常合理。如果單看這些微生物群落，可能會以為宿主正處於罹患慢性疾病的邊緣，但其實只是她即將成為母親而已。

即使微生物群落發生變化，也可能是出於無法解釋的原因。一天當中，陰道內的微生物群落可以迅速地改變，這種劇烈的變化通常被視為可能導致疾病，但陰道內的這種變化沒有明確的起因，也不會產生任何不良影響。若你試圖分析女性陰道內的微生物來判斷其健康狀況，實驗結果將很難解釋，而且當結果出爐時，微生物的狀態已不是當時的模樣。其他身體部位也有如此的情況。[52]

微生物群落並不是一個恆定的整體，而是由數千個物種組成的豐富集合，彼此之間不停競爭，與宿主磋商，不斷演化與改變。它以二十四小時為週期，持續搖擺變動，因此有些物種在白天比較常見，而有些物種則在夜間活躍。我們的基因體幾乎與去年的一模一樣，但微生物組成卻已與上一餐或昨日清晨時不同。

若有一個「健康」的微生物組成可以讓我們做為目標，或有明確的方法將某個微生物群落歸類為健康或不健康，事情將簡單許多。然而並沒有。生態系既複雜又多樣，不僅善變也和環境緊緊相繫，這樣的特質完全與輕鬆分類沾不上邊。

更糟的是，以前有些關於微生物群落的發現幾乎是錯誤的。還記得肥胖的人和小鼠比起精瘦的對照組有比較多的厚壁菌門菌種和比較少的擬桿菌門菌種嗎？兩種細菌比例的研究是這領域最著名的結果之一，它卻是海市蜃樓。二〇一四年，兩項嘗試重新分析過去的研究發現，厚壁菌門菌種數與擬桿菌門菌種數的比例和人類肥胖並不完全相關。[53]我們可以在每一項研究中發現，肥胖和精瘦微生物群落間有所不同，但各研究間並沒有一致性。但這並不推翻微生物群落與肥胖間的關係。將來自肥胖小鼠（或人）的微生物移植到無菌小鼠體內，還是能使牠們變胖。微生物群落中存在某些因素會影響體重，只是並非厚壁菌門與擬桿菌門的比例，或者至少不是完全受這個比例影響。令人挫折的是，儘管經過十年的努力，科學家在尋找影響肥胖的微生物上幾乎沒有任何進展，即使這個議題已經遠比其他主題受到更多微生物體研究人員的關注。「我想每個人都會逐漸意識到，單一個非常引人注目的簡單生物標記，例如某種微生物的百分比，很不幸地已不足以解釋像肥胖這類複雜的事情。」領導其中一項重新分析實驗的凱薩琳．波拉德（Katherine Pollard）說道。

領域初期的預算不足加上技術不精確，導致了前後矛盾的結果，這現象其實相當自然。當時，研究人員展開小規模、試探性的研究，分別以數百和數千種不同的方式比較一些人和動物樣本。「問題是，最後演變成像塔羅牌一樣，」羅伯．奈特說，「任意組合都能講出一則好故事。」想像一下，我從街上各找來十個穿著藍襯衫和綠襯衫的人。若我問他們夠多的問題，我保證可以在兩組人間找到至少兩項顯著差異。藍襯衫那組或許喜歡喝咖啡，而綠襯衫那組喜歡喝茶。綠襯衫那組的腳比藍襯衫那組的大。我可能因此歸納出這樣的結論：穿藍襯衫的人都愛喝咖啡而且腳都比較小。但是，若我搭訕兩群各有一百萬人的團體，我將難以找到他們之間的差異，但我也會更加相信在這種狀況下的差異更有意義。然而要搭訕一百萬個人實在費時又費力。人類遺傳學家也曾面臨相同的問題。二十一世紀初，當技術尚未完全趕上這股野心時，他們發現許多遺傳變異與疾病、身體特徵和行為有關。但當定序技術變得便宜，而且功能強大到足以分析**數百萬個**樣本（遠遠勝過幾十個或幾百個）後，便發現有許多早期研究的結果都是誤判。如今，人類微生物體的研究領域也正經歷相同的早期困境。

無可避免地，若小鼠來自不同品系，不同供應商，出生自不同母親，或被飼養在不同的籠子裡，這些實驗室小鼠的微生物組成就會不同。這些變異可以用來解釋偽趨勢或研究結果間的不一致性。另外，微生物汙染也是一個問題。[54]到處都有微生物，它們可能來自任何東西，包括科學家在實驗中使用的化學試劑。

但這些問題正逐漸被解決。研究微生物體學的科學家對那些造成實驗結果偏差的調皮鬼愈來愈瞭解，他們正制定標準，以提升未來研究的品質。由於厭倦了僅是發現永無止境的相關性，他們開始呼籲進行那些能得到因果關係結論，並能告訴我們微生物組成的變化如何導致疾病的實驗。他們更加仔細地研究微生物群落，不單只是辨認物種，而是轉而使用可以辨識微生物群落裡不同菌株的技術。他們不只定序 DNA，更研究 RNA（核糖核酸）、蛋白質和代謝產物。DNA 能找出這是哪種微生物，以及它具有什麼能力，而其他分子則會告訴你它實際上做了什麼。研究人員正在利用機器學習（machine learning）程式辨識可能與疾病相關的複雜微生物群落，而不是僅僅鎖定一兩個物種。[55]他們正把握定序成本下降的機會，進行更大規模的研究。

科學家也展開**更長期**的研究。比起捕捉微生物群落某個片刻的截圖，他們更希望欣賞整部電影。

這些微生物群落如何隨著時間改變？在崩潰之前能承受多少次衝擊？它們的韌性或不穩定性從何而來？微生物群落的韌性強度是否能預測個體罹患疾病的風險？[56]有個團隊招募了一百名志願者，給予他們特定飲食或服用抗生素，並每週蒐集糞便和尿液樣本長達九個月。另一個團隊則是以孕婦（看看微生物是否會導致早產）和有罹患第二型糖尿病風險的人（看微生物是否會讓他們真的罹病）來進行類似的研究。而傑夫．高登的團隊則持續研究健康成長的嬰兒其微生物的正常發育，以及紅孩症嬰兒體內的微生物發育為什麼停滯不前。他們用蒐集自孟加拉兒童出生後兩年的糞便樣本，建立一套衡量孩童腸道群落成熟度的量表，並希望它能預測暫無紅孩症症狀的嬰兒患病的風險。[57]

這些研究計畫的終極目標，是在身體變得如被藻類覆蓋的珊瑚礁之前，盡早發現疾病的跡象，因為退化的生態系非常難修復。

「普拉納教授！」傑夫．高登說，「你好嗎？」

喬．普拉納（Joe Planer）是高登的學生，他站在一張標準的實驗臺前，桌上的微量分注器、試管和培養皿全部都密封在一個像帳篷一樣的透明塑膠容器裡，看起來就像無菌的隔離箱，但其目的是為了隔絕氧氣而不是微生物。它讓團隊能培養許多極度厭氧的腸道細菌。「如果你在一張紙上寫下『氧氣』兩個字，然後拿給這些細菌看，它們就會死掉。」高登開玩笑地說。

從蒐集罹患紅孩症的馬拉威兒童糞便樣本開始，普拉納便利用厭氧箱盡可能地培養許多種類的微生物。然後，他從這群微生物中挑選出單一菌株，並讓每個菌株在獨立的隔間裡成長。他有效地將孩子腸道內的混亂生態系變成一座井然有序的物種庫，將眾多的微生物畫分在整齊的行列之間。「我們知道每個多孔盤孔洞中細菌的身分，」他說。「我們會告訴機器人要採集哪些細菌來組合。」他指著厭氧箱裡一堆由黑色立方體和鋼棒組合而成的機器。普拉納可以設計程式，讓機器人從多孔盤的特定位置吸取菌液，將它們混合成細菌混合物。他可以說，「取出所有的腸桿菌科（*Enterobacteriaceae*）菌種」，或命令「取出所有的梭菌（*Clostridia*）」。然後，他可以將這些細菌移植到無菌小鼠身上，看看是否單靠這些細菌就能讓小鼠罹患紅孩症。整個微生物群落都很重要嗎？只用可培養的菌種可以嗎？那用單一科的菌種呢？單一菌株呢？這種方法既能簡化問題又能看到問題的全貌。這個研究團隊拆解微生物群落，然後重新組合它。「我們試圖找出哪些細菌才是致病的主因。」高登說。

拜訪普拉納與機器人一起工作的數個月後，該團隊已經將紅孩症的細菌群落縮小到只剩十一種微生物，這些微生物在小鼠身上再現了許多紅孩症的症狀。[58]這個邪惡集團裡包括一些熟悉的面孔，如多形擬桿菌和脆弱擬桿菌，卻沒有任何一種能單靠自己的力量就造成傷害。它們只有共同行動時才會導致負面影響，而且還要在小鼠缺乏營養時才可能得逞。普拉納的團隊還用健康且沒有罹患紅孩症的雙胞胎樣本建立了一座菌種中心，確定了有兩種微生物可抵銷十一種致命細菌造成的傷害。第一種是艾克曼氏菌，它似乎負責許多保護性的任務，例如對抗營養不良和肥胖。第二種則是裂解梭狀芽胞桿菌（*Clostridium scindens*），它是一種透過刺激調節性T細胞（regulatory T cell）來減輕發炎症狀的梭菌。

在帳篷實驗臺的對面，有一個攪拌器，可以將代表不同飲食習慣的食物攪碎成小鼠容易進食的飼料大雜燴（chow）。攪拌器上貼著一段膠帶，上面寫著「喬巴卡」（Chowbacca）。高登的實驗室可以研究艾克曼氏菌和梭狀芽胞桿菌在無菌小鼠或試管中的行為，並找出它們生長所需的養分。當分別餵給不同小鼠馬拉威飲食、美式飲食，或是來自母乳的特殊微生物醣類養分時（高登正與布魯斯．吉爾曼和大衛．米爾斯合作的研究），團隊就可以知道：哪種食物滋養哪些微生物？以及這些微生物開啟了哪些基因？團隊可以選定任何一種微生物，建立一個包含數千種僅有單一基因損壞的突變株資料庫。他們可以將這些突變株移植到小鼠體內，觀察哪些基因對在腸道中生存很重要，哪些決定了細菌與其他微生物的聯繫，以及哪些會導致紅孩症或保護宿主免受紅孩症侵襲。

高登訂定了一個能建立因果關係的實驗流程，其中也包括一系列的設備和技術。他希望這能更有說服力地告訴我們，微生物如何影響健康，並讓我們從臆測與推斷往真正的答案前進。紅孩症只是開始。相同的技術還可以用在任何受微生物影響的疾病上。

但我們討論的不只限於人類的疾病，也有許多動物園裡的動物因不明原因生病。[59]獵豹因為一種相當於人類幽門螺旋桿菌的微生物所引起的胃炎而倒下。絨猿（marmoset，一種小巧可愛的猴子）因感染「絨猿消瘦症」（marmoset wasting syndrome）而受苦。這些也是因為微生物生態失調造成的嗎？這些動物是否會因不正常的飲食、過度消毒的人工環境、無法適應的治療或奇怪的圈養繁殖計畫造成的驟變，而飽受微生物群落問題的困擾？若動物失去原本的微生物，當牠們被釋放回野外，該如何過活？牠們會有對的消化細菌嗎？當無法尋求獸醫協助時，牠們的免疫系統是否能適當地調校來應付疾病？既然我們知道微生物可以影響行為（例如無菌小鼠不像其他小鼠一樣那麼焦慮），牠們是否夠謹慎讓自己在充滿掠食者的世界生存？

現在正是提出這些數不盡問題的最佳時機。地球已進入人類世（Anthropocene）。這個全新的地質紀元因人類而引起全球氣候的變化、野地的喪失以及物種豐富度的急遽下降。當然微生物無法豁免。無論是在珊瑚礁中還是人類腸道裡，我們都在破壞自己與微生物的關係，頻頻將已經共存數百萬年的物種分開。有的科學家像高登和布雷瑟一樣，正在努力研究，甚至盡力防止與這些長期的合作關係終結，不過，有些人卻對微生物與宿主關係的起源更感興趣。

第6章　漫漫華爾滋

二〇一〇年十月十五日，一位名叫湯馬斯．弗里茲（Thomas Fritz）的退休工程師手拿電鋸，著手砍伐他在印第安納州埃文斯維爾（Evansville）的家外一株死去的山楂樹（crab apple tree）。樹木很快就倒了下來，但就在弗里茲拖走樹木殘骸時，他絆了一跤，一根和鉛筆差不多大小的樹枝直接穿過他右手拇指和食指之間的虎口。弗里茲是一名受過醫療訓練的義消，所以他知道該如何包紮傷口。但儘管已經費心處理，他的手還是因此感染。兩天後就醫時，他的手上已經出現囊腫。即使後來接受了抗生素治療，仍然無濟於事。直到五週後，一名外科醫生將幾塊頑固插在肉中的樹皮碎片取出，他的傷口才開始癒合。

如果醫生沒有從弗里茲的傷口中採集一些體液，這場不幸的意外故事可能就此畫下句點。體液樣本一路被送到猶他大學（University of Utah）一間能鑑定各種神祕微生物樣本的實驗室。該實驗室的自動化儀器[1]將弗里茲傷口上的細菌鑑定為大腸桿菌，但醫學主任馬克．費雪（Mark Fisher）並不買

[1] 這些自動鑑定的儀器通常用來檢驗細菌的代謝能力，看其是否能利用某些化學成分（而不是DNA）來判斷。

單，因為DNA的比對結果並不吻合。他仔細比對序列後發現，這個神祕微生物的DNA序列竟與伴蟲菌屬的細菌幾乎完全一致。這一屬的細菌直到一九九九年才被發現，更幸運的是，細菌的發現者——英國生物學家柯林．戴爾（Colin Dale）也在猶他大學任教。

一開始戴爾滿腹狐疑，但費雪向他保證，細菌正在實驗室的洋菜培養基中生長著。不，戴爾反駁道，這一定是搞錯了。如同大家所知，伴蟲菌只能生長在昆蟲體內。戴爾最早在吸血的采采蠅身上發現這種菌，之後又在象鼻蟲、椿象、蚜蟲和蝨子身上發現它。它就住在這些動物的細胞內，但由於失去太多基因，已無法在其他地方生長。它不大可能在培養基裡存活，更不用說在一隻被感染的手或一根死掉的樹枝上。然而，DNA沒有撒謊。弗里茲手上的細菌有許多基因都與伴蟲菌相同。戴爾將這株新的菌株命名為HS，也就是「人類伴蟲菌」（human *Sodalis*）的縮寫。他說：「我想HS應該在環境中非常普遍，但我們並不會想到要去檢查枯死的樹木。」

想想看這個故事的所有巧合。有個野生微生物剛好就出現在對的樹枝上，刺傷了對的人，最終進到對的實驗室，又遇見發現它那已被馴化，住在昆蟲身上的親戚的人。這簡直就像不可能的任務一樣荒謬。然而，類似的事情再度發生。這次的受害者是一名爬樹的小孩，他跟弗里茲一樣，因為跌落而遭樹枝刺傷。但與弗里茲不同的是，他並沒有被感染，直到十年後才出現第一個症狀，在舊傷口處長出了一個神祕的囊腫。醫生們將囊腫切下，並將樣本送到猶他大學，於是有了第二株HS菌株。[1]

讓我們忘掉弗里茲和那個孩子吧！他們現在過得很好，或許只是變得對樹木更謹慎而已。讓我們來談談HS。當研究共生關係的學者們討論到它時，眼中會閃過一絲光芒，因為它給我們一個罕見的視角，觀察動物與細菌的伙伴關係裡最基礎卻仍未知的部分——它們的起源。通常，當我們得知某段關係存在時，雙方已經一起跳了幾百萬年的華爾滋。但是，在他們第一次牽起對方的手時各是什麼模樣？是什麼讓他們翩翩起舞？如何讓這支舞持續不斷？他們又如何在整個過程中改變？這些問題讓人傷透腦筋，因為漫漫華爾滋的第一個舞步幾乎都已消失在時間的洪流裡，只留下鮮少足跡讓我們追尋。

但HS卻是例外。它展現了伴蟲菌在成為昆蟲身體一部分之前，還可以自在地悠遊於大自然，伺機性地感染動物宿主的可能模樣。這段是已然失落的環節，那時它還是蟄伏等待的共生菌。科學家們長久以來就認為這種原始微生物存在，卻幾乎沒有人相信能真的發現它。但戴爾就發現了兩個。此後，他將HS正式命名為*Sodalis praecaptivus*，意思是「被囚禁前的伴蟲菌」。[2]

想像一下有一隻HS在植物上或天知道的地方生活。當它跑進一個失足的園丁或跌落的孩子體內時，便開始生長。或者更有可能的是，它會進到生活在植物上的昆蟲體內。事實上，戴爾從基因推測它是一種導致樹木生病的病原菌，藉由昆蟲的口器在樹木之間傳播。此時，它已經需要靠著這些動物才能找到新宿主。接著它可能會演化成有能力幫助宿主的微生物，例如為牠們提供養分或防止寄生蟲等。最終，它可能會從宿主的腸道或唾液腺移動到特定的細胞內。然後它將不再藉由樹木在昆蟲身上轉移，而是開始從昆蟲媽媽轉移到其後代身上。從此成為宿主體內恆存的一部分。在與昆蟲共生的舒適環境下，它失去了那些不再需要的基因（如同其他昆蟲共生菌一樣），而成為了伴蟲菌。類似的事件可能反覆發生，因此在不同的昆蟲身上出現了不同版本的伴蟲菌。[3]

許多共生關係很有可能都是像這樣，由環境中隨機的微生物（有些是寄生性的，有些則較為良性）不知不覺地潛入動物宿主體內而開始。這類的入侵不僅普遍而且無從避免。細菌無所不在，而這意味著幾乎我們所有的舉動都會帶來與新物種接觸的機會。

其實不需要用樹枝把自己刺傷，性行為就可以達到目的：蚜蟲在交配時，會互相傳遞可幫助牠們抵禦寄生蟲，或承受高溫的微生物。透過吃東西也能奏效：鼠婦會藉由蠶食牠們的同儕從其身上獲得微生物；小鼠可透過食入鄰居的糞便得到其細菌；兩隻蟲若吮吸同一植株，則可能因為汁液倒流相互傳遞微生物；而我們人類所吃的食物平均每克就約有一百萬個微生物。微生物無所不在，因此幾乎所有的食物來源，無論是一灘水、一條植物的莖，或是另一隻動物的肉等，都有可能是新共生生物的潛在來源。[4]

成為寄生蟲則是為微生物進入宿主體內提供了另一種可能途徑。許多小繭蜂會透過尖管，將卵一個一個產在其他昆蟲體內，宛如活生生，到處飛行的汙染針頭，將可能有益的微生物從一個宿主傳播到下一個身上，就像蚊子輕輕叮一下就能散播瘧疾或登革熱一樣。我們之所以知道這些，是因為科學家們不僅已從田野調查中實際目睹，也在實驗室裡再現了這些發現。[5]不論是受汙染的食物和水、沒有保護的性行為，或是使用過的針頭都可能是讓我們得到**疾病**的途徑。但能讓病原體傳遞下去的路徑，也是有益的共生生物尋找新宿主的途徑。

當然，轉移位置並非一切。一旦細菌到達新的目的地，便必須把那裡當作自己的家，但這並不保證它就能成功。它必須應付宿主的免疫系統、與之競爭的微生物以及其他威脅。或許在每一百次移往新種宿主的水平跳躍中，只有一次能建立起穩定的伙伴關係，或甚至只有百萬分之一的機率，這我們無從計算。但在同一個地方，可能就會有一百萬隻蚜蟲同時吸吮同一株植物，以及一百萬隻小繭蜂嗡嗡作響地穿梭，並用牠們被汙染的尖銳匕首刺向蚜蟲們。其數量之大，足以使不太可能的事變得普遍，令人難以置信的也變得合理，就像被樹枝刺傷就獲得共生菌一樣。

剛抵達新宿主的微生物如果適應能力夠強，就有可能留下來；但有些微生物則是靠著為宿主提供好處來確保自身的安居，它們甚至不需要任何特殊的適應。世界上充滿單憑天生本能就能預先適應共生的微生物。如果草食動物攝入能夠分解植物複雜纖維的微生物，並靠它們釋放原本無法獲得，且能提供其細胞燃燒產生能量的化學副產物，該微生物就能立即融入宿主。它們純粹自利的日常活動，就能讓宿主連帶受益。這些「副產物互利主義者」是生物完美的合作對象。[6]伙伴雙方不需要任何投資就能從合作關係中得利。宿主下一步可能會發展出一些能鞏固伙伴關係的特徵，從提供微小伙伴居住空間的細胞，到提供它們容易附著的分子讓它們固著。而在這些特徵當中，比任何手段更重要也更能緊密維持共生關係的特徵，就是遺傳。

一個炎炎夏日的歐洲草原上，一隻蜜蜂在花叢間嗡嗡飛舞。突然間，一隻黑黃條紋相間的昆蟲飛撲過來，將蜜蜂從半空中攫走並用刺針使牠癱瘓。發動襲擊的是一隻大頭泥蜂（beewolf）（胡蜂的一種，擁有名符其實的壯碩體形，而且孔武有力）。牠將受害的蜜蜂拖回地下洞穴，將之埋在牠的卵及其他遇害的蜜蜂旁邊，這些蜜蜂都還活著，卻動彈不得。當幼蟲孵化時，便能大啖媽媽小心翼翼為牠儲備的生鮮美食。

除了蜜蜂，大頭泥蜂媽媽還為幼蟲準備了其他禮物。馬丁．卡登波斯（Martin Kaltenpoth）在進行大頭泥蜂的行為研究時，發現其中一隻樣本會從觸角流出白色汁液。他曾見過這種物質。在大頭泥蜂挖好自己的洞穴，準備產卵之前，牠會將觸角抵住土壤，並從觸角擠出白色膏狀物，就像從軟管擠出牙膏一樣。接下來牠會左右搖擺頭部，把這分泌物塗抹到洞穴的天花板上。這些膏狀物就是出口標誌，讓大頭泥蜂的幼蟲在準備好離開洞穴時知道該從何處開始挖掘。但當卡登波斯在顯微鏡下觀察這些膏狀物時，他驚呆了，因為它竟然也布滿了細菌。觸角會分泌細菌的胡蜂？從來沒有人聽過有這種事。更奇怪的是，這些細菌全都相同。每一隻大頭泥蜂觸角裡都是相同的鏈黴菌（*Streptomyces*）菌株。

這是個重大的線索。鏈黴菌是一種擅長殺死其他微生物的細菌，至今我們所使用的抗生素有三分之二來自這個菌屬。而大頭泥蜂幼蟲鐵定需要抗生素。因為一旦吃完儲存的蜜蜂後，牠會將自己裹入柔軟絲綢般的繭裡來度過整個冬天。長達九個月的時間裡，牠被困在溫暖潮濕，適合致病性真菌和細菌孳生的小房間內。卡登波斯推測，雌蜂的抗菌膏狀物可能可以防止幼蜂患上致命性的感染。的確，當他仔細觀察幼蟲時，他發現牠們會將膏狀物中的細菌嵌入牠們的繭絲纖維，接著把自己塞進自製的抗菌棉被中。當卡登波斯將白色膏狀物移除時，他發現幾乎所有的幼蜂都在一個月內死於真菌感染。[7]如果他讓牠們能取得膏狀物，幼蜂通常能夠存活下來。當春天來臨，剛成年的大頭泥蜂破繭而出時，會將這株守護牠們度過冬天的鏈黴菌蒐集到觸角裡。牠們展翅飛去，挖掘自己的洞穴，捕捉自己的蜜蜂，再將這些保命用的微生物傳給下一代。

這些動物親自將微生物傳給子代的傳承行為，是共生世界中最重要的事之一，因為它將宿主與共生生物的命運編織在一起。[8]它不僅確保雙方共舞的漫漫華爾滋能隨時光荏苒持續不停，也保障了下一代的動物和微生物能維持與上一代同樣的穩定關係。世代傳承也為舞者創造演化壓力，使彼此更加親密地交織在一起。在面對巨大的演化壓力時，微生物便被迫發展出對宿主有益的能力，因為唯有這樣，才能增加它們的舞伴人選。而另一方面，動物也因此發展出更有效率的方式，將祖傳微生物忠實地傳遞給後代子孫。

最可靠，也是創造出最親密共生關係的傳遞途徑，就是將微生物直接注入卵細胞。那些為我們的細胞提供能量的原始細菌——粒線體，早已存在於動物的卵細胞中，因此無須多費工夫就可以從母親傳給孩子。而其他的微生物則需要從細胞外輸入，深海蛤、海洋扁蟲和無數的昆蟲都是運用這種策略。這些動物早在牠們還是一顆受精卵的時候就被給予微生物作伴。牠們從不孤單。

如果以卵傳遞的方式行不通，仍有其他方式可以確保子代植入正確的微生物。許多昆蟲都採用與大頭泥蜂相似的策略：牠們會在剛孵化的幼蟲旁邊準備一大堆微生物，供牠們使用。椿象科對此非常拿手，也幾乎沒有人能比深津武馬（Takema Fukatsu）更瞭解椿象。這位熱情洋溢的昆蟲學家一心想研究所有現存的昆蟲。[9]他表示有一種椿象會將身上的微生物打包成一個個能抵禦各種氣候變化的堅硬膠囊，並把它們安置於卵的旁邊供幼蟲享用。另外一種物種，會將卵產在一塊充滿微生物的果凍狀物質內。還有一種日本的椿象，紅色與黑色的外表相當帥氣，卻會危害作物。牠使用了一種最極端的策略。大多數的昆蟲選擇放手將幼蟲交給命運，但這種椿象卻會認真地守護她產下的卵，就像母雞孵蛋一樣地坐在卵上，她甚至會在若蟲孵化後採集水果餵養牠們。她能透過某種方式預先察覺寶寶們即將誕生，而趕緊從背部分泌大量富含微生物的黏液。這層白色的黏液會覆蓋在卵上，將它們變成一團用世界上最噁心的糖霜覆蓋的雷根糖。幼蟲孵化後會吞食這些黏液，讓最新鮮的準腸道微生物移居進牠們體內。請暫時拋開你的厭惡感，並想想這個時刻多麼重要：在吞下第一口的瞬間，每一隻幼蟲都從單一的個體變為具有各種微生物的聚落，從無菌的軀體轉化成生機蓬勃的生態系。

會吸血也會在人類之間傳播昏睡病（sleeping sickness）的采采蠅也會為牠的子代提供微生物，但牠卻是**在自己的體內**進行這一切。采采蠅是一種費盡心思想成為哺乳動物的昆蟲。牠並不產卵，而是選擇胎生；此外，牠不以成群的子嗣來分散風險，而是將精力集中在單一幼蟲身上，在子宮內孕育牠，並以類似乳汁的液體餵養牠。乳汁裡富含養分與微生物（包括伴蟲菌），因此當這隻大得不像話的幼蟲從牠可憐的母親身體緩緩蠕動著身軀出生時（相信我，人類生小孩跟采采蠅比起來真的不算什麼），牠已經擁有所有牠需要的細菌伙伴了。[10]

而有的動物則是在下一代孵化或出生後，才餵給牠們微生物。無尾熊寶寶六個月大時會斷奶，轉而從尤加利葉獲取養分。然而在這之前，當幼獸在母親的背上磨擦，母親就會排出液態的軟便（pap）讓寶寶吞下。流質的軟便中充滿能夠讓無尾熊寶寶消化尤加利葉的細菌，而且其含菌量比一般的糞便高出四十倍之多。若是少了這一餐，無尾熊寶寶將難以消化往後的食物。[11]

你應該很慶幸人類沒有像無尾熊那樣的液狀軟便。我們的卵細胞既沒有細菌（不算粒線體的話），媽媽也不會用黏液蓋住我們。和其他動物不同的是，我們是在出生的那一剎那才與微生物結合。一九〇〇年，法籍小兒科醫生亨利．堤歇爾（Henry Tissier）斷言，子宮是個無菌的腔室，可以將胎兒與細菌隔離。而這個狀態要到嬰兒通過產道，接觸到陰道內的細菌時才結束。這些微生物進駐我們體內，成為這個生態系的先驅者。就像日本椿象一樣，我們來到這個世界時，全身也覆滿了媽媽的微生物。不過近年來，有些研究結果對這個概念提出挑戰，因為他們在羊水、臍帶血、胎盤等應該是無菌的組織內，發現微量的微生物DNA，然而這些研究結果仍備受爭議。[12]目前尚不清楚微生物如何到達那裡，它們的存在重不重要，或者它們是否真的存在（因為DNA也有可能是來自死細胞，或是汙染實驗的細菌）。堤歇爾的無菌子宮假說有可能是錯的，卻還沒被推翻。

即使不是從親代那裡垂直地繼承微生物，動物仍然有其他辦法透過水平的方式「捕捉」到對的共生生物。有些動物經常會把排出的微生物「種」在周圍環境裡，讓子代接收。[13]有些動物例如白蟻則會尋求更直接的方法，套一句葛雷格．赫斯特的話，牠們會「舔肛門」，或者比較上流的說法，進行「肛道交哺」（proctodeal trophollaxis）。牠們透過從親戚身上吸食液體來獲得微生物，因為牠們和無尾熊一樣，都需要微生物來消化食物，以白蟻來說，就是木頭。但不同於無尾熊的是，白蟻每蛻去一次外殼，就會同時脫去腸道內膜和裡面的所有微生物，所以牠們需要經常舔舐姊妹的尾端來補菌。我們可能會覺得這些習性很噁心，但其實我們的反感才是在自然界中最不尋常的事。許多我們熟悉的動物，包括牛、象、貓熊、猩猩、大鼠、兔子、狗、鬣蜥、埋葬蟲、蟑螂和蒼蠅等，都會互食同伴的糞便，這種行為稱為「糞食性」（coprophagy）。

傳播這事對皮膚上的微生物，簡單的接觸就已足夠。從蠑螈、藍鳥到人類這些不同的動物，只要住得靠近，便容易帶有類似的菌相。比起居住在不同地方的朋友，住在同一個屋簷下的人們會擁有比較相似的皮膚微生物。同樣地，即便是兩群住在相同區域，吃著相同食物的狒狒，其腸道微生物也不會比來自同一群狒狒（會彼此幫忙理毛）的微生物更相似。趨同性最精采的範例莫過於一項針對美國競速滑輪選手的研究。這個研究發現，同一支隊伍的選手擁有與隊友相同的皮膚微生物，不同球隊也各自擁有不同的微生物群落。但在比賽的過程中，兩支隊伍會因賽道上的衝突推擠，導致他們的皮膚微生物暫時趨於一致。接觸促成一致性。有時候，漫漫華爾滋還包括像是互相檢查屁股（hip-check）這樣的社會行為。[14]

這些傳播途徑大多都需要透過社會行為來建立。只有在父母與子代共同生活，或在大群體中讓不同世代的個體相互往來的情況下，才能有效地傳播。日本椿象會照顧子代，因此可以為子代注入正確的細菌；白蟻密集地群居，讓新工蟻可以從舔舐姊妹的尾部，獲得正確的微生物。麥可・倫巴多（Michael Lombardo）認為這種模式其來有自。他認為有些動物之所以群居在一起，是因為這樣可以更容易從鄰居那裡獲得對自己有益的共生生物。但這並不是演化出群居性的**唯一**因素，甚至不是主要因素。因為群居性動物不僅可以成隊地捕獵，在數量上贏得安全感，也可以更有效率地定向。倫巴多完全相信微生物的傳播是群居潛藏的好處，但這點在傳統上經常被忽略。過去當人們想到具傳染性的微生物時，第一個想到的往往是病原。不論是牛群、羊群，或是人類部落等都會讓疾病更容易傳播。然而，群體也能為**有益的**共生生物創造尋找新宿主的良機。[15]

這麼說來，動物似乎有無限多種傳播途徑可以得到微生物，但所有方法都有一個共同的目的：動物宿主必須將微生物傳遞至下一代。無論是椿象、無尾熊、大頭泥蜂或狒狒，動物有各種方法確保牠們繼續與相同的伙伴共舞。有的方法比較嚴格，只能透過親代垂直傳遞給子代，在讓世世代代的宿主都與同一種微生物緊緊相繫。但有的途徑則比較彈性，動物們可以透過同伴或與其他與之共享環境的個體水平傳播，這樣不僅能確保微生物的延續，也能讓動物更自由地交換或取得共生生物。然而，即使在光譜較為彈性的一端，動物仍保有選擇。牠們雖然有成群的舞伴可以挑選，卻不會隨便與任何人共舞。

你家附近的池塘，是某種迷人且頗具獨特魅力的生物的家，但你可能從來都沒有和牠打過照面。要找到這種生物其實很簡單：只要舀起一些浮萍或其他的漂浮植物，把它們裝進有水的罐子裡……然後等待。仔細觀察，你可能會注意到一個約只有幾毫米寬的綠色或棕色小斑點，附著在植物的莖上或葉片背面。若給它一些時間和光線，這個小斑點會慢慢伸展成一段頂部長了觸手的長柱。當牠完全伸展開來時，看起來就像一隻纖細的凝膠狀手臂伸直了細長的手指。

牠就是水螅（hydra），是海葵、珊瑚和水母的近親。牠的名字源於希臘神話中那隻棲息於沼澤，曾經痛打大力士海克力斯（Hercules）的可怕多頭蛇海德拉（Hydra）。以水螅嬌小的體形來說，牠的名字實在是荒謬地可笑，卻又出人意料地貼切。海德拉用毒氣和毒血威脅村民，而水螅則以刺絲胞發射有毒的小魚叉來殺死水蚤和小蝦。當海德拉被砍掉一顆頭後，就會再長出兩顆；而水螅也是再生的專家。切斷觸手？沒有問題。由內向外翻轉？牠也能夠應付。

對於想要瞭解動物生長與發育的生物學家而言，水螅有不可思議的吸引力。牠不僅容易採集、培育與繁殖，也幾乎完全透明，因此在光學顯微鏡下就可以清楚看見牠身體內部的構造。在發育生物學家湯瑪斯．波許（Thomas Bosch）於二〇〇〇年偶然遇見水螅時，科學家已經對牠研究了數個世紀。雷文霍克就曾在他的筆記本裡畫過水螅的素描，其他學者則也已研究出牠如何從單一細胞發展為成體，以及如何再生身體被截斷的部位。波許將他的職業生涯都奉獻在這動物身上。「我禁止我的學生用『原始』這個詞來形容牠，」他說，「因為水螅已經優雅且成功地存活了五億年之久。」

但就連波許也好奇，為什麼水螅能存活這麼久，尤其是牠只有這麼簡單的身體構造。與水螅相反，人的身體非常複雜，因此大部分的構造不會暴露在外，唯一與外界接觸的地方就是鋪在腸道、肺臟和皮膚表面的細胞。這些細胞稱為上皮，而它們其中一個功能就是阻擋微生物進到體內深處。然而，水螅並沒有所謂的「體內深處」。牠的身體只是由兩層中間夾著果凍狀膠質的細胞所組成，因此裡裡外外隨時都與水接觸。水螅缺乏將身體組織與外在環境阻隔的屏障，既沒有皮膚和外殼，也沒有爪子或其他包覆。牠大概是所有動物當中最赤裸裸的物種了。「牠只是一團處於惡劣環境中的黏糊糊上皮。」波許說。既然如此，為什麼這樣的生物不會經常受感染所苦？牠該如何保持健康？

要回答這個問題，波許得先弄清楚水螅身上及其周遭有什麼微生物。他的學生賽巴斯汀．法朗納（Sebastian Fraune）先將水螅搗碎，萃取出細菌的ＤＮＡ再進行定序。在分析了兩種親緣關係相近的水螅後，他驚訝地發現，牠們身上攜帶的微生物群落完全不同，簡直就像兩個來自不同大陸的野生動物一樣。

這個結果相當令人吃驚，因為這些水螅已經在實驗室的塑膠容器中飼養了超過三十年。幾十年來，牠們一直生活在配置得完全相同的水中，吃一樣的食物，並且生活在同樣的溫度下。如果人類囚犯處於如此單調的環境，應該要很努力才能想起自己是誰。但這些沒有大腦的水螅，仍然以某種方式各自組合出適合自己的微生物群落。這個結果似乎令人難以置信，就連波許一開始也不相信。但是，當法朗納重複實驗後，他又得到相同的結果。後來，他對更多種水螅進行定序，並發現每一種都有其獨特的微生物群落，他也觀察了從當地湖泊採集的野生水螅個體上的菌相，依然得到類似的結果。[16]「這對我來說是一個重大的轉捩點，」波許說，「一直以來我都是以傳統微生物學的角度思考，認為個體必定會抵禦那些壞人。」然而他的實驗結果卻清楚地顯示，各個種類的水螅都盡心培養牠們自己的微生物群落。

這是動物界中常見的趨勢：我們不會因為這細菌是舊識，就不加思索地與它共舞。新的微生物會不斷地侵入我們的生活，但每個物種都會從眾多候選人中選出特定的舞伴。舉例來說，人類的腸道微生物幾乎都是來自四個主要菌群，但自然界中其實有數百個菌群。即便像水螅這樣簡單又裸露的生物，牠們還是有許多辦法排除其他微生物，僅讓某些種類的細菌住在牠的表面。我們的身體，無論大小，是複雜或簡單，都會創造出一些條件供特定的微生物成長茁壯。隨著時間的推移與伙伴關係的傳承延續，當宿主與共生生物適應了彼此，雙方的關係才正式確立。老實說，我們很挑剔。[17]

於是，所有物種都帶有獨特的微生物群落。你可以從小鼠、斑馬魚，或甚至是黑猩猩或大猩猩的微生物組成裡，認出跟它們不同的人類微生物組成。即使是共享同一片海域的鯨魚和海豚在海中游泳或跳出水面時不斷與彼此的皮膚磨擦，牠們仍然保有特定的微生物群落。前面我們提到的大頭泥蜂，對觸角的細菌相當挑剔，如果牠們挑錯了菌株，便不能產生將微生物傳遞給下一代的白色黏液。不知何故，如果牠們感覺到自己找錯了微生物伙伴，便會切斷世代傳承的傳播鏈阻止把菌傳給後代，結束這場漫漫華爾茲。[18]

微生物也有自己偏好的舞伴，許多微生物會變得專門適應特定的宿主。蜂類共生菌 *Snodgrassella* 的某些菌株選擇適應蜜蜂，有些則選擇熊蜂，且兩者都無法遷居到其他宿主身上。同樣地，腸道微生物羅伊氏乳桿菌（*Lactobacillus reuteri*）演化出適應人類、小鼠、大鼠、豬和雞的菌株，但若將它們一股腦兒塞進小鼠體內，專門適應小鼠的菌株將會遠勝於其他菌株。這種把微生物互換的實驗相當具有啟發性。約翰・羅爾斯（John Rawls）就曾進行一項極有影響力的實驗，他把兩種在科學研究上的中堅物種——小鼠和斑馬魚身上的微生物群落交換。羅爾斯以無菌的方式培養這兩種動物，然後將常規培養個體的微生物群落移植到這些動物身上。你覺得斑馬魚和小鼠會接受對方的腸道微生物嗎？答案是會。但羅爾斯發現這些動物並不是直接接受，相反地，牠們修改了接收到的微生物群落，使它們和常規培養的微生物群落相似。某方面來說，小鼠將斑馬魚的微生物群落「小鼠化」，而斑馬魚也是如此。[19]

但這並不代表同一種的個體都帶有相同的微生物群落，事實上，個體間的差異還不小。現在試想一下：動物的基因就像劇場裡的舞臺設計師，負責創造給特定微生物演出的舞臺。[20]但不論是群眾、腳步聲，抑或是塵土和食物，都會影響即將上臺的演員。整場演出由隨機主導，這就是為什麼在基因相同且在同一個籠子裡生活的小鼠，身上的微生物組成也會有些差異。我們的微生物組成有點像身高、智力、個性或罹癌風險這些特性，是由數百個基因調控，甚至會受到多種環境因素影響的複雜特徵。但兩者最主要的差別是，基因並不會像直接影響身高或腦容量那樣，直接製造微生物群落，而是藉由布置好舞臺來篩選出某些物種。

理查·道金斯（Richard Dawkins）在他的經典著作《延伸的表現型》（*The Extended Phenotype*）一書中，提出一個概念，他認為動物的基因（其基因型）不僅影響牠的身體（其表現型），也間接塑造了動物所處的環境。河狸（beaver）的基因建構了河狸的身體，由於河狸會建造水壩，因此基因也改變了河水的流向。鳥的基因可以創造一隻鳥，也可以築巢。我的基因造就了我的雙眼、雙手和大腦，也寫成了這本書。不論是水壩、鳥巢或是書，都是道金斯所稱的延伸的表現型。它們是生物的基因延伸到身體之外的結果。某種程度上來說，我們的微生物群落也算是延伸的表現型。它們也是由動物的基因形塑而成，而基因也創造了特定微生物生長的環境。雖然微生物住在我們**體內**，但它們其實也與河狸的水壩一樣，是一種延伸的表現型。

但這種比喻也不完全說得通，因為水壩和這本書沒有生命，而微生物卻是活的。它們有自己的基因，而有些基因對宿主來說很重要，甚至不可或缺。它們不能只被視為宿主基因體的延伸，而宿主也不能只被視為微生物基因體的延伸！因此，有些科學家認為，也許概念上區分兩者並沒有意義。如果動物和微生物都對自己的伙伴很挑剔，而且雙方都已死守伙伴關係長達數個世代，那麼或許將牠們看作一個統合的個體比較合理。也許我們應該把牠們看作一種生物。

我們已經見識到有些細菌徹底地與宿主融合，以至於我們很難區分兩個物種之間的界線。許多昆蟲共生生物都是如此，包括蟬身上數種哈金氏菌屬的細菌。粒線體當然也算數，誠如我們所見，這些細胞電池在被永久嵌入更大的細胞內前，曾是自由生活的細菌。內共生（endosymbiosis）的理論，早在二十世紀初就被提出，卻直到數十年後才被接受，這個改變主要必須歸功於直言不諱的美國生物學家琳恩·馬古利斯（Lynn Margulis）。她將內共生的想法發展成一套連貫的理論，並以一篇跨領域的論文解釋了一系列來自細胞生物學、微生物學、遺傳學、地質學、古生物學和生態學等令人印象深刻的證據。這是一項大膽的學術著作，這篇論文在一九六七年印刷出版前，曾遭到大約十五次退稿。[21]

馬古利斯受到同行的質疑和揶揄，但她的付出有了同等的回報。她的桀驁不遜，以及對教條的嗤之以鼻，使她成為打破科學傳統的代表人物。「我不認為我的理論具爭議性，」她曾說道，「我認為它們是正確的。」關於粒線體和葉綠體的看法，她當然是對的，但由於她也提出其他過度推論的主張，因此外界對她的評價總是同時給予極高的尊重與嚴謹的懷疑。有位生物學家告訴我，他曾聽到她在一場談話中提及自己的名字。太好了，他想，琳恩·馬古利斯知道我的名字！然後她繼續說道：「……根本完全是錯的。」呼，他心想，如果馬古利斯認為我錯了，那麼我肯定是發現某些重要的東西了。

在馬古利斯的研究職涯裡，內共生理論一直影響著她觀看世界的角度。她深受生物體**之間**的連結吸引，並意識到每個生命都與許多生命共存於社群裡。一九九一年，她創造了一個詞來形容這個整體：合生生物（holobiont）。這個詞來自希臘文，意思是「完整的生命全體」（whole unit of life）。[22]它指的是與同伴共度生命大部分光陰的生物集合。「大頭泥蜂合生生物」即是大頭泥蜂加上其觸角上的所有細菌。「艾德．楊合生生物」即是我，加上我身上的細菌、真菌與病毒等等。

當以色列夫婦尤金．羅森堡（Eugene Rosenberg）和依拉娜．齊爾伯－羅森堡（Ilana Zilber-Rosenberg）聽到這個詞時，就為它深深著迷。他們曾研究珊瑚一段時間，將牠們與其上的微生物視為一體，認為珊瑚的命運取決於牠們細胞內的藻類和生活在牠們周遭的其他微生物。將這些生物視為一體非常合理。他們知道，只有通盤考量整個珊瑚合生生物，才能判斷珊瑚礁的健康狀況。

羅森堡將合生生物的概念推廣到基因世界。當時演化生物學家已將動物和其他生物視為其基因的載體。能創造例如：最快的獵豹、最健康的珊瑚，或最華麗的天堂鳥這些最棒生物的基因，比較有機會被傳遞給下一代。然後隨著時間的推移，這些基因變得愈來愈普遍，而這些動物載體也是如此。不過基因仍是天擇作用的目標。以行話來說，它們是「被天擇篩選的單位」（units of selection）。但我們究竟是在談論誰的基因？動物不僅仰賴自己的基因，還會仰賴數量往往比自己超出數倍的微生物基因。同樣地，微生物也仰賴其宿主基因所打造的身體，希望能藉著它將自己走向未來的世代。對羅森堡來說，將這些DNA拆開來看並不合理。他相信它們是整體運作，是個全基因體（hologenome），也是「在演化上應該被視為受到天擇的單位」。[23]

要理解這個概念，請先記住受到天擇影響的演化僅取決於三件事：個體必須存在**變異**、這些變異必須**可以傳遞給子代**，而且必須有**影響生物適存度**的潛力——也就是具備影響生物生存和繁衍的能力。變異、遺傳性、適存度，如果這三項都成立，演化的引擎便會啟動，製造出比上一代更能適應環境的子代。動物的基因肯定符合這三項標準，但是羅森堡發現，動物的**微生物**也符合這些條件。不同的個體攜帶不同的微生物群落、物種或菌株這就是變異；也誠如我們所見，動物可透過許多方式，將微生物傳遞給後代，因此有了傳承；我們也即將看到，微生物擁有影響宿主成功與否的重要能力，因此，它們能影響適存度。成立、成立、成立，引擎啟動了。隨著時間的流逝，最能面對生存挑戰的合生生物會把牠的全基因體（包括自己的基因體加上其微生物的基因體）傳給下一代。動物與牠們的微生物合體並一同演化，這種觀點是個對演化更全面的看法，它重新定義個體，也更加強調微生物與動物之間的關係是不可分割的。

任何改寫演化論基礎的嘗試都必然引起一番騷動，全基因體的概念也不例外：本書中提到的概念裡，這是個最有可能在溫文儒雅的共生研究者中，引來彼此中傷或嘲笑的概念。這對我來說很諷刺，因為這個理論是合作與團結的縮影，但它竟然能深深分裂那些終日花時間思考合作與團結的人。

很多人喜歡這個理論的大膽。它將被忽視的微生物提升到與宿主相同的高度。就像畫出一個假想的大圓圈來囊括兩者，又加上醒目的箭頭指向圓圈強調它。而且，你可別忘了，這個理論指稱微生物非常重要。「每隻動物都是會移動的生態系，」約翰．羅爾斯說。「或許還有其他詞彙可以說明這個概念，但合生生物是我認為詮釋得最完美的一個。」

佛瑞斯特．羅爾則較為謹慎。繼馬古利斯之後，他讓「合生生物」這個詞被更廣泛地使用，但僅限於描述那些生活在一起的生物。「它就是一般所說的共生，」他說，「會因應外部壓力而有不同的組成與搭配，它對你的影響也可能有好有壞。」羅爾也不是很贊同全基因體的概念。他認為宿主和微生物攜手邁向更光明未來的概念有點虛偽。演化並非如此。如我們所知，即使是最和諧的共生關係也存在些微的拮抗。羅爾認為，羅森堡將全基因體視為天擇的基本單位會掩蓋這些衝突。羅森堡認為演化的結果是為了最大化合生生物整體的成功——但事實並非如此。演化也會作用在這個整體的不同成員上，而這些成員的成功往往卻又是互相衝突的。研究蚜蟲及其共生生物的演化生物學家南西．莫蘭對此表示贊同。「我比任何人都堅決主張共生生物極其重要，甚至比人們所想得還要重要很多，」她說，「但是全基因體這個概念現在卻被用來掩蓋許多還沒被仔細釐清的想法。」

全基因體在定位上也不明確。像伴蟲菌這種生長在采采蠅細胞內，且能夠垂直遺傳的共生生物，是宿主不可分割的一部分，因此它的基因可以很自然地算入采采蠅的全基因體中。大頭泥蜂有牠們專屬的鏈黴菌菌株，水螅也會精心挑選微生物伙伴，這些例子中全基因體的概念都相當適合。然而並非所有的動物都這麼挑剔。像是牛鸝、紅雀，以及其他鳴禽，不同個體之間的腸道微生物完全不同，光是個體間的微生物變異，可能就大於**所有哺乳類物種**間的微生物變異。[24]由此可見，動物基因的影響雖然存在，卻似乎比不上環境的力量。如果個體身上的微生物伙伴如此多變，將全基因體視為一個整體真的有意義嗎？那麼短暫出現在我們體內的物種也算嗎？當湯馬斯．弗里茲的手被刺傷時，HS菌株的基因也要計入他的全基因體嗎？而我的全基因體是否又包含我剛吃下去的三明治中的微生物呢？

范德堡大學（Vanderbilt University）的塞思．博登斯坦（Seth Bordenstein）是當今全基因體理論最主要的概念傳播者，他認為這些反對的立場都不足以致命。他強調，全基因體的概念並不代表動物體內的每一種微生物都很重要。有些微生物可能是短期居民，有些則是暫時的過客。但是總有一小部分占據了比較重要的地位。「可能百分之九十五的微生物都可有可無，只有少數幾種微生物終其一生和你穩定地生活在一起，並或多或少影響你的健康。」他說。[25]前者會被天擇忽略，而後者會受到重視。這些微生物中，有的可能會產生負面影響（例如半路殺出來的霍亂細菌），天擇便會將這些微生物從全基因體中清除，就像天擇從基因體中剔除有害的突變一樣。全基因體理論利用這個解釋兼容了反對的聲浪。正如批評者（與一些擁護者）所說的，全基因體的核心概念不全然是團結和合作。它只是表達微生物及其基因都是這幅假想圖的一部分，它們以影響天擇結果的方式影響它們的寄主，讓我們在討論動物演化時無法避而不談。「這個思維架構並不完美，但在思考微生物群落和動物個體是如何結合的這點上，我認為這是現有的架構裡最好的了。」博登斯坦說。但反對者則會批評認為，共生的概念已經存在好幾個世紀了。[26]

如果有件事情能讓每個人都同意，那就是隱喻的時代已終結，而用數學來精確描述的時代來臨了。以基因為中心的演化論觀點之所以這麼成功，部分必須歸功於演化生物學家能運用數學方程式。模擬基因的消長以及突變的成本效益，以數字的準確性呈現抽象的觀念。然而擁護全基因體理論的科學家卻做不到，這對他們的立論很不利。「我們還處於早期階段，而人們認為這是個過度感性且缺乏嚴謹的議題。」博登斯坦說。他承認這些批評是公正的，但他也希望能有其他人提出方法改進。

羅森堡並沒有灰心喪氣。他認為老派的演化生物學家太習慣幾十年來以宿主為中心的想法，而忽略了微生物的重要性。（他說：「我被其他人，甚至我最好的朋友指責我以細菌為中心。」）最近即將退休的他，很樂見其他人在這場智力鬥爭中拿出各家本領。「我關閉了實驗室，打開了我的思想。」他說。但在此之前，他還有最後一項貢獻。

幾年前，羅森堡偶然發現一篇一九八九年由生物學家戴安．杜德（Diane Dodd）發表的舊論文，其研究結果顯示果蠅的飲食可能會影響牠的性生活。她將同一個品系的果蠅分別以澱粉與麥芽糖餵養。在飼養二十五個世代以後，她發現「澱粉果蠅」傾向與其他澱粉果蠅交配，而麥芽糖果蠅也偏好牠們的同類。這個結果實在出乎意料。藉由改變果蠅的飲食，杜德竟然也改變了牠們的擇偶偏好。

羅森堡派立刻認為那一定是細菌造成的。動物的飲食會影響其微生物群落，微生物會影響其氣味，而氣味會影響其吸引力。這一切都很合理，而且與全基因體的概念非常吻合。如果他們是對的，果蠅演化的動力就不會僅僅是因為牠自己的基因改變，而是同時也有其微生物的改變——有抗性的地中海珊瑚想必也是如此。他們重複杜德的實驗，而且得到相同的結果：果蠅在短短兩個世代之後，就變得比較容易被飲食相同的個體吸引。但如果牠們吞下一劑抗生素，失去牠們的微生物，果蠅的性偏好就會消失。[27]

這個實驗雖然很古怪但也影響深遠。如果兩群同種的昆蟲互不往來，只在各自的社交圈內擇偶交配，牠們最終將會分家形成不同的物種。這樣的分家在自然界隨時都在發生，導致這種分家的原因有非常多種形式，可能是物理的屏障，如山脈或河流；可能是動物活躍的時機點、時間或季節的差異；也可能是兩隻動物的基因不相容。任何阻擋動物交配，或殺死、削弱子代的事物，都可能產生驅使兩個物種分開的鴻溝，造成「生殖隔離」（reproductive isolation）。誠如羅森堡證明的，細菌也會導致生殖隔離。透過扮演阻擋兩個族群相遇的活屏障，微生物可能具有驅動新物種起源的潛力。

這並不是新的概念。一九二七年，美國的伊凡．瓦林（Ivan Wallin）將共生形容為「驅動創新的引擎」。他認為共生性細菌能將現有物種變為新物種，而且這是新物種產生的基礎方式。馬古利斯在二〇〇二年重申了他的觀點，主張不同生物之間新共生關係的產生（她稱之為共生生成〔symbiogenesis〕），一直是新物種起源的主要推力。對她而言，目前為止你在本書中看到的種種關係不僅是演化的支柱，也是最根本的基礎。然而，她未能提出充分的證明。她列舉出許多共生微生物促成重要演化適應的例子，但關鍵的是，這些例子中並無法證明它們真的產生了新物種，更不用說它們是新物種起源背後的主力了。[28]

如今一些證據正逐漸為人熟知。二〇〇一年，賽思．博登斯坦和他的指導老師傑克．韋倫研究了兩種親緣關係相近的寄生蜂：小金蜂屬的 *Nasonia giraulti* 和 *Nasonia longicornis*。這兩種蜂以不同物種的身分各自存在約四十萬年，但對於不曾受過特殊訓練的人來說，牠們看起來完全相同：體形很小，有黑色的身軀和橘色的附肢。但是牠們無法互相交配繁衍後代。這兩種蜂各自攜帶不同的沃爾巴克氏菌菌株，當牠們交配時，菌株之間的攻擊會把大部分的雜交子代殺死。當博登斯坦用抗生素將沃爾巴克氏菌移除後，雜交的子代便能存活。他在這些蜂身上證明了生殖隔離**可以被治癒**，這個例子也證明了微生物能使物種分離。隨後，他在二〇一三年的實驗又有了更具說服力的結論，博登斯坦以親緣關係較疏遠，且雜交子代也無法存活的兩種蜂進行研究。這一次，他發現雜交子代會有與其父母親截然不同的腸道微生物，他推斷是這些混合的微生物群落與子代的基因不相容才因此殺死牠們。這是扭曲的全基因體所導致的死亡。[29]

博登斯坦將這項研究結果視為共生可以驅動新物種起源的明確證據，這剛好符合瓦林和馬古利斯的推測。但反對者卻認為，不相容的微生物群落和子代的死亡一點關係也沒有，事情應該更單純。[30]他們的論點是，雜交子代的免疫系統有缺陷，導致牠們容易受到細菌的侵害。不論給牠們什麼樣的微生物群落，牠們仍會死亡。無論誰是誰非，很明顯地，雜交的子代有微生物方面的問題，而這個問題迫使兩種小金蜂的分裂。這件事本身就很有趣了。「我們在寄生蜂上看到這兩個故事，我認為並不是單純的機緣巧合，」博登斯坦說，「而是因為我們提出了『微生物是否能導致生殖隔離？』這個問題才發現的。但還有多少人沒有問過這個問題？我們還錯過了多少故事？因為我不認為這兩個是我們單憑運氣好找到的僅有例子。」

及至今日，外界仍然認為共生而造成種化是合理且令人興奮的想法，它只是還需要證據來證明。有幾個已被確定的案例本身就非常引人入勝。就像找到一塊金子，即使不告訴別人你已經攻下金庫，金塊仍舊在你手裡。同樣的道理，即使不重新定義演化論，微生物與其宿主動物之間的命運仍緊緊牽絆在一起。

無可否認的是，微生物能幫助宿主建構身體，或影響我們生活中從免疫、嗅覺到行為等最個人的面向，或者它們的存在能造成健康或是疾病。對我而言，這已經非常足夠。無論用全基因體、共生或其他字眼，可以確定的是，即使一開始人們對微生物的印象不好，認為它是寄生蟲或只是環境中的無業遊民，但微生物確實可以進駐到動物體內，創造強大、有時甚至不可或缺的連結，然後代代相傳。現在是時候來看看這些親密伙伴關係的結果了，但這並不是為了動物個體的生長或健康，而是為了整個物種和族群的命運。也該是時候來看看，當動物們開始利用微生物伙伴的力量時，能為牠們帶來多大的成功。

第7章　共同創造的雙贏

我站在一個戶外儲藏屋大小的房間裡，這裡的空間剛好可以擺盪一隻貓，但會在牆上留下爪痕[1]。房門厚重得讓人敬畏，房間內部一片純白、一塵不染。一臺發出巨大聲響的風扇調節著室內的空氣，規律地吹著屋內的生命（想像一下黑武士達斯．維達〔Darth Vader〕透過大聲公說話）。這個房間裡到處充滿植物，盆栽裡的豌豆、蠶豆、苜蓿全都冒出新芽被托盤裝著，整齊地排列在層架上。這裡看起來像一間奇特的溫室，更奇特的是，所有的東西都被覆蓋著。有些盆栽被透明的塑膠杯蓋著，有些則罩在塑膠的立方體中，必須將手伸過一個與手臂同粗，並用密織紗布打結蓋住的小圓窗才能觸及。其中一個特別大的箱子裡還裝著一批長得亂七八糟的幼苗。

「我們才剛開始養牠們，所以我也不知道這裡找不找得到牠們。」擁有這個位於奧斯汀德州大學

---

❶審訂註：據載，西元一六九五年時英國軍方開始使用「九尾貓」（Cat o' Nine Tails）做為刑具，和一般鞭子不同的是其末端分岔出九股帶著鉤刺的細繩。後來在英國俗諺中，人們以 not enough room to swing a cat 用來指空間狹小。

（University of Texas at Austin）的房間，以及其內一切的生物學家南西・莫蘭說道。

我仔細盯著那些幼苗。但無論莫蘭沒看到的東西是什麼，總之我也看不到。

「噢，牠們在那裡，」她指道，「牠們在莖上。」

過了一段很長的沉默，就在我因沒有找到而覺得自己真不幸，想開口問究竟是哪一株莖上時，我發現牠們了。小小的黑色楔形物，長度不到一公分，像迷你門檔一樣固定在芽苗上。這些是褐透翅尖頭葉蟬（glassy-winged sharpshooters，意為「玻璃翅膀的神槍手」），牠的名字雖然會讓人聯想到光鮮亮麗的流行時尚和持槍牛仔，但實際上牠們兩者都不是。牠們是一種體形很小的昆蟲，會用尖銳的口器刺穿植物並從其導管中吸出液體。在過濾出稀薄的養分後，牠們會將剩下的水分從尾端以細小的水滴射出，這就是牠們名字的由來。尖頭葉蟬會吸乾數十種不同植物的液體，這讓牠們成為潛在的農業威脅，因此這裡必須用密織紗布和那扇讓人敬畏的門來阻隔。

這個房間充滿了類似這樣的威脅。有一株植物正被某種葉蟬吞食；放滿好幾個層架的蠶豆苗正被豌豆蚜（pea aphid）啃咬；而在綠色莖上的綠色昆蟲即使很不顯眼，但我還是發現了牠們：小小的綠色菱形身體長著細長纖弱的腳、向後指的觸角以及從腹部突出的兩根刺。每隻蚜蟲都有專屬於自己的勢力範圍，牠完全擁有這根單獨直立的莖枝。蚜蟲跟尖頭葉蟬一樣，都是很可怕的害蟲。光是牠們大量繁殖增加的重量，就足以讓植物枯萎死亡，更不用說牠們攜帶的病毒所造成的危害。牠們是農業的禍源，所有人類栽種植物的地方都不歡迎牠們——除了這個房間。在這裡，牠們才是主角；在這裡，這些植物的存在就是為了餵飽牠們。這裡是世界上少數幾個刻意飼養蚜蟲和其他有害昆蟲的苗圃。

這些不起眼的昆蟲都屬於半翅目（Hemiptera），這個分類下所包含的動物非常多樣，且都有能戳刺、吸吮的口器，包括床蝨、食蟲椿象（assassin bug）、介殼蟲和葉蟬等。大部分人口裡所說的「蟲子」，指的通常是小小的、會爬行的東西。但昆蟲學家口中的「蟲子」，指的則是半翅目昆蟲。大部分的半翅目昆蟲終其一生都以吸取植物的汁液為食，而且牠們是唯一一群只靠這種方式維生的動物。蝴蝶或蜂鳥可能偶爾會去啜一口植物汁液，但只有半翅目昆蟲專靠它維生。這樣的生活方式要歸功於牠們的共生細菌。如果這些細菌全都突然死亡，這個房間裡的所有昆蟲也將同歸於盡。「這些族群基本上是因為牠們的共生菌才得以存活。」莫蘭說。而且並不只是存活而已，而是**大量繁殖**。目前已經被命名的半翅目昆蟲大約有八萬兩千種，但仍有成千上萬種尚待發掘。

我們已經看到動物在日常卻重要的事件上對微生物的依賴，例如器官的建構或免疫系統的調校。我們也從短尾烏賊的發光式偽裝到副鏈渦蟲的再生能力，簡短地談到有些微生物能賦予宿主超凡的能力。接下來，我們將繼續探討其他微生物所賦予的超能力如何將某些動物變成演化的贏家，使動物能分解難以消化的食物，抵禦惡劣的環境，吃下致命的食物仍能存活，以及在其他物種敗陣的情況下卻獲得成功。半翅目是最佳的起點。

德國動物學家保羅．布赫納（Paul Buchner）自一九一〇年開始研究牠們的共生菌，這是他昆蟲世界壯遊的一部分。[1]在他對無數物種進行切片與解剖的艱辛過程中，他漸漸體認到，動物和微生物之間的共生並不是像當時其他人認為的那麼罕見。這應該是常規而不是特例：「即使共生一直以來都是輔助性的關係，但仍舊是隨處可見的手段，它以多樣的方式增強宿主動物的生存機會。」他數十年的研究成果匯集成一部名為《植物微生物與動物的內共生》（*Endosymbiosis of Animals with Plant Microorganisms*）[2]的代表作，這本書最後也翻譯成英文，並在布赫納的八十歲生日前出版。當莫蘭從她辦公室的書架上抽出那本書時，她恭敬地翻閱它泛黃的書頁。「這本書是這個領域的聖經。」她說。

幾十年來莫蘭一直對蟲子很著迷。她曾經就是**那個**蒐集昆蟲，把牠們裝進罐子裡的孩子。如今她是共生研究領域的領導人物之一，而蚜蟲一直是她研究生涯的基石。一九九一年，她協助進行了十一種蚜蟲共生菌的基因定序。那是一項浩大的工程，畢竟當時的定序技術剛剛起步，而且還是她和同事之間仍須使用磁碟片傳遞資料的年代。他們發現，所有的蚜蟲共生菌都同屬於一個尚未被命名的物種。這個領域的傳統，會將新發現的微生物以具指標意義的微生物學家來命名，就像落款一樣。西梅恩．伯特．沃爾巴克將永遠以沃爾巴克氏菌名垂千古；路易斯．巴斯德（Louis Pasteur）因巴斯德氏菌（*Pasteurella*）之名而永生；美國獸醫丹尼爾．埃爾默．沙門（Daniel Elmer Salmon）或許沒沒無聞，但你應該聽過跟他同名的沙門氏菌（*Salmonella*）。這麼說來，該要用哪個名字來命名蚜蟲的共生菌呢？選擇無他，莫蘭將它命名為巴赫納氏菌（*Buchnera*）。[3] ❷

它是蚜蟲長久以來的伙伴。巴赫納氏菌屬菌株的演化樹能完美地與蚜蟲宿主的演化樹相互對應，只要畫出其中一邊的演化樹，就能獲得了對應的另一邊。[4]這代表巴赫納氏菌屬細菌遷移到蚜蟲體內只發生過一次（或者至少只有一次感染成功）。這個開創性的事件發生在兩億到兩億五千萬年前，當時恐龍剛剛出現，哺乳動物和花朵還不存在。那麼，這麼長的時間以來巴赫納氏菌都在做什麼呢？布赫納猜測，昆蟲的共生菌大多是因營養因素存在，來幫助宿主消化食物。對許多他研究過的昆蟲來說，情況確實如此，但在巴赫納氏菌身上則略有不同。它不會分解蚜蟲吃進去的食物，而是補充了食物上的不足。

蚜蟲以韌皮部的汁液（植物體內的甜味液體）為食。從很多面向來看，這種汁液是非常優良的食物來源：糖分高、毒素少，而且幾乎沒有其他動物搶食。但它也極度缺乏某些養分，包括動物生存所需的十種必需胺基酸。若是缺少其中任何一種即會造成嚴重的後果，如果十種都缺乏，則個體將無法承受——除非有其他東西可以彌補。現在有非常多的證據證明巴赫納氏菌就是那個「東西」。[5]當科學家們用抗生素殺死蚜蟲體內的巴赫納氏菌後，發現蚜蟲必須外加胺基酸才能存活。當他們用放射性化學物質追蹤養分從微生物到宿主的流向，結果證實胺基酸的確被送往宿主。此外，他們還證明了即使巴赫納氏菌的基因體又小又簡單，卻仍保留著許多製造必需胺基酸所需的基因。

大部分的情況下，製造胺基酸是一件很複雜的事情，必須領著原料一步步經過一系列化學反應，且每一步都由不同酵素催化。想像一下汽車廠的生產線，輸送帶蜿蜒地經過一臺又一臺的機器。有的負責組裝座椅，有的負責加上底盤，有的則負責安裝輪胎。最後在輸送帶的終點，一輛汽車完成了。製造胺基酸的生化路徑也類似如此，但無論是蚜蟲還是巴赫納氏菌，都無法獨自製造所有需要的酵素機器。於是雙方將一個工廠蓋在另一個工廠裡面，合作建立起一條在兩個工廠之間穿梭的生產線。因為唯有同心協力，它們才能一起靠著植物韌皮部的汁液活下去。[6]

---

❷審訂註：布赫納的名字轉成屬名後以英文發音變成巴赫納。

吸食植物汁液和配備補足代謝能力的共生菌這兩件事間的關聯，在放棄共生關係的半翅目昆蟲身上可以看得更清楚。有些半翅目昆蟲改採攝入整個植物細胞的方式，於是牠們的食物裡不再缺乏胺基酸[3]，因而可以拋棄共生菌。在共生關係裡沒有太多時間念舊或傷感，在天擇殘酷的契約條件下，若其中一方合作伙伴並非必要，就肯定會被甩。同樣苛刻的條件也適用於基因，這也解釋了為什麼半翅目昆蟲會讓自己在一開始就陷入營養不穩定的窘境。牠們是動物，而所有的動物都是從攝食其他東西的單細胞掠食者演化而來。由於食物提供了許多牠們所需的養分，因此動物失去自己製造這些養分的基因。我們——包括蚜蟲、穿山甲、人類和其他動物——都背負著這種宿命。我們無法自行製造那十種必需胺基酸，因此我們靠食物來彌補。但如果我們吃的是像韌皮部汁液那樣的超級窮酸特餐，就得有人幫忙才活得下去。

細菌出場了。它們一次又一次地幫助半翅目昆蟲克服這個局限著整個動物界的障礙，讓昆蟲享用這種幾乎沒有其他物種能利用的食物。[7]當陸地開始出現植物時，吸食植物的蟲子也來了。直至今日，半翅目昆蟲的種類已經包括大約五千種蚜蟲、一千六百種粉蝨、三千種木蝨、八千種介殼蟲、二千五百種蟬、三千種沫蟬、一萬三千種褐飛蝨，以及超過二萬種葉蟬，這些還只是我們目前所知的。多虧了這些的共生菌，使半翅目昆蟲能夠成為成功的典範。

半翅目昆蟲當然不是唯一擁有營養性共生菌的動物。大約百分之十至二十的昆蟲都仰賴這類型的微生物供給維生素、製造蛋白質用的胺基酸，以及製造荷爾蒙所需的固醇類。[8]這些活生生的營養補給品讓它們的宿主能單靠植物汁液或血液等缺乏某些成分的食物維生。巨山蟻是個約有一千個物種，多樣性相當高的動物群，牠們攜帶了一種名為布拉曼氏屬細菌的共生菌，使牠們能完全靠植物維生，並主宰熱帶森林的樹冠層。[9]像蝨子、床蝨等迷你吸血鬼（以及像蜱、水蛭等非昆蟲類）也都需要依賴細菌獲取血液大餐中缺少的維生素B群。

這些事在大自然中一再發生，細菌和其他微生物讓動物超越原本的動物性，哄騙牠們走到原本到不了的生態角落，適應一開始無法承受的生活方式，攝入牠們原本無法消化的食物，以及在牠們原始本能不允許的地方存活。在這些確保彼此得利的案例中，最極端的例子出現在深海裡，那裡有些微生物對宿主的供養可以讓宿主即便什麼都不吃也能活下去。

一九七七年二月，就在千年鷹號（*Millennium Falcon*）發射升向外太空的前幾個月，一艘同樣冒險犯難的潛艇艾爾文號（*Alvin*）也展開航向海洋的旅程。它的大小足以容納三位科學家不過沒有大到能讓他們張開雙臂，船體也堅固到足以下潛至難以置信的深度。艾爾文號在加拉巴哥群島（Galapagos Island，以達爾文演化論聞名）以北二百五十英里的水域入海，那裡有兩塊反向飄移的板塊，就像一對漸行漸遠的愛人。它們的漂離讓地殼出現一道裂縫，而這裡很有可能可以找尋到歷史上第一個海底熱泉。科學家相信，被火山加熱至極度高溫的海水會自這裡的海床噴發。

艾爾文號探測隊向下沉降。漸漸地，表層海水的藍色被黑色取代。深海的黑，比黑色更黑。這片

---

❸ 吸食汁液時也能得到胺基酸，但是量少到不能維生。而攝入細胞能直接得到大量的蛋白質。

黑暗原本只有發光性生物不規則地閃爍，現在多了潛艇的燈光在黑暗中穿行。最後，連發光生物都消失蹤跡。在海平面下二千四百公尺（約一點五英里）的地方，探測團隊發現了他們原先預期的熱泉噴口，但也發現了他們沒有料想到的東西——極為豐富的生命現象。岩石煙囪上緊緊貼附著龐大的蚌蛤和貝類群聚。顏色蒼白的蝦蟹從牠們上方爬過，周圍有魚兒巡游。最奇怪的是岩石的表面長出堅硬的白色管子，管子末端是大蟲的深紅色羽狀鰓冠（plume）。它們看起來就像一支支被旋轉過頭的口紅，或其他更有性暗示的東西，但它們其實只是很大隻的蟲。

在這個既照不到陽光，又會遭受可達到攝氏四百度海水的衝擊與巨大無比水壓的海底世界，照理來說應該沒有生命，但艾爾文探測隊卻發現了一個像熱帶雨林般豐富且不為人知的生態系。正如羅伯特．肯齊（Robert Kunzig）在《繪製深邃海洋》（*Mapping the Deep*）一書中寫道，「就像出生於加拿大拉布拉多省，並在與外界完全隔絕之下長大的人某天突然降落在時代廣場。」探測隊沒有預料會發現生物，因此團隊中沒有任何一個生物學家——他們全都是地質學家。在採集完標本並將它們帶回到海面上時，他們手邊唯一的防腐劑是伏特加。[10]

其中一隻大蟲樣本最後被送到史密森尼自然史博物館（Smithsonian Museum of Natural History）的梅雷迪斯．瓊斯（Meredith Jones）手上，他將之命名為巨管蟲（*Riftia pachyptila*）。瓊斯深受這個生物吸引，因此一九七九年時他親自去了一趟加拉巴哥裂谷（Galapagos Rift）採集更多標本。他採集的地方布滿紅色的羽狀物，因此被他稱為玫瑰園。黑白的老照片裡，滿頭白髮、留著小鬍子的瓊斯，手上拿著他的巨管蟲標本。他看起來很溫柔而且深情款款，但管蟲卻看起來像是一串軟趴趴的香腸。

這些管蟲體形非常大，不僅比任何已被發現的深海管蟲都要大，而且長度可能和瓊斯的身高一樣高。奇怪的是，牠沒有嘴巴，沒有消化道，也沒有肛門。

如果管蟲不能進食，牠如何存活呢？最直覺的假設是，牠能像絛蟲一樣透過體表吸收營養，然而這個想法很快就被打消，因為體表吸收養分的速度慢，不可能養活這麼大隻的蟲。後來，瓊斯發現了一個巨大的線索。這種管蟲有一個神祕的器官——滋養體（trophosome），它足足占了管蟲一半的體重，而且裡面充滿純的硫結晶。瓊斯曾在哈佛大學的某一堂課提過它。當時在座的聽眾當中，有位名叫柯琳．卡瓦諾（Colleen Cavanaugh）的年輕動物學家一邊聽講，一邊在腦中思忖一個重要的想法。當她聽到瓊斯說到滋養體時，她恍然大悟。根據她的說法，她整個人跳了起來，當眾發表管蟲體內有細菌可以利用硫來產生能量的想法。據說瓊斯後來請她坐下，然後，給她一隻管蟲研究。

卡瓦諾的頓悟不但正確，也頗具革命性。[11]顯微鏡下，她發現巨管蟲的滋養體內充滿細菌，每克組織約有十億個細菌。另外一位科學家則發現滋養體富含酵素，可處理如常見於海底熱泉噴口的硫化氫等硫化物。綜合以上，卡瓦諾得出一個結論：這些酵素來自於細菌，而這些細菌製造食物的方式與當時所知的所有方法都截然不同。

陸地上，生命由陽光驅動。植物、藻類和一些細菌可以利用太陽的能量將二氧化碳和水轉變成糖，以生產自己的食物。將無機的碳轉化成可食用物質的過程，稱為**固碳**（fixing carbon），而利用太陽的能量進行固碳的則稱做**光合作用**（photosynthesis）。這是所有我們熟悉的食物網的基礎。每一株樹木與花朵，每一隻田鼠和鷹，終究都需要仰賴太陽能。但最深的海底沒有陽光。生物可以過濾那些從上方海水降下的像雪花般的有機物為食，但若要真正成長茁壯，還是需要額外的能量來源。對巨管蟲的細菌來說，能量來源就是硫，或者，應該說是從噴口噴發的硫化物。細菌會氧化這些化合物，並利用釋放出來的能量進行固碳。這就是**化合作用**（chemosynthesis）：它是利用化學能（而非光能或太陽能）來生產自己的食物。植物進行光合作用是以氧氣做為副產物，而這些化合細菌產生的廢物是純硫。因此，巨管蟲的滋養體中才會出現黃色結晶。

化合作用解釋了為什麼這些管蟲既沒有消化道也沒有嘴巴，因為共生菌會提供所有牠們所需的食物。蚜蟲或尖頭葉蟬等只靠細菌提供胺基酸，而這些管蟲所需的**一切**都仰賴其共生菌提供。

科學家們很快地就在各地的深海發現類似的共生關係。原來許多種類的動物都是化合細菌的宿主，這些細菌可以使用硫化物或甲烷來固碳。[12]有再生能力的扁蟲——副鏈渦蟲就是其中之一，而細胞內有化合共生菌的蛤蚌、蠕蟲和盾甲螺，以及鰓和嘴上長了菌落的蝦也包括在內。此外，還有看起來很像穿了毛皮大衣，被微生物包圍得幾乎窒息的線蟲。雪人蟹（yeti crab）則把自己長滿硬毛的鉗子當作農園養細菌，揮舞巨鉗跳著滑稽的舞蹈。

這些生物大多都生活在熱泉噴口。有些種類則聚集在冷泉周遭。冷泉釋放出的化學物質大致和噴口相同，但溫度較低，釋放的速度也比較慢。有些與巨管蟲有親緣關係的管蟲會移居到失事船隻和沉沒的樹木上，靠著朽木中的硫化物維生。沉入海底的鯨屍，宛如天降的甘霖般，創造了富含硫化物的環境，養活短暫出現卻為數眾多的化合生物群落。群落中的食骨蟲（*Osedax mucofloris*），就是一種沒有消化道、以骨為食的蠕蟲，專門生長在像鯨屍這樣的環境裡。

對於這些動物來說，在深海生活是這場橫跨數十億年演化之旅的回程終點站。地球上的生命起源於深海噴口，最先以化學合成菌的形式存在。（湊巧的是，加拉巴哥裂谷其中一個地點也被稱為伊甸園。）這些原始微生物最終演化成無數種最美麗、最美妙的生命，從海底深處向上擴散。有些形成更複雜的生命，如動物。其中某些透過與化合菌的配對合作，再次成功回到海底深淵，回到那個若是少了化合細菌，就無以養活牠們的世界。現今所有生活在熱泉噴口的動物（包括巨管蟲）都演化自淺水區的物種，進而成為深海微生物的宿主。藉由將這些細菌內化，動物獲得了進入冥古代的深海入場券，一窺所有生命的起源。

化合作用可能起源於海洋深處，但並不局限於此。卡瓦諾從生活在新英格蘭沿岸淺層、富含硫化物泥地中的蛤蚌身上發現化合菌。有的人則在紅樹林沼澤、濕地、被廢水汙染的泥地，甚至是珊瑚礁周圍的沉積物——這幾乎就等於淺水區生態系——發現類似的伙伴關係。妮可·杜比勒（**Nicole Dubilier**）曾是卡瓦諾研究團隊的成員，現在她在你所能思及與海底熱泉噴口差別最大的地方研究化合作用——宛若明信片風景般美麗的托斯卡尼厄爾巴島（Tuscan island of Elba）。

厄爾巴島沐浴在陽光下，而太陽的能量並沒有被浪費。在離岸的海灣，廣袤的海草鋪滿海底。即使這裡是光合作用稱王，化合作用依然旺盛。當杜比勒潛入海草處，擾起底泥，可見閃亮的白色絲線隨波起舞。這些是阿加維歐氏顫蚓（*Olavius algarvensis*），是蚯蚓的近親。牠們的身體有幾公分長，半毫米寬，而且沒有嘴巴和消化道。「我覺得牠們很漂亮，」杜比勒說。「牠們看起來是白色的，因為其皮膚下的共生細菌充滿著硫磺小球。你可以很容易地分辨出它們。」這些是化合菌，就和在許多當地的線蟲、蛤蚌和扁蟲體內的細菌一樣。這片地中海泥地中，以硫化物做為能源的生物，其多樣性可以和海洋底層相互比擬。「就在義大利！」杜比勒說。「我們竟然得要在去過深海奇異的海底噴口後，才知道動物和化合菌的伙伴關係其實在我們自己的後院就找得到。每一次野外調查，我們都會發現新物種和新的共生關係。」

厄爾巴島可能看似恬靜，但它卻給化合生物帶來挑戰。還記得嗎？巨管蟲的共生細菌是藉由氧化硫化物來釋放能量。但厄爾巴島底泥中的硫化物含量很低，因此化合作用應該無法進行。那麼歐氏顫蚓是如何維生的呢？杜比勒在二〇〇一年發現牠其實帶有兩種不同的共生菌。一大一小，在顫蚓皮膚下彼此交纏。[13]小的細菌會利用厄爾巴島底泥中含量豐富的硫酸鹽，將它們轉化為硫化物。接著，大的細菌再將硫化物氧化，驅動化合作用，就像巨管蟲的微生物一樣。過程中所產生的硫酸鹽可以再給小細菌重複利用。兩種微生物在硫循環中互相餵養對方，同時也餵養了顫蚓，形成三角的共生關係。藉由在原本的伙伴關係中加入會利用硫酸鹽的小細菌，歐氏顫蚓成功地在對一般化合生物的伙伴而言太過貧瘠的泥地中住了下來。

杜比勒後來發現這個合作關係其實**更為複雜**。歐氏顫蚓其實擁有**五種**共生菌——兩種負責處理硫酸鹽、兩種負責處理硫化物，而第五種呈螺旋狀者功能未知。「這可能又要再花我們三十年的時間才能完全瞭解它。」杜比勒笑著說道。不過，她很幸運。因為她研究的是淺水共生，所以不需要搭熱得令人窒息的潛水艇蒐集研究對象。她只需要在陽光明媚的厄爾巴島，或像加勒比海和澳洲大堡礁等地點潛水就可以了。這是個辛苦的工作，但總得有人來做。

對茹絲・雷（Ruth Ley）來說，採集微生物更是困難。問題並非因為她要蒐集的是糞便樣本（在微生物的世界中，你很快就會習慣處理糞便這檔差事）。問題也不是因為她必須面對動物園的動物，因為總有籠子、牆壁和拿著棍子的飼養管理員站在她和那些尖爪或利牙之間。真正的問題在於官僚的繁文縟節。

雷是位微生物生態學家，她想要藉由比較不同哺乳動物的腸道細菌，來瞭解食物和演化史如何塑造牠們的微生物群落。她需要一座大型的動物園和很多便便，而聖路易斯動物園（Saint Louis Zoo）剛好兩者都符合。在其他實驗的空檔，雷會帶著手套、袋子和一桶乾冰就跑去。一位古道熱腸的飼養員會開車載她在園區裡移動，還會在她潛進獸欄裝取糞便的時候幫忙分散動物的注意力。「我一股腦兒地做，直到有人發現我們跑來跑去到處撿便便，因此決定這一切都得照官僚的程序來。」她說。於是，熱心的飼養員和刺激的冒險都沒了，取而代之的是官方聯絡代表、一張糞便採集表，以及對實驗流程的迂腐干涉。例如：某個冬日，雷發現河馬已經在獸欄裡解放了。「那裡有一大坨糞便！」她說。「但他們堅稱河馬不在表格上。接著，負責鏟糞便的人說：這些在十分鐘後都會落到外面的後巷，到時候你可以再去蒐集。」她真的照做了。

她還從熊（黑熊、北極熊和眼鏡熊）、大象（非洲象和亞洲象）、犀牛（印度犀牛和黑犀牛）、狐猴（黑狐猴、獴狐猴和環尾狐猴）以及貓熊（大貓熊和小貓熊）等動物蒐集了糞便。四年多的造訪，她總共採集了來自一百零六隻動物、六十個物種的糞便。她將每個樣品用烘箱烘乾，用攪拌器打碎，並用研缽和研杵磨成粉末。那氣味令人難忘。但這些辛苦換得的獎勵是DNA，使得她能記錄這些生活在動物腸道裡的微生物。

雷發現每種哺乳動物都有獨特的腸道微生物，但微生物群聚的組成不僅會依其宿主的親緣關係而彼此相似，也會被牠們的食物影響。[14]草食動物（herbivore）通常具有最多種類的腸道菌種；肉食動物（carnivore）的多樣性最低；而雜食動物（omnivore）因為廣泛的食物選擇，菌種多樣性介於草食與肉食動物之間。不過，當然也有例外。和草食性動物相比，小貓熊和大貓熊的腸道微生物反而比較像牠們肉食性的親戚——熊、貓和狗。[15]但是大部分的動物還是遵循這個共同的模式。這個模式很容易解釋，卻又意義深遠。

先來說說解釋。植物是迄今陸地上最豐富的食物來源，但需要比較多種的酵素來消化它們。與肉類相比，植物組織含有比較複雜的醣類，如纖維素、半纖維素、木質素和抗性澱粉，脊椎動物並沒有可以分解這些分子的酵素。但是細菌有。在腸道常見的多形擬桿菌有超過二百五十種可以打斷醣類的酵素，但儘管我們擁有比它們大五百倍的基因體，人類的酵素卻不到一百種。藉著功能全面的工具包，多形擬桿菌和其他微生物可以在分解植物的醣類後，釋放可直接滋養我們細胞的物質。它們總共為人類提供了百分之十的能量，而牛或羊則高達百分之七十。為了攝取植物，動物需要多種且大量的微生物。[16]

接著我們來看這代表什麼意義。最早的哺乳動物是肉食性的——體形小又到處亂竄，且以昆蟲為食。將食性從肉食轉向草食是動物在演化上的一大突破。植物的數量和種類讓草食動物可以比牠們肉食性的動物親戚更快地多樣化，並擴散占據恐龍滅亡後所騰出的生態棲位。如今，現存的哺乳動物大多以植物為食，而且大部分的目（order）以下都至少有數種草食動物。就算是食肉目（Carnivora）——也就是貓、狗、熊和鼬狗所在的分類——也有吃竹子的貓熊。因此，哺乳動物的成功是奠基於素食主義之上，而素食主義是建立在微生物之上。周而復始地，不同的哺乳動物從環境中吞入能分解植物的微生物，利用它們的酵素對葉子、嫩芽、莖幹和樹枝發動攻擊。

但就算有合適的微生物還不夠。微生物需要空間和時間工作，而這兩點剛好草食性的哺乳動物都可以滿足它們。草食動物將一部分的腸道擴展成發酵腔室，一方面是為了容納幫助牠們消化的朋友，另一方面是為了減緩食物通過的速度，好讓它們可以好好地做工。大象、馬、犀牛、兔子、大猩猩、豬和一些齧齒動物的發酵腔室位於腸道的末端。這些「後腸發酵動物」（hindgut fermenter）可以先利用自身的酵素盡可能地從食物中吸收養分，然後才讓微生物試試。而其他哺乳動物如牛、鹿、綿羊、袋鼠、長頸鹿、河馬和駱駝，則是屬於「前腸發酵動物」（foregut fermenter），牠們將微生物放在胃之前或是第一個消化腔室裡。牠們犧牲一些養分給細菌，但最後也會消化這幫伙伴。「這就是為什麼要把裝了細菌的袋子放在前面，因為你可以連細菌一起吃下去，」雷說。「這是很聰明的做法。就算只吃稻草，卻仍然可以得到所有想要的養分。」有些前腸發酵動物（例如牛）會透過反芻讓微生物有更多的時間工作。這個把胃裡的東西反芻、重複咀嚼再吞下的循環雖然不怎麼美味，卻非常有效率。

發酵腔室的位置也會影響哺乳動物聚集的微生物種類。雷發現，不同前腸發酵動物之間微生物群落的相似度，比前腸跟後腸發酵動物之間的相似度還要高，反之亦然。這些相似性超越了不同祖先間的界限。袋鼠是澳洲跳著走的有袋類，霍加狓（okapi）則是來自非洲，腿部有條紋，長得像長頸鹿的生物——但是牠們都屬於前腸發酵動物，並且擁有大致相似的微生物群落。這樣的模式也同樣適用於後腸發酵動物。[17]

換句話說，微生物形塑了哺乳類腸道的演化，而哺乳動物的消化道形狀影響了微生物的演化。[18]

在雷的下一項研究中，這個現象又變得更加清晰。她與羅伯．奈特合作，將她從動物園取得的微生物序列與其他動物比較，另外也拿不同棲地，例如：土壤、海水、溫泉和湖泊等微生物進行比對。他們發現，就微生物的多樣性而言，脊椎動物的腸道與任何環境皆不相同。它與湖泊、泉水等的差異甚至超過這些地理環境之間的差異。正如研究團隊所描述的，這是「腸道／非腸道二分法」。[19]「真是個大驚喜，」奈特說。「第一次分析時，我還以為是他們做錯了。」雖然形成二分法的原因還不清楚，但奈特大膽地假設腸道是獨特的微生物棲地——不僅陰暗、缺氧、充滿液體、有免疫細胞巡邏，而且營養**極為**豐富。並非所有的細菌都能在這裡存活，但那些存活下來的菌種找到了無數的生態機會，並且試著適應它們。一旦有細菌成功挺進，便會瘋也似地快速特化出一大群相近的菌種。這些菌群的演化樹具有又長又深的主幹，以及分布寬廣而分支短淺的枝條，比較像棕櫚樹而不是橡樹。

島嶼上的生態也類似如此。一隻動物因被強烈風暴吹襲、隨漂流木漂流，或是被船隻送來而成為島嶼上的先驅，最後來到島上。牠會飛、會跑或爬，而牠的後代慢慢開始占據島上的各種棲息地，並隨之分化成為新的物種。這樣的情節發生在很多動物身上，像是夏威夷的蜜旋木雀（honeycreeper）、加拉巴哥的鸞鳥（finch）、法屬玻里尼西亞的蝸牛、加勒比的變色蜥（anole）……，也許我們腸道內的微生物也是這樣。

研究團隊證實，草食性脊椎動物的腸道微生物組成不論是與環境中的群落、肉食性動物、不同身體部位，或無脊椎動物的微生物組成相比都截然不同。腸道可能很特殊，但脊椎動物的腸道尤甚，而充滿植物的脊椎動物腸道簡直是特別中的特別。一團嫩芽和葉子，包含了各種可消化的醣類，就像一座物產豐饒的島嶼。不同需求的移民在這裡都能掙一口飯吃，並有機會讓後代各自開發新專長而多樣化。[20]一而再，再而三，微生物驅動的消化造就了成功的素食者——而且不限於哺乳動物。

昆蟲界的草食冠軍非白蟻莫屬。在一八八九年，傑出的美國博物學家約瑟夫・萊迪（Joseph Leidy）把白蟻的腸道剖開，想看牠們究竟吃了什麼。當他在顯微鏡下觀察被切開的昆蟲時，驚訝地發現有許多小點從白蟻屍體竄出，就像「一大群人從擁擠的會議室湧出」。他將它們稱為「寄生蟲」（parasite），但我們現在知道這些迷你的逃難者其實是原生生物（protist）：它們是真核微生物，比細菌更複雜，但仍然是單細胞生物。原生生物占去白蟻宿主體重的一半之多，如此龐大的數量原因無他——它們擁有酵素，可以幫助白蟻消化啃食的木材中堅韌的纖維素。[21]

原生生物主要存在於演化上最早出現的白蟻類群腸道中，這些白蟻被貶稱為「低級白蟻」（lower termite）。而名字浮誇的「高級白蟻」（higher termite）比較晚才演化出來：牠們比較依賴細菌，而且會把它們收集在一個一個的胃裡，這樣的構造和牛胃很像。[22]名字更誇大的巨型白蟻（macrotermite）是最晚演化出來的類群，牠們在摧毀木材方面也擁有最先進的策略：農業。牠們會在寬廣的巢穴內種植一種真菌，並用一塊塊木片餵養它們。真菌將纖維素分解成較小的碎片，弄成堆肥般的產物給白蟻吃。在牠們的腸道內，細菌會更進一步將碎片消化。白蟻本身幾乎沒什麼貢獻，牠們主要是負責攜帶細菌和培養真菌。一旦少了任何一方，白蟻就會餓死。巨型白蟻的蟻后則更誇張。她非常巨大，其軀幹和指甲一樣大，但她的腹部卻是如手掌般大、規律收放的產卵囊膨脹得很大以至於她無法移動。蟻后還明顯缺乏腸道微生物，因此她反而必須仰賴她的女兒——工蟻（和牠們的微生物）來餵養自己。整個群落，包括成千上萬的工蟻、數十億的微生物以及布滿能分解木頭真菌的巨大巢穴，都是她的腸道。[23]

你若是到非洲，就可以見識這種策略多麼成功。那裡的巨型白蟻築起巨大的蟻塚，有些高達九公尺，且以哥德式尖塔和扶壁的組合聳入天際。文獻記載過最古老的蟻塚（現已被遺棄）已有兩千兩百年的歷史。蟻塚為許許多多的動物提供家園，而白蟻則為動物們提供食物。牠們藉由分解掉落和腐爛的植物推動養分和水在環境裡的循環。牠們是生態系的工程師。牠們在大草原上祕密行動，或者應該說是牠們的微生物在行動。要是這些分解植物的腸道細菌不存在，非洲的景觀將會徹底改變。不僅白蟻會消失，大批吃草或吃細枝嫩葉的動物——如羚羊、水牛、斑馬、長頸鹿和大象等非洲野生動物——也會跟著消失。

我曾經在牛羚大遷徙期間去過肯亞，那遷徙是一場數百萬隻長得像牛的羚羊長途跋涉，尋找豐盛草場的年度馬拉松賽事。有一次，我們將吉普車停下超過半小時以上，好讓一支長得不可思議的牛羚隊伍從我們面前穿過。若是沒有微生物從滿口難以消化的食物中盡可能地萃取養分，這些草食動物就不會存在。當然，我們也不會存在。難以想像的是，如果沒有馴養的反芻動物，人類將不可能過著像現在這樣遠遠超越狩獵、採集和基本農耕的生活，更不用說發明國際飛行和非洲野生動物之旅，也不會有遊客驚訝地看著一群草食動物雷鳴般地奔騰而過。只會有一條呆板的地平線，以及一片沉默。

三十個星期以來，凱瑟琳·阿馬托（Katherine Amato）一直做著相同的例行工作。她在黎明前醒來，開車到墨西哥的帕倫克國家公園（Palenque National Park），然後聆聽。當曙光緩緩穿過樹林，樹枝會迴響起低沉、粗啞、極其響亮而短促的嘯鳴。這些呼叫聲來自墨西哥吼猿（Mexican howler monkey），牠們是一種棲居在樹上，體形巨大的黑色猴子，擁有可彎曲捲握的尾巴和宏亮的嗓音。阿馬托整天透過牠們的嚎叫追尋牠們的蹤跡，甚至在牠們攀上樹梢時，在地面跟著牠們。她對吼猿的腸道微生物很感興趣，所以需要蒐集牠們的糞便。好消息是，吼猿會同時排便：「當有一隻開始排便時，你就知道馬上全部都要來了。」阿馬托說。[4]

但何必這麼大費周章地蒐集猴子的糞便呢？這是因為吼猿一年之中吃的食物都不一樣。有大約半年的時間，牠們大多以無花果和其他水果為食，不僅熱量高而且很容易消化。當水果的產季結束，牠們便主要以熱量低且較難消化的葉子和花朵維生。有些科學家認為，吼猿以消極的對策應付食物不

[4] 審訂註：熱量低的食物裡有比較多的纖維素，但動物沒有消化纖維素的能力，所以不能利用纖維素當作養分。然而，有些細菌可以把纖維素分解為簡單的醣類再發酵產能，並把用剩的廢物——短鏈脂肪酸排掉。對動物細胞來說，短鏈脂肪酸是可以利用的養分，所以原本不能利用的纖維素在細菌的代謝下變成有用的短鏈脂肪酸，就能從相同的食物裡多回收一些養分。

足，但阿馬托並不贊同。她研究的吼猿全年都一樣活躍，但是牠們的腸道微生物會有所改變，尤其是當吼猿處於沒有水果的月分時，微生物會產出更多的短鏈脂肪酸❹。這些物質可以滋養猴子，因此當牠們從食物中攝取的熱量較低時，微生物能有效率地提供更多能量給宿主。儘管季節變幻莫測，它們依然能為猴子提供穩定的營養。[24]

如果你和以前的我一樣，認為每一個物種只吃同一種食物，那就想得太簡單了。實際上，我們的飲食會隨著季節而有不同，甚至每天都不一樣。吼猿可能某個月還有豐盛的無花果可吃，但下個月就只能百無聊賴地嚼著葉子；松鼠可能某一季飽食堅果，但下一季什麼都不吃；我可能今天嗑掉一個可頌麵包，但明天只吃沙拉。透過每一餐或每一口食物，我們都在篩選最能消化我們剛剛所吃食物的微生物，而且造成影響的速度驚人。有一項研究要求十位志願參與者必須嚴格遵照指示飲食，且每種飲食各執行五天：第一種是富含水果、蔬菜和穀物的飲食方式，另一種則富含肉類、蛋和乳酪。隨著飲食的改變，受試者的微生物群落也跟著改變——而且速度很快。短短一天之內，他們就可以在分解醣類的草食性模式，以及分解蛋白質的肉食性模式之間快速翻轉。[25] 事實上，這兩種群落也分別看起來很像草食性和肉食性哺乳動物的腸道微生物。他們在不到一週的時間裡再現了數百萬年的演化。

藉由快速調整，我們的腸道微生物讓我們在食物的選擇上更有彈性。雖然這對於已開發國家的人們或動物園裡的動物來說，可能不是很重要，因為他們總是能規律且充足的進食。但這對我們以狩獵和採集維生的祖先，或像阿馬托的吼猴等野生動物來說，可就關係重大。牠們必須應付季節性的菜單。有的當季食物多到可以吃大餐，有時卻什麼也沒得吃。牠們被迫嘗試牠們不熟悉的食物。這時，能快速因應食物調整的微生物群落就有助於我們面對這些挑戰。微生物在充滿變化和不確定的世界裡提供了彈性和穩定性。

這種彈性可能對動物而言是福音，對我們來說卻是詛咒。西部玉米切根蟲（western corn rootworm）是一種北美甲蟲，牠們是很麻煩的害蟲。成蟲在玉米田裡產卵，到了隔年，牠們的幼蟲就在植物的根部大享盛宴。然而，這種生命週期有一個弱點：如果農民每隔數年交替種植玉米和黃豆，成蟲在玉米田中產下的卵便會在黃豆田中孵化成幼蟲——然後死亡。這種被稱為輪作的做法，對於防治切根蟲非常有效。但是，一些「抗輪作」的切根蟲品系已經發展出運用微生物克服這個問題的對策。牠們的腸道細菌變得比較能消化黃豆，使成蟲能打破牠們長久以來對玉米的依賴，且能在黃豆田中產卵。現在，牠們的幼蟲可以在金黃色的黃豆田裡孵化。由於牠們有能快速適應的微生物群落，這些害蟲才得以繼續肆虐。[26]

一般而言，生物並不會乖乖排隊等著被吃，而會自我防衛。動物可以選擇迎戰或逃跑，植物則比較被動，只能仰賴化學性防禦。它們在組織裡填滿能夠嚇阻草食動物的物質，以毒素造成動物傷害、不孕、體重減輕、引發腫瘤、引起流產、導致神經系統疾病或死亡。

木焦油灌木（creosote bush）是美國西南部沙漠中最常見的植物之一。它之所以能夠成功，是因為它對乾旱、老化和動物的啃食有極強的抵抗力。其葉子表面厚厚地覆著一層含有數百種化學物質的樹脂，光是這些化學物質的總重就占其植株乾重的四分之一。這種木焦油混合物讓植物具有獨特的刺激性氣味，尤其是當雨滴掉落在樹葉上時特別明顯。人說木焦油有下雨的味道，但或許更準確地說，應該是雨水混合有木焦油的氣味。無論是何種說法，嗅到一點點樹脂的味道其實無傷大雅，但要是吃下它可就是另外一回事了。木焦油對肝臟和腎臟有很高的毒性，如果實驗室的大鼠吃多了就會死亡。然而，如果是一隻住在荒漠的林鼠（woodrat）吃下那些葉子卻沒事，牠只會愈吃愈多。在莫哈維沙漠（Mojave Desert）的林鼠非常喜歡啃食木焦油灌木的葉子，以至於到了冬天和春天時，牠便很少再吃其他東西。林鼠每天吞下的樹脂量足以將別種齧齒類動物殺死好幾次。牠是如何對付這些樹脂的？

動物有許多方法可以避開植物毒素，但每種解決方案都有其代價。牠們可以選擇只吃毒性最小的部分，但是過於挑食會限制攝食的機會；牠們可以吞下能中和毒性的物質（如黏土），但尋找解毒劑需要花時間和精力。牠們可以自己製造解毒酵素，但這也需要耗費能量。細菌提供了另一種選擇。它們是生物化學大師，可以降解一切（包括從重金屬到原油）。植物毒素？這根本不成問題。早在七〇年代科學家們就認為，動物消化道中的微生物應該能在其腸道吸收食物中的毒素之前，先行分解所有的毒素。[27]動物藉由微生物中和食物中的毒素，藉此省去自己解毒的麻煩。生態學家凱文．柯爾（Kevin Kohl）猜測，細菌可能可以解釋林鼠何以擁有如此堅強的耐受性，與此同時，幾千年的氣候變遷明確地給了他一個可以驗證他直覺的方法。

大約在一萬七千年前開始，美國南部的氣候變得愈來愈暖和，起源於南美洲的木焦油灌木因此開始出現。它們在溫暖的莫哈維沙漠中生長，就像在原生地一樣安適，棲地靠近的林鼠也與它為伴，然而它始終無法向北推進到更寒冷的大盆地沙漠（Great Basin Desert）。那裡的林鼠從未品嚐過木焦油的滋味，而主要以杜松為食。如果柯爾的直覺正確，嚐過木焦油的莫哈維沙漠林鼠體內應該充滿了能解毒的腸道細菌，相反地，大盆地林鼠體內則沒有。柯爾從兩地捉來了林鼠，且發現事實和他設想的一模一樣。當木焦油毒素湧入，大盆地林鼠的腸道細菌便節節敗退，但有經驗的林鼠腸道細菌則會啟動降解毒素的基因，並蓬勃生長。為了證明有經驗的林鼠確實是仰賴牠們的微生物，柯爾在牠們的食物裡添加抗生素。當他用一般的實驗室飼料餵養這些林鼠時，牠們安然無恙，但當食物中參雜樹脂時，牠們便十分痛苦。隨著腸道微生物的死亡，林鼠對木焦油樹脂的耐受性甚至變得比沒遇過木焦油的大盆地表兄弟**還要差**，而且，由於牠們的體重銳減，迫使柯爾必須提早結束實驗。短短幾週，他已經翻轉了一萬七千年的演化歷程，並將這些善於食用木焦油的老手變成完完全全的外行人。[28]

另一方面，柯爾也進行了反向的實驗。他將莫哈維沙漠林鼠的糞便顆粒用攪拌器打成泥，餵給沒碰過木焦油的個體，為牠們輸入有解毒力的微生物。不消多久，這些林鼠竟可以開心地吃起木焦油灌木葉子。獲得新能力的證據可以從牠們的尿液中明顯發現：木焦油毒素會使林鼠的尿液混濁且顏色變深，但是由於這些原本沒經驗的齧齒動物已經可以破壞許多毒素，因此牠們的小便重新呈現清澈的金黃色。牠們不再是沒經驗的林鼠，在幾餐之間，他們就獲得了千年的經驗。

當木焦油灌木首次出現在莫哈維沙漠時，或許也曾發生過類似的事情。一隻林鼠偶然發現新的灌木叢，決定啃啃看。起初牠不太適應，但因為冬天的食物很稀有，乞丐沒有權利選擇，於是牠又再咬了一口。隨著每一口下肚，牠也吃下了在木焦油灌木葉子表面的微生物（也許這些微生物已經發展出分解木焦油混合物的方法了）。吃下微生物後，林鼠的裝備變得更加齊全。然後，牠排便並匆匆離開，留下了充滿微生物的糞便顆粒。接著，被另一隻林鼠發現，並吃掉它。這個能力便傳播下去，最後，林鼠發展出能吃下這種莫哈維沙漠未來最常見植物的能力。或許林鼠這種時時都準備好從他人獲取新微生物的方式，可以解釋為什麼齧齒類動物總是到哪裡都能適應良好而且繁榮興盛。[29]

因為微生物的存在而讓宿主能食用潛在致命食物的例子，其實還有很多。[30] 地衣——共生的代表——含有一種稱做松蘿酸（usnic acid）的毒素。然而，大量攝取地衣的馴鹿非常擅長分解松蘿酸，在牠們的排泄物中幾乎沒有任何殘留。這很可能是腸道微生物的功勞。另外，許多草食性哺乳動物（從無尾熊到林鼠），也都有能分解單寧的微生物（單寧是一種能賦予紅酒苦澀風味，卻會對肝臟、腎臟造成傷害的物質）。而咖啡果小蠹（coffee berry borer beetle）的腸道微生物可以破壞咖啡因，這種物質為咖啡飲用者帶來快感，卻會毒害所有試圖生存在咖啡豆上的害蟲（當然，這裡說的「任何害蟲」，是指除了咖啡果小蠹以外的蟲）。憑著破壞咖啡因的細菌，咖啡果小蠹成為唯一一種僅以咖啡豆便能生存的動物，同時也是全球咖啡產業面臨的重大威脅之一。

除去植物的武裝然後消化的這些伎倆，都是草食動物生命中不可或缺的一部分，牠們不只是設法倚賴有毒食物苟活，而是儘管食物有毒仍然可以安然生存。結合微生物的本事與牠們自己的策略，草食者可以有效利用周圍豐富的綠色植物。即使植物會因此受到衝擊，但通常似乎不會太嚴重。木焦油灌木遭到林鼠攻擊，卻仍主宰著莫哈維沙漠；地衣被馴鹿啃食，但仍覆滿整片苔原；尤加利樹因為無尾熊而失去葉子，但你到澳洲時一定會遇見它；就連咖啡也安然無恙（**真是謝天謝地**）。然而有時候，微生物的解毒能力太強，反而會使植物損失慘重。

如果有機會飛過北美西部森林的上空，你很有可能會發現一大片紅色或光禿禿的樹木。那裡有如畫般的秋色景緻，但實際上卻是一幕災難場景。這些是**松樹**。它們的針葉本不應該變紅。它們是常青樹，至少在它們成群死去之前應當如此。是誰下的毒手？是山松甲蟲（mountain pine beetle），一種和米粒差不多大的炭灰色昆蟲。牠們會鑽進松樹，在樹皮下面挖出一條長長的通道並沿路產卵。當卵孵化時，幼蟲會向樹內深鑿並以韌皮部的汁液為食。一隻甲蟲造成的影響不大，但成千上萬的甲蟲就會對一棵樹產生危害。只要剝開樹皮，就可以看到牠們的親手傑作——一座沿著樹幹向下延伸的隧道迷宮。山松甲蟲會吸光樹木大量的養分，使樹木開始死亡。一旁的樹難逃宿命，所有鄰近的樹也都是如此。占地數英畝的樹木開始變紅，然後死亡。[31]

山松甲蟲還有更小的同謀——兩種無論到哪裡都會伴隨著牠們的真菌。它們像甲蟲的營養補品，就像巴赫納氏菌屬細菌之於蚜蟲一樣。甲蟲僅能到達缺乏養分的樹皮下方，而真菌可以深入到更深層，攫取甲蟲原本無法獲得的氮及其他必需的養分。隨後，它將養分抽出，送回幼蟲所在的表層。「這些甲蟲吃的都是垃圾食物，因此需要真菌為牠們提供營養。」研究山松甲蟲多年的昆蟲學家戴安娜・西克絲（Diana Six）說。當幼蟲終於化蛹，真菌會製造生命力堅韌的生殖膠囊——孢子。當蛹羽化為成蟲後，牠便將孢子打包成一小包並含在口中，帶著它們移動到下一棵不幸的松樹上。

甲蟲危機時不時就會爆發，但這次因為氣候變暖，所以比過去的狀況嚴重十倍。自一九九九年以來，山松甲蟲及伴隨著牠們的真菌已經殺死了加拿大卑詩省（British Columbia）一半以上的成熟松樹與感染了美國三百八十萬英畝的森林。牠們甚至翻越長期以來把牠們圍困在西岸寒冷的加拿大落磯山脈，正向東部擴散。等在牠們前方的，是一片美味茂盛的脆弱森林帶。

然而，樹木可沒這麼容易就屈服。當它們受到攻擊時，會產生大量的萜類化合物，高濃度的萜類可以同時殺死甲蟲和真菌。甲蟲照理來說會用蠻力來突破樹木的防守：牠們會以壓倒性的數量湧上，以至於樹木無法製造足夠的萜類來抵抗全部的甲蟲。然而昆蟲學家肯．拉法（Ken Raffa）卻認為這樣的解釋並不合理。如果上述的推測正確，樹木應該會突然大量製造萜類，並且隨著甲蟲的猛烈攻擊疾速耗盡。但真實情況並非如此。實際上，樹木維持高濃度的化學防禦長達至少一個月之久。這麼說來，甲蟲幼蟲必須比牠們的父母面對更多毒素。牠們是怎麼辦到的？

拉法的研究小組發現，除了真菌以外，山松甲蟲還會與假單胞菌（*Pseudomonas*）和拉恩氏菌（*Rahnella*）等細菌結合，只要是甲蟲或寄主樹木分布的範圍，就可以發現它們的蹤跡。它們無所不在。它們在甲蟲的外骨骼上，也在樹幹裡通道的牆壁上；它們在甲蟲的口中，也在牠們的內臟裡。這些細菌經過精挑細選，因此成員比白蟻腸道中豐富的群落簡單得多，而且可能無法執行任何消化功能。然而，它們擁有許多可以降解萜類的基因，而且它們也能在實驗室的環境下有效率地破壞這些化學物質。不同的物種對付不同的化合物，若集合在一起，就能化解一切武裝。[32]

我很想宣布所有問題都解決了：細菌卸下樹木的防禦，然後甲蟲將它們從一棵樹帶到另一棵樹。但正如我們所見，共生關係是個複雜的世界，簡單的陳述即使聽來合理，卻往往是錯的。首先，相同的細菌也會在健康、未被感染的松樹上出現，因此它們可能是樹木微生物群落的一部分。當甲蟲發動攻擊，且樹木大量製造萜類時，這些細菌就像突然走運，開始在這場化學物質盛宴中瘋狂大吃。雖然它們因此飽餐一頓，卻無意間傷害了寄主樹木以及幫助它們入侵的甲蟲。甲蟲自己也有一些能分解萜類的酵素，那麼解毒的工作中，究竟有多少是細菌的貢獻？它們是承擔大部分的工作，還是與昆蟲各司其職，就像蚜蟲和巴赫納氏菌屬細菌合作製造胺基酸那樣？而且，很重要的是，它們是否真的因此提高了甲蟲的生存機率？

到目前為止，答案很清楚：儘管這些樹木有最好的化學防禦，面對龐大的動物、真菌和細菌聯盟突然造訪時，仍會開始死亡。樹木的死證明了共生的力量——能讓最無害的生物推翻最強大的個體。我們必須瞇起眼睛才能看到甲蟲，掏出顯微鏡才能看見牠們的微生物，但是它們共同創造的雙贏卻從空中俯視就看得見。

因為微生物賦予的能力，半翅目昆蟲得以從世界各地的植物吸取汁液，而白蟻和吃草的哺乳動物可以咀嚼植物的莖葉。管蟲在最深的海洋安住，林鼠在美國沙漠生機蓬勃，而山松甲蟲也在常綠森林中引起跨州等級的破壞。[33]

與這些浮誇的例子相反，二斑葉蟎（two-spotted spider mite）引發的破壞比較不起眼。和山松甲蟲一樣，這種紅色的小型節肢動物幾乎只比英文的句號大一些，而且也以難以計數的大軍突然侵略植株。藉著抗農藥及不挑食的本領，二斑葉蟎得以成為全球性的害蟲：牠以一千一百多種植物為食，從番茄、草莓、玉米到黃豆，幾乎無所不吃。接受範圍極廣的飲食風格代表牠應該懷有某種解毒的技能：每一種植物都有不同的防禦性化學混合物質，因此葉蟎需要破除這些化學物質的防禦。幸運的是，牠擁有一整組各式各樣的解毒基因，可以針對不同植物來啟動。

在這個故事中，微生物似乎不再是英雄了。不同於沙漠林鼠或山松甲蟲，葉蟎不需要依賴腸道細菌讓食物變得容易下嚥，牠所需的一切都已經在自己的基因體裡了。不過，就算細菌沒有實際參與，它們仍舊很重要。

許多葉蟎食用的植物會在其組織受到破壞時釋放氰化氫，這種物質對生物極其有害。捕鼠大隊用它毒害老鼠；捕鯨者將它塗在捕鯨叉上；納粹也在集中營裡使用它。但是葉蟎卻不受影響。因為牠有一個基因，可以製造將氰化氫轉化為無害化學物質的酵素。同樣的基因也存在於許多蝴蝶和飛蛾的毛蟲體內，讓牠們對氰化物無動於衷。然而，這種能破壞氰化物的基因既不是葉蟎和毛蟲自己發明，也不是從牠們的共同祖先繼承而來。這種基因來自細菌。[34]

第8章　暢行在E大調的快板中

當我們出生時，有一半的基因是遺傳自母親，另一半則是來自父親。這是我們所得到的，也是我們的命運。那些遺傳的DNA將終生與我們為伴，不多也不少。你無法擁有我的基因，而我也無法擁有你的。但是，設想有個截然不同的世界，我們可以在那裡與朋友或同事任意地交換基因。如果你的老闆有一種能抵抗各種病毒的基因，你可以向他借來用；如果你孩子身上的基因會讓他面臨罹病的風險，你能用自己身上比較健康的版本和他交換；如果你的遠親具有能消化某種食物的基因，你也可以擁有它。在這個嶄新的世界中，基因不僅是代代相傳的傳家寶，同時也是能從一個人身上水平交換到另一個人身上的商品。

這就是細菌的世界。它們互換DNA，就像我們交換電話號碼、金錢或想法一樣簡單。有時候，它們會悄悄地互相貼近，發生身體上的接觸，然後開始將DNA傳來傳去——這就相當於它們的性行為。它們也能在環境中四處蒐集已經死去或正在瓦解的鄰居遺留下來的DNA，甚至還能藉由病毒，把基因從一個細胞搬到另一個細胞。由於DNA在它們之間往來無礙，因此典型的細菌基因體其實錯雜著許多來自其他細菌的基因。即使是親緣關係非常接近的菌株，基因上也可能有極大的差異。[1]

細菌執行水平基因轉移（horizontal gene transfer，或簡稱HGT）已有數十億年之久，但是直到一九二〇年代，科學家們才首度瞭解其真相。[2]他們發現，原本無害的肺炎鏈球菌（*Streptococcus pneumoniae*）在與具感染力菌株死亡且已打成碎片的殘骸混合後，可能突然變得具有致病力。可見，肯定有**某種東西**改變了它們。一九四三年，這位沉默寡言的革命性人物——奧斯伍德・艾佛瑞（Oswald Avery）向眾人揭示，這種具有改變能力的物質就是DNA，它可以被不具傳染力的菌株吸收，納入自己的基因體當中。[3]一位名叫約書亞・萊德伯格（Joshua Lederberg）的年輕遺傳學家（也是後來將「微生物群落」〔microbiome〕這個詞普及化的推手），在艾佛瑞提出想法的四年後證實了細菌能更直接地交換DNA。他使用兩種大腸桿菌的菌株，它們各自無法製造某些養分，如果沒有吸收額外的營養就會死亡。但是，當萊德伯格將這兩種菌株混合培養後，他發現，它們的某些後代可以不靠任何補充養分就能存活。很明顯地，親代曾經水平傳遞了能彌補彼此缺陷的基因，子代因此繼承了一套完整的工具，接著繁衍下去。[4]

六十年過去，我們瞭解到水平基因轉移是細菌一生中最奧妙的部分之一。細菌可以藉此以爆炸性的速度演化。面臨新的挑戰時，它們無須等待適合的突變在其現有的DNA上緩慢累積，只消將適應能力整批借來——也就是從已能適應那項挑戰的人身上取得基因——就可以了。這些基因通常包括能開發潛在能量來源的整組餐具、抵擋抗生素的防禦盾牌，甚或用來感染新宿主的武器裝備。只要有一隻有創新力的細菌演化出新的基因，它周遭的鄰居便很快地能獲得相同的本領。原本無害的腸道生物可能瞬間變成致病的怪物，一群性情溫和的物種也許會一瞬變成可怕的惡魔。它們也能讓原本容易被殺死的脆弱病原菌搖身一變，成為噩夢般的「超級病菌」，甚至連特效藥都對它束手無策。這些抗藥性細菌的擴大蔓延，無疑是二十一世紀最嚴重的公衛威脅，而它同時也證明了水平基因轉移威力的無邊無際。

但動物追不上這麼快的速度。我們通常是以緩慢而穩健的方式來因應新挑戰。帶有突變且比較能適應挑戰的個體較有可能存活下來，且將其遺傳上的天賦傳給下一代。隨著時間，帶著有用突變的個體在族群裡會變得愈來愈常見，而有害的突變則會逐漸消失。這就是典型的物競天擇——它的過程緩慢而穩定，且影響力擴及的是**整個族群**而非**個體**。胡蜂、老鷹以及人類會慢慢累積有益的突變，但是**個別的**胡蜂、老鷹，或甚至**那些**特殊的人們卻無法為自己挑選有利的基因。不過偶爾也有例外。他們能交換彼此的共生菌，而立即獲得整批的微生物基因。他們能讓新的細菌與自身體內的細菌接觸，使外來的基因進駐他們的微生物群落，讓原有的微生物擁有新的本領。並且，在極為罕見且非常戲劇性的情況下，他們能將微生物基因納入自己的基因體中，就和上一章的二斑葉蟎獲得氰化物解毒基因時的做法一樣。[5]

有時候，容易激動的記者們會宣稱水平基因轉移挑戰了達爾文的演化觀點，因為它能讓生物擺脫垂直遺傳的宿命。（《新科學人》〔*New Scientist*〕雜誌曾在封面上宣稱「達爾文錯了」。但其實錯的是他們。）這絕非事實。水平基因轉移固然能將新的變異加入動物的基因體中，然而，這些跳躍的基因到了新家之後，仍然必須受制於長久以來既有的物競天擇。有害的基因會隨著新宿主一起消逝，有益的基因則會傳給下一代。它和典型的達爾文演化論並無二致，唯一的差異只在於速度快慢。

現在我們已經知道，微生物能幫助動物取得令人雀躍的演化新契機。接下來我們將目睹幾個微生物迅速幫我們取得這些機會的例子。藉由與微生物攜手合作，我們能將自身演化的樂曲從緩慢、小心翼翼的慢板加快速度，變成和它們的樂章一樣活潑、生動的快板。

在日本沿岸，有一種紅棕色的海藻攀附在被浪濤拍打的岩石上。它叫做紫菜（*Porphyra*），另一個較為人知的名字則是**海苔**（nori），它已經被日本人當作食物超過一千三百年以上。起初，人們將它磨成醬後食用，後來，人們又將它壓印成扁平的紙片狀，用來包覆一口大小的壽司。這種習慣不但延續至今，壽司也已風行全世界。直到今日，海苔與日本之間仍保有一種特殊的關係。日本因為食用海苔的歷史悠久，當地人民多半具備消化這些海中蔬菜的能力。

就像其他海藻，海苔含有陸生植物所沒有的特殊醣類。我們沒有分解這些成分的酵素，就連我們腸道中大多數的細菌也是如此。不過，海中多的是比我們更有能力分解這些醣類的微生物。其中一種是食半乳聚糖卓氏菌（*Zobellia galactanivorans*），雖然它在十年前才剛被發現，但是它吃海藻的歷史已經相當悠久。想像一下，在數世紀以前，卓氏菌生活在日本沿岸水域的一片海藻上，並慢慢消化它。忽然間，它的世界被連根拔起。一位漁夫採集海藻，並將它做成海苔醬。當漁夫的家人大啖這些海苔泥時，也將卓氏菌一起吃下肚。於是，細菌察覺自己已然置身於全新的環境中：冰冷的海水被腸胃道中的消化液取代；平時的海洋微生物好伙伴也被換成了奇怪又陌生的物種。於是，當它與這些奇怪的陌生物種相處時，它開始做起所有典型細菌互相碰面時會做的事：與他人分享基因。

我們之所以知道這些過程，主要是因為楊－亨德里克・希曼（Jan-Hendrick Hehemann）在人類腸道中的普通擬桿菌（*Bacteroides plebeius*）身上發現了一段卓氏菌留下的基因。[6] 這項發現十分驚人：為什麼在海中才有用的基因會出現在生活於陸地上的人類腸道裡？答案就是水平基因轉移。卓氏菌雖然無法適應腸道中的生活，因此當它搭著一口海苔泥進入腸道時，並沒能留下。但是短暫的停留，已讓它得以輕易地將自己的某些基因捐給普通擬桿菌，包括那個能製造紫菜多醣酵素（**porphyranase**）消化海藻的基因。突然間，腸道微生物獲得了分解海苔特有醣類的能力，並且能開始大快朵頤其他同伴無法利用的獨家能量來源。竊取基因似乎已經是它們的習慣。希曼發現這種細菌裡有很多基因都和海洋微生物的基因相似，而不是其他腸道菌種的基因。藉著反覆借用海洋微生物的基因，普通擬桿菌已經變成消化海藻的專家。[7]

普通擬桿菌並不是盜取海中酵素的唯一個案。日本人食用海苔的歷史非常悠久，以至於他們的腸道微生物布滿源自於海洋物種的消化基因。不過，這類的轉移在當今恐怕難以為繼：現代的廚師會烤炙或烹煮海苔，而把所有搭便車的微生物殺得一乾二淨。過去數世紀的先民藉著吃下未經烹煮的海苔，把這些微生物帶進腸道。之後，他們又將已經充滿能分解海藻的紫菜多醣酵素基因的腸道微生物遺傳給子女。希曼發現的這個遺傳至今仍持續進行。他曾經研究過一位尚未斷奶的女嬰，當時她從來沒有吃過壽司，然而她已經和媽媽一樣，腸道菌已經具備了紫菜多醣酵素的基因。她的微生物早已替未來要吃進來的海藻做好了準備。

二〇一〇年，希曼對外發表這項發現，直到今日，它依然是受到高度關注的微生物群落研究之一。過去千百年來的日本饕客單憑吃海藻，就從這段不可思議的微生物登陸之旅中，預約了成群的消化基因。這些基因先橫向地從海洋微生物移居到腸道微生物，再垂直地代代相傳。它們的旅程甚至還可以走得更遠。起初，希曼只在日本人的微生物群落中發現紫菜多醣酵素基因，而無法在北美洲居民的微生物群落中找到。如今，這種情況已經改觀：即使祖先不是亞裔，某些美國人確實擁有這些基因。[8]這究竟是怎麼發生的？難不成是普通擬桿菌從日本人的腸道跳到美國人的腸道裡？難道這些基因是來自其他食物上的海洋微生物？威爾斯人與愛爾蘭人很早就懂得食用紫菜（愛爾蘭人稱這道料理為laver），他們是否也是先得到紫菜多醣酵素的基因，才帶著它橫渡大西洋？沒有人知道答案。「但是，這個模式顯示，不論發生在何處，一旦這些基因抵達最初的宿主身上，就能在個體之間擴散。」希曼說道。

這是水平基因轉移影響適應速度的絕佳案例。人類不需要自己演化出分解海藻中醣類的基因，只要我們吃進夠多能消化這種成分的微生物，我們體內的細菌就有機會透過水平基因轉移「學會」這項技能。

當麻省理工學院的艾瑞克．艾爾姆（Eric Alm）讀到希曼的發現時，他便好奇自己是否也能找到相似的例子。他從兩千兩百多種細菌的基因體中尋找即便周圍基因迥異，但夾在中間的序列幾乎完全相同的DNA片段。這些基因彷彿漂浮在異類汪洋中的孤島，不太可能是由親代微生物傳給子代——它們必定是經由水平轉移獲得，而且剛發生不久。艾爾姆的團隊總共發現了一萬種以上這類的交換序列——可見水平基因轉移多麼稀鬆平常。[9]他們也證實，這種交換在人體內的微生物間格外常見。人體內的微生物間發生基因交換的機率，比其他環境菌種間高出二十五倍。

這非常合理：水平基因轉移需要就近發生，我們的身體將微生物密集匯聚成一大群，因而製造大量接近彼此機會。常言道：城市是創新的集散中心，因為它將人群集中於一地，使各式各樣的想法與資訊能自由地交流。同理，動物的身體也是基因創新的集散地，它讓DNA在成群的微生物之間自由地交換。闔上你的雙眼，想像微生物將一串串的基因輾轉傳給另一個微生物。我們的身體是人潮洶湧的市集，細菌商人就在這裡交易它們的基因商品。

大量的微生物生活在我們體內，它們的基因當然就免不了有時候會跑到動物宿主身上。[10]長久以來，大家都一致認為微生物絕對沒有這種能耐，而且相信動物的基因體就像有銅牆鐵壁防護般，能將濫交的微生物基因阻絕在外。然而二〇〇一年二月，當完整的人類基因體圖譜首度公諸於世時，這種觀點受到一次小小的打擊。在數以千計已被辨識的基因中，有兩百二十三個是與細菌共有，而非與蠅類、蠕蟲或酵母菌等其他比較複雜的生物共有。就如參與人類基因體計畫的科學家們所述，這些基因「看來像從細菌水平轉移而來」。但是，在短短的四個月之後，這項大膽的主張就漸漸消逝得無影無蹤。另外有一群研究人員指出：其實水平基因轉移根本未曾發生，這些特別的基因可能已經存在於某些非常早期的生物中，只是在後來的譜系中遺失，因此產生水平基因轉移的假象。[11]這項反駁引發了寒蟬效應，它為細菌與動物之間的水平基因轉移可能性蒙上了陰霾。

多年後，懷疑論者的主張才開始被注意到。二〇〇五年，微生物學家茱莉・唐寧－霍托普（Julie Dunning-Hotopp）在夏威夷的嗜鳳梨果蠅（*Drosophila ananassae*）的基因體內找到了源自於隨處可見的細菌——沃爾巴克氏菌的基因。[12]起初，她認為這些基因來自藏匿在昆蟲體內的沃爾巴克氏菌活細胞。但是，當她對那些果蠅施打抗生素後，細菌的基因仍然存在。經過數個月的反覆失敗後，她恍然大悟——這些基因早已天衣無縫地整合進果蠅的DNA裡。接著她又在其他七種動物的基因體中找到相似的模式，包括數種胡蜂、一種蚊子、一種線蟲，以及其他的蠅類。就像沃爾巴克氏菌將它的DNA恣意地灑在生命之樹上。這些片段大多都很短，但是卻有一個令唐寧－霍托普十分驚訝的例外：嗜鳳梨果蠅竟然擁有沃爾巴克氏菌完整的基因體。這代表在不久之前，沃爾巴克氏菌將它**所有的**遺傳物質都搬遷到這個特別的宿主身上，也就是沃爾巴克氏菌的整體遺傳基因全部跳轉到果蠅體內。到目前為止，這是水平基因轉移例子中最戲劇化的一個，而且可能是全基因體概念的終極表現：一隻動物與一種微生物的基因結合為一個整體。

隨後，唐寧－霍托普發表了她的研究成果，並且明確主張：基因會從細菌轉移到動物身上。其實應該要說，基因會從最常見的共生細菌中，轉移到數量龐大的那些動物身上。大約有百分之二十到五十的昆蟲有沃爾巴克氏菌水平基因轉移的證據——這是多麼龐大的數量！「認為（這類）轉移不常見而且無關緊要的觀點，有必要重新斟酌了。」她如此寫道。[13]

現在我們可以確定，水平基因轉移並不少見。[14]但是，它重要嗎？在某人房間裡有一把吉他並不代表他就是史萊許（Slash）。❶同樣的道理，在基因體中出現某個基因並不能說明什麼，因為它很可能只是被隨便棄置，甚或從未被使用過。許多在果蠅身上發現的沃爾巴克氏菌片段可能只是基因漂流物，而沒帶來什麼影響。那些沃爾巴克氏菌的基因中，確實有一小部分被啟動，即使如此，也無法證明它們有發揮實際功能。因為細胞裡的基因活動總會存在一些雜音，有些基因會自發性地啟動，但其實並沒有發揮實際的作用。唯一可以證明的方法，就是找出它的功用。在某些個案當中，這些證據確實存在。

根瘤線蟲（root-knot nematode）是一種肉眼看不見的小蟲，牠們會寄生在植物上，而且效率非常高，以至於全世界通常有大約百分之五的作物被牠們摧毀。牠們會像吸血鬼一樣，將口器插入植物根部的細胞後，吸光裡面的一切。事實上，這個方法比表面上看起來得要困難許多。植物細胞被纖維素與其他堅韌的化學物質構築成的銅牆鐵壁緊緊包圍，線蟲必須先用酵素軟化並打破這些障礙，才能吸吮裡面的營養湯汁。牠們根據自身基因體內建的指示製造這些酵素，而且光是一種線蟲就能使用超過六十種以上穿透植物的基因。奇怪的是，這些基因本應屬於真菌與細菌，動物根本不應該擁有它們，更別說數量如此龐大……，但顯然這些線蟲辦到了。

線蟲穿透植物的基因很明顯是源自於細菌。[15]這些基因與其他線蟲的基因並不相似，但是和植物根部微生物的基因卻很像。而且，不同於大部分水平轉移的基因在新家中通常沒用或角色尚未確定，線蟲取得基因的目的非常明確。根瘤線蟲開啟在喉部腺體中的這些基因，以便製造足具破壞力的酵

❶譯註：他是美國重搖滾樂團槍與玫瑰（Guns N' Roses）的主奏吉他手。

素，並將它注入根部。這是牠們整個生活方式的基礎。一旦少了這些基因，這些迷你的吸血鬼就只不過是一群虛有其表的寄生蟲罷了。

雖然沒有人知道根瘤線蟲最早是從哪裡獲得細菌的基因，但是我們可以做個合理的推測。這些線蟲可能有個近親住在植物根部附近，並且以細菌為食。如果這些線蟲吃了能感染或穿透植物的細菌，就有可能逐漸獲得穿透植物的基因。隨著時光過去，這些住在土壤中咀嚼細菌的線蟲最終變成了令植物和農人都十分頭痛的搗蛋鬼。

另一種須將其破壞力歸咎於水平基因轉移的害蟲是咖啡果小蠹。[16]就如我們在上一章所看到的，這種只有一丁點兒大的黑色小蟲會利用腸道微生物除去咖啡因的毒性。它也會將細菌的基因納入自己的基因體中，讓幼蟲能消化咖啡豆中滿滿的醣類。其他的昆蟲（甚至是與之非常相似的近親）都沒有和牠相同或類似的基因。只有細菌才有。很久以前，這種基因跳到了某隻咖啡果小蠹身上，讓這種毫不起眼的甲蟲擴散到全球的咖啡產區，如今成了咖啡產業的背中刺。

農民絕對有充分的理由討厭水平基因轉移，但他們同樣也有種種理由讚美它。對於屬於胡蜂的小繭蜂（braconid）來說，轉移而來的基因竟然促成了一種奇特的害蟲防治法。雌性的小繭蜂會將卵產在活生生的毛蟲身上，好讓牠們的幼蟲可以活吞這隻毛毛蟲。為了助幼蟲一臂之力，雌蜂會將病毒注入毛毛蟲的體內，以抑制其免疫系統。這類病毒稱做繭蜂病毒（bracovirus），它們不只是小繭蜂的盟友，或許根本該說是牠們的一部分。繭蜂病毒的基因已經完全變成小繭蜂基因體的一部分，而且受小繭蜂控制。當雌繭蜂要製造病毒時，她會將攻擊毛毛蟲所需的基因安裝在病毒中，並同時除去病毒複製或擴散到不同宿主所需的基因。[17] 繭蜂病毒根本是被豢養的病毒！它們的繁殖端看繭蜂的臉色。或許有些人會認為它們根本就不能算真正的病毒，而是更像小繭蜂身體的分泌物，本身並不能單獨存在。它們肯定來自一種古老的病毒，而它祖先的基因設法把自己混進一隻小繭蜂遠祖的DNA中，並從此住了下來。這種結合造就了超過兩萬種小繭蜂，它們的基因體中全部都有繭蜂病毒——這是一個將共生的病毒當作生化武器的龐大寄生蟲王朝。[18]

其他的動物也早已懂得利用水平基因轉移來保護自己免受寄生蟲的傷害。畢竟，細菌是抗生素的源頭。它們彼此互相殘殺已有數十億年之久，因此已經發展出數量可觀的遺傳武器來撂倒死敵。*tae* 基因家族能製造足以打穿細菌外壁的蛋白質，造成致命的滲漏。這些基因原是微生物發展來對付微生物的武器，但是這些基因也跑到動物身上。蠍子、蟎與蜱都有這些基因。海葵、牡蠣、水蚤、帽貝、海蛞蝓也不例外，甚至連文昌魚（一種跟我們脊椎動物親緣關係極為相近的動物）也是。[19]

tae 基因家族就是基因藉由水平轉移而輕易傳播的最佳例證。它們可以自己搞定一個功能，不需其他基因扮演配角來襯托。而且因為它們製造的是抗生素，所以不管到哪裡都能發揮作用。所有的生物都必須應付細菌，因此只要是能讓宿主有效掌控細菌的基因，都能在生命之樹中占據更多位置。如果它能跳到新宿主身上的話，就很有機會成為新宿主的助力。這種物種間跳躍的能力讓人又敬又畏，因為人類正絞盡腦汁並用盡手段，想製造出新的抗生素，但這幾十年來都不曾發現任何新的抗生素。但是像蜱、海葵這類簡單的動物卻有辦法製造牠們自己的抗生素，而且不費吹灰之力就達成我們不知需要多少回合的研發才能做到的事——這都拜水平基因轉移之賜。

這些故事將水平基因轉移描述成一股增加本領的助力，給予微生物與動物不可思議的新力量。但它也可能是削弱生物的阻力。賦予動物宿主有用的微生物本領的過程，也會造成微生物的衰弱與破敗，甚至可能導致它們完全消失，最後只留它們的基因片段見證歷史。

最能代表這種現象的，是種在世界各地的溫室與田地裡都可以找得到的生物，但牠卻令農夫與園丁非常苦惱。牠是柑桔粉介殼蟲（citrus mealybug），一種專吸樹液的小型昆蟲，看起來就像一塊會走路的頭皮屑，或是全身沾著麵粉的鼠婦。積極投入研究的共生菌學者保羅．布赫納曾在他的昆蟲世界之旅中研究過這群粉介殼蟲。毫不意外地，他在牠們的細胞中找到了細菌，但不尋常的是，他同時也記錄到「一些圓圓或長長的黏答答小球，裡面埋著密密麻麻的共生菌」。過去數十年間，這些小球一直乏人問津，直到二〇〇一年科學家才知道它們並不只是細菌的家。它們本身就是細菌！

柑桔粉介殼蟲就像一隻有生命的俄羅斯娃娃：細菌生活在牠的細胞中，而在那些細菌中又有更多細菌。蟲子裡有小蟲，小蟲裡還有小小蟲。[20] 比較大的細菌稱做特朗布雷氏菌（*Tremblaya*），命名自跟著布赫納進行研究的義大利昆蟲學家亞曼尼傑拉多．特朗布雷（Ermenegildo Tremblay）。而比較小的細菌——莫蘭氏菌（*Moranella*），則是以飼養蚜蟲的專家南西．莫蘭的名字命名。（「這可憐的小傢伙是用我的名字命名的耶！」她笑著對我說。）

約翰．麥克欽為這個奇特層級體制的起源找到了答案，而且其中的曲折起伏實在讓人大開眼界。特朗布雷氏菌是最早進入粉介殼蟲的先驅物種。就像許多昆蟲共生菌一樣，當它變成永久居民後，便喪失了自由營生時不可或缺的重要基因。新宿主提供的安逸環境，讓它能單憑簡化過的基因體就能存活。當莫蘭氏菌也加入這個雙向的共生時，特朗布雷氏菌又得以失去更多基因，因為新來的移民可以彌補這個缺口。只要其中一位伙伴身上存有某個基因，其他細菌就可以把自己的那份丟掉。這種基因轉移的形式，和把線蟲變成植物寄生蟲，或把抗生素基因灑進蜱基因體中的狀況截然不同。這種水平基因轉移並沒有讓宿主多獲得任何更厲害的本領，反倒比較像是讓這些細菌的基因從即將翻覆的船上逃離。❷這種方法拯救了許多基因，否則它們都會因共生菌基因體必然的衰敗而永遠消失。

例如，有三個伙伴共同合作製造養分。若要製造苯丙胺酸（phenylalanine）這種胺基酸，需要九種酵素。特朗布雷氏菌可以製造第一、二、五、六、七與八種，莫蘭氏菌可以製造第三、四、五種，而粉介殼蟲則可以自行製造第九種。不論是粉介殼蟲或是這兩種細菌，都無法靠自身的力量製造苯丙胺酸，而必須倚賴對方來彌補本身能力的不足。這讓我想起希臘神話中共用一隻眼睛與一顆牙齒（一個以上都變成多餘）的格賴埃三姊妹（Graeae）。即使模樣非常奇怪，她們依然都能看得見，也能吃得到東西。粉介殼蟲與它的共生菌也是如此。最後它們形成了一套新陳代謝網絡，而這些互補的基因

❷審訂註：原研究指出，粉介殼蟲的基因體有不少因水平基因轉移而來的基因，來自過去某些曾與之共生的細菌，而當這種共生菌消失，換新的共生菌進來後，前一種共生菌雖然不在了——船翻了但從它而來的有用基因仍會存在蟲的基因體裡。

分散在三個基因體中。以數學來說，就是一加一加一還是等於一。[21]

這也能解釋特朗布雷氏菌基因體另一個非常奇怪的地方：有一類存在最久，且應該是存活必要的基因，但在特朗布雷氏菌身上卻找不到。它們存在於所有生物分家前最後一位共同祖先身上，而且小從細菌，大至藍鯨的身上都能找得到，它們代表生命，是生命裡最不可或缺的基因。這些基因本來應該有二十個，有些共生菌已失去了一些，而特朗布雷氏菌則是完全喪失。但它卻因為其他伙伴（讓它住下來的昆蟲，以及在它裡面的細菌）的支援而活了下來——這些伙伴補足了它失去的基因。

消失的基因到哪裡去了？就如我們前面所看到的，細菌基因經常會移到宿主的基因體中。果然不出所料，當麥克欽分析柑桔粉介殼蟲的基因體時，他在昆蟲的DNA中找到了二十二個細菌基因。但讓他大為驚訝的是，這些基因沒有一個來自特朗布雷氏菌或莫蘭氏菌。**完全沒有**。相反地，它們來自**另外**三種細菌，這些細菌將基因移植到昆蟲的細胞內，但它們自己卻已不在柑桔粉介殼蟲身上了。[22]

柑桔粉介殼蟲身上能找到**五種**細菌的基因碎片：其中兩種至今仍互相依存的細菌還住在牠的細胞內，但基因體已經萎縮。而至少還有另外三種必定曾共享過牠的身體，只不過後來消失了。

消失細菌遺留下來的基因，也就是過去共生菌留下的鬼魂，在粉介殼蟲的DNA中也沒閒著。有的製造胺基酸，有的則協助製造一種叫做肽聚醣的大分子。說也奇怪，動物並不需要肽聚醣（這是細菌建構厚實外壁的分子，用以保護內部的構造）。[23]但是，莫蘭氏菌已經失去了製造肽聚醣的基因，為了要建造外壁，它勢必要依賴粉介殼蟲從其已經消失的共生菌那裡借來的基因。

麥克欽懷疑或許是粉介殼蟲藉著暫停製造肽聚醣，故意破壞莫蘭氏菌的穩定性？當沒有肽聚醣做為外壁，莫蘭氏菌終將破裂。破裂時，它會釋放出特朗布雷氏菌無法製造的蛋白質。還記得特朗布雷氏菌也缺少某些必要的基因嗎？或許這樣就解決了它的困境。「但這只是胡亂的推測，」麥克欽說。「這個想法很瘋狂，但已經是目前最合理的猜測了。」他的言語中夾雜著敬畏、困惑和一絲絲尷尬，彷彿他的發現離譜到連他自己都不敢相信。但無論如何，事實就是如此。

數據告訴我們的故事或許劇情聽起來十分荒謬，但它們不會說謊。這些證據指出，柑桔粉介殼蟲至少是由六種不同生物混搭的結果，其中五種是細菌，而且有三種已經消失。牠向之前共生的細菌借來基因，來控制、串連和補足剩下兩種細菌之間的關係，而且其中一種菌還住在另一種細菌裡面。[24]

但並非所有昆蟲共生菌都與其宿主如此關係密切。舉例來說，除了一直以來就存在的巴赫納氏菌之外，蚜蟲還帶有幾種細菌。這些「次等共生菌」就不那麼忠心耿耿，它們在某些蚜蟲裡很常見，在其他蚜蟲裡卻很稀少甚至完全沒有。有些蚜蟲是三種共生菌全部都有，有些則連一種都沒有。

當南西．莫蘭注意到這些合作模式後，她認為這些微生物應該不會為宿主提供必要的養分。因為如果它們真的能提供必需的營養，勢必會變得常見，所以，它們應該只是提供昆蟲某種偶爾才需要的服務。從許多面向來看，它們有點像人類基因體中會影響致病風險的變異。例如，某些人身上的基因突變，會導致其紅血球從圓盤狀變成細長的鐮刀狀。這項突變必須付出代價：如果某人遺傳自父母的兩組複本都是突變基因，就會導致鐮形血球貧血症（sickle-cell disease）。不過，突變也有好處：擁有一組突變複本的個體對瘧疾有非常好的抵抗力，因為變形的細胞比較不易受瘧疾寄生蟲感染。在瘧疾猖獗的赤道非洲，大約有百分之四十的人帶有這種鐮形血球突變，但在瘧疾罕見的地區，鐮狀紅血球的性狀便相當少見。突變的頻率會依所要對抗威脅的嚴重程度而定。莫蘭推測，或許蚜蟲的次等共生菌就屬於這種情況。或許它們能幫助蚜蟲抵抗天敵。如果天敵少，蚜蟲就不需要受到保護，而使它們的數目下降；但如果天敵眾多，它們就會繁榮興盛。

但是，究竟是哪種天敵呢？蚜蟲從來不缺天敵。蜘蛛會獵捕牠，真菌會感染牠，瓢蟲及草蛉則會吞食牠。但說來說去，蚜蟲最大的威脅還是來自擬寄生蟲（parasitoid）——一群將幼蟲植入其他昆蟲體內盜取養分的小偷。令人意外的是，這種讓人不寒而慄的生活形態竟還非常普遍。每十種昆蟲中，就有一種是擬寄生蟲，包括小繭蜂和其已經被馴化的病毒。其中有一種身形細長的黑色繭蜂，稱做無網長管蚜繭蜂（*Aphidius ervi*），牠專門鎖定蚜蟲而且效率很高，所以農民會定期施放這種蚜繭蜂在他們的作物上。你只要在網路上花約二十英鎊，就可以訂購到數以百計的蚜繭蜂。

不同的蚜蟲對付這些蚜繭蜂的本領也各不相同。有的會頑強抵抗，有的則全然屈服。科學家們認為，差別的關鍵在於蚜蟲的基因，但莫蘭推測這應該也與共生菌有關。她找來研究生凱瑞．奧利佛（Kerry Oliver）一起驗證這個觀點。[25]不過，這個推測的勝算很低，因為當時根本還沒有共生菌能抵抗寄生蟲的概念，是異想天開的程度，連莫蘭自己都不相信這項實驗能圓滿成功。

憑著一臺顯微鏡、一根針，以及一雙絲毫不會顫抖的手，奧利佛將共生菌從不同的蚜蟲身上抽出，將它們注射到某個特定品系的蚜蟲中。接著，他在牠們身上施放蚜繭蜂。不到一星期，裝著蚜蟲的箱子裡到處都是木乃伊般的屍骸與剛孵化的蚜繭蜂。令人意外的是，其中一群蚜蟲非常頑強，牠們同樣被植入蚜繭蜂的卵，但是其所帶的共生菌卻用了某種方法殺死了蚜繭蜂的幼蟲。當奧利佛解剖這些蚜蟲時，經常會在牠體內發現一隻已死或垂死的蚜繭蜂。看來，這個團隊的瘋狂想法沒錯：蚜蟲體內的某種微生物會扮演保鑣的角色來殺死蚜繭蜂，他們因此將它命名為漢米爾頓防衛菌（*Hamiltonella defensa*）。[26]

回想起來，防衛性微生物的存在一點都不讓人意外。因為保護宿主不受傷害就是保障自己成功活下去最好的策略，況且細菌很擅長製造抗生素。然而，漢米爾頓防衛菌並不會製造抗生素。當漢米爾頓防衛菌的基因體被定序出來時，其保護力量背後的真正原因也真相大白：漢米爾頓防衛菌有半數以上的DNA其實源自病毒。這些病毒是噬菌體（就是我們以前提過的那種長著蜘蛛一般的腳、喜歡黏液的病毒）。它們通常會先在細菌體內複製，最後讓細菌向外爆裂而死。但是，它們也可以採取較為消極的做法：將它們自己的DNA放入細菌的基因體中，從此世世代代住在那裡。而現在就有數十種這樣的噬菌體藏身於漢米爾頓防衛菌中。[27]

這些病毒可說是漢米爾頓防衛菌的拳頭，它們賦予細菌出拳的力道。奧利佛證實，當漢米爾頓防衛菌帶有某種特定噬菌體時，就能使蚜蟲幾乎完全不受蚜繭蜂的侵害。如果這種病毒消失，漢米爾頓防衛菌就毫無用處，幾乎所有的蚜蟲宿主也就因此逃不出蚜繭蜂的魔掌了。少了噬菌體，漢米爾頓防衛菌再也無法提供宿主任何好處。這些噬菌體可能是直接毒害蚜繭蜂：它們顯然大量製造能攻擊動物細胞的毒素，但又沒有傷害到蚜蟲。另一種可能是先將漢米爾頓防衛菌肢解，讓細菌的毒素濺到蚜繭蜂身上。或者是讓病毒與細菌的化學物質攜手合作。但不論是哪一種情況，很顯然地，昆蟲、細菌與病毒已經組成了演化同盟，要共同對抗威脅到它們全體的寄生蚜繭蜂。

同盟本身也會改變。蚜蟲抵擋蚜繭蜂的能力會因為攜帶的漢米爾頓防衛菌菌株種類不同而有差別，漢米爾頓防衛菌也會依細胞裡噬菌體的種類而提供不同程度的保護。而且，就像鐮形紅血球一樣，要這些肉眼看不見的伙伴出場必須付出代價。因為某種原因，在某些特定的溫度下，帶有細菌保鑣的蚜蟲比較短命，而且生育的後代也比較少。如果周遭的蚜繭蜂數量很多，付出這種代價還算值得，否則代價就會太高，共生菌也就跟著出局了。同理，蚜蟲如果是被螞蟻豢養（螞蟻要採收牠們分泌的甜液），就不太會攜帶漢米爾頓防衛菌，因為螞蟻已經提供牠們所需的防蜂保護。這就是為什麼蚜蟲體內不一定有漢米爾頓防衛菌的原因。它們只在被需要時才會出現。漢米爾頓防衛菌的細胞裡也不是一定找得到噬菌體，野外樣本裡經常看不到它，但原因至今依然未解。牠們之間的伙伴關係維持著動態平衡，視周遭威脅的程度由天擇來進行微調。

但是，最初漢米爾頓防衛菌是如何進入蚜蟲體內的？如果安逸的日子會讓蚜蟲捨棄它，那麼，當情況變得嚴酷時，它又如何重回蚜蟲的懷抱？莫蘭找到一個可能的答案：性行為。雄蟲的精液裡有漢米爾頓防衛菌以及其他的防衛共生菌。當牠們交配時，會將這些微生物傳給雌蟲，讓雌蟲對幼蟲做預防接種。因此，透過與對的伴侶交配，雌蟲很快地能對蚜繭蜂的攻擊免疫，這使漢米爾頓防衛菌變得彌足珍貴：一種求之不得的性病。[28]

透過性行為而感染漢米爾頓防衛菌的蚜蟲，並沒有將細菌的ＤＮＡ剪接到自己的基因體內。然而，牠其實是將細菌的基因體連著原始包裝整個打包帶走。這與水平基因轉移很類似，只不過此處的

G代表的是基因體（genome）而非基因（gene）。而且如同水平基因轉移，這種取得整個微生物基因體的方式，能讓動物迅速適應新的挑戰，或許在拿到之後馬上就可以發揮功用。

不需要花很多代的時間在基因體中緩慢地累積突變，動物可以選擇已經擁有對的適應特性的微生物。[29]與其慢慢訓練現有員工執行新工作，不如雇用已經熟悉這些工作的新員工就好。而且適合的應徵人員很有可能早已經等在門外：因為細菌遠比人類還要多才多藝。它們是代謝的魔術師，從鈾到原油，任何東西都能消化；它們也是藥理學專家，極為擅長製造能互相殘殺的化學物質。如果你想擁有抵抗另一種生物的能力，或開發新食物來源的話，我們幾乎可以很有把握地說：有某種微生物已經做到了。即使目前還沒有，在不久的將來也很快就會出現，因為細菌繁殖得很快，而且交換基因也非常容易。在演化這場盛大的競賽中，它們是全力飛奔，而我們是以龜步爬行。但是，我們可以透過與它們結為伙伴，來稍稍拉近與它們之間的差距。換句話說，細菌能幫我們做到跟它自己一樣好。

這就是為什麼沙漠林鼠吃下能讓牠們分解木焦油灌木中毒素的微生物後，能獲得解毒力。日本豆甲蟲（Japanese bean bug）吞入能分解殺蟲劑的細菌後，能立刻對農夫所噴灑像雨水般的毒素產生抵抗力，也是這個道理。這剛好也是蚜蟲一直都在做的事。除了漢米爾頓防衛菌以外，蚜蟲至少還擁有八種不同的次等共生菌。有的能防範致命的真菌，有的能幫助牠們忍受熱浪；有的能讓蚜蟲吃特定的植物（例如苜蓿），有的能替蚜蟲上色，使牠們由紅轉綠。這些能力都很重要，在整個蚜總科中，獲得新共生菌事件發生的時間通常會與進入新環境，或轉移到新植物的時間大致吻合。[30]

這些改變基本上都符合達爾文的演化論。這個觀點值得再三強調，因為，把任何快速或立即的演化轉變，當作是對達爾文觀點（也就是緩慢、漸進式的變遷）的反駁，根本就是個重大的錯誤，因為快速的變遷依舊得靠漸進的改變來推動。沙漠林鼠或許可以靠著挑選適合的細菌抵抗木焦油的毒性，但那些菌株還是得自己演化出分解木焦油的能力。從它們的角度來說，演化就像平常一樣循序漸進；但從宿主的角度來說，全部只在一瞬之間。這就是共生的力量：它能讓微生物的漸進式突變，變成宿主身上的瞬間改變。我們可以讓細菌先替我們做緩慢的粗活，再藉著與它們攜手合作迅速改變我們自己。而且，如果結盟的好處夠大的話，這種合作就能以電光火石之速擴散開來。

有一隻果蠅嗡嗡地飛過北美森林，牠聞到一陣美食散發的香味：是一株蘑菇，它正從落葉堆中冒出頭來。於是果蠅停在上面吃它，然後開始產卵。牠因此無意間在蘑菇周圍散播了霍華德氏屬（*Howardula*）的寄生線蟲。這些線蟲會先在蘑菇裡面繁殖，然後找上在牠們旁邊的果蠅幼蟲（蛆）。當蛆長大成熟準備離窩去尋找其他的蘑菇時，又會帶著這群小線蟲飛向他方。

當約翰．簡尼基（John Jaenike）在一九八〇年代開始研究霍華德氏屬線蟲時，他發現線蟲會讓果蠅付出慘痛的代價：果蠅會提早死亡，雄蠅很難找到交配的對象，雌蠅則完全無法生育後代。牠們淪為線蟲的交通工具。但是，隨著千禧年的到來，情況有了轉變，簡尼基開始捕捉到一些雖然被寄生，卻懷著卵的雌蠅。恰好，簡尼基對沃爾巴克氏菌非常熟悉，而且他發現這種搭便車的微生物感染了他正在研究的果蠅，於是就很自然地懷疑是沃爾巴克氏菌保護了果蠅免於線蟲的侵害。但他只對了一半：這些果蠅固然是受到共生菌的保護，但這一次，沒有沃爾巴克氏菌的戲分。取代保護者位置的，是一種外表像紅酒開瓶器的螺原體（*Spiroplasma*）。

這段關於果蠅、線蟲和螺原體的故事真的極為不尋常，倒不是因為它的劇情或角色，而是因為簡尼基親眼目睹了整個故事撰寫的過程。他曾在博物館裡分析一九八〇年代採集的果蠅標本，卻不曾找到任何螺原體的蛛絲馬跡。但在二〇一〇年，他在整個北美東部百分之五十到八十的果蠅身上，都發現了螺原體。當時它已經開始向西蔓延，到了二〇一三年，它已經越過洛磯山脈。「十年之內，它應該會到達西岸的太平洋。」簡尼基如此說道。[31]

儘管螺原體近期聲勢大漲，但其實它並不是果蠅的新盟友。根據簡尼基的推測，螺原體最早在幾千年前就跳到蠅類的身上，但是數量一直很少。這就是為什麼當他研究一九八〇年代的標本時找不到它的原因。螺原體開始變得常見其實只是最近的事，這就和寄生的霍華德氏屬線蟲離開歐洲，抵達北美的時間相符。當線蟲抵達北美時，它騎在無法生育的宿主身上穿越森林，並像星火燎原般地擴散開來。這些果蠅正需要一種反制之道，於是螺原體順勢而起，它恢復了果蠅的繁殖能力，讓牠們勝過被絕育的同輩。由於這些果蠅可以將這些小小的救星遺傳給後代，所以受感染果蠅的比例每一代都在增加。簡尼基剛好就在這個時候發現了這個現象。「它讓我質疑自己是否腦袋不正常，」他說。「這實在太巧了！」

然而，他的同事也開始遇到許多本來應該很罕見的擴張行動：立克次體細菌，在短短六年之內藉著銀葉粉蝨（sweet potato whitefly）橫掃全美，而且讓這種昆蟲變得更能適應，也更會生育。[32]我們通常只看到這些事件的**結果**：管蟲、貝類和其他動物可以住在黑暗深海，或一群草食哺乳動物在草原上吃著草，又或是難以計數的小蟲吸吮著植物的汁液。它們全都拜微生物的力量之賜，才能在各自的環境中興旺茁壯。這些結盟發生的次數顯然夠多，才能讓科學家們有機會在對的時間和地點捕捉到它們的起源。

我們周遭的世界是個充滿潛在微生物伙伴的巨大寶庫。每一口食物都有可能帶來新的微生物，它們能消化我們無法分解的部分，除去食物中的毒素，或是殺死會抑制族群成長的寄生蟲。每一位新伙伴都有可能幫助宿主吃得更多，走得更遠，或活得更長。

大部分的動物都不能刻意去找這些可以自行取用的適應能力。果蠅並不是刻意找尋螺原體，好解決牠們的線蟲問題；沙漠林鼠也不是刻意去找能緩解木焦油毒性的微生物，來增加牠們取食的範圍。動物們必須靠運氣才能遇到適合的伙伴。但是，人類卻不會受到這種限制。我們能創新、計畫，也能解決問題。而且，我們還擁有其他動物沒有的優勢：我們知道微生物的存在！我們已經發明了能看到微生物的儀器，並能刻意培養它們。我們既擁有各種能解開支配它們生存規則奧祕的工具，也能與它們攜手合作，因此能讓我們隨意操弄合夥關係。我們能用創造健康生活的微生物群落，來取代狀況不佳的微生物，也可以創造新的共生來對抗疾病，甚至可以解除威脅到我們生命，卻行之已久的聯盟。

第9章　任君挑選的微生物

一切都要從叮下的那一口開始講起。一隻蚊子停在某人的手臂上，將口器刺入皮膚，然後開始吸吮。當人血湧進昆蟲體內時，微小的寄生蟲卻反其道而行。這些肉眼看不見的寄生蟲是絲蟲的幼蟲，牠們循著人的血液游動，抵達位於雙腿與生殖器周圍的淋巴結。隔年，牠們會長為成蟲，互相交配，然後每天誕下數以千計的幼蟲。醫生可以透過超音波掃描看到牠們四處蠕動，但是患者卻不會知道自己生病了，儘管在體內有數以百萬計的寄生蟲，他卻沒有顯出任何症狀。但最後情況卻翻轉了。絲蟲死亡時，牠們的屍體會引起發炎，也會阻擋淋巴液的流動，造成體液在皮下累積。他的四肢與鼠蹊部會變得異常腫脹。大腿變得和整個身體一樣寬，而陰囊像頭部一樣大。他無法工作，也無法走路，如果他還能走，那真是不幸中的大幸。從此他得一輩子承受這種畸形，與社會隨之而來的冷言冷語。不論這個人是坦尚尼亞的農夫、印尼的漁民，或是印度的牧牛人，這些都不重要，重要的是他現在是數以百萬個深受淋巴絲蟲病（lymphatic filariasis）之苦患者中的其中一人。

由於這種好發於熱帶地區的疾病會造成肢體異常腫大，所以又被叫做象皮病（elephantiasis）。它是三種線蟲的傑作，分別是馬來絲蟲（*Brugia malayi*）、帝汶絲蟲（*Brugia timori*），還有尤其是班氏絲蟲（*Wuchereria bancrofti*）。而另一個和牠們親緣關係相近的物種——蟠尾絲蟲（*Onchocerca volvulus*）——則會造成另一種類似的疾病稱為蟠尾絲蟲病（onchocerciasis）。這種絲蟲並非透過蚊子，而是透過黑蠅（blackfly）來傳播，而且因為黑蠅比較喜歡深層的組織，反而對淋巴結避之唯恐不及。其雌蟲能長到八十公分，而且會躲在結實的肌肉纖維中，就像蜜蜂躲在蜂巢裡一樣。牠們釋出的幼蟲會鑽到患者的皮膚而奇癢無比，或是鑽到眼部造成視網膜與視神經的損壞。這就是為什麼蟠尾絲蟲病又被稱為「河盲症」（river blindness）的原因。

這兩種疾病合稱為「絲蟲病」，是當今世界上最猖獗的疾病之一，合計患者超過一億五千萬人，另外還有十五億人處於罹病的風險之中。[1]這些疾病至今仍無法治癒，雖然已經有藥物可以透過殺死線蟲幼蟲來控制症狀，但是對極度頑強的成蟲卻完全束手無策。由於這些線蟲的壽命可達數十年（對線蟲來說，這壽命算是超級長的了），所以患者必須定期接受治療。「絲蟲病是所有熱帶疾病中病況最讓人虛弱的疾病。」滿頭白髮，穿著十分時髦的寄生蟲學專家馬克・泰勒（Mark Taylor）如此說道。

泰勒在一九八九年開始研究絲蟲病，當時，最令他好奇的就是這疾病的嚴重程度。感染人類的寄生線蟲所在多有，但是通常只有些微症狀。為什麼絲蟲病幕後的凶手會下手如此之重，讓人嚴重發炎到無法行走？原來它們有幫凶——而且大家對其身分並不陌生。一九七〇年代，研究人員在顯微鏡下觀察這些絲蟲，發現其體內有類似細菌的構造。[2]但是，這些微生物很快就被人遺忘，直到一九九〇年代，才被認出是沃爾巴克氏菌——就是那種將基因體搬到夏威夷果蠅體內，殺死雄性的幻紫斑蛺蝶，以及存在於世界上三分之二昆蟲身上的細菌。

與它在昆蟲身上的同類相比，絲蟲上的沃爾巴克氏菌是退化後的縮小版。它捨棄了三分之一的基因體，將自己與宿主永遠綁在一起。或者你要反過來說也行。雖然我們目前還不知道真正的原因，但如果少了這種共生菌，絲蟲就無法完成生命週期，也無法引發嚴重的疾病。當絲蟲死亡時，會將體內的沃爾巴克氏菌釋放到被感染者的血液中，它雖然不能感染人類細胞，卻能引起不同於絲蟲引發的免疫反應。根據泰勒的說法，是對付絲蟲和共生菌兩者的反應，才導致絲蟲病的症狀如此嚴重，很不幸的，這也就代表殺死絲蟲只會加重病情，因為當牠們正處於垂死的痛苦時，會將所有的沃爾巴克氏菌釋出。「你的淋巴結會多處腫脹並伴隨陰囊發炎，」泰勒冷笑著說道。「我們當然不希望這種事情發生。我們得慢慢殺死這些蟲，但用除絲蟲藥卻很難做到這樣。」

不過，我們還有另外一種選擇。何不繞過絲蟲直接對付沃爾巴克氏菌呢？

在實驗中，泰勒等人證實，用抗生素殺死細菌會讓絲蟲致命。幼蟲無法發育為成體，既有的成蟲也不能再繁殖，而且一段時間之後，牠們的細胞便開始自我毀滅。在這段伴侶關係中，顯然沒有分手這個選項，一旦共生的羈絆被破壞，雙方都將同歸於盡。這個過程十分緩慢，要費時十八個月，即使如此，終究還是死路一條。而且，由於這些絲蟲沒有沃爾巴克氏菌可以釋出，就算殺死牠們也不必擔心會有任何後果。

一九九〇年代，泰勒與他的同事將這個構想付諸實踐。他們想要證明去氧羥四環素（doxycycline），是否能將絲蟲病患者身上的沃爾巴克氏菌殺光。其中一組研究人員對罹患河盲症的迦納村民做投藥試驗，另一組則對坦尚尼亞的淋巴絲蟲病患者投以相同的藥物來試驗。結果兩組試驗都成功了。在迦納的試驗中，去氧羥四環素讓雌性絲蟲無法生育，而在坦尚尼亞則是將幼蟲斬草除根。[3]此外，它也在兩地將四分之三自願受試者身上的成蟲殺死，而且並未引發任何玉石俱焚的免疫反應。這是一件很了不起的事。「我們第一次有辦法治癒絲蟲病患者，」泰勒說。「傳統的藥物達不到這樣的效果。」[4]

但是，去氧羥四環素並不是仙丹妙藥。不僅孕婦忌服，連兒童也不行。而且因為它的藥效緩慢，患者必須連續服用好幾個禮拜。對於鄉下偏遠的聚落來說，很難在療程中穩定提供藥物到患者手上，更不用說還得說服他們在療程內吃完這些藥。去氧羥四環素以做為武器來說算尚可接受，但是泰勒認為自己還可以做得更好。

二〇〇七年，他成立名為抗沃爾巴克氏菌協會（Anti-Wolbachia Consortium）的跨國團隊，簡稱A·WOL。在比爾與米蘭達蓋茲基金會（Bill and Melinda Gates Foundation）兩千三百萬美金的資助下，他們鎖定沃爾巴克氏菌共生菌，以便找到能殺死絲蟲的新藥。[5]他們篩選了數千種化學物質，最後找到一種頗具潛力成為先導藥物的米諾環素（minocycline）。它在實驗室中試驗的療效被證實比去氧羥四環素高出百分之五十以上，於是研究團隊立刻迫不及待地將它導入在迦納與喀麥隆的試驗中。米諾環素還是存在一些問題：孩童及孕婦依然不能使用，而且它的價格比去氧羥四環素貴上好幾倍。不過後來，A·WOL又篩選了六萬種化合物，並找到了數十種更有潛力的候選人。

同時，泰勒也發現絲蟲與沃爾巴克氏菌的伙伴關係其實沒有表面上看起來那麼穩定。他發現當沃爾巴克氏菌的數目在絲蟲最需要它們的發育時期增加時，絲蟲卻視之為入侵者，而企圖消滅它們。6「絲蟲將沃爾巴克氏菌當作病原體。」泰勒說。絲蟲的確需要它們，但是如果其數目開始不受控制，就會像共生菌腫瘤一樣地塞爆宿主。因此，絲蟲必須將它們壓制住。即使這種結盟會因缺少其中一方而讓另一方也付出生命，它們之間仍無法避免有衝突存在。對泰勒來說，這是天賜良機。他一直都在尋覓能殺死沃爾巴克氏菌的藥物，而此時卻發現絲蟲早已演化出的現成方法了。如果A·WOL能找出啟動絲蟲控制共生菌機制的化學物質，煽動宿主與共生菌間的緊張關係來引發全面開戰。這種構想的野心很大，賭注也很大。如果泰勒能打破這種已經存在約一億年的共生結構，他就能改善一億五千萬人的生命。

＊＊＊

現在，我們已經見識到微生物群落多麼容易被改變。只要輕輕一碰、一頓飯、一種寄生蟲入侵或一劑藥物，或甚至只是時間的流逝，它就能改變。它是個能屈能伸、能定形再變形的動態個體。這種可調整性凸顯了微生物與其宿主間諸多的互動關係。這說明新的微生物伙伴可以提供宿主新的基因、本領以及演化的機會，讓共生關係朝正向發展，但也表示伙伴關係有可能朝負向改變，就如共生功能失調的菌落或缺少微生物會導致疾病一樣。再者，它也代表伙伴關係可以依照我們希望的方式隨意改變。早在一九六二年，西奧多·羅斯伯里就已經看出這一點。我們固有的微生物，「就像環境中其他微生物一樣聽命行事，可以被操控以增進人類的福祉。」他如此寫道。我們應該接納它們是我們生命中與生俱來的一部分，不過接納「不一定消極或只能聽天由命」。[7]

五十年過去，我們不再消極或聽天由命。當今的微生物學家競相改寫微生物與其動物宿主之間的關係——從絲蟲到蚊子，乃至於人類。泰勒打算讓它失效：藉由奪去絲蟲的共生菌讓它們一起上天堂，以拯救深受其害的患者。而其他同樣試圖操縱微生物群落的科學家正試圖將微生物引入宿主體內，試著恢復被破壞的生態系，甚至打造新的共生關係。他們正在開發混合多種有益微生物，能治療與預防種種疾病的各種藥物，以及許多可以餵養那些微生物的成套養分，甚至是各種將整個微生物群落從某人身上移植到另一人身上的方法。當你瞭解微生物不是動物的敵人，而是我們世界奠基的基礎時，新的醫學風貌也將誕生。用戰爭來比喻人和微生物間的關係已經過時，而且這種想法相當危險，因為在那樣的劇情裡，我們變成不計任何代價想將細菌趕盡殺絕的戰士。請向這種比喻說再見。從今以後改以照料一座花園這種較和緩也較細緻入微的比喻。雖然我們還是不得不拔除雜草，但是我們也會播下和照顧能固定土壤、清新空氣，以及令人賞心悅目的植物種子。

這種概念可能很難理解，並不只是因為「有益微生物」的觀念對許多人而言非常新穎，它更違反了直覺，因為許多治療手段都是倚賴最基本的加加減減。得了壞血病？因為你缺少維他命C，你可以吃水果來補充。得了流行性感冒？因為你感染了病毒，所以需要靠吃藥將它從你的呼吸道中去除。缺什麼就加什麼，不想要的就減掉。這種單純的公式依然是現代醫學的主流思維。相較之下，微生物群落的數學比較複雜，因為它們之間互相牽連且彼此互動，組成了一個龐大又持續變動的網絡。控制微生物群落就像雕塑出整個世界——光聽就覺得很困難，實際上也是如此。千萬別忘了，這些群落還有與生俱來的韌性：只要用力打，它們就會反彈。它們也難以捉摸：如果你稍微將它們轉向，產生的震盪就會以無法預測的方式向外擴散。添加一種原本以為有益的微生物，很可能也會取代掉我們原本所倚賴的物種。除掉一種原本以為有害的微生物，亦很可能會讓更糟糕的投機者取而代之。這就是為什麼企圖形塑完整微生物世界的野心至今不僅只獲得少數的成就，也產生更多難以解決的障礙。在前面的章節中，我們已經知道搞定微生物群落並不像用抗生素消除「壞菌」那麼簡單。在本章當中，我們也將知道，那也不是加入「益菌」那麼容易。

二十一世紀可說是愛蛙人士悲慘的時代。兩棲類在全球消失的速度之快，連最樂觀的保育人士都愁眉不展。整整有三分之一的兩棲類瀕臨絕種。物種數下降背後的部分原因也與其他野生動物一樣：棲地減少、汙染，以及氣候變遷。不過，牠們也是被宿敵所害，那是一種叫做蛙壺菌（*Batrachochytrium dendrobatis*）的末日真菌。它是最俐落的青蛙殺手。它讓蛙的皮膚增厚，使牠無法吸收像鈉與鉀這些鹽類，並且引發心臟病。自從它在一九九〇年代末期被發現之後，蛙壺菌已經蔓延六大洲。只要是有兩棲類的地方，就可以找到它的蹤跡；而且只要有它現蹤的地方，兩棲類就會滅絕。這種真菌可以在幾週之內將整個族群完全消滅，至今已經讓數十種兩棲類走入歷史。尖鼻日蛙（sharp-snouted day frog）應該已經消失，胃育蛙（gastric brooding frog）再也看不到，而哥斯大黎加金蟾蜍（Costa Rican golden toad）也已吐完最後一聲蛙鳴。不僅如此，數百種的兩棲類正暴露在其威脅之下。因此，將蛙壺菌喻為「史上最可怕的脊椎動物傳染病」，並不是沒有道理。[8] 青蛙、蟾蜍、蠑螈（salamander）、水螈（newt）與蚓螈（caecilian），沒有一種兩棲類可以倖免。如果哪天出現了一種會殺死所有哺乳類的新真菌的話——包括所有的狗、海豚、大象、蝙蝠，以及人類——我們當然也會非常緊張，而這就是研究兩棲類的生物學家現在的處境。

蛙壺菌只是一個前兆。在二〇一三年，科學家發現蛙壺菌的近親——蠑螈壺菌（*B. salamandrivorans*），襲擊了歐洲及北美洲的蠑螈與水螈。從二〇〇六年開始，也有另一種真菌在整個北美洲的蝙蝠之間肆虐，引發白鼻症（white nose syndrome），使各地洞窟遍布蝙蝠的屍身。過去數十年來，珊瑚也遭受一波接著一波的疫病衝擊。[9] 這些野生動物的傳染病正方興未艾，而且發生的速度也比以往更快，這些至少有一部分得歸咎於人類。我們正以前所未有的速度，將飛機、船隻與旅客身上的病原體散布到全世界，讓新宿主在適應之前就已經潰敗。蛙壺類的崛起就是最好的例證。它的確會致病，也的確會抑制兩棲類的免疫系統，但它說到底仍是真菌，而兩棲類已經和真菌對抗大約有三億七千萬年之久，因此並不是雙方第一次交手。兩棲類之所以在這場競技中顯得笨手笨腳，是由於牠們已被漸漸改變的氣候、新的掠食者，以及環境汙染糟蹋得虛弱不堪。值此之際，極具破壞力而且迅速蔓延的疾病又加入混戰，使得兩棲類的前景驟然顯得加倍黯淡。

不過，兩棲類專家芮德．哈里斯（Reid Harris）還是抱著希望。他發現一種可以保護這些動物免遭真菌毒手的方法。二十一世紀初，他發現原生於美國東部的紅背蠑螈（red-backed salamander）與四趾蠑螈（four-toed salamander）這兩種體形小且蜿蜒爬行的物種，全身布滿豐富多樣的抗真菌化學物質。[10] 這些成分並不是由蠑螈自己產生，而是其皮膚上的細菌製造的。它們可能可以幫助保護蠑螈卵不受真菌侵害，否則，真菌在潮濕的地下巢穴將會大量繁殖。哈里斯後來又發現，它們也能抑制蛙壺菌繁殖。他認為，或許這就可以解釋為什麼某些幸運的兩棲類能抵抗致命的真菌：牠們皮膚的微生物群落就像個共生菌保護罩。他希望那些微生物能幫助這些脆弱的物種，把牠們從日漸逼近的兩棲類世界末日（Amphibiageddon）中拯救出來。

在美國的另外一端，范斯・費登伯格（Vance Vredenburg）也懷著相同的想法。他曾研究加州內華達山脈的黃腿山蛙（mountain yellow-legged frog），但是由於蛙壺菌在該區肆虐，令他十分沮喪。「真是讓人難以置信，」他說道。「真菌竟然能從無到有，把整個盆地的兩棲類趕盡殺絕。」一處接著另一處，幾十處的青蛙以飛快的速度消失了。不過，並非每個地方都如此。在康內斯山（Mount Conness）的高山湖泊中，黃腿山蛙雖然感染了蛙壺菌，但仍可以四處活蹦亂跳。蛙壺菌通常透過數萬個孢子來殺死一隻宿主，但在這種青蛙身上卻僅有幾十個孢子。在其他湖泊中，布滿這種真菌足以致命，但它在康內斯山中的湖泊裡，充其量不過是不痛不癢的困擾而已。顯然這裡以及其他一些地方，有某種東西阻擋了蛙壺菌的攻勢。於是，當費登伯格聽說哈里斯的實驗後，他瞬時了然於心。他用棉花棒從康內斯山山蛙的皮膚沾取樣本，果然證實了牠們身上帶有與哈里斯蠑螈身上相同的抗真菌細菌。其中一種細菌因為它的保護功能與特殊的顏色：紫黑色，而充滿不祥的美感。它叫藍黑紫色桿菌（*Janthinobacterium lividum*）。[11]

費登伯格與哈里斯證實了藍黑紫色桿菌在實驗室條件下，確實能保護不曾碰過蛙壺菌的青蛙免遭侵害，但它究竟是怎麼辦到的？是直接製造抗生素來殺死真菌？還是它能刺激青蛙的免疫系統？抑或是它能將青蛙原本的微生物群落改頭換面？還是它只是占滿皮膚的空間，使真菌無法立足？況且，如果它真的那麼有效，為什麼只有在某些青蛙身上才能看到？而且即使能看得到它，為什麼相對來說還是很少見？「如果能把每個細節都搞清楚當然最好不過，但是我們已經沒有時間了，」費登伯格說。「如果我們動作太慢，很可能就再也看不到青蛙了。現在是關鍵時刻。」我們必須撇去枝微末節。重點是這種細菌的確發揮了功效，至少在實驗室舒適的環境中是如此。但它在野外是否也一樣有效？

當時，蛙壺菌正快速地翻越內華達山脈，每年大約擴張七百公尺。透過在地圖上標記出它的進展，費登伯格預測下一個攻擊目標是海拔約一萬一千英尺的杜希盆地（Dusy Basin），然而，當地數以千計的黃腿山蛙卻渾然未覺大禍將至。這裡正是測試藍黑紫色桿菌威力的最佳地點。二〇一〇年，費登伯格及其團隊長途跋涉到杜希盆地，捕捉所有被他們發現的青蛙。他們在其中一隻青蛙的皮膚上找到藍黑紫色桿菌，於是大量培養。他們將一部分捕獲的青蛙浸在含有藍黑紫色桿菌的水中，其他的則放在單純的湖水裡。幾個鐘頭後，他們將所有的青蛙野放，任憑老天和真菌決定牠們的命運。

「實驗的結果令人嘆為觀止，」費登伯格說。正如他們的預期，蛙壺菌在當年夏天抵達。對所有只浸過單純湖水的青蛙伸出魔爪——它們從幾十個孢子變成千萬大軍，所有的青蛙都在劫難逃。然而，泡過含有藍黑紫色桿菌湖水的青蛙身上的真菌孢子數量不但很快受到控制，甚至通常還會衰退。一年之後，這些青蛙大約有百分之三十九依然健在，而另外一組的同類則無一倖存。實驗成功了。該團隊利用微生物，成功地保護了一群脆弱的野生青蛙。他們證實了藍黑紫色桿菌有「益生菌」的功效，雖然這個詞經常與優格和營養補充品連結在一起，但是它其實適用於任何能夠增進宿主健康的微生物。

然而，保育人士卻沒辦法捕捉每一隻受到蛙壺菌威脅的兩棲類，並替牠接種。但哈里斯認為，可以在土壤中灑下益生菌，讓所有路過的青蛙或蠑螈自然而然地吃到。或者，在瀕危種的蛙類育種完成，準備集體野放之前，先在實驗室予以投藥。「這件事的潛力很大，」費登伯格說道，「但是，目前還沒有簡單又有效的方法。」

就像所有複雜的問題一樣，我們不可能永遠都是贏家。的確，哈里斯以前的學生馬修・貝克（Matthew Becker）就發現，同樣的方法用在圈養的巴拿馬金蛙（Panamanian golden frog）身上就完全失效。牠是一種穿上熊蜂配色外衣的生物：一種非常漂亮的黑黃色青蛙，但是野外族群已經被蛙壺菌消滅殆盡。目前只剩下動物園與水族館中的個體，而且只要蛙壺菌存在一天，牠們就無法返回巴拿馬。儘管一開始眾人都對藍黑紫色桿菌寄予厚望，但仍舊無能為力。[12]

或許這個結果早就在預料之中。我們已經知道，即使是親緣非常相近的動物，都可能有截然不同的微生物群落。將某個物種身上的細菌移植到另一個物種上不一定能繁衍，也不存在一種能保護所有兩棲類的萬能益生菌。藍黑紫色桿菌或許能生活在全美各地的蠑螈及青蛙身上，但因為它並非來自巴拿馬，因此演化上也與金蛙沒有任何淵源。以後見之明來說，強行把美國的微生物移植到巴拿馬金蛙身上似乎太過樂觀，更不用說這還有一點帝國主義的色彩。但貝克並沒有因此退縮，他前往巴拿馬試圖尋找另一種更好的益生菌。他仔細觀察與金蛙最相近的物種皮膚上的微生物群落，發現了數個能抑制蛙壺菌繁殖的原生菌種——至少在培養皿中是如此。然而，很遺憾地，這些原生於巴拿馬的微生物沒有一種能成功地在金蛙身上繁衍，也沒有一種能在現實世界中打敗真菌。不過，事情還是有希望：與預期完全相反的是，在貝克實驗的金蛙中，有五隻天生就能抵抗蛙壺菌。牠們皮膚上的微生物與其他死去的青蛙不同，所以貝克正在努力找出這些菌落中有保護功能的細菌。而哈里斯則在馬達加斯加做類似的工作，那裡是兩棲類的天堂，蛙壺菌才剛剛入侵。他試圖尋找以人為方式加在皮膚上還能存活且能對抗蛙壺菌的當地菌種。貝克與哈里斯並不是嘗試創造任何新的共生，或是將細菌從原生地引進其他地方。「我們只是在擴大當地現有細菌的範圍。」哈里斯說道。

即使能找到優秀的候選人，他們還是得研究出將這些細菌附著在青蛙上的方法。光是浸泡可能還不夠，時機或許非常重要，因為當蝌蚪轉變為成蛙時，會掃除原本皮膚上的微生物，就如野火燎原一般。到時候沒多少生物可以留下，勢必要讓微生物再長回來。這正是動物感染蛙壺菌風險最高的時期，但同時也可能是添加益生菌的最佳時機。比起融入有固定成員的穩定菌群，外來的微生物或許更容易與處於混亂狀態、正在重整隊伍的菌群合為一體。其他的細節也很重要，像已經生活在兩棲類身上的微生物是會妨礙還是幫助新的益生菌？而宿主的免疫系統是容許益生菌繼續留在皮膚上，還是將它們修改成不同的組成？結果證明，這些細節的確事關重大。[13]小小的差異就足以左右成功或失敗、存續或滅絕。而且，它們在青蛙皮膚上的重要性，絕不亞於其在人類腸道中的地位。

「益生」（probiotic）的意思是「有益於生命」，它的詞源與字意都與「抗生」（antibiotic）正好相反。抗生是將微生物從我們身上除去，而益生則是刻意地將它們加進來。二十世紀初期，俄國科學家埃黎耶・梅契尼可夫是倡導這個觀念的先驅之一。他數十年來飲用發酵乳，盡量攝取能製造乳酸的細菌，因為他認為它是保加利亞農民延年益壽的最大功臣。不過在梅契尼可夫過世之後，微生物學家克里斯俊・赫特（Christian Herter）與亞瑟・艾薩克・肯德爾卻證實被他美化的微生物並沒有辦法在腸道中存活。不論你喝多少，它們就是無法生存下來。雖然他們戳破了梅契尼可夫的想像，但肯德爾還是肯定他的精神。「人類腸道中能製造乳酸的細菌將會被廣泛地用於解決某些類型的腸道微生物疾病，這個時代即將來臨，」他如此寫道。「科學一定會找到成功的方法。」[14]

當然，科學家們一直以來都在嘗試。[15] 一九三〇年代，日本微生物學家代田稔（Minoru Shirota）率先想找出生命力夠強韌的微生物，能不被胃酸先摧毀而抵達腸道。終於，他鎖定一種乾酪乳桿菌（*Lactobacillus casei*）的菌株，把它放進發酵牛乳中培養，於是在一九三五年發明出第一瓶名叫養樂多（Yakult）的乳酸菌飲料。目前，該公司全世界的年銷售量約有一百二十億瓶。整體來說，益生菌產業是一門價值數十億美金的生意，其產品不但滿足我們的胃，也滿足我們對「天然」保健的欲望（儘管許多益生菌〔包括那些專利菌種〕都是經由代代的工業化培養而改造馴化而來）。有些產品的微生物是以活菌培養來繁殖，有的則是乾燥冷凍，再裝入膠囊或小包裝中；有些只含單一菌株，有的則是混合菌株。益生菌被宣傳成能改善消化、強化免疫系統，或治療各種消化及其他不適症狀的妙方。

就算是最濃縮的益生菌，一小包也僅含幾千億個細菌。這聽起來好像很多，但其實腸道中的細菌數是這個數字的至少百倍以上。喝下一杯優格所攝取的菌數不過微乎其微，而且，裡面的菌種也只是腸道菌裡的少數民族，並不是成人腸道菌群裡的主要成員。這些細菌大多與梅契尼可夫奉若至寶的細菌屬於同一類，它們都是乳酸的製造者，例如乳桿菌與比菲德氏菌，而它們之所以會被選中，多半是基於現實而不是科學上的理由。它們容易培養，能在發酵食品中找到，也禁得起從商業包裝工廠到消費者胃中這段旅程的折騰。「但是，它們絕大部分都不曾出現在人類的腸道中，也不具備久居在腸道中的條件。」傑夫・高登如此說。他的團隊透過監測志願者的腸道微生物群落後證實了這一點，他們每天吃兩次 Activia 牌的優格，連續七個星期。結果發現，優格中的細菌既沒有進駐到志願者的腸道中，也沒有改變他們微生物群落的組成。這與赫特及肯德爾在一九二〇年代發現的問題一模一樣，也與馬修・貝克以及其他研究青蛙益生菌的人員觀察到的現象相同。它們就像輕輕吹過的微風，什麼也沒驚動。[16]

有些人認為這不重要，因為就算是微風，也能讓東西隨風輕擺。而高登的團隊果然發現了這種跡象。他們發現，優格能誘使小鼠腸道微生物短暫地開啟消化醣類的基因。隨後，溫蒂・蓋瑞特也發現一種乳酸球菌（*Lactococcus lactis*）的菌株能在不固著（或甚至死亡）的情況下幫助小鼠。在它進入小鼠的腸道時，雖然已經破裂，卻能在死亡之際釋出抑制發炎的酵素。它雖然是個能力糟糕的移入者，還是多少能有些幫助。

雖然益生菌「能」幫助宿主，但它真的「做到」了嗎？它的名字某種程度上就是答案。世界衛生組織將它們定義為「活微生物，適量服用可以為宿主帶來健康」。就定義來說，它們有益健康。名目上似乎有非常多的研究都支持這種說法。但在這些研究中，有許多是細胞或動物實驗的結果，與人類的相關性並不明確。而實際以人體試驗的研究，則大多只找了為數不多的志願者，因此實驗結果很容易產生偏誤和統計學上的僥倖。

要從這類研究中篩選出有力且可信的證據，是項吃力不討好的工作。很幸運地，受人敬重的非營利組織——考科藍合作組織（Cochrane Collaboration）已系統性地檢視了醫學研究。根據他們的結論，益生菌能縮短感染性腹瀉發生的期程，降低抗生素治療引起腹瀉的風險，也能挽救罹患壞死性小腸結腸炎（necrotising enterocolitis，一種危害早產兒的可怕腸道疾病）患者的生命。結論就這些。比起誇大的廣告宣傳，這些結論並不聳動。目前仍然沒有明確的證據顯示益生菌能幫助罹患過敏、氣喘、濕疹、肥胖、糖尿病、常見類型的炎症性腸病、自閉症，或其他和微生物群落有關而導致不適症狀的人。而且，目前的證據也不能確認這些被文獻記載的好處是否真的是**因微生物群落改變所造成的**。[17]

主管機關也注意到這些問題。根據其用途，益生菌通常會被歸類為食品而不是藥品。這表示製造廠商無須像製藥公司研發藥品一樣，必須面對極其嚴苛的規範。不過，這一點也禁止他們宣稱產品能預防或治療某種特定疾病（因為只有藥品可以宣稱療效）。如果他們違反規範，就會面臨處罰。二〇一〇年，美國聯邦交易委員會（US Federal Trade Commission）控告達能（Dannon，在英國叫做Danone）食品製造公司，因為他們宣稱旗下品牌Activia的優格能「紓解非常態性的腸胃蠕動不順」，或有助於預防傷風感冒及流感。這就是為什麼所有益生菌的廣告文宣用語都十分曖昧，幾近毫無意義，例如號稱「平衡消化系統」或「啟動免疫防禦」。

就連這些說法也面臨反對的聲音。在二〇〇七年，歐盟要求食品及營養補充品公司必須就其包裝上大量的誇大說詞，提出科學證據。如果他們企圖宣稱產品能讓人更健康、身材更好，或更苗條，就必須拿出證明。這些公司雖然照做，但提出的證據卻乏善可陳。面對數以千計的證據主張，歐盟科學諮詢小組將其中超過百分之九十判定為證據不足，包括所有和「益生」有關的部分。由於這個字眼暗示了健康功效，歐盟在二〇一四年十二月禁止它出現在食品包裝與廣告上。擁護益生菌的人士認為，這項禁令無視嚴謹的科學證據，而且會引發寒蟬效應；反之，抱持懷疑觀點的人士則認為，歐盟迫使業界提高標準，且必須對毫無根據的說法提出扎實的證據，這種做法相當正確。[18]

然而，即使被過度誇大，益生菌背後的概念還是有其道理。[19] 考量細菌在人體中扮演的這些重要角色，透過服用正確的微生物增進健康應該是可行的。或許只是因為目前使用的菌株不合適：它們不僅在我們體內的微生物中占比極小，可以引發的影響也有限。我們在前面幾章曾討論過一些更適合的微生物：例如與較低的過胖風險和營養不良相關的嗜黏液艾克曼菌，或是能激發免疫系統抗發炎的脆弱擬桿菌，抑或是另一種抗發炎細菌——普拉梭菌（在罹患炎症性腸病患者腸道中非常顯著地稀少，而它的出現亦能使小老鼠身上的炎症性腸病症狀完全消失）。這些微生物可能會變成未來益生菌其中的一員，因為它們的本領十分切合我們的需求，而且效果令人驚豔，再者，它們都相當適應人體環境，有的甚至已經在健康成人的體內相當普遍（例如每二十隻腸道菌就有一隻是普拉梭菌）。這些可都不像乳桿菌是人體微生物群落中的小角色，它們可是腸道裡的大明星，所以移植到腸道絕對可以適應。[20]

然而還是必須再次強調：有效的移植固然可能會帶來好處，但同時也必須承擔較高的風險。迄今，雖然益生菌擁有「使用後非常安全」的良好紀錄，[21]但這很可能只是因為它們在人體中占的比例本來就微乎其微。那麼，如果改用腸道裡比較常見的細菌當作益生菌，又會發生什麼事呢？我們從動物實驗得知，幼年時施予一定劑量的微生物，會對個體的生理、免疫系統，甚至行為造成長遠的影響。我們也已經知道，不存在所謂「好的」微生物，即使那些長久以來就屬於人類微生物群落的成員（例如幽門螺旋桿菌），都能同時扮演正反兩派的角色。在許多研究中，嗜黏液艾克曼菌曾被譽為救星，但在許多大腸癌的個案中，它也是位常客。在未能徹底瞭解它們如何改變微生物群落，以及改變後的長遠後果是什麼之前，都不應該輕易使用任何產品。如同青蛙的例子一樣，細節真的關係重大。

在益生菌的相關報導中，也不乏成功的故事。其中最讓人折服的，發生在一九五〇年代的澳洲。當時，澳洲的國立科學機構開始找尋能養活其日益增加的牛群數量的熱帶植物。有一種植物被寄予厚望，它是一種叫做銀合歡（*Leucaena*）的中美洲灌木。不僅容易生長，禁得起牛群大規模啃食，也富含蛋白質。但很不幸的是，它充滿了含羞草鹼（mimosine），這是一種毒素，其副產物會導致甲狀腺腫、毛髮脫落、生長停滯，有時還會致死。科學家曾試圖透過雜交去除銀合歡中的毒素，卻徒勞無功。最完美的植物竟然有最致命的缺陷。到了一九七六年，澳洲政府的一位科學家雷蒙・瓊斯（Raymond Jones）無意間竟然發現了解決之道。他在一次夏威夷的會議之行中，發現一整群的山羊在吃了銀合歡後居然毫無不適。

他推測這些山羊的第一個胃——瘤胃中，可能有能夠分解含羞草鹼的微生物。

歷經數度長途飛行中，瓊斯有時必須帶著裝滿奇臭無比瘤胃胃液的保溫瓶，有時則必須帶著活生生的山羊，最後，他終於證實了自己當初的假設。一九八〇年代中期，他將有耐受性的山羊瘤胃細菌導入會被銀合歡毒害的羊隻身上，結果發現，後者竟能開始啃食銀合歡而沒有任何不適。憑藉牠們胃中的外來微生物，原本會因銀合歡而得病喪命的山羊，竟然能開始張口大吃這種營養的灌木，而且體重因此以前所未有的速度增加。瓊斯現在所做的，就和咖啡果小蠹從環境中吞進能分解咖啡因的細菌，或是沙漠林鼠從彼此身上取得能分解木焦油毒素的微生物時一模一樣。他讓動物獲得能除去化學物質威脅的新微生物。後來，他的同事們終於從夏威夷山羊找到能分解含羞草鹼的細菌，並將它命名為瓊斯氏互養菌（*Synergistes jonesii*）來表彰他的貢獻。到了一九九六年，牧羊戶已經能買到它，將它做為「牲口用益生菌藥水」。這是一種由富含微生物的瘤胃胃液做成的混合液，讓農家噴灑在他們的牲口身上。益生菌讓農民再也不需要擔心餵給山羊銀合歡會造成不良影響，這也讓澳洲北部的畜牧產業脫胎換骨。[22]

為什麼眾人都付出了努力卻只有瓊斯一個人成功？你或許會認為，他想解決的問題比較單純，他並不是要治好炎症性腸病，或抑制某種致命的真菌。他只需要把目標放在分解一種化學物質的毒素就夠了，而單獨一種微生物就可以達到這個目標的機率相當大。但就算如此，也不一定會成功。

就拿草酸鹽（oxalate）來說吧！這種化合物在甜菜根、蘆筍、大黃，以及其他食物中都能找得到。當它的濃度過高時，會將鈣凝結成一團硬塊而阻礙鈣的吸收，這是腎結石的原因之一。人類無法消化草酸鹽，只有微生物才辦得到，而其中有一種叫做產甲酸草酸桿菌（*Oxalobacter formigenes*）的腸道菌非常精於此道，甚至已經到了能拿草酸當作唯一能量來源的地步。乍看之下，這個情況與銀合歡的兩難處境十分雷同。都有一種化學物質（草酸鹽）會造成一個很明確的毛病（腎結石），而且能靠一種細菌（草酸桿菌）來分解。如果你很容易得腎結石的話，解決之道當然就是服用含草酸桿菌的益生菌。但很不幸的，雖然有這種益生菌存在，效果卻不佳。[23]問題究竟出在哪裡？

可能的答案有兩個，而且兩者都可以提供我們寶貴的教訓。首先，將細菌注入動物體內就想得到最好的結果，這樣的做法還不夠。微生物有生命，所以它們也需要吃東西。草酸桿菌除了草酸之外什麼也不吃，然而腎結石患者卻經常採取無草酸的飲食方式。他們的確是吃進這種細菌了，但細菌馬上就得餓肚子。[24]相反的，在對山羊噴灑互養菌之前，農民會被提醒要先以銀合歡餵食他們的牲口至少一個星期。這樣一來，被移入的細菌才有充足的食物可以消化。

能選擇性滋養有益微生物的物質叫做益生質（prebiotic），這個詞雖然可以包括草酸和銀合歡，但通常是用來描述像菊糖（inulin）這樣的植物性多醣，這些醣類通常可以經過精製與包裝後做為營養補充品。[25]益生質能增加例如普拉梭菌或嗜黏液艾克曼菌這類重要微生物的數量，而且可能可以降低食慾與發炎。至於是否需要特別攝取營養補充品來補充，那就是另一回事了。我們知道食物能大幅改變腸道中的微生物，像菊糖這樣的益生質，在洋蔥、大蒜、朝鮮薊、菊苣、香蕉以及其他食物中的含量就很豐富。

人乳寡糖（也就是母乳中微生物能吃的醣類），也可以算是益生質，因為它們能為嬰兒比菲德氏菌以及其他特殊功能的微生物提供養分。小兒科醫生馬克．安德伍（Mark Underwood）認為，人乳寡糖或許能拯救一些脆弱的小生命——早產兒。安德伍醫生是加州大學戴維斯分校新生兒加護病房的主任，他的團隊要負責照護甚至多達四十八名的早產兒，其中年紀最小的只有二十三週，體重最輕的才剛過一磅。他們通常都是剖腹產出生，除了要定期施打抗生素，還會被安置在最高等級的消毒環境中。由於缺乏正常的先驅微生物，伴隨他們成長的是非常奇怪的微生物組成：嬰兒比菲德氏菌比例很低，取代其位置的伺機性病原體比例卻很高。這就是典型的微生物生態失調，他們體內奇怪的菌落大幅提高了這些嬰兒面臨致命性腸道疾病的風險，例如壞死性腸炎（necrotising enterocolitis）。許多醫生都曾嘗試給予早產兒益生菌來預防壞死性腸炎，但只有一些案例成功。不過，在與布魯斯．吉爾曼及大衛．米爾斯等人商談之後，安德伍認為，如果能將嬰兒比菲德氏菌與母乳一起餵給嬰兒的話，效果應該會更好。「益生質和益生菌一樣重要，因為它能讓細菌在處於險惡的環境中依然能生長繁衍。」他如此說道。當時，安德伍已經主持了一項小型的先導研究，並在該研究中證實，只要菜單上有嬰兒比菲德氏菌最愛吃的食物，它的確就能較順利地移植到早產兒身上。[26]目前他正在進行一項更大型的臨床試驗，以驗證在與母乳中的益生質結合的情況下，嬰兒比菲德氏菌是否有助於預防壞死性腸炎。

從互養菌及草酸桿菌的故事中得到的第二個教訓就是：合作非常重要。沒有任何一種細菌是獨來獨往，不同的菌種經常會組成複雜的網絡，並以相互依存的方式養活彼此、互相扶持。即使表面上看起來某種微生物能獨力解決某種疾病，但它也可能需要配角的幫助才活得下去。或許，這就是瓊斯氏互養菌效果奇佳的原因——因為它包含了一大堆其他的腸胃道微生物。而這也可能正是草酸桿菌**成效**

不彰的理由——它缺少搭檔。這個道理也同樣適用於其他的微生物。或許你會期待未來只要一小包普拉梭菌就能治好炎症性腸病，或是一錠嗜黏液艾克曼菌就能讓你變得更骨感，但我可一點都不期待。

所以，製造益生菌比較高明的做法，就是創造一個可以愉快合作的微生物群落。二〇一三年，日本科學家本田賢也（Kenya Honda）在人類腸道中發現了十七種能減輕發炎反應的梭菌屬菌株。而位於波士頓的吠檀多生技公司（Vedanta BioSciences）已經根據他的研究成果開發出一種專門治療炎症性腸病的多種微生物混合劑。[27]當這本書開始印刷的時候，這種新的益生菌應該已經開始進入臨床試驗階段。它會有效嗎？沒有人知道答案。不過我們可以肯定，用一群互相合作的微生物構成的網絡來調節微生物群落，會比只用任何單一菌株更符合大自然的規則。畢竟，操控微生物群落最成功的方法就是這麼做的。

＊＊＊

二〇〇八年，明尼蘇達大學（University of Minnesota）的胃腸學家亞歷山大・柯洛茲（Alexander Khoruts）遇見一位我暫稱她為蘿貝卡的六十一歲女性。過去的八個月中，她深為嚴重的腹瀉所苦，以至於她必須倚賴成人紙尿褲與輪椅，而且還因此瘦了大約二十五公斤。罪魁禍首是困難梭狀芽孢桿菌。它之所以惡名昭彰是因為它極為難纏。抗生素治療通常有用，但抗藥性菌株很快又會捲土重來。它不斷糾纏著蘿貝卡，醫生換過一種又一種的藥，但都不見效果。「她跌入絕望的深淵。」柯洛茲如此回憶。她已經試過了所有的辦法了。

但其實還有一種方法。柯洛茲回想他還在念醫學院的時候，曾經學過一種叫做糞便菌叢移植（faecal microbiota transplant）的技術。誠如其名，醫生先從捐贈者取得糞便，再將它置入病患的腸道，當然也就包括微生物與所有的排泄物。很明顯地，這個方法可以治好困難梭狀芽孢桿菌感染。雖然這個方法聽起來令人作嘔，而且難以置信，但是蘿貝卡毫不遲疑——她只想要——或不如說是迫切需要，改善她的病情，因此她同意了。她的丈夫捐了一份糞便樣本，柯洛茲用攪拌器將它攪得稀爛，然後，透過大腸內視鏡將一小杯混濁的液體送入蘿貝卡體內。

不到一天的工夫，她的腹瀉止住了；不消一個月，困難梭狀芽孢桿菌已經完全絕跡。這一次，它再也沒有捲土重來。她已經完全被根治了，不僅效果迅速徹底，而且可以一直持續下去。

雖然蘿貝卡的例子有點讓人啞然失笑，但其實非常典型。相同的劇情，在成千上百個和糞便菌叢移植有關的故事當中一再出現：感染了困難梭狀芽孢桿菌的病患，一籌莫展的醫生，還有奇蹟般的康復。其中某些個案還是醫生從患者那裡才得知這種療法。[28]加拿大安大略省金斯頓皇后大學（Queen's University in Kingston, Ontario）的伊蓮・佩托芙（Elaine Petrof）便是個例子。二〇〇九年時，佩托芙始終無法成功治癒一位女患者的困難梭狀芽孢桿菌感染，於是她的家人開始每次陪診時都帶著一小桶糞便。「我認為這些人的腦袋有問題，」她回憶。「但是，看著這位患者的病情每況愈下卻束手無策，我就想：還有什麼好在乎的呢？所以我們就照做了，很不可思議地竟然見效了。她從鬼門關前回來，最後出院時看起來氣色很好，而且總算康復了。」

不論是概念上或實務上，糞便移植說起來就是很噁心；畢竟，有某個人必須去用那臺攪拌器。[29]

但是「病患根本不在乎這一點，」佩托芙說道。「他們什麼都肯嘗試。他們經常在我講到一半時打斷我的話直接問：我需要在哪裡簽名？」人類確實認為糞便特別噁心，然而，許多動物都有吃糞便的習性，而且會大大方方地吃下彼此的糞便與排泄物來取得微生物。透過這種方式，熊蜂與白蟻能散布細菌，以當作整個巢穴的免疫系統來防範寄生蟲與病原體。[30]糞便菌叢移植其實也為我們提供類似的好處，而且相較起來比較容易讓人接受，因為我們不需要把糞便吃進去。細菌只需透過大腸內視鏡、灌腸，或者經由鼻腔插入胃或腸的細管就可以進入我們體內。

這種糞便移植的原理與吃下益生菌一模一樣，但不是只吃下一種菌株，而是把全部的細菌都放進體內。這是一種生態系移植的方法，藉著全面翻新來重整狀況不佳的菌落，就像為蒲公英肆虐的土地重新鋪上草皮一樣。柯洛茲透過採集蘿貝卡移植前後的糞便樣本，揭開了微生物作用的過程。[31]治療之前，她的腸道可說是一團糟。困難梭狀芽孢桿菌感染已經把她的微生物群落徹底改造，而且改造後的菌群「看起來就像不存在於地球上的東西，是個截然不同的銀河系。」柯洛茲說到。移植之後，她與丈夫的微生物群落幾乎相同。他的微生物闖入蘿貝卡微生物生態失調的腸道，讓它重新來過。柯洛茲幾乎像是執行了一次器官移植手術，把病患混亂的微生物群落丟棄，重新植入捐贈者嶄新的微生物群落。這也讓微生物群落變成唯一一種無須外科手術就能移植的器官。

糞便移植已經斷斷續續採行了至少一千七百年之久。最早的文獻記載是一本出自四世紀中國的急救醫療手冊[32]，反觀歐洲人則很晚才瞭解箇中奧妙。一六九七年，一位日耳曼醫生在他的著作《噁心而有效的良藥》（*Heilsame Dreck-Apotheke*）中介紹了這項技術。一九五八年時，這本書被美國外科醫生班・艾斯曼（Ben Eiseman）重新發掘，然而，短短一年後，這項技術卻因為萬古黴素（一種治療困難梭狀芽孢桿菌效果良好的抗生素）的發現而被埋沒。就像柯洛茲所寫的，糞便菌叢移植「數十年來都退居幕後，只被當作偏方。偶爾會被媒體報導，或被拿來當作笑話。」但是，糞便移植從來不曾被人徹底遺忘。過去十年，勇於嘗試的醫生又開始採用它，院方也開始提供這方面的治療，於是成功的故事愈來愈多。

這項風潮在二〇一三年走到了轉捩點，由喬柏特・柯勒（Josbert Keller）帶領的荷蘭團隊終於以醫學上的黃金判準──隨機臨床試驗[1]（randomised clinical trial）來證明糞便菌叢移植的治療效果。[33] 柯勒的團隊原本預計徵招一百二十位被困難梭狀芽孢桿菌感染且一再復發的志願者，再隨機指定他們採用萬古黴素治療或是糞便移植療法，但是實際卻只徵招到四十二位。後來發現，萬古黴素僅治癒了百分之二十七的受試者，而糞便菌叢移植卻治癒了百分之九十四。最後，由於糞便移植的成效比抗生素組好太多，院方認為，如果繼續給予患者抗生素治療反而不符合醫療倫理，於是他們決定縮短這項試驗。從那時起，所有的患者都開始接受糞便移植。

在醫學史上，讓重症患者治癒率達百分之九十四，而且毫無任何嚴重副作用的治療法前所未聞。更棒的是，糞便菌叢移植相當划算。萬古黴素非常昂貴，但是糞便完全免費。在許多懷疑論者眼中，這次試驗足以讓糞便移植從荒誕不經的另類療法，搖身一變成為令人折服的主流療法，也從絕望時的最後手段，一躍成為治療的優先選項。在醫界流行一種說法：沒有什麼是另類醫學，只要有效，都是醫學。主流醫療人員逐漸接受糞便移植，正是這個觀念的最佳體現。柯洛茲用它治好了數百名困難梭狀芽孢桿菌感染患者。佩托芙也是一樣。現在全世界更已有數千件類似的案例。

這些成功的經驗讓醫生更勇於嘗試將糞便菌叢移植應用在罹患其他疾病的患者身上。如果糞便移植對付困難梭狀芽孢桿菌的效果如此顯著，何不用它來治療炎症性腸病，使病患躁動不安的微生物生態系恢復平靜？看來事情沒有這麼簡單。在治療炎症性腸病上，不僅成功率較低，治療結果也較不一致，同時，副作用與復發的情況也更為常見。[34]那麼對於其他疾病的患者又會造成什麼結果呢？採集體態纖瘦者的糞便是否有助於肥胖者減重？這同樣尚未得出定論。據報導，有些醫生藉由糞便菌叢移植治癒了過胖、腸躁症候群、自體免疫疾病、心理健康問題，甚至自閉症，不過，這些奇聞並無法證明病患的康復是因為糞便移植，還是由於自然康復、生活方式改變、安慰劑效應或其他原因。辨別是偏方迷思還是醫療事實的不二法門就是透過臨床試驗，目前也已有幾十項正在進行。例如，曾經做過困難梭狀芽孢桿菌試驗的荷蘭團隊，徵招了十八位體重過重的志願者，並隨機指定他們注入他們自己或是體態纖瘦志願者的腸道微生物。結果，接受纖瘦者微生物的那一組，對胰島素的反應變好了❷（這是新陳代謝良好的徵兆）。然而，他們的體重並沒有任何減輕。[35]看來，即使是透過糞便菌叢移植，要使微生物生態系重新來過可不是件容易的事。

---

❶審訂註：隨機臨床試驗是一種讓受試者隨機分到實驗組與對照組中，以提高結果可信度的實驗方法。

❷審訂註：胰島素的功能是控制血糖，對胰島素沒有反應是造成肥胖的主因。因此，若對胰島素的反應性有所改善，表示患者能再度奪回對身體的控制權。

困難梭狀芽孢桿菌這項例外，剛好反證了某個規律的存在。[36]患者在施用抗生素之後又再度感染困難梭狀芽孢桿菌。周而復始地，他們必須施用更多抗生素才能控制它。地毯式的藥物轟炸把患者腸道原有的細菌清除了一大半。因此，當捐贈者的微生物抵達這片焦土時，它們幾乎沒有競爭對手，也就理所當然地把那裡當作自己家一樣地適應了新環境。如果你想設計出一種很容易被糞便菌叢移植治癒的疾病，你應該選擇模仿困難梭狀芽孢桿菌感染，而不是炎症性腸病，因為在炎症性腸病的情況下，捐贈者的細菌要面對的是發炎中的環境，以及早已適應的原生微生物。令柯洛茲好奇的是，如果要助這些移植的菌落一臂之力，醫生是否需要先用抗生素調整腸道環境，把原生的微生物清除得一乾二淨？或者，讓受贈者採行益生質飲食，幫助新微生物適應環境？不論是哪一種方法，「我們不能只是將微生物注入人體，然後坐等好事發生，」柯洛茲說道。「或許有很多人認為糞便菌叢移植是仙丹妙藥，能治好所有毛病，但其實他們並不瞭解箇中的複雜。」

就算是用來治療困難梭狀芽孢桿菌，進行糞便菌叢移植也不是那麼容易。糞便必須先嚴格篩除例如肝炎或愛滋病毒（HIV）之類的病原體，如果捐贈者有任何與微生物群落相關的狀況，例如過敏、自體免疫疾病或肥胖，有些醫生也會排除。由於過程中會排除掉許多捐贈者，因此很難找到合適的人選，有時候甚至會將符合條件者的糞便樣本冷凍保存。[37] OpenBiome就是一間營運糞便銀行的非營利機構。如果有意捐贈者順利通過一連串的篩選檢測，他們的糞便就會先被過濾，裝入小型容器後冷凍，再送交給有需求的醫院。[38]柯洛茲也在明尼蘇達州營運一間類似的機構。二〇一一年，當蘿貝卡因為感染新的困難梭狀芽孢桿菌菌株而重回醫院時，柯洛茲就是用冷凍的糞便治好她的。二〇一四年，她再度求診，這次柯洛茲則是讓她透過服用膠囊的方式進行糞便菌叢移植。「她當過不只一次患者的先鋒部隊。」他如此說道。

吞下冷凍糞便膠囊來治療疾病，正好點出糞便菌叢移植的與眾不同。這顆和普通藥錠沒什麼差別的東西，其實裡面包含了大量的不明物質，它們是從捐贈者的屁股製造，而不是從工廠輸送帶生產而來，而且每一次出產的物質都不一樣。由於對這種不穩定性深感不安，美國食品藥物管理局（Food and Drug Administration）於是在二〇一三年五月決定將糞便納入藥品來管理。這項政策迫使醫生在進行糞便菌叢移植前，必須填寫一張複雜的申請表。病患及醫生為此怨聲載道，認為冗長的程序讓患者無法立刻接受治療。[39]於是，六個星期之後，食藥局取消了困難梭狀芽孢桿菌病例的申請程序，但是其他情況仍然照舊。有些研究人員認為，這些規定衍生的問題不但惱人，而且沒有必要。但也有人認為，該政策可以提供寶貴的喘息空間。因為近年來，外界對糞便菌叢移植的關注急遽成長，以至於科學界背負著非常沉重的壓力，要把這項技術應用在各式各樣的醫療狀況上。

問題是，沒人曉得糞便菌叢移植的長期風險。[40]動物實驗已明確顯示，移植的微生物群落讓受贈者更容易罹患肥胖、炎症性腸病、糖尿病、精神疾患、心臟疾病，甚至癌症，而且迄今我們仍無法準確預測是哪些微生物菌群會帶來這類風險。對於一位七十歲染上困難梭狀芽孢桿菌的病患來說，這些顧慮一點都不重要，他只想馬上被治好。但是，在年輕患者逐年增加的趨勢下，對這些二十幾歲的年輕人來說又會如何呢？對於孩童又會如何呢？艾瑪・艾倫－弗歌（Emma Allen-Vercoe）告訴我，她從在自閉症兒童身上試用糞便菌叢移植的醫生及家長那裡聽到了一些看法。「那讓我嚇出了一身冷汗，」她說道。「這可是成人的糞便，而接受對象卻是小孩子。要是這麼做使他日後的人生必須面對像大腸癌這麼可怕的疾病，那怎麼辦？我認為這樣太冒險了。」

糞便菌叢移植技術簡單到任何人都可以在家裡自己動手做，而且真的有很多人照辦。許多鼓勵性或入門的教學影片開始在網路上流傳，由自助式移植者組織而成的大型社群也紛紛出現。[41]毫無疑問地，這些資源的確幫助了許多真正有需要，卻被醫生嗤之以鼻而拒絕的患者。不過，太過簡單的移植方法，也讓許多資訊不正確的人根據錯誤的資訊行動。[42]況且在實驗室外，根本無法篩檢捐贈者的糞便是否存在病原體，因此有些人在自行做了移植後，發生了嚴重的感染。「這就像處於無政府狀態，」艾倫－弗歌說。「每個人都可以擅自使用他人的糞便。」由於對這些亂象感到憂心，一群微生物群落領域的領導人士近期呼籲，研究人員應該制定標準技術，蒐集捐贈者及受贈者兩方的基本資料，並設立一個專門的副作用回報平臺。[43]

對於這項呼籲，佩托芙也表示贊成。「我想大家都認同，糞便只是權宜之計，」她說道。「我們最終還是應該確認這些混合物的成分。」屆時，她想創造一個能複製捐贈者糞便好處的微生物菌落，用假糞便，也就是糞便的替代品來進行沒有糞便的糞便移植。於是，佩托芙與艾倫－弗歌攜手合作，並發現了她所能找到最健康的捐贈者——一名從來不曾服用抗生素的四十一歲女性。接著，該團隊培養這位婦女的腸道菌，並且將任何具致病性、毒性或抗生素抗性跡象的菌株剔除。最後，這個菌落剩下三十三種菌株，佩托芙靈光一閃，將它取名為「RePOOPulate」（重生的糞便）。當她將這種混合物試用在兩名困難梭狀芽孢桿菌感染患者身上，不消幾天，兩人都康復了。[44]

雖然那只是一項小小的先導研究，但佩托芙確信「RePOOPulate」就是糞便菌叢移植的未來。目前有些公司正在自行研發可移植的微生物混合物。你可以將這些混合物視為簡化版的糞便菌叢移植，或是升級版的益生菌。這些混合物都有明確的菌株，只要按照食譜以相同比例烹調，就可以將相同的微生物菌落端上桌。而且佩托芙認為，比起糞便中性質不甚清楚而且差異極大的菌相，這絕對更勝一籌。[45]將這麼多的不明物植入患者的腸道中，根本是在賭命。相較之下，RePOOPulate精確多了。不過，這些合成的菌落依然面臨與益生菌同樣的問題：沒有任何一組細菌能治好所有的疾病，甚至也沒有任何一組細菌能治好所有罹患某種疾病的患者。「我們不認為將單一種生態系放到所有人身上會是件好事。就像你不會把一組超強的V8引擎放在一臺小車裡面一樣，因為這樣可能會害死人。」艾倫－弗歌說道。最理想的狀況是設計出一系列的RePOOPulate，可能還可以針對不同疾病量身訂做。這可不是大小通吃、老少咸宜的解決方案，它必須為每個人量身打造。

過去數百年來，醫生一向都是用毛地黃（digoxin）來治療心臟衰竭。這種藥是修飾後的毛地黃（foxglove）植物中的化學物質，它能使心搏更強、更慢，也更規律。至少它的效果通常是如此。但每十位患者，就有一人對毛地黃沒有反應。元凶是一種叫做遲緩愛格士氏菌（*Eggerthella lenta*）的腸道菌，它會使毛地黃喪失活性，變成不具藥效的結構。不過，只有幾種遲緩愛格士氏菌株會做出這種事。二〇一三年，彼得．湯博證實，使藥物失效的問題菌株和中性菌株之間的差別只有兩個基因。[46]他認為醫生可以利用這些基因的出現與否，做為他們治療的指導方針。如果病患的微生物群落中沒有它們的話，那最好不過，醫生可以放心地將毛地黃開給他們。但如果這些基因出現，患者就需要吃大量蛋白質，因為這樣做似乎能防止這些基因讓毛地黃失效。

這還只是受影響藥物的其中一種而已，微生物群落還會影響其他更多的藥物。[47]易普利姆瑪（Ipilimumab）是近來熱門的抗癌新藥之一，它藉由刺激免疫系統攻擊腫瘤來達到治療效果，但必須是有腸道微生物存在的情況下；柳氮磺胺吡啶（Sulfasalazine）用於治療類風濕性關節炎及炎症性腸病，但只有當腸道微生物將它轉變成活性狀態才能發揮效果；愛萊諾迪肯（Irinotecan）用於治療大腸癌，但是有些細菌卻會將它變成另外一種更具毒性的結構，進而產生嚴重的副作用；甚至連全球使用最廣泛的藥物之一——乙醯胺酚（paracetamol，或稱acetaminophen），也會因為某些人身上所帶的微生物而使藥效增強。我們一再見識到，體內微生物群落的變動足以大幅改變藥物的效果——即使這些藥物都是性質明確而且沒有生命的化學分子。接著，請你想像一下，如果我們吃下去的益生菌或糞便移植，其內容是一堆更複雜未知、而且不斷演化的微生物時，結果將又如何？它們可是有生命的藥物。這些藥有效或無效的機率，會依病患既有的微生物群落而定，而這些微生物群落又會隨著年齡、地域、飲食習慣、性別、基因，以及其他我們尚未完全瞭解的因素而有所不同。這些背景的影響已經在果蠅、斑馬魚，以及小鼠實驗中冒出頭被看見了。所以，如果真以為這些背景不會對人類造成影響，那就太天真了。[48]

因此我們需要的是**個人化**的注入製劑。我們不能期待用一種益生菌株或同一個捐贈者的糞便就治療多種不同的疾病。比較好的辦法是依照每個人體內生態系空缺、免疫系統的特性，或是從基因判斷容易染患的疾病來訂做益生菌。[49]

醫生也將必須同時治療病人**以及**他們體內的微生物。如果讓一位得到炎症性腸病的病患服用消炎藥，她的微生物群落很可能會讓她回到發炎的狀態；如果她選擇益生菌或糞便菌叢移植，在她已經發炎的腸子康復之前，新的細菌可能已經一命嗚呼；如果她選擇食用高纖的益生質飲食，而且一開始她就缺乏消化纖維的微生物的話，她的症狀可能只會更加惡化。片面的解決方式都不會有效。就像要挽救白化的珊瑚礁或寸草不生的草地時，絕不會只加入適合的動物或植物，你可能還需要清除入侵種，或是控制進入這個生態系的養分。我們身體也是一樣的道理，**整個生態系**——包括宿主、微生物、養分等一切——都必須透過多方面的手段來處理。

情況可能會像這樣。如果某人的膽固醇過高，醫生可能會開給他斯他汀類（statins）的藥，它能阻斷人體自行合成膽固醇的酵素。但是，史丹利．黑森（Stanley Hazen）已經證實，腸道菌也不是省油的燈。有些腸道菌能將例如膽鹼（choline）與肉鹼（carnitine）等養分轉化成一種叫做TMAO（氧化三甲胺）的化學物質，而TMAO會減緩膽固醇分解的速度。[50]隨著TMAO增加，動脈中的脂肪堆積也會增加，進而導致動脈粥狀硬化（atherosclerosis），以及其他心臟疾病。黑森的團隊已經發現一種能防止細菌製造TMAO的化學物質，而且完全不會對細菌造成危害。有朝一日，或許這種化學物質（或和它類似的物質），能與斯他汀類在藥櫃中平起平坐：一種鎖定共生關係裡的人類，另一種則溫和地抑制微生物，兩種藥劑相輔相成。

這不過是微生物群落醫療潛力的一小部分而已。想像一下未來的十年、二十年，或是三十年之後，你因為持續感到焦躁不安而去看病，醫生便開立一種已證實能影響神經系統與抑制焦慮的細菌做為處方。你的膽固醇也稍微偏高，於是她又加上另一種可以合成並分泌降低膽固醇化學物質的細菌。再者，你腸道中的次級膽酸（secondary bile acid）[3]異常偏低，這會使得你容易被困難梭狀芽孢桿菌感染，所以最好加入能製造這種酸的菌株。你的尿液中還帶有顯示發炎的分子，同時你也有容易罹患炎症性腸病的基因傾向，於是她又加上一種能釋放消炎分子的細菌。醫生之所以選擇這些菌株並不只是因為它們的療效，同時也是因為她已經預測到，它們與你的免疫系統及既有微生物群落會有良性的互動。最後，她加上扮演配角的其他細菌，用來加強治療的核心，她另外還建議你一些能有效滋養這些細菌的飲食方法。當你走出診所時，手裡將拿著客製化益生菌藥丸，它不只能改善舊有的微生物生態系，還是特別為你設計的。就如同微生物學家派翠絲・卡尼（Patrice Cani）對我說的，「以後的微生物都可以任君挑選。」

在微生物皆可以自由挑選的未來，我們仍會繼續篩選適合的細菌來做專門的工作。有些科學家會挑選合適的基因，用它們打造具有專門技藝的細菌。與其說他們在招募可以勝任的菌種，不如說他們是將微生物進場改裝，以賦予它們新的技能。[51]

二〇一四年，哈佛醫學院的潘蜜拉・席維爾（Pamela Silver）替被瞭解得最透徹的微生物——大腸桿菌，裝上感應四環黴素（tetracycline）的基因開關。[52]當它偵測到這種抗生素時，開關就會啟動，並在適當的條件下活化將細菌變成藍色的基因。當席維爾將這些改造後的細菌餵給小鼠時，她就能藉由採集牠們的排泄物來培養其中的微生物，並觀察它們的顏色，來判別小鼠是否服用過四環黴素。她成功地讓大腸桿菌變身成能偵測、記憶和通報腸道動態的迷你記者。

我們之所以需要這樣的記者，是因為腸道仍像個黑盒子。腸道總長二十八英尺，研究它最普遍的方法，就是分析從末端跑出來的東西。這就好比是在河口設置一張篩網，以掌握這條河流的特性。大腸內視鏡固然可以讓我們看見更細微之處，但是具有侵入性。而與其將一根管子從肛門往上伸入，為什麼不以類似席維爾的大腸桿菌那樣，將細菌從嘴巴往下送？當細菌從腸道出來時，就可以將這趟旅途中所遭遇的一切詳細地告訴我們。別被四環黴素局限了，那只是要證明原理的手段而已。席維爾想將微生物改造成能偵測毒素、藥物、病原體，甚至是能反映疾病初期的化學物質。

她的終極目標，是讓細菌能偵測出健康問題，然後治好它。想像一種大腸桿菌菌株在偵測到沙門氏菌製造的特殊分子後，能釋出專門殺死沙門氏菌的抗生素。這麼一來，除了做為一名記者，它也變成巡山員，可以藉由巡邏腸道來預防食物中毒。沒有威脅時保持不動，但只要一發現沙門氏菌，就會立刻採取行動。這種細菌能用來幫助腹瀉疾病風險極高的貧窮國家孩童，也可以幫助派駐海外的士兵，或將它投予疫病流行的地區。

還有其他的科學家也打造著他們各自的忠僕微生物。馬修·張（Matthew Wook Chang）改造的大腸桿菌能找出並消滅綠膿桿菌（*Pseudomonas aeruginosa*）——那是一種伺機性細菌，專門感染免疫

---

❸膽汁酸是細菌利用膽汁裡的膽酸後產生的衍生物分子。

系統脆弱的人。當改造後的大腸桿菌發現獵物時，就會游向它們並釋出兩種武器：一種是能將綠膿桿菌菌群打散的酵素，另一種則是抗生素，專門用來攻擊這些因斷開而變得脆弱的菌團。麻省理工學院的吉姆．柯林斯（Jim Collins）也改造腸道菌來消滅病原體。他打造的微生物殺手專門鎖定導致痢疾的志賀氏菌（*Shigella*），以及導致霍亂的霍亂弧菌。[53]

席維爾、張、柯林斯都是合成生物學（synthetic biology）的實踐者，這個新興的學科能把工程師腦中的思維應用在現實世界中。他們的語彙不帶感情而超然：他們把基因視為「零件」或「磚塊」，可以進一步組裝成「模組」或「迴路」。但是他們的想法靈活、富有創意，科普作家亞當．拉塞福（Adam Rutherford）曾將他們比喻為一九七〇年代的嘻哈ＤＪ，透過將既有的元素改編成令人眼睛為之一亮的新組合，而引領了該領域的新潮流。[54]殊途同歸，合成生物學家藉著改寫基因，帶領益生菌進入新的世代。

「把這些原則應用在細菌上，能讓你的思維更有彈性。」專門研究纖維的專家賈斯汀．索南堡說道。自然界中的細菌或許擅長發酵纖維，與免疫系統對話，或製造神經傳導物質，但卻不可能樣樣精通。為了獲得更多微生物的功能，科學家必須篩選不同的細菌。或者，他們也可以將想要的迴路，裝進同一個合成微生物。「我們希望可以擬出一份零件清單，讓它成為一套隨插即用的系統，其產生的結果都在我們的預料當中。」索南堡說。

合成生物學家不只能指派微生物追蹤病原體，他們也能訓練細菌消滅癌細胞，或是將毒素轉變成藥物。有些科學家正嘗試增強我們體內微生物群落的本領，例如製造能控制其他微生物的抗生素、抑制慢性發炎的免疫分子、影響情緒的神經傳導物質，或是影響食慾的信號分子。如果你覺得這樣似乎有干預自然之嫌的話，別忘了，我們已經在做的事其實和這差不多，只是手法比較拙劣罷了，例如服用阿斯匹靈或百憂解等藥物。當我們吞下藥丸時，體內藥物的劑量是固定的，但合成生物學家卻能改造細菌，讓它們製造出一樣的藥物直搗病灶，而且位置與劑量的精確度分別能達到毫米與毫升的等級。[55]

至少，理論上他們應該能做到。「紙上談兵很容易，」柯林斯說。「但生物的世界其實非常混亂，干擾也多。要改造細菌並不像表面看上去那麼簡單。最大的挑戰是，如何讓迴路在充滿壓力的宿主體內，還能照著你想要的方式運作。」舉例來說，由於啟動基因需要耗費能量，因此一個經過人為改造而塞滿複雜迴路的細菌，可能無法勝過自然界中基因體更輕薄短小，也更具適應力的天然個體。

在許多使改造細菌更有競爭力的方法中，索南堡認為最好的解決之道，是把合成迴路的基因放入多形擬桿菌這類常見的腸道菌裡面，而不是我們比較熟悉的大腸桿菌中。雖然大腸桿菌比較容易操控，但並不是個稱職的腸道居民。反觀多形擬桿菌能巧妙地適應腸道，並大量就地繁殖。[56]哪裡還能找到比它更適合成為人類生態系巡山員的候選人呢？不過，吉姆·柯林斯更為慎重。在我們對微生物群落瞭解有限的前提下，對於改造那些將會永遠居住在我們體內的微生物，他感到十分猶豫。這就是為什麼他也同時致力於打造毀滅開關的原因，因為如果微生物出問題，或脫離宿主時，這個開關就能迫使它自行了斷。（防止這些細菌擴散是個重大的議題，因為連沖馬桶，都有可能讓它們跑進環境中。）席維爾也很認真地研究防範措施，她稍稍調整了合成微生物的基因密碼，希望能建立一道防火牆阻止它們與其野生的同類橫向交換DNA，因為細菌常常這麼做。她還想要創造一個合成的微生物菌群，或許是一支由五個互相倚賴的菌種組成的隊伍，如此一來，只要其中任何一者死亡，其他的細菌也會跟著活不下去。

至於這些功能是否能滿足主管機關與消費者，還是未定之數。[57]基因改造生物向來充滿爭議，這個世界也還不知道該如何面對益生菌與糞便移植這類有生命的藥物，而合成生物學只會使這種情況更加緊張。不過，必須強調的是，這些人為改造的細菌中，其實沒有一個是真正「人工合成的」。即便它們擁有超乎尋常的技能，也有新的基因組合，但本質上仍是大腸桿菌、多形擬桿菌，或其他已經與我們一起生活長達數百萬年的熟面孔。它們仍是那群舊共生菌，只是染上了現代色彩。

更讓人驚豔的是，我們得以創造全新的共生關係——將未曾接觸過的動物與微生物連結在一起。某個科學家團隊花了二十年的工夫，就是在做這件事，而且他們汲汲追求的成果，已經在澳洲東部的空中嗡嗡飛行。

二〇一一年一月四日，在澳洲一個涼爽的清晨時分，史考特．歐尼爾（Scott O'Neill）走近肯因司（Cairns）郊外一棟黃色的平房。[58]他戴著眼鏡，留著山羊鬍，身穿牛仔褲及一件米白色襯衫，胸前口袋上還寫著「撲滅登革熱」。歐尼爾成立的組織以這行字為名，創立宗旨是：撲滅肯因司、澳洲，甚至是全世界的登革熱。他的工具就在他手裡拿的小塑膠杯裡。歐尼爾往房子的方向走去，先穿過一道圍籬，再經過兩旁種滿花木的中庭，來到一棵巨大的棕櫚樹前。他的步伐十分謹慎，或許還因此有些不自然。這是重要的一刻，周圍有大約二十個人圍觀、拍照、彼此談天。歐尼爾停下腳步，然後抬頭向上看。「大家都準備好了嗎？」他問。接著，人群中響起一陣歡呼，他們等待這一刻很久了。於是歐尼爾掀開杯蓋，幾十隻蚊子瞬時從裡面飛出，迎向早晨的天空。「加油！寶貝們，加油！」一位旁觀者如此說道。

這些蚊子是埃及斑蚊，牠們是一種黑白相間，會傳播登革熱病毒的蚊子。經由叮咬，每年可造成高達四億人感染。歐尼爾雖不曾染上登革熱，他卻親眼見過別人經歷這種痛苦：發高燒、頭痛、起疹子，以及嚴重的關節與肌肉疼痛。他知道登革熱沒有疫苗或有效的治療法，控制疫情的唯一方法，就是防治。我們可以用殺蟲劑殺死埃及斑蚊，用防蚊液或蚊帳防止被牠們叮咬，或清除未加蓋的死水以防止幼蟲孳生。儘管有這些手段，登革熱還是十分猖獗，甚至日益嚴重。我們的確急需新的解決方法，而歐尼爾就有一個。他的計畫是釋放更多帶有這種病毒的斑蚊，來打敗登革熱，這也許不合常理。不過，他的蚊子與其野生的同類不一樣，牠們被裝上了你已經非常耳熟能詳的細菌，也就是搭便車的共生菌——沃爾巴克氏菌。[59]

歐尼爾發現沃爾巴克氏菌能防止斑蚊攜帶登革熱病毒，這讓牠們瞬間從傳播的途徑變成死路一條。當然，要採集所有的野生蚊子再將共生菌注射到牠們身上是不可能的，幸好，歐尼爾根本也不需要這麼做。他只要把帶著沃爾巴克氏菌的蚊子野放，然後靜候佳音。不要忘了，這種細菌可是操控宿主的高手，可以使出許多花招在各種昆蟲族群裡擴散。最常施展的招數就是細胞質不相容性：藉著感染雌性，讓它們負責將微生物傳給下一代，而被感染者會比未被感染的同類更容易產下可孵化的卵。

這種優勢表示，沃爾巴克氏菌能迅速地擴散，而且只要它占了上風，也意味著登革熱的窮途末路。歐尼爾的計畫是將足夠數量且帶有沃爾巴克氏菌的蚊子野放，來創造一整批能抵抗登革熱的蚊子。他在肯因司釋放的是第一批。牠們是數十年來不眠不休的研究與熬過所有艱難險阻的最終成果。「牠們是我一生的心血。」歐尼爾說道。

從一九八〇年代起，歐尼爾就開始尋求將沃爾巴克氏菌變身成對抗登革熱戰士的方法，過程迂迴曲折，歷經了好幾年的徒勞無功，與多次走進死胡同。直到一九九七年，他讀到一篇關於一種罕見且帶有劇毒的沃爾巴克氏菌株會感染果蠅的消息後，才逐漸開花結果。這種被稱為「爆米花」的菌株，會在成蟲的肌肉、眼睛與腦部瘋狂繁殖，並將果蠅的神經細胞塞得滿滿的，以至於看起來「很像一整袋滿滿的爆米花」（這就是它名字的由來）。感染「爆米花」的嚴重程度，足以讓果蠅的壽命減損一半。「我頓時茅塞頓開，」歐尼爾說道。他知道登革熱病毒在蚊子身上繁殖非常耗時，要抵達唾液腺（如此一來，它們才能跳到新宿主身上）甚至得費時更久。這就表示，只有年紀比較大的蚊子才能傳播登革熱。如果歐尼爾能將斑蚊的壽命削減一半，那在牠們有機會傳播病毒之前，可能就已經一命嗚呼了。他唯一要做的事，就是想辦法把「爆米花」搬進斑蚊體內。

沃爾巴克氏菌會感染很多蚊子。（還記得嗎？在眾人發現它其實無所不在之前，最早是在一隻家蚊身上發現的。）但是，湊巧的是，它並不會侵犯為人類帶來痛苦的那兩類蚊子：帶來瘧疾的瘧蚊屬（*Anopheles*），和傳播屈公熱（Chikungunya）、黃熱病（yellow fever）及登革熱的斑蚊屬。因此，歐尼爾要扮演媒人的角色，從零開始創造新的共生。不過，他不能只是將沃爾巴克氏菌注射到成蚊身上，他必須注射到卵裡面，這樣一來，長大的成蟲身上才會布滿這種微生物。他與他的團隊從顯微鏡中觀察，然後小心翼翼地用一根帶有沃爾巴克氏菌的針輕輕刺穿一顆蚊子卵。多年以來，這件事情他們做過無數次，但始終無法成功。「我浪費了這些學生的前途，我甚至心灰意冷到打算要鬆手放棄的地步。」歐尼爾說道。「不過，我就是有點虐待狂的傾向。二〇〇四年，一位特別聰明的學生進了實驗室，我無法克制自己的衝動就把舊的實驗計畫丟給他，他立刻就上鈎了。他就是康納·麥克麥尼曼（Conor McMeniman）。他是我帶過最聰明的學生之一。他成功做完了這項實驗。」經過數千次的嘗試，麥克麥尼曼終於在二〇〇六年順利感染一顆蟲卵，也因此創造出一群天生帶有沃爾巴克氏菌的斑蚊。在前面的故事中，我們看見動物與微生物結為盟友已有數百萬年；而在撰寫本書的此刻，這個新的共生關係也已屆滿十年。[60]

但是，這個團隊進一步在他們的計畫中發現一個致命的缺陷：「爆米花」菌株的毒性太強了。除了過早殺死雌蚊之外，它也會讓雌蚊產卵的數量減少，並且降低卵的生存力，也因此破壞了遺傳給下一代蚊子的大好機會。模擬實驗顯示，「爆米花」菌株被釋放到大自然之後，並不會擴散。[61]這真是個壞消息。

但歐尼爾很快就發現，這些都不重要。二〇〇八年，有兩組研究人員各自發現，沃爾巴克氏菌能讓果蠅抵抗登革熱、黃熱病、西尼羅河熱（West Nile fever），以及其他疾病的病毒。當歐尼爾得知此事後，就立刻要求他的團隊以含有登革熱病毒的血液，來餵食被沃爾巴克氏菌感染的蚊子。結果病毒完全敗陣，甚至當團隊直接將病毒注射進蚊子腸道中時，沃爾巴克氏菌就會讓病毒無法複製。局勢從此急轉直下。團隊再也不需要用沃爾巴克氏菌來縮短蚊子的壽命，光是用它的存在防止登革熱擴散就綽綽有餘！更值得喝采的是，團隊也不再需要「爆米花」菌株了，因為其他毒性較弱的菌株就有類似的保護效果，也更容易傳播。「經過年復一年地在原地打轉，我們才忽然領悟到過去都是在做白工。」歐尼爾說。[62]

於是團隊改用一種叫做wMel的菌株，它能透過野生昆蟲群落來傳播，但是遠比「爆米花」溫和得多，而且完全不會有縮短壽命、摧毀腦部、殺死蟲卵等效果。但是，它能擴散嗎？為了求證，歐尼爾的團隊搭建了兩座蚊舍：空間很大、人甚至可以走進去，他們在裡面放養了許多蚊子。每放入一隻未被感染的蚊子，他們就會配上兩隻帶有wMel的蚊子。另外，他們也為蚊子加裝了一個簡易型的屋簷供牠們躲在下面，並用一堆從健身房拿來的臭毛巾吸引牠們。每天有十五分鐘，他們會派看起來美味可口的研究團隊成員，供感染沃爾巴克氏菌的蚊子大快朵頤。每隔數日，團隊就會從蚊舍中採集蟲卵，並檢查是否有沃爾巴克氏菌。他們發現，三個月之內，蚊舍裡的每一隻蚊子幼蟲都感染了wMel。[63]各項證據都顯示，他們異想天開的主意終於開花結果。所有的跡象也都鼓舞他們：放手去做吧！

於是，他們真的這麼做了。從二〇〇六年開始，在團隊培養出帶有沃爾巴克氏菌的蚊子之前，他們就已經向肯因司郊外兩處——約克斯諾布（Yorkeys Knob）及戈登維爾（Gordonvale）——的居民說明他們的計畫。[64]他們先向居民打聲招呼，接著表明要撲滅登革熱的計畫。是的，我們知道你們總是被告知要殺死蚊子，因為牠會讓你們染病，不過，如果你們能讓我們釋放更多蚊子的話，我們會非常感激。放心，牠們不是基因改造的，我們在牠們身上放了一種非常容易擴散的微生物。另外，由於斑蚊飛不了多遠，所以為了讓這個計畫成功，我們不得不釋放很多次，包括在貴府上。沒錯，牠們可能會叮你們。沒有，從來沒有人這麼做過。您是否願意參加？

實在不可思議，居民們竟然都參加了。兩年來，撲滅登革熱團隊主持過焦點團體，在小鎮活動中心與當地小酒吧舉辦宣導活動，還在店鋪前設置無須預約的諮詢站供人詢問。他們拜訪了多戶人家。「這項計畫需要非常多人的信任，我們做到了，不過這不是一朝一夕就能辦到的，」歐尼爾說道。「我們很認真地傾聽居民們的想法。只要他們有疑慮，就要想辦法解決。我們甚至還做了實驗。」比如，他們證明了沃爾巴克氏菌不會感染吃下這種蚊子的魚、蜘蛛以及其他的掠食動物，或是被這些蚊子叮咬的人。漸漸地，原本持懷疑態度的人也變成了支持者。「水患或颶風來襲時都會動員居民救助社區的在地志工團體，曾經來詢問我們是否需要他們幫忙挨家挨戶拜訪，好說服住戶在他們家裡釋放蚊子，」歐尼爾說到。「對我來說，那真是個轉捩點。」到了二〇一一年，也就是蚊子已經準備就緒的同時，這項計畫已經取得百分之八十七的居民支持。

野放計畫在一月的早晨正式展開，由歐尼爾慎重地掀起杯蓋揭開序幕。「我們都有點太過興奮，」歐尼爾回憶道。「我們為這件事已經辛苦了幾十年，所有長期以來一起走過這段路的人全都到場等待這一刻。」該團隊走遍大街小巷，每隔四戶人家就停下來放出幾十隻蚊子。兩個月內，他們總共釋放了三十萬隻，只有為了躲避颶風來襲時才暫告中止。每隔兩個星期，團隊就會在郊區用捕蚊網捕捉蚊子，然後檢查是否有沃爾巴克氏菌。實際上，計畫執行的狀況比預期得還要順利。」歐尼爾說。到了五月，沃爾巴克氏菌已經在戈登維爾百分之八十的蚊子，以及約克斯諾布百分之九十的蚊子身上幸福地住著。[65]短短的四個月之內，不帶登革熱的蚊子幾乎完全取代了當地的蚊子。這是史上第一次，科學家讓一群野生的昆蟲變得不會傳播人類疾病。而且，他們是靠共生辦到的。

但是，歐尼爾的組織並不叫做「蚊蟲轉型」，而是「撲滅登革熱」。他們做到了嗎？從二〇一一年起，在這兩處郊區確實不曾出現任何新的病例，即使這不能鐵口直斷地說登革熱消失了，卻仍是個令人振奮的跡象。這兩處從此不再是登革熱的溫床。澳洲也不再是了。不過，如果歐尼爾要宣告勝利，還必須等到平息了登革熱最猖獗的國家之後再來，這就是他目前正將他的計畫擴展到巴西、哥倫比亞、印尼以及越南的理由。[66]當他在二〇〇四年發起「撲滅登革熱」組織時，成員只有他及他的實驗室成員；如今，該組織已是個科學家與醫療人員雲集的國際團隊。

讓我們再回到澳洲，歐尼爾的團隊從澳洲北部的城市湯斯維爾（Townsville）開始野放他們的蚊子。那裡有大約二十萬居民，所以不可能挨家挨戶去敲門拜訪，他們靠著媒體報導、大型公眾活動，以及由當地居民，甚至是學童擔任志工的公民科學家活動來宣傳。此外，釋放成蚊也非常麻煩，替代的方法是團隊將裝有蟲卵、水以及食物的容器直接交給住戶，然後再由住戶讓蚊子在他們的庭院繁殖。「我們最終的目標是前進熱帶地區的大都會。」歐尼爾如此說道。

不同的地方，有不同的挑戰。舉例來說，如果一座城市濫用殺蟲劑，當地的蚊子可能就會有部分的抗性。此時，若將完全沒有抵抗力的澳洲蚊子釋放到這個環境中，就無法發揮效用，因為在牠們將共生菌傳播開來之前，恐怕早已命喪殺蟲劑之手。因此，具有沃爾巴克氏菌的蚊子至少必須具備和當地蚊子相當的抵抗力，而我們可以透過雜交育種來達到這個目標。在「撲滅登革熱」印尼分部，科學家讓帶有沃爾巴克氏菌的蚊子與當地的蚊子交配數個世代，使那些要被釋放的蚊子盡可能與土生土長的個體非常相近。兩種蚊子愈相近，團隊也就離成功愈近。「每個地方都是獨特的，」歐尼爾說道，「但是我們也發現，沃爾巴克氏菌在每種環境中都表現得很好。一切都顯示，它應該可以推廣到全世界。兩到三年內，我們就有充分的證據證明它的影響力。十到十五年內，我們應該就能讓登革熱明顯減少。」

懷疑人士或許會主張，演化對每一種改變都會做出相反的回饋。你出拳，它就會防禦。登革熱病毒終究會對步步進逼的沃爾巴克氏菌狂潮產生抵抗力，然後又開始感染蚊子。（就像英國科學家萊斯利．奧格爾〔Leslie Orgel〕曾說過：「演化比你還精明。」）但是，「撲滅登革熱」團隊的資深成員伊莉莎白．麥格羅（Elizabeth McGraw）卻對此抱持樂觀的態度。她的團隊已經證實，沃爾巴克氏菌在許多方面都能防範病毒感染。它能強化蚊子的免疫系統，也會和登革熱病毒爭奪複製所需的養分，例如脂肪酸、膽固醇等。[67]「擁有的應變機制愈多，就愈不容易遭到反抗，」她說。「對於演化生物學家來說，這非常令人振奮。」

歐尼爾和麥格羅也強調，所有控制的手段，例如殺蟲劑與疫苗，都逃不過陰魂不散的抗性。而與這些手段不同的是，沃爾巴克氏菌是活的，所以可以反制（counter-adapt）任何病毒的適應。它也很安全，而且物超所值。殺蟲劑有毒，而且必須持續噴灑，相反地，帶有沃爾巴克氏菌的蚊子沒有任何副作用，而且在野放之後也能自力更生。「一旦它開始啟動，就會一直運轉下去，」歐尼爾說道。「我們正在努力把成本控制在每人二到三美元之間。」

歐尼爾對於沃爾巴克氏菌研究的進展如此神速也感到非常驚訝。「我們只是個單純的共生研究實驗室，」他說道。「這屬於基礎科學的領域，但是也會有非常棒而且可以應用的東西。」就像阻止登革熱病毒一樣，沃爾巴克氏菌也能使蚊子無法攜帶屈公熱病毒、茲卡（Zika）病毒，或是導致瘧疾的瘧原蟲（*Plasmodium*）（一個由中美兩國科學家所組成的團隊，已經成功地將這種微生物，與傳播瘧疾的瘧蚊結合在一起）。[68] 另外，還有更多的研究者正在努力用沃爾巴克氏菌控制會傳播昏睡病的采采蠅，以及讓人難以入眠的床蝨。「這還只是新思維的一小部分而已，整個新思維不僅關乎生物的微生物生態，也關乎它們與疾病之間的關係。」歐尼爾說。

一九一六年，也就是本書出版的前一百年[4]，喝了數十年發酵乳的暴躁俄籍科學家埃黎耶·梅契尼可夫，剛好於這一年過世。他是否曾經想過，他率先做的研究有朝一日竟會變成價值數十億美元的產業，而且儘管其產品的價值仍待商榷，還是出現在全球的超市貨架上？一九二三年，美國微生物學家亞瑟·艾薩克·肯德爾出版了他的新版細菌學教科書，並在書中預言，人們使用腸道細菌來治療腸道疾病的時代「即將到來」。但他是否曾經料到，將會有許多機構冷凍人類的糞便，然後將它分送到各個醫院以便移植到病患的體內？一九二八年，英國細菌學家斐德立克·葛利菲斯（Frederick Griffith）證實，細菌能從同類身上獲得特徵，並且透過一種日後證實為DNA的因子改變自己。但他是否曾經預見，科學家將能如此頻繁且精準地微調微生物的基因，把細菌改造成能追蹤並消滅自己的同類？另外，一九三六年，昆蟲學家馬歇爾．賀提格決定要以他朋友西梅恩．伯特．沃爾巴克的名字，替一種毫不起眼的細菌命名（當時距離兩人首次在一隻波士頓的蚊子身上發現這種微生物已有十二年之久）。他們兩人是否早就知道，沃爾巴克氏菌會成為世界上最有貢獻的細菌之一？或是早就知道有非常多科學家想要研究它，而且還決定兩年舉辦一次以沃爾巴克氏菌為名的會議，以便大家分享研究成果？或是知道它可能是阻止線蟲每年對一億五千萬人造成失明或失能的關鍵？還是知道有朝一日科學家會將這種細菌植入蚊子身上，來控制全球的登革熱與其他疾病？

他們當然不知道。在人類大部分的經驗中，微生物都是深藏不露，只有透過它們造成的疾病才被看見。即使在三百五十年前，雷文霍克首次發現了它們後，它們卻仍徘徊於沒沒無聞之處。當它們終於受到關注，又被冠上惡人的臭名，希望盡早除之而後快。甚至當科學家發現人類腸道充滿細菌，或是發現昆蟲細胞中也有細菌居住時，這些發現不是受到質疑，就是被嗤之以鼻。直到最近，它們才從被忽視的生物學之外，走到舞臺中心的聚光燈下。也是直到最近，我們才開始對微生物的世界有充分的瞭解，進而能開始操控它。雖然我們的嘗試仍處初期、跌跌撞撞，而且有時會過度自信，但是其中的潛力卻非常大。自從雷文霍克首次動念要研究池塘水以來，我們總算開始運用所知的一切來改善我們的生活。

❹編按：本書原文版出版於二〇一六年。

第10章　明天，進軍全世界

目前我所在的房子是棟一般人觀念裡的美式近郊住宅。房子外面鋪著白色的護牆板，門廊上放著一張搖椅，還有騎著腳踏車的小孩東轉西晃。屋內的空間非常寬敞，大到讓傑克．吉爾伯特與他的妻子凱特不知道該拿來做什麼。他們跟我一樣都是英國人，所以一向比較習慣感覺舒適溫馨的小空間。他們夫妻倆很友善也很好相處，傑克的精力旺盛，而凱特穩重務實。他們其中一個兒子狄倫正在看卡通，而另一個兒子海頓，或許是覺得有趣，一直想用拳頭打我屁股。我背靠著廚房流理台來保護自己，一邊啜飲著杯子裡的茶。此時的我也正不經意地把微生物散播到茶杯、流理台，甚至是這間漂亮廚房的其他各處。

這種事情每個人都會做，包括吉爾伯特一家人也會。就如我們前面看過的，不論是人類、鬣狗、大象或獾都一樣，我們都會釋放帶有細菌的氣味到空氣中，同時也會釋放細菌本身。每個人都正不斷地將自己的微生物散播到世界上。當我們伸手觸碰，就會把微生物留在東西上面；當我們走路、說話、抓癢、抖腳或打噴嚏時，都會把許多自己專有的微生物灑到空氣中。[1]每個人一小時大約會灑出三千七百萬個細菌。這代表我們微生物群落的分布並不會局限在自己身上，而是會一直跑到環境中。

我剛剛坐在吉爾伯特的車子裡時，已經把微生物灑得座椅上到處都是。而我現在背靠著廚房流理台，也是正在用我的細菌在上面簽名留念。我的身體充滿芸芸眾生，但真正屬於我的卻只有其中一部分，其餘的會延伸到外界各處，就像我四周圍繞著一團有生命的微生物雲一般。

為了分析這些微生物雲，吉爾伯特一家人近來連續六個星期每天都用棉花棒沾取家中的電燈開關、門把、廚房流理台、臥室地板，還有他們的雙手、雙腳及鼻子。[2]他們也找了其他六個家庭一起做同樣的事，其中有單身家庭，也有伴侶及普通家庭。這個研究稱為——住宅微生物群落計畫，結果顯示，每個家庭都有其獨特的微生物群落，而且大部分都是來自於住在裡面的人。他們手上的細菌占據了電燈開關與門把；他們腳上的微生物遍布地板；他們皮膚上的細菌沾滿廚房檯面。而且，這一切發生的速度十分驚人。其中有三名志願參加者在研究期間搬離了原本的住處，新環境很快就顯現出他們舊住處的微生物特徵，而且其中一個地方甚至還是旅館的房間。在入住的二十四小時之內，我們身上的微生物就會覆蓋整個新空間，將它變成我們菌相的鏡中倒影。當有人客氣地說「別拘束，把這裡當作自己家」，你要知道其實在這件事情上，你和他們根本做不了主。

我們也會改變室友的微生物。吉爾伯特的團隊發現，我們與室友共有的微生物，會比不住在一起的人還要多，而且伴侶夫婦間的微生物相似程度甚至更大。（就像結婚誓詞中所說的，「我整個人都奉獻給你，我的一切也與你分享」。）假使還有養狗的話，這些連結將更一發不可收拾。「狗會將細菌從室外帶進室內，牠們也會增進人與人之間的微生物交流。」吉爾伯特說道。根據他的研究結果，以及蘇珊．林區的研究都顯示，狗兒身上的灰塵含有抑制過敏的微生物，於是吉爾伯特一家人養了自己的狗。這隻狗是隻擁有黃金獵犬、牧羊犬（collie）與大白熊犬（Great Pyrenees）特徵的黃白色混種狗，名字叫做波・迪格利隊長（Captain Beau Diggley）（譯註：此名為美國著名的搖滾歌手波・迪德利〔Bo Diddley〕的諧音）。「我們得知增加家中微生物多樣性的好處，也想確保我們的孩子能有機會訓練他們的免疫系統。」吉爾伯特說。「是海頓為牠取的名字。這個名字是從哪裡來的，海頓？」「從我的腦袋裡面。」海頓回答。

不論是狗還是人，所有動物都活在充滿微生物的世界，而藉著在這個世界裡移動，我們也改變了其中的微生物。在這趟到芝加哥拜訪吉爾伯特一家人的旅途中，我在他們家、旅館房間、幾家咖啡店、幾輛計程車，還有飛機的座位上留下自己皮膚上的細菌。那隻乖巧的迪格利隊長就像艘毛茸茸的貨船，把瑞柏（Naperville）該地土壤與水中的微生物送到吉爾伯特家裡；黎明升起時分，一隻夏威夷短尾烏賊將牠會發亮的伙伴——費雪弧菌排入水中；而鬣狗也會在草莖上留下用微生物畫的塗鴉。不論是透過吸入、吃進、碰觸、足跡、傷口還是咬痕，所有生物對落在身上或進入體內的微生物一向來者不拒。微生物群落的根延伸到四處，將我們牢牢地固定在廣大的世界中。

吉爾伯特想要瞭解其中的關聯性。他想成為一位盡忠職守的人體邊境執法人員，全盤掌握微生物的出入境，以及其來歷去向。然而，因為對象是人，而讓他的工作困難重重。「我是個生態學者，我想把人類東西及地點都有互動，以至於追蹤任何一種細菌的路徑都成了夢魘。「我是個生態學者，我想把人類當成一座島嶼，」他說。「但我沒得到許可。我向審查委員會提了一個把人關在同個空間六星期的方案，但他們不准。」

這就是他轉而找上海豚的原因。

「你需要幾個樣本？」獸醫師伯妮・馬丘勒（Bernie Maciol）問。

「妳現在手邊有幾個？」吉爾伯特說。

「三個。」

「妳能在那些地方重複採樣嗎？然後或許有些可以從別的地方的皮膚採樣，腋下可以嗎？噢不，不是腋下。管它叫什麼。慢著，妳怎麼稱呼海豚的腋下？」[3]

我們現在位於謝德水族館（Shedd Aquarium）的海豚展示區，大型的水槽上方有人造岩石與樹木。身穿黑藍雙色潛水衣的訓練師潔西卡坐在水中，並用手輕拍水面。接著，一隻叫沙古（Sagu）的太平洋斑紋海豚（Pacific white-sided dolphin）游了過來。牠的皮膚像壓了一層薄薄的碳粉，模樣相當帥氣。此外，牠也很聽話：當潔西卡將雙手手心朝下，並在身體兩側擺動時，沙古就會翻過身來，露出牠乳白色的肚子。馬丘勒把手伸過去，用棉花棒的棉球沾了沙古的腋下，把它密封在試管中，然後遞給吉爾伯特。接著，她又對另外兩隻在訓練師身邊乖巧繞圈的海豚：克利（Kri）與皮奎特（Piquet）做了同樣的動作。

「我們一直在進行噴氣孔採樣、糞便採樣，還有皮膚採樣。」潔西卡對我說。「執行噴氣孔採樣時，我會讓牠們把頭躺在我手上，再把洋菜培養基放在噴氣孔上方，然後輕輕敲，好讓海豚強迫吐氣。糞便採樣時，我會讓牠們翻過身來，然後把一根小小的橡膠導管插進去再拉出來。我們這裡完全不缺便便。」

這項水族館微生物相計畫讓吉爾伯特有機會做全知科學研究，這是他在居家採樣計畫沒有辦法做到的事。在這裡，動物生活的環境已經被瞭解得很透徹。和水有關的任何細節——溫度、鹽度、化學成分——都可以測得，而且定期蒐集這些資訊。藉此，吉爾伯特能分析海豚身上，以及牠所接觸的水、食物、水槽、訓練師、飼育員與空氣中的微生物。吉爾伯特已經每天這麼做，連續蒐集六個星期了。「這是真實的動物與牠們自己真實的微生物住在真實的環境裡，我們也已經統整記錄了牠們與環境中微生物的所有互動。」他說。這也因此讓他能在動物體內與周遭環境之間的微生物關係上，獲得前所未有的觀點。

這個水族館現在正執行好幾項這類的計畫，以便改善館內動物的生活。[4]在謝德水族館負責動物健康的副館長比爾．范．波恩（Bill Van Bonn）告訴我，整個海洋生態館主體共有三百萬加侖的水，過去都要經過一個維生循環系統，每三小時就淨化並過濾所有的水。「你知道需要耗費多少能源才能推動這些水嗎？但為什麼我們還是那麼頻繁地做？因為我們想要讓水一直保持徹底乾淨，」他以一副煞有介事的口吻說道。「不過，當我們把它的規模縮小，而且只做到原先一半的程度後，你猜發生了什麼事？什麼事也沒有！水質反而變好，動物也更健康了！」

范．波恩懷疑，為了達到徹底乾淨的程度，他們密集清潔的措施做得太過火了。他們將水族館環境中的微生物清除得一乾二淨，使成熟且多樣的菌落無從建立，反而讓亂七八糟且有害的菌種有機可乘。這是不是有點似曾相識？在醫院患者的腸道中，抗生素就是如此。它們會剷除生態系中原有的微生物，反而讓互相競爭的病原體像是困難梭狀芽孢桿菌，得以滋長並取而代之。在這兩個例子中都可以發現，無菌狀態是一種詛咒，不是我們想要追尋的目標，而且多樣化的生態系也比貧瘠的生態系要好。不論我們談論的是人的腸道，水族館的水槽，或甚至是醫院的病房，這些原則都一樣。

「我是傑克．吉爾伯特博士，**那**是一間醫院。」他一面說，一面用拇指指向他身後的龐大建築。我們現在正位於芝加哥大學的照護與研究中心（Center for Care and Discovery），這棟新建築閃爍著耀眼的光芒，看起來就像是一塊夾著灰、橙、黑色奶油餡的巨大長方形蛋糕。吉爾伯特站在它的前方，正為一部宣傳影片不停重複取景。但有芝加哥淒厲的狂風做為背景，我不相信攝影師的麥克風能夠錄下什麼好聲音，我反而比較相信吉爾伯特一定覺得很冷。而且，其實我百分之百相信它是一間醫院。

就在它於二〇一三年二月開幕之前，吉爾伯特的學生西蒙．賴克斯（Simon Lax）帶領一組研究人員拿著一包包棉花棒及一張平面圖，穿過空得令人發毛的走廊。他們很快地走過兩個樓層，總共十間病房與兩個護理站。一層供非急需手術的病患短期復原之用，另一層則是提供給像癌症病患及器官移植者的長期病患。不過，還沒有任何一間病房有病患待過，那裡唯一的住戶就只有微生物，而它們正是賴克斯的團隊要採集的對象。他們用棉花棒沾取一塵不染的樓層地板、亮晶晶的病床欄杆與水龍頭，還有摺疊得整整齊齊的床單。

他們從電燈開關、門把、排氣口、電話、鍵盤，以及多種物品上採集樣本。最後，他們在這些房間裝上能測量照明、溫度、濕度以及氣壓的數據記錄器、自動記錄房間是否有人住的二氧化碳偵測器，以及能夠在有人進入或離開時感應的紅外線感應器。在隆重的開幕活動之後，該團隊仍然持續這項工作，而且每週固定從病房及病患身上蒐集更多的樣本。[5]

就如有人整理記錄新生兒發展中的微生物相，吉爾伯特則是首開先例，整理記錄了一棟新建築裡發展中的微生物相。現在他的團隊正忙於分析資料，想瞭解人類的移入如何改變大型建築物裡的微生物，以及環境中的微生物是否也會進到人類身上。沒有其他地方比醫院更在乎這些問題。因為醫院裡微生物的散播足以左右生死——而且會死**一大堆人**。在開發中國家，約有百分之五到百分之十的人會在住進醫院或其他醫療機構的期間受到感染，反而在原本應該讓他們恢復健康的地方得了病。光是在美國，就導致每年約有一百七十萬件感染及九萬人死亡。造成這些感染的病原體究竟是從哪裡來的？水？通風系統？遭到汙染的儀器設備？還是醫院的工作者？吉爾伯特想弄個明白。透過他的團隊蒐集的大量資料，他應該有辦法追蹤病原體的移動，比如，從電燈開關到醫生的手，再到病床欄杆。他也應該能夠想出辦法打斷這種會威脅到性命的傳遞。

這個問題存在已久。早自一八六〇年代，也就是約瑟夫・李斯特在他的醫院中首創消毒技術的時代，清潔措施已經有助於抑制病原體擴散。像洗手這種簡單的步驟，無疑地已經挽救了無數的生命。但是，就如同我們濫用抗生素或是抗菌消毒液使用太頻繁，我們也過度清潔了建築物——當然，包括醫院。舉個例來說，最近有某所美國醫院就花費七十萬美金鋪設含有抗菌成分的地板，儘管沒有任何證據能證明這種措施有效，甚至還可能適得其反。就像在海豚池與人類腸道中一樣，追求無菌狀態或許已經造成建築物微生物生態系失調；而將無害或甚至能阻礙病原體繁殖的細菌清除，或許已經在無意之間形成一個更危險的生態系。

「我們想把無害，或者不會有太多互動的微生物帶進來，並讓它們鋪滿所有表面，」吉爾伯特的另一個學生西恩・吉普森（Sean Gibbons）補充。「多樣性是好事。」而消毒過頭會毀掉多樣性，吉普森透過研究公共廁所證實了這一點。[6]他發現徹底刷洗過的馬桶最容易被糞便的微生物移殖，而這些糞便中的微生物會經由沖馬桶時的水花散播到空氣中。雖然這些細菌最後會輸給菌種五花八門的皮膚微生物，但只要馬桶被刷洗，細菌組成就回到原點。所以，很諷刺的是：過度清潔的馬桶比較容易被糞便的細菌覆蓋。

另一方面，住在奧勒岡州的潔西卡・葛林（Jessica Green），是一名由工程師轉行的生態學者。她發現，在醫院病房空調系統中飄浮的微生物有類似的模式。[7]「我原本以為室內的微生物菌群會是戶外微生物裡的一部分，」她說。「但是這兩者幾乎很少或甚至完全沒有交集。這個發現真是讓我們大吃一驚。」戶外的空氣中充滿了來自植物與土壤的無害微生物；而室內的空氣，則含有比預期高得多的潛在病原體，它們通常在外面的世界極為罕見或者不存在，而是從院內患者的嘴巴與皮膚噴散出來。實際上，病患等於是被淹沒在他們本身釋出的微生物濃湯裡，而要解決這個問題最好的辦法其實再簡單不過：就是把窗戶打開。

早在一百五十年前，拯救性命的傳奇人物佛羅倫斯・南丁格爾（Florence Nightingale）就提過相同的主張。她雖然沒有明確的微生物群落知識背景，但是在克里米亞戰爭期間，她注意到，如果她把窗戶打開，傷患會比較快康復。「空氣從外面流進來，而這些空氣也是最新鮮的。」她如此寫道。對一位生態學家來說，這非常合理：新鮮空氣帶來無害的環境微生物，它們會占滿空間並且排除病原體。但是，刻意讓微生物進入室內的觀念，與一般認為醫院應該採取的作為嚴重牴觸。「我們所研究的模式，像是醫院以及許多不同的建築物，都是與戶外隔離。」葛林說道。這種根深柢固的觀念，讓她在研究時還得設法說服醫院允許她撬開幾扇窗戶，因為它們一向已經被封死。

與其想盡辦法將微生物從我們的建築物及公共空間中趕出去，或許現在該是擺出迎賓地毯接納它們的時候了。其實我們也已經在不經意下這麼做了。二〇一四年，葛林的團隊造訪一棟在大學裡的新建築，名叫立理仕大樓（Lillis Hall），並從三百間教室、辦公室、廁所及其他房間裡採集灰塵樣本。他們證實，建築物的設計細節會影響灰塵中的微生物，包括房間的大小、兩房之間連接的方式、使用頻率，以及通風的方式。幾乎在建築設計上大大小小的選擇，都會影響建築物的微生物生態，進而可能影響我們身上的微生物生態。誠如邱吉爾所說的：「我們塑造了建築，然後，再由建築塑造我們。」葛林說，透過「生物考量設計」（bioinformed design），我們可以控制這個過程。也就是，我們能藉著塑造建築物，來選擇想要一起生活的微生物。同樣地，在我們所見的世界中，也存在類似的情形：農夫會藉由在農田四周栽種一排排的野花，提升傳播花粉的昆蟲數量。葛林希望設計出類似的建築方法，以增加有益微生物的多樣性。「十年之內，建築師就能在他們的設計中將我們的發現付諸實踐。」她說。[8]

傑克．吉爾伯特也表示贊同，他甚至還有一項更驚人的計畫：故意在建築物裡散播細菌。但並不是將這些微生物噴灑或塗抹在牆壁上，而是將它們關在小小的塑膠球裡面。這些小球由工程師拉蜜兒·夏（Ramille Shah）設計，她計畫用3D印表機做出內部充滿許多密集小隔間的小球。然後吉爾伯特將它們填滿有益的細菌，例如能分解纖維並兼具消炎效果的梭桿，以及能滋養這些微生物的養分。接著，這些細菌會跳到任何與這些小球有互動的人身上。吉爾伯特用無菌小鼠來做這項試驗。他想要知道這些細菌待在小球裡是否能穩定存活？是否真的會跳到玩小球的老鼠身上？會永久待在宿主身上嗎？以及，它們是否真的能治好小鼠的炎症性疾病？如果這項實驗成功的話，吉爾伯特還想進一步在辦公大樓與醫院病房進行測試。他也考慮要把它們裝在新生兒加護病房的嬰兒床上，如此一來，這些嬰兒將「可以持續暴露在我們設計的有益而且豐富的微生物生態系下。」他又說，「我還想用3D印表機印出磨牙玩具。你可以想像一下孩子們玩著它的模樣。」

事實上，這些小球就是透過另一種不同方式傳遞的益生菌：既不是經由喝下優酪乳，也不是藉由糞便菌叢移植輸送有益的微生物，而是透過動物所處的周遭環境。「我不想把微生物放在他們的食物裡，讓它從牠們的食道進去，」他說。「我想要微生物和牠們的鼻黏膜、嘴巴還有雙手有所互動。我想要以更自然的方式體驗微生物群落。」

「我要把它們命名為生物蛋（bioball），」他又說。「或者小蛋蛋（microball）。」

但我告訴他，他不能把它們叫做小蛋蛋。他面露奸笑，贊同我的意見。

「我昨天用這隻手和世界女子壁球冠軍握手了。我帶走她的一些微生物群落，現在我把它們送給你，」路克・梁（Luke Leung）一邊說，一邊和吉爾伯特握手。

「所以，現在開始我很會打壁球了？」吉爾伯特反問。

「只有右手而已。」梁回應。「不過如果你是左撇子的話，那就只好說聲抱歉囉！」

梁是位建築師，在他令人佩服的作品當中，包括世界第一高樓——杜拜的哈里發塔（Burj Khalifa）。自從與吉爾伯特會面之後，他多多少少也變成微生物群落迷。芝加哥市首席永續發展官員凱倫・魏格特（Karen Weigert）也不例外。我們四人約在一家高級餐廳共進午餐，周圍盡是穿著講究的高階人士，四周還環繞著密西根湖的景緻。「你不會把它想成是活的東西，」吉爾伯特一邊說，一邊用手指著完美無瑕的時髦裝潢、圓頂天花板，以及戶外的摩天大樓。「但微生物是活的。它是有生命、會呼吸的生物。在這裡，細菌才是大多數。」

吉爾伯特今天要說服梁和魏格特用更大的規模來執行他的構想。他想要將他從居家、水族館及醫院各項計畫中歸納的原則，用來塑造整個城市的微生物群落，就從芝加哥開始。梁是個理想的合作伙伴，在他設計的多棟建築中，他讓通風系統的氣流通過一片植物牆，這不僅賞心悅目，還能過濾空氣。對他來說，吉爾伯特在牆壁鑲上微生物小球的構想（後來，我建議應該叫做菌草球〔Baccy Ball〕），非常合理。魏格特對於將細菌應用在建築上也躍躍欲試，她問吉爾伯特，菌草球除了用在引人注目的摩天大樓之外，在低收入住宅也能發揮作用嗎？是的，吉爾伯特回答。他想要盡可能讓它價格便宜，而且當然是比壯觀的植物牆更低價。

疑慮消除後，魏格特把話題轉到芝加哥長年的水患問題。當地的下水道系統經常堵塞，而且隨著全球氣候變遷，情況勢將日益嚴重。「是否有什麼方法可以抑制水患之後的影響，例如黴菌之類？」她問。「其實有。」吉爾伯特說。在另一個計畫中，他已經與萊雅（L'Oréal）合作，試圖辨認出抑制頭皮真菌生長的細菌，來防止頭皮屑及皮膚炎發生。而這些微生物除了可以做為抗屑益生菌洗髮精的賣點，也能創造「微型濕地」，以防止水患後的住宅遭到黴菌肆虐。一旦房子淹水，真菌雖然會得到許多它賴以維生的水，但同時也必須面對抗真菌微生物的勃發。「房屋將擁有內建的自動黴菌抑制功能。」吉爾伯特說道。

「這些想法實現的機會究竟有多大？目前的進展如何？」她問道。

「我們已經掌握抑制真菌的微生物，我們正試著找出將它們移植到塑膠上的方法。」吉爾伯特說。「或許再過兩、三年，我們就可以放心將它們放入一般人的家中，而或許再過三、四年，就可以推出真正讓人信賴的產品。」

科學家總是樂觀地預言「再過五年他們的研究成果就可以實際應用了」，我開玩笑地說。

吉爾伯特大聲笑了出來。「那麼，既然我說三、四年，我應該比他們更樂觀。」

梁也笑了。「我們一直以來都很擅長殺死細菌，但是我們想要恢復過去的那種關係。」他說。「我們想要瞭解細菌如何在當今的環境中幫助我們。」

我接著問他，身為一位設計者，你認為需要多久才能真正創造出具有這種概念的建築？

他停頓了一下。「五年怎麼樣？」

掌握建築物與城市的微生物群落只是吉爾伯特雄心的起點。就像一開始在醫院及水族館的計畫一樣，他正在研究一間當地健身房與一所大學宿舍的微生物群落。住宅微生物群落計畫顯示，某種程度上，我們可以透過遺留下來的微生物判斷某人的行蹤。因此他與好友羅伯．奈特開始研究微生物群落在法醫鑑識科學上的應用。他研究汙水處理場、氾濫平原、遭到原油汙染的墨西哥灣水域、大草原、新生兒加護病房以及法國梅洛（Merlot）的葡萄上的微生物群落。他也尋找能防止頭皮屑、導致對牛奶過敏，以及可能與自閉症有關的微生物。他調查某些灰塵微生物，因為它們或許可以解釋為什麼美國兩種不同教派的信徒——阿米許人（Amish）與哈特教派（Hutterites），得到氣喘與過敏的比例會有如此大的差異。他還研究一天當中的腸道微生物是如何變化，以及這種變化是否會影響我們發胖的風險。他甚至也分析幾十隻野生狒狒樣本，以瞭解在撫育幼兒方面最成功的母狒狒，牠們的微生物群落是否有任何獨特之處。

最後，他、奈特及珍奈特．簡森（Janet Jansson）共同主持了「地球微生物群落計畫」（Earth Microbiome Project），這是一項要將地球上微生物一網打盡、極具野心的計畫。[9]該團隊正與在海洋、草原或氾濫平原上工作的人接洽，說服他們分享自己的樣本與資料。他們的最終目標是，只要輸入基本項目，例如氣溫、植被、風速或光照程度，就能預測某個生態系的微生物種類。此外，他們也想預測這些菌種對於環境的改變會有什麼反應，像是河川氾濫，或是日夜交替。由這些目標來看，這個計畫的野心確實大得有點離譜，甚至有人認為那根本不可能達成，但是吉爾伯特和他的同僚毫不退縮。最近，他們甚至主動向白宮請願，計畫推動「統合微生物群落計畫」（Unified Microbiome

Initiative），針對微生物群落研究，建立一套組織完善的研究方法，來鼓勵不同領域科學家相互合作。[10]

身處這個時代，我們必須立大志。當今，已經有許多家庭被說服用棉花棒沾抹他們的房子；水族館的管理人員不再只關心充滿魅力的海豚，也同樣關心水中看不見的生命；醫院認真考慮將微生物加在牆上，而不是把它們清除；建築師與公務員願意在要價不菲的西式餐廳裡，討論糞便移植。這是個新時代的開端，是一個人們終於準備好去擁抱微生物世界的新時代。

在本書開頭，當我和羅伯．奈特一起走過聖地牙哥動物園時，在我腦袋中盤桓不去的，是思及微生物後，萬物變得與以前截然不同。每個遊客、飼育員及動物，看起來就像是長了腳的世界：變成一個會與他者互動的移動生態系，不過他們多半忽略了自己內在的芸芸眾生。當我和傑克．吉爾伯特一起開車經過芝加哥時，我再度經歷了這種失神的瞬間：我看見了在這座城市中，很少於人前現身的微生物——覆蓋整座城市的豐富生命，乘著強風、水流以及移動的人們，穿越這座城市。我看到朋友之間握手，互相問候「近來可好？」時，交換著活生生的生命。我看見當人們走過街道，在背後留下團團的自身餘韻。我察覺無意間塑造周遭微生物世界的種種決定：選擇用水泥而不用磚塊建造、打開一扇窗，或是大樓管理員每日拖地的時間表。而且我也看見一位在駕駛座上的科學家注意到了那些極其微小的生命之流，他非但沒有被嚇壞，反而對它們非常著迷。他知道，微生物多半不應該讓人恐懼或是被消滅，反而應該加以珍惜、讚美與研究。

本書中所有的故事都是從這種視角出發，從幾十年來要將沃爾巴克氏菌從線蟲中殺死清除的計畫，到不斷努力釐清母乳如何滋養嬰兒身上的細菌；從無畏地進入深海追查勃然噴發的海底熱泉，到默默試圖解開不起眼蚜蟲的共生奧祕。所有的努力都是被好奇、敬畏，以及冒險帶來的驚奇所驅動。雷文霍克心中那個無法澆熄的，想要瞭解自然和人類定位的強烈渴望，驅使他用那臺令人讚嘆的自製顯微鏡去檢視了水，而開啟了一個未知的世界。而這種追求新發現的渴望，至今依然方興未艾。

在撰寫本章期間，我參加了一場關於動物與微生物共生的研討會，並發現許多在本書中曾出現的人物也出席了。在午餐休息時間，日本共生領域的第一把交椅深津武馬悄悄地消失在周圍的樹林中，後來他帶回了幾隻黃金龜甲蟲（golden tortoise beetle），這是具有金黃色澤外殼的神奇球狀小傢伙。當天晚上，虎頭蜂專家馬丁・卡爾登波斯興奮地告訴我，他親眼看到深津的其中一隻甲蟲在他面前從金色變成紅色。沒有人知道牠們究竟帶有哪些共生菌，或是那些細菌與甲蟲如何改變彼此的生命。到了最後一天，當大家正在等遊覽車時，蚜蟲專家李・亨利從人群中悄悄溜走。五分鐘之後，他從會議中心旁的一株灌木上抓了滿滿一個試管的蚜蟲回來。他告訴我，這種蚜蟲已經徹底馴化了漢米爾頓屬細菌（*Hamiltonella*）這個偶爾才能保護蚜蟲免受小繭蜂寄生的兼差伙伴。牠是怎麼做到的？在什麼時候做到的？為什麼會是這種結果？亨利很想知道答案。

凝視這個如同威廉・布萊克（William Blake）所說的「一沙一世界」。當我們開始瞭解我們的微生物群落、共生菌、體內的生態系，還有令人咋舌的芸芸眾生時，踏出的每一步將充滿新發現的契機。每一叢平凡無害的灌木，都在傳誦不可思議的故事。世界的每個角落都充滿各種伙伴關係，它們自行演繹已有數億年之久，並且一直影響著我們所認識的所有植物與動物。

我們見識到微生物的無所不在，它們對於我們有多重要，也見識到它們如何形塑我們的器官，保護我們免於中毒與生病，分解我們的食物，維持我們的呼吸，調節我們的免疫系統，引導我們的行為，以及用它們的基因轟炸我們的基因體。我們看見動物為了要掌握牠們的眾多微生物而用盡一切方法，從免疫系統的生態系管理員，到母乳中細菌所吃的醣類。我們見識到那些措施崩潰後所造成的後果：白化的珊瑚礁、發炎的腸道，以及過胖的身體。相反地，我們也看到與它們維持和諧關係所能帶來的獎勵，包括在生態上對我們敞開的機會，以及我們能如何利用它們使步伐日益加快。我們看到為了自身的利益，我們能如何掌握這些芸芸眾生，包括將整個菌落從一個人移植到另一個人的身上，依照我們的意向建立及瓦解共生關係，或甚至改造新的微生物。此外，我們也洞悉藏在生物之下不為人知、肉眼看不見，但又萬分奇妙的生物：在深海伊甸園中茂盛生長的無腸道蠕蟲、吸吮植物汁液的粉介殼蟲、構成壯闊珊瑚礁的珊瑚、緊抱眼子菜及一切水中雜草（pondweed）不放且會叮咬人的小小水螅、使森林傾倒毀壞的甲蟲類、獨力打造燈光秀的可愛烏賊、纏繞在動物園飼育員腰際的穿山甲，以及那些將為我們抵禦疾病的蚊子，在澳洲一個明亮清晨中漸飛漸遠。

謝辭

以下篇幅不是要感謝我的微生物。在此，我們暫且先將這些小傢伙拋諸腦後，把心思全部放在宿主身上。

一本書絕不會只是一個人的心血，探討共生與伙伴關係的書更應該如此。在這些人當中，特別值得一提的是博德利．海德出版社（Bodley Head）的史都華．威廉斯（Stuart Williams），以及曾在艾科出版社（Ecco）任職的希拉蕊．雷德蒙（Hilary Redmon）。我很想稱呼他們為編輯，但是他們卻認為自己更像共同策畫人。從一開始，他們兩人立刻就領會了我想寫的書的精髓：一個涵蓋整個動物界的微生物故事，而且不會一味地局限在人類、健康與飲食等主題之上。他們對這個構想不但提供了必要的寶貴意見，而且經常比我自己理解得更清楚。他們不眠不休地為它奔波，提供一針見血、深具見識而且寶貴的編輯意見，並始終樂在其中。同時，也要感謝PJ．馬克（PJ Mark），是他護送本書平安抵達美國各地；還有丹尼斯．奧斯華（Denise Oswald），多虧有他接下了希拉蕊在艾科出版社的編輯重擔。

大衛．逵曼是我最先找來商討這本書構想的人，而且從一開始，他就一直是個格外貼心的支持者。

他的傳世之作《渡渡鳥之歌》，對於我突破思緒上的初期障礙很有助益，在各個不同階段有相同效果的作品，還包括海倫・麥克唐納（Helen Macdonald）的《鷹與心的追尋》（*H is for Hawk*）、大衛・喬治・哈思克（David George Haskell）的《森林祕境》（*The Forest Unseen*），以及凱瑟琳・舒爾茨（Kathryn Schulz）的《寧願犯錯》（*Being Wrong*）。他們的作品端坐在我的書架上，時時策勵我要以他們的水準為標竿。

還有其他幾位人士對於本書得以撰寫，創造了良好的環境。當我走上作家生涯之時，愛麗絲・莊哲（Alice Trouncer）給了我十多年的愛，放手讓我去冒險，而且在經濟上讓我無後顧之憂。她身兼妻子、密友、舞伴以及無所不能的完人，我一生對她感激不盡。家母愛麗絲（Alice See）對我的信心與支持始終不曾動搖過，她就像是一座磐石。卡爾・齊默（Carl Zimmer）這位長期的友人、良師與靈感來源，他的寫作技巧以及他的慷慨為人，都難以匹敵。薇吉妮雅・休斯（Virginia Hughes）是率先看過完整第一章的人，也提供了寶貴的回饋意見。米安・克萊斯特（Meehan Crist）、大衛・道伯斯（David Dobbs）、納迪雅・德瑞克（Nadia Drake）、蘿絲・埃弗萊絲（Rose Eveleth）、倪琪・葛林伍德（Nikki Greenwood）、莎拉・喜翁（Sara Hiom）、阿沃克・賈（Alok Jha）、瑪麗亞・柯妮克娃（Maria Konnikova）、班・李立耶（Ben Lillie）、金・麥唐納（Kim Macdonald）、瑪麗安・麥肯納（Maryn McKenna）、哈碩爾・納恩（Hazel Nunn）、海倫・皮爾森（Helen Pearson）、亞當・羅斯福（Adam Rutherford）、凱瑟琳・舒爾茨與貝克・史密斯（Beck Smith），以上諸位都協助度過風波不斷的一年。此外，麗姿・倪莉（Liz Neeley）是捲起歡樂、機敏與樂觀永不疲憊的旋風，她改變也豐富了我的人生，而且還將持續不斷地帶給我驚喜；她也在前面的某一章中祕密客串了一個角色。

在本書撰寫期間，以及報導微生物的這十年間，我曾訪問過數百位研究人員，他們不但大方地撥出自己的時間，而且對於自己所知也絕不藏私。這一向是我在科學家身上看到的特質，不過，在研究共生、伙伴關係與合作的學者身上尤其如此——看來，你們是在身體力行所研究的主題。如要一一列舉他們的名字，雖然唯恐掛一漏萬，但我還是想特別點名以下諸位：強納森・艾森、傑克・吉爾伯特、羅伯・奈特、約翰・麥克欽以及瑪格麗特・麥克弗爾－奈，感謝他們支持這項計畫，扮演知識上互相激盪的角色，以及對於完成初稿所提供的意見。尤其是艾森，他總是鼓吹對微生物體學要抱持慎重與批判的觀點，多年來我的寫作一直受他提出的各項觀點影響；我衷心希望自己不會因為這本書而被他頒授超賣微生物卓越獎。我也要感謝奈特安排了本書開頭所介紹的那趟動物園之旅，以及吉爾伯特帶我體驗了一趟瘋狂的芝加哥巡禮。

另外也要感謝以下諸位：馬丁・布雷瑟、塞思・博登斯坦、湯瑪斯・波許、約翰・克萊恩、安潔拉・道格拉斯、傑夫・高登、葛雷格・赫斯特、妮可・金、尼克・連恩、茹絲・雷、大衛・米爾斯、南西・莫蘭、佛瑞斯特・羅爾、馬克・泰勒以及馬克・安德伍，他們或帶我參觀實驗室，或提供格外詳盡且深具啟發的討論；涅爾・貝基亞雷斯將一些烏賊介紹給我；戴夫・歐唐納、瑪麗亞・卡爾森與賈斯汀・瑟魯戈讓我親手握著幾隻無菌小鼠；比爾・范・波恩帶我參觀謝德水族館；伊莉莎白・碧克所編輯的微生物體文摘電子報，是與不斷快速擴增的文獻不致脫節的不二法門；歷史學者強・賽普以及芳珂·珊格德伊，他們的著作與論文對這個領域豐富的歷史提供了重要的見解；在推特上充滿活力的遺傳學家與微生物學家社群，他們批判的眼光與公開的討論一直影響我的看法，而且讓我誠實以對；還有妮可·杜比勒以及涅德·盧畢，他們容忍一位報導人以不同的意見，讓備受尊重、主題為動物－微生物共生的高登學術研討會（Gordon Research Conference）氣氛弄得很尷尬，還有安排活潑有趣又刺激的科學、健行，以及有些令人遺憾的擲沙包遊戲的一週活動。

很遺憾的，我曾與許多人談過話，但他們的作品或大名無法在此處有限的篇幅中一一列舉；這個領域實在非常龐大，單靠一本書尚不足以窺其全貌。我也要強調，很多學生、博士後研究員以及協力人士，對於本書中所提到的研究都有貢獻，但是實在情非得已，只能舉一兩個相關的重要人名。我會一直盡力在引用及參考書目中予以補救，但不論結果如何，我都要表達誠摯的感謝、對失落感的安慰，並且提醒這絕不會是我最後一次撰寫這類的主題。

最後，我要衷心向我的經紀人威爾·法蘭西斯（Will Francis）表達最誠摯的謝意。很早以前，有一位朋友就告訴我，好的經紀人能幫助你將你的概念定型，拚死命幫你賣書，或者幫你打宣傳及做公關，不過，沒有一位經紀人能在這三方面都拿手。但威爾正是如此。多年來他一直糾纏我，要我寫一本書，而且對於我在二〇一四年一月斗膽所寫的電子郵件很有肚量地不以為意，因為信中我直言絕不會做這種打算，還請他別再來騷擾；但三個星期之後，我又寫了一封電子郵件拚命想收回之前說過的話，央求他幫我將一團混沌的概念化成具體的提案，而他也寬宏大量、不計前嫌地接受了。他真是一位朋友——或許，也是位共生者——而且本書隨處都可看到他的影響。

註解

序　動物園之旅

1 本書中，我交換使用「微生物相」（microbiota）和「微生物體」（microbiome）這兩個名詞。有些科學家認為微生物相是指這些生物本身，而微生物體則是它們集體的基因。不過，最早使用微生物體一詞的紀錄，可追溯到西元一九八八年，用以談論一群住在某處的微生物。這項定義留存至今——它強調的是某族群的「生物」，而不是基因體。

2 生態學家克萊爾·福斯默（Clair Folsome）是使用這種意象的第一人（Folsome, 1985）。

3 海綿：Thacker and Freeman, 2012；扁盤動物：妮可·杜比勒和瑪格麗特·麥克弗爾－奈的私人訊息。

4 Costello et al., 2009.

5 關於微生物對動物的重要性有許多不錯的回顧文獻，但〈細菌世界中的動物，生命科學的新規則〉（Animals in a bacterial world, a new imperative for the life sciences）是其中出類拔萃的一篇（McFall-Ngai et al., 2013）。

第一章　生命是座島嶼

1 小時候，我因為看到大衛·艾登堡（David Attenborough）爵士在其製作的電視節目《生命之源》（*Life on Earth*）系列中所展現的敘述技巧而震撼至今。

2 另一半則來自陸地植物，它們用被馴化的細菌——葉綠體——來行光合作用。所以嚴格來說，你呼吸的所有氧氣都來自細菌。

3 每個人身上的微生物估計有一百兆隻，大部分住在我們的腸道中。相比之下，銀河的恆星則在一億到四億顆之間。

4 McMaster, 2004.

5 粒線體的演化確實源於一種古老細菌與宿主細胞間的融合，但這件事情是否就是真核生物的起源，或僅是其演化的眾多里程碑之一，在科學家之間仍爭論不休。在我看來，上述觀點的支持者為他們主張的觀點集結了一系列強而有力的證據。我曾在線上雜誌《鸚鵡螺》（*Nautilus*）（Yong, 2014a）中詳細描述他們的論點，你也可以從尼克·連恩的著作《生命之源》（*The Vital Question*）中讀到更詳盡的記述（Lane, 2015a）。

6 體形大小並不是能否擁有微生物群落的嚴格先決條件：有些單細胞真核生物內外皆帶有細菌（雖然它們的群落比我們的小）。

7 朱達·羅斯納（Judah Rosner）稱這個十比一的比例是「偽事實」（fake fact），可追溯至一位名叫湯馬斯·盧基（Thomas Luckey）的微生物學家（Rosner, 2014）。一九七二年，盧基在幾乎沒有根據的情況下估計，平均每公克的成人小腸內容物（包括液體與糞便）含有一千億隻微生物，而成人體內平均有一千克的內容物，所以總共有一千兆隻微生物。後來，優秀的微生物學家德韋恩·薩維奇接著拿這數字和一百兆個人體細胞相比——又是一個從教科書抓出來，沒有引用支持證據的數字。

8 McFall-Ngai, 2007.

9 Li et al., 2014.

10 戴勝：Soler et al., 2008；切葉蟻：Cafaro et al., 2011；科羅拉多金花蟲：Chau et al., 2011；河豚：Chung et al., 2013；天竺鯛：Dunlap andNakamura, 2011；蟻獅：Yoshida et al., 2001；線蟲：Herbert and GoodrichBlair, 2007。

11 美國南北戰爭期間，這些發光的微生物也跑進士兵的傷口，並為他們的傷口消毒；部隊叫這神祕的守護光為「天使的耀輝」（Angel's Glow）。

12 Gilbert and Neufeld, 2014.

13 更多華萊士的生平資訊請見 http://wallacefund.info/

14《渡渡鳥之歌》巧妙地講述了華萊士和達爾文兩人的冒險經歷（Quammen, 1997）。

15 Wallace, 1855.

16 O'Malley, 2009.

17 這概念及微生物群落的生態性質（ecological nature）在這些文獻中有良好的解釋：Dethlefsen et al., 2007；Ley et al., 2006；Relman, 2012。

18 Huttenhower et al., 2012.

19 Fierer et al., 2008.

20 數名研究者曾研究嬰兒變動的微生物組成，甚至包括研究他們自己的孩子。其中弗雷迪克・貝克德（Fredrik Bäckhed）分析的樣本來自九十八名一歲以下的嬰兒（Bäckhed et al., 2015），這是最近一次，也是最完整的研究。譚雅・亞茲涅可（Tanya Yatsunenko）和傑夫・高登也在三個不同的國家進行開創性研究，結果顯示小孩體內的微生物在三歲之前如何變化（Yatsunenko et al., 2012）。

21 耶利米・費斯（Jeremiah Faith）和傑夫・高登的研究結果顯示，腸道中大多數的菌株會在腸道裡待上數十年；即使會興盛也會衰敗，它們卻一直都在（Faith et al., 2013）。其他團隊則發現，微生物組成在較短的時間尺度下不可思議地活躍多變（Caporaso et al., 2011; David et al., 2013; Thaiss et al., 2014）。

22 Quammen, 1997, p.29.

23 這份研究是和彼得・多瑞斯坦（Peter Dorrestein）一同完成的（Bouslimani et al., 2015）。

24 費德瑞克·德瑟克（Frederic Delsuc）主持了這項研究（Delsuc et al., 2014）。

25 發育生物學家史考特·吉爾伯特已和這個乍看瑣碎的問題纏鬥多年（Gilbert et al, 2012）。

26 Relman, 2008.

第二章　只求親眼看見的人

1 雷文霍克生平的細節可以在道格拉斯·安德森的網站 Lens of Leeuwenhoek（http://lensonleeuwenhoek.net/，以及《安東尼·范·雷文霍克和他的「小動物們」》（*Antony Van Leeuwenhoek and His 'Little Animals'*）（Dobell, 1932）、《顯微觀察者》（Payne, 1970）等兩本傳記找到。道格拉斯·安德森（Anderson, 2014）和尼克·連恩（Lane, 2015b）的論文中也有提及他的影響，兩篇我都有引用。這個人的名字沒有標準拼法，我用的是多貝爾（Dobell）選用的拼法。

2 Leeuwenhook, 1674.

3 他是在說當時所知最小的生物——起司蟎（cheese mite）。

4 這件事有些爭議。一六五〇年，也就是雷文霍克觀察湖水樣本的二十年前，德國學者安薩納西耶斯·克謝爾（Anthanasius Kircher）研究鼠疫死者的血液曾描述：「有毒微粒（toxic corpuscle）」各自變成「肉眼不可見的小蠕蟲」。雖然他的描述似乎兩邊都說得通，但他似乎比較有可能是在描述紅血球或是一些死組織，而不是造成鼠疫的耶爾森鼠疫桿菌（*Yersinia pestis*）。

5 Leeuwenhoeck, 1677.

6 Dobell, 1932, p.325.

7 亞歷山大·艾伯特（Alexander Abbott）寫道，「雷文霍克的所有作品自始至終毫無臆測，這點相當引人注

目。他的諸多貢獻因其純然客觀的本質而傑出。」（Abbott, 1894, p.15）

8 巴斯德、科霍和當代人士的故事，在《微生物獵手》（*Microbe Hunters*）有生動的描述（Kruif, 2002）。

9 Dubos, 1987. p.64.

10 Chung and Ferris, 1996.

11 Hiss and Zinsser, 1910.

12 Sapp, 1994, p.3–14。賽普（Sapp）的《關聯推動的演化》（*Evolution by Association*）是至今已發表的共生史研究中內容最全面的一本，它是本指標性的歷史著作。

13 Ibid., p.6–9。阿爾伯特・法蘭克（Albert Frank）於一八七七年率先提出這個詞。雖然安東・德・巴里（Anton de Bary）直到隔年才開始使用它，但可以說他較為人熟知。

14 Buchner, 1965, p.23–24.

15 Kendall, 1923.

16 引述自Zimmer, 2012。

17 他們很多觀察是準確的，但其餘就不那麼回事了，包括北極哺乳類無菌的說法（Kendall, 1923）。

18 Kendall, 1909.

19 Kendall, 1921.

20 梅契尼可夫在一場公開演說上談到他的想法（見 The Wilde Lecture,1901）；其杜斯托也夫斯基式的個人特質被記錄在Kruif, 2002；而他的貢獻則記載於Dubos, 1965, p.120–121。

21 Bulloch, 1938.

22 馮克・珊格德伊是少數記錄微生物生態學歷史的史學家，她的論文（Sangodeyi, 2014）因此相當值得一讀。

23 台夫特學派第四代的羅伯特・亨格特（Robert Hungate），對白蟻與牛等草食性動物的腸道微生物深感興趣。他建立一種方法，可以在試管內填入洋菜膠時，以二氧化碳排出所有氧氣。利用這種滾管法（roll tube method），細菌學家終於能培養動物腸道（包括人類腸道）中占多數的厭氧菌（Chung and Bryant, 1997）。

24 跟隨雷文霍克樹立的榜樣，美國牙醫師喬瑟夫・艾波登（Joseph Appleton）研究口腔中的細菌。一九二〇至五〇年代期間，他和其他人觀察這些群落如何在罹患口腔疾病期間改變，並觀察唾液、食物、年齡或季節對它們的影響。比起腸道菌，口腔微生物比較適合當作研究題材，因為既能用棉花棒採集，又能耐受氧氣。在細菌的研究上，艾波登幫助牙醫學——被邊緣化的醫學學科——從技術專業一躍成為真正的科學（Sangodeyi, 2014, p.88–103）。

25 Rosebury, 1962.

26 羅斯伯里也寫下第一本關於人類微生物組成的科普書，也就是一九七六年出版的暢銷書籍《在人身上的生活》（*Life on Man*）。

27 德韋恩・薩維奇出色地敘述了其後所有作品（Savage, 2001）。

28 莫伯格為勒內・杜博斯寫的精采傳記提供了許多杜博斯的生平細節（Moberg, 2005）。

29 Dubos, 1987, p.62.

30 Dubos, 1965, p.110–146.

31 引述自紐約時報的訪談。有關烏斯革命性的研究，請參考約翰・阿奇博德（John Archibald）的《一加一等於一》（*One Plus One Equals One*）（Archibald, 2014）和強・賽普（Jan Sapp）的《演化的新基礎》（*The New Foundations of Evolution*）（Sapp, 2009）。

32 烏斯並不是這個概念的原創者。ＤＮＡ雙股螺旋結構的共同發現者法蘭西斯・克里克（Francis Crick），曾在一九五八年提出相似的方法，而萊納斯・鮑林（Linus Pauling）和埃米爾・扎克坎德（Emil Zuckerkand）則在一九六五年萌生將分子做為「演化史的紀錄文件」（documents of evolutionary history）的想法。

33 博士後研究員喬治・福克斯（George Fox）是烏斯這篇代表性文獻的共同研究者與共同作者（Woese and Fox, 1977）。

34 Morell, 1997.

35 在分類學生命樹的對面，這種被稱為分子系統發生學（molecular phylogenetics）的方法已將許多因實體相似而原本被誤認為相近的類群打散，並將外表迥異實則相近的生物歸在一起。它也證明所有複雜細胞內的粒線體——豆形的發電廠——的前身是細菌。這些構造曾經擁有基因，而且其相當接近細菌的基因。葉綠體同樣也是細菌，它能讓植物透過光合作用利用太陽能。

36 黃石公園的研究：Stahl et al., 1985。培斯也曾用相同技術研究深海管蟲；那些結果早一年發表，不過並未發現任何新物種。

37 培斯的太平洋研究：Schmidt et al., 1991；科羅拉多州地下含水層的近期研究：Brown et al., 2015。

38 Pace et al., 1986.

39 Handelsman, 2007；美國國家科學研究委員會（National Research Council）關於總基因體學的資料, 2007。

40 Kroes et al., 1999.

41 Eckburg, 2005.

42 傑夫・高登實驗室早期的重大研究包含：Bäckhed et al., 2004；Stappenbeck et al., 2002；Turnbaugh et al., 2006。

43 二〇〇七年十二月，美國衛生研究院啟動人類微生物群落計畫（Human Microbiome Project），這場為期五年的行動歸納兩百四十二名健康志願者的鼻、口、皮膚、腸和生殖器上微生物組成特性。這個計畫靠著美國投注一百一十五萬美元，與投入約兩百名科學家，終於得到「最詳盡的人類微生物群落生物和基因編目」。一年後，類似的計畫MetaHIT在歐洲啟動，它專注於腸道，資助金高達兩千兩百萬歐元。另外，中國、日本、澳洲和新加坡也有其他企業投入類似的計畫。這些計畫記載於 Mullard, 2008。

44 我在《紐約客》（*New Yorker*）寫過我拜訪Micropia微生物博物館一事（Yong, 2015a）。

第三章　身體的建造者

1 我在《自然》（*Nature*）期刊有篇關於瑪格麗特・麥克弗爾－奈的文章中曾經出現這個場景（Yong, 2015b）。

2 瑪格麗特・麥克弗爾－奈對短尾烏賊的研究：McFall-Ngai, 2014。撰寫本書時，纖毛聚集費雪弧菌的角色尚未發表。博士後研究員娜塔莎・克萊默（Natacha Kremer）於二〇一三年揭露費雪弧菌接觸短尾烏賊時其表面的變化（Kremer et al., 2013）。瑪格麗特・麥克弗爾－奈和盧畢在一九九一年詳述費雪弧菌到達隱窩後發生的事件（McFall-Ngai and Ruby, 1991）。麥克弗爾－奈在一九九四年首次述及費雪弧菌對短尾烏賊發育的影響（Montgomery and McFall-Ngai, 1994）。譚雅・克羅帕尼克（Tanya Koropatnick）和其他人於二〇〇四年鑑定出MAMPs（Koropatnick et al., 2004）。

3 凱倫・吉莉明（Karen Guillemin）表示，唯有接觸到微生物和其表面的脂多醣，斑馬魚的腸道才能正常成熟（Bates et al., 2006）。傑拉德・厄博（Gerard Eberl）發現，肽聚醣對小鼠腸道的發育也有類似的影響（Bouskra et al., 2008）。微生物影響動物腸道發育的討論可見 Cheesman and Guillemin, 2007；Fraune and Bosch, 2010。

4 Coon et al., 2014.

5 Rosebury, 1969, p.66.

6 Fraune and Bosch, 2010; Sommer and Bäckhed, 2013; Stappenbeck et al., 2002.

7 Hooper, 2001.

8 約翰・羅爾斯受胡珀的研究啟發，對無菌斑馬魚進行相同的實驗，並發現一組幾乎一樣可受微生物活化的基因（Rawls et al., 2004）。

9 Gilbert et al., 2012.

10 大多細菌由單一細胞組成，但生物學常有例外。在某些情況下，黃色黏球菌（*Myxococcus xanthus*）會組成互相合作的掠食群落，上百萬個細胞結為一體，一起移動、發育和掠食。

11 Alegado and King, 2014.

12 偉大的德國生物學家恩斯特・赫克爾（Ernst Haeckel）將最初的動物想像為吃細菌的中空球狀細胞。他將這假想的群落命名為囊胚蟲（Blastaea），而且一如往常，他畫下了它。這幅畫和金的兒子在平板上塗鴉的領鞭毛蟲有幾分神似。

13 就像在 Alegado et al., 2012 中所描述的，這個名字的意思是「馬基彭戈的嗞冷者」（the cold eater from Machipongo）。

14 詳見 Hadfield, 2011。

15 Leroi, 2014, p.227.

16 哈德菲爾德幾乎花了十年才發現細菌如何促使管蟲蛻變，而且答案出人意料地殘暴。和加州理工學院的尼克・西庫瑪（Nick Shikuma）一起，哈德菲爾德發現「小紫」會製造一種被稱為細菌素（bacteriocin）的毒素，向其他微生物發動戰爭（Shikuma et al., 2014）。每個「小紫」都是臺簀壓打洞器，能在其他細胞上穿孔，造成致命外洩。一百個細菌素會合併成大型的穹頂形簇團，並將危險的一端全部朝外。這些穹頂像地雷一樣散布在「小紫」的生物膜上，哈德菲爾德認為，當管蟲幼蟲碰到這些地雷時，「轟！」它的細胞猛然被炸出一堆孔。那也許足以觸發緊張的訊號，告訴管蟲：該長大了。

17 Hadfield, 2011；Sneed et al., 2014；Wahl et al., 2012.

18 Gruber-Vodicka et al., 2011；再生的結果仍未發表。

19 Sacks, 2015.

20 數份研究已顯示微生物會影響脂肪（Bäckhed et al., 2004）、血腦障壁（Braniste et al., 2014）和骨骼（Sjögren et al., 2012）。其他相關研究回顧於 Fraune and Bosch, 2010。

21 Rosebury, 1969, p.67.

22 但並不是所有動物腸道裡的微生物群落都可以。丹尼斯．卡斯柏（Dennis Kasper）發現，若無菌小鼠接收一套正常小鼠的微生物，牠就會發展出正常、堅強的免疫系統，但若其接受的是人類或大鼠的則不會（Chung et al., 2012）。這代表特定的成套微生物會和宿主共同演化，建立可靠的免疫系統，促進健康。就連病毒也有參一腳。當肯．卡德威爾（Ken Cadwell）用一種諾羅病毒株（與造成遊艇乘客嘔吐者親緣關係相近）感染無菌小鼠，他發現小鼠體內數種白血球變多了；病毒在此相當於一個有各種細菌的微生物群落（Kernbauer et al., 2014）。

23 免疫系統和微生物群落間的連結詳見 Belkaid and Hand, 2014；Hooper et al., 2012；Lee and Mazmanian, 2010；Selosse et al., 2014，微生物群落在早年的重要性則可見 Olszak et al., 2012。

24 丹．李特曼（Dan Littman）和本田賢也（Kenya Honda）表示，分節絲狀細菌（segmented filamentous bacteria）能誘發促發炎免疫細胞（Ivanov et al., 2009）。本田也呈現梭狀芽孢菌能誘發抗發炎免疫細胞（Atarashi et al., 2011）。

25 要瞭解它們有多重要，就看看愛滋病毒吧！這種病毒之所以人人避之惟恐不及，正是因為它會摧毀輔助T細胞，讓人體產生的免疫反應連弱小的病原體都無法抵抗。

26 瑪茲曼尼恩對脆弱擬桿菌和多醣A的原創研究：Mazmanian et al., 2005；前實驗室成員朱恩．朗德（June Round）參與後續研究：Mazmanian et al., 2008；Round and Mazmanian, 2010。

27 不是每個腸道都有脆弱擬桿菌。但值得慶幸的是，還許多微生物跟它擁有相似的特性。溫蒂．蓋瑞特表示，這類特性相似的微生物中，很多都是藉由同種化學物質，例如短鏈脂肪酸，來激發免疫系統抗發炎的部分（Smith et al., 2013b）。

28 這是單就理論來說。實際上，我們仍不知道大多數這些基因的功能，但總有一天，知識的落差終究會被補齊。

29 微生物代謝物的重要性詳見Dorrestein et al., 2014；Nicholson et al., 2012, and Sharon et al., 2014。

30 獵豹的尿液聞起來也像爆米花。如果你正在非洲莽原行駛，聞到濃郁的奶油爆米花香可要小心了。

31 Theis et al., 2013.

32 氣味腺的研究：Archie and Theis, 2011；Ezenwa and Williams, 2014；同卵雙胞胎氣味研究：Roberts et al., 2005；蝗蟲、蟑螂和巨牧豆樹蟲（mesquite bug）的研究：Becerra et al., 2015；Dillon et al., 2000；Wada-Katsumata et al., 2015。

33 Lee et al., 2015；Malkova et al., 2012.

34 博士後研究員伊蓮．蕭（Elaine Hsiao）主持這份研究（Hsiao et al., 2013）。

35 Willingham, 2012.

36 瑪茲曼尼恩在一場近期的研討會中展示了這份博士後研究員基爾．薛倫（Gil Sharon）完成的研究。在撰寫本書時，它尚未被發表。

37 這段故事由博蒙特親自講述（Beaumont, 1838），也出現在他後續的自傳中（Roberts, 1990）。

38 儘管聖馬丁曾受重傷，仍比博蒙特多活了二十七年（博蒙特後來因冰上滑倒的事故過世）。

39 這個主題有大量的回顧文獻，甚至可能比實際研究文獻還多，以下提供幾篇精選：Collins et al., 2012；Cryan and Dinan, 2012；Mayer et al., 2015；Stilling et al., 2015。其中一份開創性的研究是一九九八年完成的，馬克．萊特（Mark Lyte）讓小鼠感染一種造成食物中毒的細菌——空腸彎曲菌。他用了很低的劑量，因此小鼠幾乎沒有產生免疫反應，更不用說生病，不過牠們確實表現得更焦慮（Lyte et al., 1998）。二〇〇四年，另一個日本團隊表示，無菌的齧齒類對壓力情境的反應更為強烈（Sudo et al., 2004）。

40 二〇一一年大量出現的文獻包含珍・佛斯特（Jane Foster）的研究（Neufeld et al., 2011）；史文・皮特森（Heijtz et al., 2011）；史蒂芬・柯林斯（Bercik et al., 2011）；和約翰・克萊恩、泰德・迪南及約翰・畢能史塔克（John Bienenstock）的研究（Bravo et al., 2011）。

41 Bravo et al., 2011.

42 約翰・畢能史塔克主持這份研究。鼠李糖乳桿菌的JB-1菌株最早來自他的實驗室，也因而得名。畢能史塔克在加拿大使用不同品系的小鼠和些微不同的技術，重複他們所有的實驗。由於仍舊得到相同結果，而給他的愛爾蘭同事信心。整個團隊也在那瞬間知道他們真的有所進展。「我們說，『讚美主！這太棒了！』」他告訴我，「不然通常到其他實驗室做這項苦差事時，實驗結果大多都令人沮喪。」

43 有些微生物可以直接產生神經傳導物質，有的則會說服我們的小腸細胞製造神經傳導物質。人們常認為這些物質是大腦使用的化學分子，可是我們體內至少有一半的多巴胺和百分之九十的血清素存在於腸道（Asano et al., 2012）。

44 Tillisch et al., 2013.

45 撰寫本書時實驗結果尚未發表。

46 有個美國團隊從高脂飲食的小鼠取出微生物，植入正常飲食小鼠的腸道中。受贈者變得更焦慮，而且記憶力也變差（Bruce-Keller et al., 2015）。

47 約翰・阿考克（John Alcock）提出這個想法（Alcock et al., 2014）。

48 我在TED演講談過這些控制心智的寄生蟲（Yong, 2014b）。

49 弓漿蟲也可能影響人類行為。一些科學家指出，有些感染者的人格出現變化，車禍的風險較高，也更容易罹患思覺失調症。

第四章　請嚴格遵守合約條款

1 沃爾巴克和賀提格的研究史詳載於Kozek and Rao, 2007。

2 斯陶特哈默的赤眼蜂：Schilthuizen and Stouthamer, 1997；里高的鼠婦：Rigaud and Juchault, 1992；赫斯特的蝴蝶：Hornett et al., 2009；關於上述全部的回顧文獻：Werren et al., 2008 and LePage and Bordenstein, 2013。

3 一份早期研究估至百分之六十六（Hilgenboecker et al., 2008），一份較近期研究則提出較適中的百分之四十（Zug and Hammerstein, 2012）。

4 海中可能有更普遍的細菌。例如原綠藻球（*Prochlorococcus*），它常見到每毫升的表面海水就有十萬隻左右。全部的原綠藻球製造了空氣中百分之二十的氧氣。每呼吸五次就有一次吸入的氧氣來自它們。不過那是留給另一本書的故事了。

5 線蟲：Taylor et al., 2013；蠅類與蚊類：Moreira et al., 2009；床蝨：Hosokawa et al., 2010；斑點潛葉蟲：Kaiser et al., 2010; 反顎繭蜂：Pannebakker et al., 2007。反顎繭蜂依賴沃爾巴克氏菌的原因乖舛。反顎繭蜂就像所有動物一樣擁有一套自毀程序，可以殺掉已受損或癌化的細胞。由於沃爾巴克氏菌阻止了程序進行，反顎繭蜂的自毀程序就會變得異常敏感，以平衡沃爾巴克氏菌的干擾。現在，如果你移除沃爾巴克氏菌，反顎繭蜂就會誤毀自己支援卵子的那些組織。牠一直以來掙扎著對抗微生物，最後反而變得依賴它們。沃爾巴克氏菌實際上並沒有提供任何好處，但兩者還是被綁在一起。

6 就像回顧於 Dale and Moran, 2006；Douglas, 2008；Kiers and West, 2015；McFall-Ngai, 1998。

7 Blaser, 2010.

8 Broderick et al., 2006.

9 西奧多・羅斯伯里討厭「伺機性」這個詞。「這名稱又是暗喻——指稱微生物也有人類的劣根性。」他寫道，「所有微生物，乃至於所有活著的東西都會對情境的變化做出反應。任何機會，不論類型或程度大小，都可能讓無害的微生物變得有害。」他創造了另一個詞——雙面共生（amphibiosis）——來指自然界中那些隨情境而有益或有害的伙伴關係。這是個好字，甚至可說是完美，但或許沒必要，因為很多（如果不能說大部分的話）的伙伴關係都是如此。

10 Zhang et al., 2010.

11 細扁食蚜蠅：Leroy et al., 2011；蠓：Verhulst et al., 2011。

12 小兒麻痺症：Kuss et al., 2011。另一種名為 MMTV（鼠乳腺癌病毒）的病毒會造成小鼠罹患乳癌；它們喬裝成細菌分子，將分子展現給免疫系統看，以進入腸道的安全通道（Kane et al., 2011）。

13 Wells et al., 1930.

14 啄牛鳥：Weeks, 2000；裂唇魚：Bshary, 2002；螞蟻與相思樹：Heil et al., 2014。

15 這是基爾在一場研討會說的，她的觀點記述於 West et al.,2015。

16 瑪格麗特・麥克弗爾－奈告訴我，烏賊特別善於排除暗黑共生菌，就算這些不發光的突變株只有一點點，牠們不知為什麼還是能偵測到——然後把它們驅逐出去。

17 回顧於 Bevins and Salzman, 2011。

18 胃酸：Beasley et al., 2015；螞蟻與蟻酸：與海克・費爾哈爾（Heike Feldhaar）的訪談。

19 椿象：Ohbayashi et al., 2015；懷菌細胞：Stoll et al., 2010。

20 這發生在象鼻蟲，牠們利用抗微生物劑阻止細胞內的細菌繁殖。如果你阻止牠們製造那種化學物質，細菌就會繁殖、逃跑，並肆意跑遍昆蟲全身（Login and Heddi, 2013）。

21 阿卜杜拉齊・海迪（Abdelaziz Heddi）發現穀物象鼻蟲的能力：Vigneron et al., 2014。包含昆蟲、蚌類、蠕蟲和草食性哺乳類的許多動物，都能消化牠們的微生物，取得額外養分。共生的這個面向常常被忽視，科學家時常預設微生物會從它們和動物的關係裡得到些什麼，不論是養分、保護，或是穩定的環境——但這類益處鮮少被證實。在一篇名為〈共生裡的共生菌——微生物真的有獲益嗎？〉（The symbiont side of symbiosis: do microbes really benefit?）的文章中，賈斯汀・加西亞（Justine Garcia）和妮可・杰拉多（Nicole Gerardo）寫道，「沒有證據支持共生菌獲益的情況下，比起平起平坐的伙伴，共生菌更像是囚犯或是被栽種的作物。」（Garcia and Gerardo, 2014）

22 與羅爾的訪談。

23 Barr et al., 2013.

24 我需要指出，這只是眾多免疫系統起源的學說之一。

25 Vaishnava et al., 2008.

26 其中最重要的是名為免疫球蛋白 A（immunoglobulin A）的抗體，或叫 IgA。腸道反常地大量生產這種抗體，每天產生大約一茶匙的 IgA。不過，人體並不是量產單一型號的 IgA，反倒比較像手工製造，每個產品的形狀有無數個些微差異，以辨識和中和不同的微生物。藉由採集非武裝區的微生物，腸道免疫細胞能替最常見的物種量身訂做各種不同的 IgA。接著，這些抗體會被釋放到黏膜，堆疊到那裡的微生物上，形成難以掙脫的外層。這個方法相當有效，我們腸道中將近一半的細菌都被困在 IgA 形成的緊身衣裡。當微生物的群落改變，被送來捕捉它們的 IgA 其排列也隨之變化。這是個兼具彈性與適應性的絕妙機制。

27 回顧於 Belkaid and Hand, 2014；Hooper et al., 2012；Maynard et al., 2012。

28 Hooper et al., 2003.

29 二〇〇七年，瑪格麗特・麥克弗爾－奈首次提到這個假說。這假說有一些漏洞，例如，如果脊椎動物的免疫系統對於控制我們複雜的微生物群落如此重要，那珊瑚和海綿是如何以如此簡單的免疫系統來容納廣大的菌落？

30 Elahi et al., 2013.

31 Rogier et al., 2014.

32 詳見 Bode, 2012；Chichlowski et al., 2011；Sela and Mills, 2014。

33 Kunz, 2012.

34 這團隊包含吉爾曼本人，微生物學家大衛・米爾斯，化學家卡利多・勒比利亞（Carlito Lebrilla）和食品學家丹妮拉・巴利。

35 羅伯特・沃德（Robert Ward）主持這份研究。大衛・賽拉（David Sela）主持基因體定序（Sela et al., 2008）。

36 這效果可以讓人眼睛為之一亮：在一份孟買的研究中，米爾斯的團隊發現擁有大量嬰兒比菲德氏菌（B.infantis）的嬰兒，對小兒痲痺症和破傷風疫苗的反應較佳。

37 米爾斯告訴我嬰兒比菲德氏菌並非總是嬰兒比菲德氏菌。人們時常錯把這個名字貼到截然不同的微生物身上。其中有一種「嬰兒比菲德氏菌」能在廣受歡迎的優格中找到，米爾斯卻拿那種菌株做為他實驗中的負向控制組。那隻細菌和他研究專門消化母乳的專家一點都不像。

38 這份研究大多由大衛・紐伯格（David Newburg）主持，拉斯・博德（Lars Bode）主持愛滋病毒的研究（Bode et al., 2012）。

39 這也可以是媽媽操控寶寶的方式。盡可能獨占媽媽的注意力對寶寶有利，演化也賦予寶寶許多手段，例如：哭泣、磨蹭，或是單純惹人憐愛。不過母親的注意力需要分散給許多孩子，不論是已經出生或尚未出世的孩子。如果她在任何一個寶寶身上花太多心力，就可能沒有力氣養育更多。因此母親可能在演化中獲得反擊之道——而演化生物學家凱蒂・欣德（Katie Hinde）懷疑母乳就是其中之一。母乳滋養了特定微生物，加上我們在上一章看到的，有些微生物可以影響宿主的行為。藉由調整母乳中人乳寡糖的含量，母親也許就可以

（不經意地）選出控制心智的微生物，以有利於她的方式影響她的寶寶。舉例來說，如果嬰兒較不焦慮，可能會比較早獨立，讓媽媽得以放更多心思在其他孩子身上。

40 聚醣的重要性：Marcobal et al., 2011；Martens et al., 2014；岩藻糖與生病的小鼠：Pickard et al., 2014。

41 回顧於 Fischbach and Sonnenburg, 2011；Koropatkin et al., 2012；Schluter and Foster, 2012。

42 回顧於 Kiers and West, 2015；Wernegreen, 2004。

43 那些讓擁有者能感應和適應變動環境的基因很容易會消失。畢竟，這些微生物不再需要應付變化莫測的氣候、溫度或食物供應。在昆蟲細胞安逸的居所裡，它們可以定居幾百萬年不變。它們也容易失去能修復或重組DNA的基因，以阻止它們修復僅存序列中的問題。

44 回顧於 McCutcheon and Moran, 2011；Russell et al., 2012；Bennett and Moran, 2013。

45 這兩者能否算是不同的物種，仍有爭議。它們的角色設定太過奇怪，以至於傳統定義無法派上用場。

46 馬修・坎貝爾（Matthew Campbell）、詹姆斯・凡・魯文（James van Leuven）和皮特・盧卡西克（Piotr Lukasik）主持這份研究（Campbell et al., 2015; Van Leuven et al., 2014）；智利的蟬的結果目前尚未發表。

47 Bennett and Moran, 2015.

第五章　不論疾病或健康

1 羅爾在《微生物海中的珊瑚礁》（*Coral Reefs in the Microbial Seas*）（Rohwer and Youle, 2010）裡提到萊恩群島之旅，細節豐富又讀來詼諧。除了以下提到的實驗，這個段落的其他細節皆可在《微生物海中的珊瑚礁》裡讀到。

2 羅爾對珊瑚死亡模型描述於 Barott and Rohwer, 2012；丁茲戴爾對珊瑚微生物的研究發表於 Dinsdale et al., 2008；珍妮佛・史密斯對肉質藻類的實驗詳見 Smith et al., 2006；蘿貝卡・維加・瑟伯（Rebecca Vega

Thurber）主持珊瑚病毒的研究可見 Thurber et al., 2008, 2009；丁茲戴爾主持黑色珊瑚礁的研究可見 Kelly et al., 2012；璀西．麥克道爾（Tracy McDole）主持「微生物化分數」的發展；McDole et al., 2012。

3 當美國諷刺演員史蒂芬．荷伯（Stephen Colbert）在他的節目談到這個細菌實驗時，他問：「誰在惡搞這些珊瑚？」

4 有些珊瑚疾病是由單一微生物引起，例如白斑病肇因於黏質沙雷氏菌（*Serratia marascens*），它是一種在土壤和廢水中的細菌。不過，這種案例是例外，而非常態。

5 微生物生態失調的概念被回顧於 Bäckhed et al., 2012；Blumberg and Powrie, 2012；Cho and Blaser, 2012；Dethlefsen et al., 2007；Ley et al., 2006。這個詞常被錯誤地歸功於那個古怪的俄國人埃黎耶．梅契尼可夫，但它早在十年前就被使用了。

6 傑夫．高登的畢業學生名單眾星雲集，許多其上的校友我們會在本書的其他地方遇見，包含賈斯汀．索南堡、茹絲．雷、蘿拉．胡珀和約翰．羅爾斯。羅伯．奈特是長期共同研究者。薩奇斯．瑪茲曼尼恩說他會來到這個領域，是多虧高登在二〇〇一年寫的一篇觀點投書〈在微生物體之前是微生物體〉。

7 這些設備由大衛．歐唐奈（David O'Donnell）和瑪麗亞．卡爾森（Maria Karlsson）負責管理，他們從一九八九年開始跟隨高登。另外還有賈斯汀．瑟魯戈（Justin Serugo）（一名來自剛果人民共和國的避難者），在成為團隊一員之前，他在大學當管理員。我很感激他們帶我四處參觀。

8 一九四〇年代，微生物學家詹姆斯．雷尼爾（James Reyniers）和工程師菲利普．翠斯勒（Philip Trexler）研發出大量培育無菌齧齒類的方式（Kirk, 2012）。他們取下懷孕雌鼠的子宮，浸入消毒劑，轉移到隔離箱，取出胚胎再人工養育牠們。透過這種方式，他們育出無菌小鼠、大鼠和天竺鼠，後來再育出豬、貓、狗甚至是猴子。這種技術明顯成功，但早期這些隔離箱冰冷的鋼鐵、厚重的長手套和狹小的觀察窗，除了不方便也昂貴得令人卻步。到了一九五七年，翠斯勒設計出與高登實驗室的隔離箱相仿，配有橡膠手套的塑膠版本。不僅使用起來較為容易，成本也只需原先的十分之一。

9 弗雷迪克・貝克德主持這份研究（Bäckhed et al., 2004）。

10 微生物群落和肥胖之間的連結回顧於Zhao, 2013 and Harley and Karp, 2012。茹絲・雷主持第一份顯示肥胖的人和小鼠有不同腸道菌落的研究（Ley et al., 2005），彼得・湯博則做了將肥胖患者的微生物移植到無菌小鼠的實驗（Turnbaugh et al., 2006）。

11 派翠絲・卡尼主持這份嗜黏液艾克曼菌的研究，他與艾克曼菌的發現者威廉・德・沃斯（Willem de Vos）合作完成（Everard et al., 2013）。李・卡普蘭（Lee Kaplan）主持胃繞道手術的研究（Liou et al., 2013）。

12 Ridaura et al., 2013.

13 蜜雪兒・史密斯（Michelle Smith）和譚雅・亞茲涅可主持這份研究，馬克・馬納里（Mark Manary）和印地・特雷罕（Indi Trehan）也有參與（Smith et al., 2013a）。

14 就像偉大的生態學家鮑伯・潘恩（Bob Paine）曾說，「漸變的累積創造生態驚喜。」當時他說的是國家公園、島嶼和濕地，雖然並不是在指微生物，但他的這句話能輕易套用到微生物身上（Paine et al., 1998）。

15 微生物群落和免疫系統的相互作用詳見Belkaid and Hand, 2014；Honda and Littman, 2012；Round and Mazmanian, 2009。

16 有關炎症性腸病和微生物群落的論文有數百份，但我推薦以下由領域先鋒所寫的回顧文獻Dalal and Chang, 2014；Huttenhower et al., 2014；Manichanh et al., 2012；Shanahan, 2012；Wlodarska et al., 2015。溫蒂・蓋瑞特關於免疫系統如何影響微生物群落的研究（Garrett et al., 2007, 2010）以及關於微生物群落變化伴隨炎症性腸病的這些論文：Morgan et al., 2012；Ott et al., 2004；Sokol et al., 2008。

17 德克・格弗斯（Dirk Gevers）主持的這份研究，是檢視炎症性腸病與微生物群落連結的最大研究之一（Gevers et al., 2014）。

18 Cadwell et al., 2010.

19 詳見 Berer et al., 2011：Blumberg and Powrie, 2012：Fujimura and Lynch, 2015：Kostic et al., 2015：Wu et al., 2015。

20 傑拉德的論文：Gerrard et al., 1976：斯特拉坎的後續研究：Strachan, 1989：斯特拉坎有時會被誤認為衛生假說之父，雖然在二〇一五年，他本人否認自己與這項驚世駭俗之事的關係，也引述許多在他之前的思想家，並表明他之所以會用「衛生」（hygiene）一詞「是想要押頭韻，而不是想宣揚新的科學模型。」

21 詳見 Arrieta et al., 2015：Brown et al., 2013：Stefka et al., 2014。

22 格雷厄姆．盧克（Graham Rook）創造了「老朋友」這個詞（Rook et al., 2013）。

23 Fujimura et al., 2014：豐富度的差異有可能是因為狗比貓大隻，而且狗較常在戶外。

24 多明格茲－貝羅的研究：Dominguez-Bello et al., 2010：流行病學研究顯示剖腹產與後續疾病的關聯：Darmasseelane et al.,2014：Huang et al., 2015。

25 尤金．張（Eugene Chang）呈現飽和脂肪的影響（Devkota et al., 2012）：安德魯．吉維茲（Andrew Gewirtz）研究兩種添加物（Chassaing et al., 2015）。

26 博基特的冒險在 Altman,1993 中有報告，他對纖維的觀點被引述於 Sonnenburg and Sonnenburg, 2015, p.119。

27 溫蒂．蓋瑞特和其他人呈現分解纖維的細菌會製造短鏈脂肪酸（Furusawa et al., 2013; Smith et al., 2013b）：馬赫什．德賽（Mahesh Desai）則呈現若沒有纖維，腸道細菌會吞食黏液層，並在一次研討會中陳述這份未發表的研究。

28 賈斯汀和艾瑞卡．索南堡呈現缺乏纖維會導致腸道發生滅絕（Sonnenburg et al., 2016），並回顧纖維的益處（Sonnenburg and Sonnenburg, 2014）。

29 有數份微生物群落的研究觀察偏鄉族群，包含卡洛塔．德菲利波（Carlotta de Filippo）和譚雅．亞茲涅可的研究（De Filippo et al., 2010; Yatsunenko et al., 2012）。

30 American Chemical Society, 1999.

31 抗生素對微生物群落的影響回顧於 Cox and Blaser, 2014，其中包含兒童攝取之抗生素劑量的估計。呈現抗生素如何影響微生物群落的研究包括 Dethlefsen and Relman, 2011；Dethlefsen et al., 2008；Jakobsson et al., 2010；Jernberg et al., 2010；Schubert et al., 2015。

32 這發現於一九六〇年代，科學家發現小鼠的排泄物能阻止沙門氏菌生長，但若是以抗生素預先處理，則無法產生阻止的效果（Bohnhoff et al., 1964）。

33 凱瑟琳・雷蒙（Katherine Lemon）在 Lemon et al., 2012 使用這種比喻。

34 布雷瑟的第一份抗生素和肥胖的研究是與其同事伊森・邱（Ilseung Cho）共同完成（Cho et al., 2012）；第二份則由蘿拉・考克斯（Laura Cox）主持（Cox et al., 2014）；而他流行病學研究的主持人則是（Trasande et al., 2013）。

35 他在推特上說的。馬歇爾就是為了證明幽門螺旋桿菌是否會導致胃潰瘍，而自己吞下細菌的那個人。

36 瑪恩・麥肯納（Maryn McKenna）講述後抗生素時代的未來（McKenna, 2013），而她的《超級細菌》（*Superbug*）（McKenna, 2010），是這個主題必讀的書籍。

37 Rosebury, 1969, p.11.

38 布雷瑟對幽門螺旋桿菌的研究：Blaser, 2005.；他對其消失的憂慮：Blaser, 2010 and Blaser and Falkow, 2009；人類與幽門螺旋桿菌的漫長歷史：Linz et al., 2007；《刺胳針》的評論文章：Graham, 1997；幽門螺旋桿菌不影響整體死亡率：Chen et al., 2013。

39 扎克・路易斯（Zack Lewis）主持這份研究。

40 對鄉村與狩獵採集者的微生物群落研究：Clemente et al., 2015；Gomez et al., 2015；Martínez et al., 2015；

Obregon-Tito et al., 2015；Schnorr et al., 2014；對糞便化石微生物的研究：Tito et al., 2012。

41 Le Chatelier et al., 2013.

42 在喀麥隆，感染內阿米巴（*Entamoeba*）這種寄生性變形蟲者擁有較多樣的腸道細菌，若他們也帶有寄生蠕蟲則更是如此。可能是細菌為寄生蟲創造了開口，也可能是寄生蟲不知怎麼地增加了細菌的種類。不論是哪種方式，原本人人追求的多樣性，在鄉村人口身上卻顯示出某種令人厭惡的東西的存在（Gomez et al., 2015）。

43 Moeller et al., 2014.

44 Blaser, 2014, p.6.

45 Eisen, 2014.

46 Mukherjee, 2011, p.349–356.

47 將腸道微生物群落連結至另一種疾病的科學回顧文獻非常多，多到 Elizabeth Bik這位追蹤微生物體學新研究的盡責記錄者，在推特上發起惡搞的標記（hashtag）：#gutmicrobiomeandrandomthing（#腸道微生物群落和有的沒有的東西）。此條目包含「腸道微生物群落和結帳最後總是排到最慢的那條隊伍」、「腸道微生物群落和機車保養的藝術」、「腸道微生物群落和阿茲卡班的逃犯」。

48 The Allium, 2014.

49 在微生物生態失調上，福克斯・沙那漢（Fergus Shanahan）提醒他的科學同僚「謹記喬治・歐威爾的警語，『言辭的不嚴謹，會使愚蠢的想法更容易出現。』當該領域的工作者被術語與措詞不準確綁架，偏誤的想法就有可能產生。使用新詞時須謹慎，它們時常是多餘的，或是意義含混不清。」（Shanahan and Quigley, 2014）

50 我在《紐約時報》寫的一篇曾出現這個論點，關於微生物體的語境性質（contextual nature）（Yong, 2014c）。

51 這個研究是茹絲・雷和歐蜜莉・克里恩（Omry Koren）做的（Koren et al., 2012）。

52 賴瑞・福尼（Larry Forney）和雅克・拉威爾（Jacques Ravel）主持陰道的研究（Gajer et al., 2012；Ma et al.,

2012）；派特・施洛斯（Pat Schloss）分析其他身體部位。（Ding and Schloss, 2014）。

53 凱薩琳・波拉德主持其中一份研究，羅伯・奈特主持另一份（Finucane et al., 2014；Walters et al., 2014）。

54 蘇珊娜・索爾特（Susannah Salter）和艾倫・沃克（Alan Walker）發現那些用來抽取ＤＮＡ以定序的萃取工具組（包括棉花棒與樣本），幾乎總是被微量的微生物ＤＮＡ汙染（Salter et al., 2014）。

55 舉例來說，派特・施洛斯設計了一套方法，能檢驗微生物群落並預測它被困難梭狀芽孢桿菌入侵的脆弱程度（Schubert et al., 2015）。

56 一些科學家透過追蹤他們自己的微生物群落，試著回答這些問題。麻省理工學院的艾瑞克・艾爾姆和勞倫斯・大衛（Lawrence David）每天追蹤長達一年。當大衛在孟買感染旅行者腹瀉（traveler's diarrhea）時，他可以看見他的腸道微生物群經歷一陣震盪，然後恢復正常。當艾爾姆到餐廳用餐後不幸感染沙門氏菌，他也見到壞菌怎麼迅速占領他的腸道，還有他的腸道群落如何在他恢復健康時回復健康（David et al., 2014）。

57 沙蒂許・沙柏曼尼恩（Sathish Subramanian）主持這份研究（Subramanian et al., 2014）。

58 安德魯・考（Andrew Kau）也主持了這份研究，與普拉納一起完成（Kau et al., 2015）。

59 Redford et al., 2012.

第六章　漫漫華爾滋

1 弗里茲的故事：University of Utah, 2012；由亞當・克萊頓（Adam Clayton）主持之首份對ＨＳ的描述：Clayton et al., 2012；第二例尚未發表。

2 不像弗里茲的山楂樹，刺傷孩子的那株仍然活著，所以戴爾正計畫去拜訪，自野外採一些ＨＳ菌株回來。然後他就能嘗試高風險高報酬的實驗：將ＨＳ注射到昆蟲體內，看看能否以人為方式建立新的共生關係。

3 戴爾能看出這之中的差異，因為這些版本——也就是采采蠅版和象鼻蟲版——皆在ＨＳ完整的基因體中失去了不同的基因。它們源於各自被馴養演化而成的類 H S 微生物祖先。

4 蚜蟲與交配感染（sexual transmission）：Moran and Dunbar, 2006；同類互食的鼠婦：Le Clec'h et al., 2013；蟲子與倒流的植物汁液：Caspi-Fluger et al., 2012；人類的進食：Lang et al., 2014；如骯髒針頭的小繭蜂：Gehrer and Vorburger, 2012。

5 約翰．簡尼基取正於某一物種果蠅身上吸食血液的蟎，將牠們放到第二個物種身上。如預期，後者得到了只在前者發現的微生物（Jaenike et al., 2007）。

6 新共生關係的起源討論於 Sachs et al., 2011 and Walter and Ley, 2011。

7 Kaltenpoth et al., 2005.

8 回顧於 Funkhouser and Bordenstein, 2013；Zilber-Rosenberg and Rosenberg, 2008。

9 有次我問武馬怎麼挑選研究題目。他停頓了一下，指向空氣中那些想像的小點，說了一句「噢，真有趣！」然後對著我微笑。同樣的問題我拿去問馬丁．卡登波斯，他說：「我發現某個深津沒在研究的物種，然後告訴他我在研究這個。」其椿象的研究包括 Hosokawa et al., 2008、Kaiwa et al., 2014 和 Hosokawa et al., 2012。

10 Pais et al., 2008.

11 Osawa et al., 1993.

12 至少可以這麼說。我問許多微生物體學家他們最懷疑哪份研究，不少指向這幾個結果。

13 許多水中生物會將共生菌釋入環境，這樣牠們的幼體身邊就有充足的共生菌供給牠們。夏威夷短尾烏賊每天早晨都會這麼做。醫蛭隔幾日就卸下牠們富含微生物的腸道黏膜，而牠們也會受其他水蛭殘留物的吸引（Ott et al., 2015）。有些線蟲會將成群有毒的微生物吐到昆蟲的血液中來獵殺牠們，自己的幼蟲則可在昆蟲屍體發育，並吸收殺手共生菌，納為己用（Herbert and Goodrich-Blair, 2007）。

14 共用住宅的人類：Lax et al., 2014；可交流的狒狒：Tung et al., 2015；競速滑輪選手：Meadow et al., 2013。

15 倫巴多的點子列於 Lombardo, 2008，雖然現在只是一個假說，卻是能檢驗預測的假說。若他是對的，動物自環境取得微生物（例如烏賊），或是自動繼承（像蚜蟲），較有可能是獨居生物。而自同儕取得微生物，像是白蟻，較有可能發展出複雜的社會系統，使牠們和同伴經常接觸。為了測試這點，科學家需要將含有社會性和獨居性成員的動物類群——比如武馬的椿象——畫出親緣關係樹，並檢驗與微生物共生者的演化是否一致超越整體類群的演化。就我所知，目前尚未有人做過這種事。

16 法朗納第一份實驗：Fraune and Bosch, 2007；呈現水螅如何選擇適當微生物的後續研究：Franzenburg et al., 2013；Fraune et al., 2009, 2010；波許水螅研究的回顧：Bosch, 2012。

17 詳見 Bevins and Salzman, 2011；Ley et al., 2006; Spor et al., 2011。

18 鯨魚和海豚：與愛咪・阿普里爾（Amy Apprill）的訪談；大頭泥蜂：Kaltenpoth et al., 2014。

19 蜂類共生菌：Kwong and Moran, 2015；羅伊氏乳桿菌：Frese et al., 2011；羅爾斯的交換實驗：Rawls et al., 2006。

20 舉例來說，安德魯・班森（Andrew Benson）在小鼠的基因體中辨識出十八個區域，這些區域會影響最常見腸道共生菌的豐富度。其中有些是影響單一微生物物種的數量水平，其他則是控制整個群體（Benson et al., 2010）。

21 這篇發表時採用其夫姓，琳恩・薩根（Lynn Sagan）（Sagan, 1967）。

22 Margulis and Fester, 1991.

23 全基因體的概念，最早由名為理察・傑佛遜（Richard Jefferson）的生物技術學家於一九八〇年代構想出來，雖然他從未有機會發表它（Jefferson, 2010）。他確實曾於一九九四年的一場研討會呈現這個理論，大約早了羅森堡夫婦十三年。

24 Hird et al., 2014.

25 例如，茹絲・雷表示，人類基因並沒有完全決定微生物群落的整體組成，但它們對某些特定群體的存在有巨大影響。我們體內最具遺傳性的細菌，是近期發現且鮮為人知的物種，名為克里斯坦森氏菌（*Christensenella*）（Goodrich et al., 2014）。有些人擁有它，其餘則無，這項變異大約百分之四十可歸因於我們的基因。這神祕的物種在孩童時期很常見，在正常體重的人中較為盛行，而且時常與其他微生物形成的龐大的網絡一起被發現。它可能是關鍵物種：相對罕見卻對生態影響重大的物種。

26 羅森堡夫婦提出全基因體的概念：Rosenberg et al., 2009；ZilberRosenberg and Rosenberg, 2008；塞思・博登斯坦和凱文・賽伊斯奠基其上並延伸的理論：Bordenstein and Theis, 2015；南西・莫蘭和大衛・斯隆（David Sloan）的反駁論述：Moran and Sloan, 2015。

27 戴安・杜德實驗：Dodd, 1989；由基爾・薛倫主持的羅森堡後續研究：Sharon et al., 2010。

28 瓦林：Wallin, 1927；馬古利斯和薩根：Margulis and Sagan, 2002。

29 和韋倫的第一份實驗：Bordenstein et al., 2001；與羅伯特・布魯克爾（Robert Brucker）共同完成的第二份實驗：Brucker and Bordenstein, 2013。

30 Brucker and Bordenstein, 2014; Chandler and Turelli, 2014.

第七章　共同創造的雙贏

1 Sapp, 2002.

2 我們在第二章遇見的那位發現抗生素的細菌學家勒內・杜博斯，將布赫納的著作帶到美國，在出版業者眼前亮相。這是少數昆蟲共生菌和人類微生物研究交織的歷史性時刻。

3 莫蘭對巴赫納氏菌的第一份研究，是和細菌學家保羅・鮑曼（Paul Baumann）一同完成的（Baumann et al., 1995）。現在兩人皆有以他們命名的共生菌。鮑曼氏菌（*Baumannia*）發現褐透翅尖頭葉蟬，柑桔粉介殼蟲中的莫蘭氏菌則發現得比前者晚許多。

4 Nováková et al., 2013.

5 回顧於Douglas, 2006、Feldhaar, 2011。

6 例如，巴赫納氏菌可以執行製造異亮胺酸（isoleucine）或胺基甲硫醇丁酸（methionine）等胺基酸的每個步驟——除了最後一步。反應完成的最終步驟落在蚜蟲身上。安潔拉・道格拉斯（Angela Douglas）、南西・莫蘭和其他人詳細地繪製出這些途徑（Russell et al., 2013a; Wilson et al., 2010）。

7 有趣的是，半翅目昆蟲的不同分支已獨立演化出飲用韌皮部汁液的能力。但其他昆蟲並沒有演化出來，雖然牠們也有能兼任營養補充品的微生物。所以為什麼是半翅目？或反過來問，為什麼不是其他的昆蟲？答案仍是個謎。

8 回顧於Wernegreen, 2004。

9 布拉曼氏屬細菌和巴赫納氏菌的親緣相當接近，而且這可能不是巧合。許多巨山蟻會豢養蚜蟲，就像人類農夫豢養他們的牲口，並保護牠們免於掠食者威脅。而蚜蟲餵巨山蟻吃一種富含糖分的液體做為回報，這種排泄液體被稱為蜜露（honeydew）。蚜蟲的共生菌也伴隨著蜜露而來。珍妮佛・韋恩格林（Jennifer Wernegreen）認為，布拉曼氏屬細菌是一些自蚜蟲的體內跑出的共生菌後代，最終來到螞蟻的體內，然後就在那裡待了下來（Wernegreen et al., 2009）。

10 加拉巴哥裂谷的發現史詳載於史密森尼國家自然史博物館，二〇一〇，尤其是在羅伯特・肯齊的《繪製深邃海洋》（Kunzig, 2000）也有詳述瓊斯和卡瓦諾對巨管蟲的研究工作。

11 卡瓦諾在一九八一年發表她的想法（Cavanaugh et al., 1981），但她後來又花了數年，才確認細菌如她設想的那般運作。其他科學家也曾猜測過化學合成微生物的存在，但卡瓦諾是首位展現它們存在且能和動物形成伙伴關係的人。做為一名研究生，她發現了全新的生活方式，而且是意外常見的一種。她對巨管蟲的研究被回顧於下列文獻：Stewart and Cavanaugh, 2006。

12 回顧於Dubilier et al., 2008。

13 杜比勒發現了兩種歐氏顫蚓的共生菌：Dubilier et al., 2001；她接著又發現了其他三種：Blazejak et al., 2005。

14 Ley ed al., 2008a.

15 另一個例外：伊比利亞猞猁（Iberian lynx）這種有耳羽的歐洲貓科，雖是專吃肉的動物，但牠腸道擁有的植物消化基因卻出乎意料地多。有可能是牠的微生物已適應消化牠狩獵的兔子之餘，連帶消化這些兔子腸道中的植物（Alcaide et al., 2012）。

16 關於哺乳類所攝取的能量中，來自微生物者所占的比例：Bergman, 1990；哺乳類消化系統的回顧文獻：Karasov et al., 2011；Stevens and Hume, 1998。

17 鯨是有趣的例外。牠們是肉食者，喜食小型甲殼類、魚類或甚至其他哺乳類。然而，牠們演化自草食性、像鹿的動物，並保留了牠們祖先龐大且多腔室的前腸。牠們現在用這個前腸發酵槽處理動物組織（就像喬恩．桑德斯〔Jon Sanders〕發現的），這個發酵槽也留給牠們一群不像任何陸地上肉食或草食動物的腸道微生物群落（Sanders et al., 2015）。

18 麝雉（hoatzin）這種藍面紅眼，橙羽龐克冠，體形如雞的南美鳥類，也是前腸發酵動物。牠主要以葉子為食，並在牠食道膨大的部位——嗉囊——消化這些葉子。瑪麗亞．多明格茲－貝洛羅表示，相對於麝雉腸道較後段的菌，嗉囊中的細菌和牛胃中的細菌較為相似（Godoy-Vitorino et al., 2012）。毫不意外，麝雉的糞便和牛屎一樣臭。

19 Ley et al., 2008b.

20 三趾樹懶（three-toed sloth）是這個規則的反證：牠大多只吃某一棵樹的葉子，所以對於一個植食者來說，牠的腸道微生物群落很小，種類也有限（Dill-McFarland et al., 2015）。

21 Hongoh, 2011.

22 這個差異愚弄了一些早期的生物學家。阿爾弗雷德・愛默森（Alfred E. Emerson）看見高等白蟻缺乏那些在低等白蟻身上欣欣向榮的原生動物，因此推論共生微生物妨礙動物演化出較高的社會功能（social function）。若他知道細菌的事，可能會改變他的模型。

23 麥可・鮑森（Michael Poulsen）主持這份研究（Poulsen et al., 2014）。

24 Amato et al., 2015.

25 David et al., 2013.

26 Chu et al., 2013.

27 W. J. 佛里蘭（W. J. Freeland）和丹尼爾・詹森（Daniel Janzen）說，「據推測，如果給予微量的有毒食物……就會有選汰壓力篩選能夠與之共處並分解毒素的物種或菌株。」（Freeland and Janzen, 1974）

28 Kohl et al., 2014.

29 這似乎是林鼠很擅長的事。主持柯爾的研究的丹妮絲・迪林（Denise Dearing）揭露了另一物種身上相似的故事：白喉林鼠住在不同的沙漠（下索諾蘭沙漠〔Lower Sonoran〕），針對不同的植物（仙人掌）特化，能忍受不同的毒素（草酸）。微生物是這則奇聞的英雄，而藉著將微生物移植到未經處理的實驗室大鼠（naïve lab rat）體內，迪林也能使牠們變得能夠食用仙人掌（Miller et al., 2014）。

30 馴鹿和地衣：Sundset et al., 2010；單寧分解者：Osawa et al.,1993；咖啡果小蠹：Ceja-Navarro et al., 2015。

31 Six, 2013.

32 Adams et al., 2013; Boone et al., 2013.

33 和本章案例相反，微生物也能限制它們的宿主。昆蟲共生菌一般比它們的宿主對高溫更為敏感，所以它們的數量會在天氣炎熱時驟降——這點甚至連布赫納也知道。這限縮了其宿主能興盛繁衍的地方，並可能導致互利關係在變暖的世界中瓦解（Wernegreen, 2012）。豐年蝦（brine shrimp）——兒童水族館中的鹵蟲（sea monkey）——具有協助牠們消化藻類的腸道微生物，但因這些微生物喜愛鹽分多的環境，豐年蝦被迫居住在較其正常傾向更鹹的水中（Nougué et al., 2015）。微生物也能造成食物限制。想像有隻昆蟲開始吃一株大量製造某種必需養分的植物。牠的共生菌不再需要提供那種養分，快速失去了相關的基因，宿主也因為植物，而不需要彌補這些損失。一切完美。接著，植物開始逐漸衰亡，現在昆蟲只剩兩種選擇，牠可以去找另一株製造同樣養分的植物，或是去找尋新微生物做為補給。如果兩者都辦不到，牠的麻煩可就大了。

34 Wybouw et al., 2014.

第八章　暢行在E大調的快板中

1 Ochman et al., 2000.

2 這個經典實驗是由英國細菌學家斐德立克・葛利菲斯於一九二八年完成。

3 艾佛瑞的發現是現代遺傳學最重要的發現之一，它與傳統思維不同，認為DNA是基因所在的地方。當時，大部分的科學家相信基因是由蛋白質這種形狀能無限變化的物質所組成。而由四個重複的單位建構出DNA的觀點則被認為無聊且不值得注意。但艾佛瑞推翻了眾人既定的觀念。在許多方面，他為後續的發現奠定了基石，而那些發現為DNA立下是生命最重要分子的地位（Cobb, 2013）。

4. 這是一項具指標意義的發現，讓年僅三十三歲的萊德伯格在一九五八年獲頒諾貝爾獎。

5. 詳見Boto, 2014、Keeling and Palmer, 2008。

6 Hehemann et al., 2010; *Zobellia*，在因緣際會下以海洋微生物學家克勞德・佐貝爾（Claude E. ZoBell）的名字命名。

7 二十世紀早期被邊緣化的共生提倡者保羅・波提爾（Paul Portier）認為，我們會吞下食物中新鮮的粒線體和它上面的其他共生菌，這些微生物會透過和我們體內舊的粒線體融合來活化它。不太對，但很接近。

8 數據尚未發表。

9 Smillie et al., 2011.

10 我把粒線體排除在外，因為早在動物演化出來的數十億年前，它們就不再是自由生活的細菌了。

11 人類基因體計畫的文獻：Lander et al., 2001；由強納森・艾森和史蒂芬・薩茲堡（Steven Salzberg）主導的反對聲浪：Salzberg, 2001。

12 果蠅中的沃爾巴克氏菌ＤＮＡ：Salzberg et al., 2005；其他動物中的沃爾巴克氏菌ＤＮＡ：Hotopp et al., 2007；嗜鳳梨果蠅體內的完整沃爾巴克氏菌基因體：Hotopp et al., 2007。

13 這項訊息仍被置若罔聞。當科學家定序動物基因體時，他們下意識地排除所有細菌的部分，因為他們認為這些序列是汙染源。豌豆蚜的基因體含有水平基因轉移的巴赫納氏菌基因，但這些在上傳的網路資料庫裡被排除了。嗜鳳梨果蠅體內擁有一整個沃爾巴克基因體，但你永遠無法從公開的基因體察覺其存在——因為這些序列被移除了。這些做法有其道理，因為汙染確實是個問題。但它也促長了特定的觀點：認為細菌序列必然是外來的，而且必須丟棄，以免汙染動物的基因體。「這個循環論證，始於假設動物沒有從細菌水平轉移基因，所以基因體定序時會排除細菌的基因；而從排除後的這些基因體來看有無發生水平基因轉移，則又回來鞏固了自細菌到動物的水平基因轉移不會發生的想法。」唐寧－霍托普如此寫道（DunningHotopp et al., 2011）。

14 你腸道中的細菌，可能可以將它的基因轉移到你的其中一個腸道細胞，但只要那顆細胞死了，細菌ＤＮＡ也就跟著消逝。細菌的基因也許是人類基因體的一部分，但永遠不等同於人類的基因體。在二〇一三年，唐寧－霍托普表示，這些短暫的生物結盟其實意外地常見（Riley et al., 2013）。她分析數百個已定序的人類基因體，這些樣本來自腎臟、皮膚或肝臟，並不會傳給下一代的人類細胞。她在其中發現有三分之一是細菌的DNA，它們在癌細胞中特別常見，是一個尚未被理解但很有趣的結果。這可能是因為腫瘤特別容易被基因入侵，或是細菌基因協助了正常細胞的癌化。

15 這份研究大多由艾蒂安・丹欽（Etienne Danchin）完成（Danchin and Rosso, 2012；Danchin et al., 2010）。

16 Acuna et al., 2012.

17 為這份研究貢獻的數位科學家，包含尚・米歇爾・德雷岑（Jean-Michel Drezen）、麥可・斯特朗（Michael Strand）和蓋倫・伯克（Gaelen Burke）：Bezier et al., 2009；Herniou et al., 2013；Strand and Burke, 2012。

18 這種事其實發生了兩次。蜂的另一個分支——姬蜂科——獨立馴化了另一個分支的病毒，該病毒被使用的方式與繭蜂病毒相仿（Strand and Burke, 2012）。

19 和*tae*基因案例平行相照，塞思・博登斯坦透露了另一個類似的跨界（kingdom）抗生素基因故事（Metcalf et al., 2014）。

20 這種設計還有另一個例子：一個細菌找到了方法，把自己弄進在蜱的粒線體內，現在就棲息在那裡。它被命名為*Midichloria*（迷地原蟲），源自星際大戰宇宙中，那個將擁有者和原力相連的共生菌。

21 麥克欽稱這些消逝的微生物為「生物分類的難題」（conundrums of biological classification）（McCutcheon, 2013）。它們很明顯是細菌，而且仍擁有自己獨特的基因體，但它們無法獨立生存，而且其中有些（像莫蘭氏菌）甚至無法界定自己的範圍。它們幾乎就像粒線體或葉綠體這些被稱為胞器的構造，但是對於麥克欽來說，胞器只是極端的共生菌——遺傳物質喪失與轉位的長期累積，將動物和細菌不可逆地綁在一起。

22 研究生菲利普・胡斯尼克（Filip Husnik）主持這份研究（Husnik et al., 2013）。

23 你可能記得肽聚醣是一種控制瑪格麗特・麥克弗爾–奈烏賊發育的MAMPs。

24 事情比這更奇怪！在另一種粉介殼蟲身上，莫蘭氏菌被其他共生菌取代了。它們全都和莫蘭氏菌一樣與HS

有親緣關係，也就是那隻來到湯馬斯・弗里茲手裡面，後來被柯林・戴爾鑑定的細菌。

25 他們也和寄生蜂專家莫莉・亨特合作。

26 漢米爾頓防衛菌（*Hamiltonella*）的名字來自比爾・漢米爾頓（Bill Hamiliton），他是訓練莫蘭的傳奇演化生物學家。

27 漢米爾頓防衛菌的發現：Oliver et al., 2005；漢米爾頓防衛菌噬菌體的發現：Moran et al., 2005；蚜蟲與漢米爾頓防衛菌共生的彈性關係：Oliver et al., 2008。

28 Moran and Dunbar, 2006.

29 回顧 Jiggins and Hurst, 2011。

30 關於日本豆甲蟲，由共生菌大師深津武馬主持的一份研究：Kikuchi et al., 2012；關於蚜蟲眾多的次等共生菌：Russell et al., 2013b；關於蚜蟲的延續和次等共生菌：Henry et al., 2013。

31 簡尼基發現果蠅延續的祕密是螺原體：Jaenike et al., 2010；共生菌的迅速擴張：Cockburn et al., 2013。

32 莫莉・亨特（Molly Hunter）發現立克次體細菌的擴張行動：Himler et al., 2011。

33 他們或許甚至能預測日後的伙伴關係。幾年前，簡尼基發現螺原體在他研究的物種以外也能保護其他果蠅物種。其中一種尚未擁有任何細菌防衛者，但也被無後的線蟲鎖定。當簡尼基人為結合這種果蠅和他實驗室中的螺原體時，他發現牠們又能繁殖了（Haselkorn et al., 2013）。在野外，這種同盟尚未出現，但它對果蠅如此有利，註定會發生。而一旦發生了，它無疑會勝出。

第九章　任君挑選的微生物

1 絲蟲病及帶有沃爾巴克氏菌的致病線蟲，詳見 Taylor et al., 2010 and Slatko et al., 2010。

2 絲蟲中發現有類似細菌的構造：Kozek, 1977；Mclaren et al., 1975；細菌被確定為沃爾巴克氏菌：Taylor and

Hoerauf, 1999。

3 泰勒的同事阿赫姆・賀勞夫（Achim Hoerauf）共同主持了這些試驗（Hoerauf et al., 2000, 2001; Taylor et al., 2005）。

4 去氧羥四環素還有其他好處，在中非的部分地區，河盲症患者特別難醫治，因他們帶有第二種絲蟲——「眼絲蟲」（eyeworm）。如果用傳統藥物殺掉造成河盲症的物種，眼絲蟲也會跟著死亡，然而牠們的幼體太大，會堵住血管，造成腦損傷。但因為眼絲蟲沒有沃爾巴克氏菌，所以去氧羥四環素不會傷害牠。這種藥能攻擊造成河盲症的寄生蟲，也能避免造成嚴重的附帶傷害。

5 A·WOL 的聯營策略：Johnston et al., 2014；Taylor et al., 2014；米諾環素的結果並未發表。

6 Voronin et al., 2012.

7 Rosebury, 1962, p. 352.

8 兩棲類的衰減：Hof et al., 2011；on Bd: Kilpatrick et al., 2010；Amphibian Ark, 2012。

9 Eskew and Todd, 2013; Martel et al., 2013.

10 Harris et al., 2006.

11 康內斯山青蛙族群的發現：Woodhams et al., 2007；在實驗室中藍黑紫色桿菌能防範蛙壺菌：Harris et al., 2009。著書期間藍黑紫色桿菌的田野試驗結果尚未發表。

12 貝克對巴拿馬金蛙的研究：Becker et al；青蛙皮膚上的細菌多樣性：Walke et al., 2014；馬達加斯加計畫（與莫莉・布萊茲〔Molly Bletz〕合作完成）：Bletz et al., 2013。由瓦萊麗・麥肯齊（Valerie McKenzi）主持，關於變態如何改變微生物群落的研究：Kueneman et al., 2014。

13 瓦萊麗・麥肯齊和羅伯・奈特建構了一套方法，能根據青蛙的免疫系統、皮膚上的黏膜層，以及青蛙的微生物群落，預測青蛙對蛙壺菌的恢復力（Woodhams et al., 2014）。

14 Kendall, 1923, p.167.

15 益生菌研究史：Anukam and Reid, 2007。

16 被吃下去的微生物的命運：Derrien and van Hylckama Vlieg, 2015；傑夫．高登對Activia優格的研究，計畫主持人為南森．麥可諾第（Nathan McNulty）：McNulty et al., 2011；溫蒂．蓋瑞特的實驗：Ballal et al., 2015。

17 益生菌定義的探討：Hill et al., 2014；益生菌研究史回顧：Slashinski et al., 2012 and McFarland, 2014；考科藍合作組織回顧：AlFaleh and Anabrees, 2014；Allen et al., 2010；Goldenberg et al., 2013。

18 Katan, 2012; *Nature*, 2013; Reid, 2011.

19 詳見Ciorba, 2012；Gareau et al., 2010；Gerritsen et al., 2011；Petschow et al., 2013；Shanahan, 2010。

20 大部分關於益生菌的研究都聚焦於腸胃道，但這個詞也能代表任何包含有益微生物的產品，包括護膚乳，洗髮乳或漱口水。這類產品都正被積極開發中。

21 雖然優秀，卻非完美無暇。像乳桿菌屬和比菲德氏菌屬這群良好的細菌，也曾有造成敗血症的罕見案例。在惡名昭彰的荷蘭臨床試驗中，服用益生菌的急性胰臟炎（acute pancreatitis）患者，比服用安慰劑的患者更容易死亡（Gareau et al., 2010）。一般來說，這些細菌製品是安全的，但在開益生菌給病情嚴重或有免疫力缺失的患者前，醫生可能會三思。

22 雷蒙．瓊斯和瓊斯氏互養菌的故事：Aung, 2007；CSIROpedia；New York Times, 1985；瓊斯首次進行的瘤胃移植：Jones and Megarrity, 1986；有關瓊斯氏互養菌的描述與命名：Allison et al., 1992。

23 Ellis et al., 2015.

24 我採訪了丹妮絲．狄林（Denise Dearing），她實驗所用的白喉林鼠也是利用草酸桿菌排除仙人掌中的草酸。

25 如Bindels et al., 2015 and Delzenne et al., 2013所述。

26 Underwood et al., 2009.

27 本田賢也的研究：Atarashi et al., 2013；進入臨床試驗階段：Schmidt, 2013。

28 關於糞便菌叢移植的回顧文獻有Aroniadis and Brandt, 2014；Khoruts, 2013；Petrof and Khoruts, 2014；而其中一篇受歡迎的文獻如Nelson, 2014。

29 佩托芙的團隊現在全面改用拋棄式的設備，包括一種可固定在馬桶座周圍一圈的塑膠承接容器——「便便帽」，和咖啡濾紙。

30 Koch and Schmid-Hempel, 2011.

31 Hamilton et al., 2013.

32 Zhang et al., 2012.

33 Van Nood et al., 2013.

34 糞便菌叢移植和炎症性腸病：Anderson et al., 2012；糞便菌叢移植／肥胖研究：Vrieze et al., 2012。

35 這樣的結果是可以預見的。回想一下凡妮莎．瑞朵拉和傑夫．高登的實驗，當纖瘦小鼠的腸道微生物被移植到肥胖小鼠體內時，接收者還須執行健康的飲食體重才會減輕。

36 Petrof and Khoruts, 2014.

37 冷凍的糞便樣本和新鮮的一樣好：Youngster et al., 2014；OpenBiome的作業流程描述於Eakin, 2014。

38 微生物學家史丹利．法爾科（Stanley Falkow）是第一位透過膠囊予以糞便菌叢移植的人。一九五七年，他任職的醫院被一株麻煩的葡萄球菌菌株侵襲，所有患者手術前都必須服用抗生素以防萬一。不幸的是，這些藥物也消滅了他們的腸道共生菌，導致患者腹瀉和消化不良。瞭解事態的法爾科要求就診的患者攜帶糞便樣本。接著，他將樣本注入膠囊，當患者術後一清醒，法爾科就讓他們吞下。「院長發現了這件事，」法爾科後來寫道，「他對著我大吼：法爾科，你真的餵患者吃屎了嗎？我回應：『是的！我曾參與讓患者吃自己糞便的臨床研究。』」他被開除了，但兩天後再度被聘用（Falkow, 2013）。

39 Smith et al., 2014.

40 有個團隊最近報告一個糞便菌叢移植後體重增加的案例，但增加的體重是否來自該治療法仍未明瞭（Alang and Kelly, 2015）。

41 網路社群「便便的力量」（thepowerofpoop.com）不僅蒐羅自行糞便移植的故事，也倡導醫生應該嚴肅對待其操作步驟。

42 在我寫這章時，有個陌生人寄郵件問我，如果有在喝減糖蘇打，她是否需要接受糞便菌叢移植。正確的答案是不用。

43 簽署者包含我們已經提過的人，例如傑夫・高登、羅伯・奈特和馬丁・布雷瑟：Hecht et al., 2014。

44 RePOOPulatee：Petrof et al., 2013，更多發明微生物混合物配方的研究：Buffie et al., 2014；Lawley et al., 2012。

45 但柯洛茲並不同意這一點。「從捐贈者那裡得到的微生物都是由大自然設計的，也有在原宿主身上能安全發揮的紀錄，」他說，「那是任何人為方法都難以超越的標準。」若他自己需要移植，他會選擇古老的方法。

46 Haiser et al., 2013.

47 詳見 Carmody and Turnbaugh, 2014；Clayton et al., 2009；Vétizou et al., 2015。

48 Dobson et al., 2015; Smith et al., 2015.

49 詳見 Haiser and Turnbaugh, 2012；Holmes et al., 2012；Lemon et al., 2012；Sonnenburg and Fischbach, 2011。

50 黑森研究ＴＭＡＯ的回顧文獻：Tang and Hazen, 2014；團隊發現一種阻止細菌製造ＴＭＡＯ的化學物質：Wang et al., 2015。

51 二〇一五年時，我在《新科學人》中寫過這些多才多藝的益生菌（Yong, 2015c）。

52 Kotula et al., 2014.

53 張對大腸桿菌的研究：Saeidi et al., 2011；吉姆．柯林斯合夥建立了一間名為Synlogic的新創公司，試圖將這些微生物帶到市場，他認為他們距離第一次臨床試驗只差幾年了。

54 Rutherford, 2013.

55 詳見Claesen and Fischbach, 2015；Sonnenburg and Fischbach, 2011。

56 提摩太．盧（Timothy Lu）發表了第一篇關於設計（programming）多形擬桿菌的研究（Mimee et al., 2015），索南堡的團隊緊跟在後。

57 Olle, 2013.

58 詳見Iturbe-Ormaetxe et al., 2011 and LePage and Bordenstein, 2013。

59 他原本打算改良沃爾巴克氏菌的基因，讓它帶有製造抗登革熱抗體的基因。若此法奏效，細菌應該會在族群中快速擴散，也會帶著抗登革熱的抗體。不過，改良沃爾巴克氏菌的基因並不容易，歐尼爾在六年後放棄，至今亦無人成功。

60 首次提及「爆米花」菌株：Min and Benzer, 1997；康納．麥克麥尼曼讓沃爾巴克氏菌穩定地感染蚊子卵：McMeniman et al., 2009。

61 麥可．圖雷利（Michael Turelli）在加州大學戴維斯分校完成這項模擬實驗（Bull and Turelli, 2013），後續又在田野試驗中確認。當其團隊在越南的一座小島上釋放帶有「爆米花」菌株的蚊子時，昆蟲和牠們的共生菌都沒能倖存。

62 卡琳．強森（Karyn Johnson）和路易斯．特謝拉（Luis Teixeira）發現沃爾巴克氏菌能讓蠅類抵抗病毒：Hedges et al., 2008；Teixeira et al., 2008；歐尼爾的團隊（路西亞諾．莫雷拉〔Luciano Moreira〕也是其中一員）發現在蚊子身上亦是如此。

63 湯姆・沃克（Tom Walker）將 wMel 注射到埃及斑蚊的卵中，而艾瑞・霍夫曼（Ary Hoffmann）、史考特・李奇（Scott Ritchie）與歐尼爾共同主持蚊舍的試驗（Walker et al., 2011）。

64 歐尼爾知道如果科學家忽視當地社區的意見可能會有什麼後果。一九六九年，世界衛生組織的科學家為了嘗試數種管控蚊子族群數量的新技術，包括基因改造、輻射、沃爾巴克氏菌，跋涉至印度進行試驗（*Nature*, 1975）。那份計畫不對外人透露，人們因此逐漸心生懷疑。新聞開始指控其中一些是美國人的科學家，說他們把印度當作實驗臺，進行那些對美國本土而言太過危險的實驗，甚至指控他們在發展生化武器。研究團隊卻對此毫無回應。「那是一場公共關係的惡夢，」歐尼爾說，「他們被逐出印度，那次爭議也讓蚊子的基因改造成為禁忌長達二十年。」歐尼爾想避免重蹈覆轍。

65 Hoffmann et al., 2011.

66 撲滅登革熱計畫：www.eliminatedengue.com；歐尼爾和凱特・雷茲其（Kate Retzki）與我討論湯斯維爾計畫，巴克堤・安達利（Bekti Andari）和安娜・克莉絲緹娜・塔博達（Ana Cristina Patino Taborda）與我談了印尼與哥倫比亞計畫。

67 Chrostek et al., 2013; McGraw and O'Neill, 2013.

68 將沃爾巴克氏菌和埃及斑蚊結合：Bian et al., 2013；利用沃爾巴克氏菌控制其他害蟲：Doudoumis et al.；蚊子的特定腸道細菌能阻擋瘧原蟲，也能當作抗瘧益生菌餵食昆蟲：Hughes et al., 2014。

第十章　明天，進軍全世界

1 我們的微生物雲：Meadow et al., 2015；被灑到空氣中的估算菌數：Qian et al., 2012。

2 Lax et al., 2014.

3 正確來說，它叫腋部（axilla）。

4 Van Bonn et al., 2015.

5 醫院微生物群落計畫：Westwood et al., 2014；關於醫院微生物與感染：Lax and Gilbert, 2015。

6 Gibbons et al., 2015.

7 葛林對醫院窗戶的研究：Kembel et al., 2012；佛羅倫斯・南丁格爾的文章：Nightingale, 1859。

8 有關室內環境的微生物群落：Adams et al., 2015；潔西卡・葛林對立理仕大樓的研究成果：Kembel et al., 2014；葛林對生物考量設計的 TED 演講與回顧：Green, 2011, 2014。

9 Gilbert et al., 2010; Jansson and Prosser, 2013; Svoboda, 2015.

10 Alivisatos et al., 2015.

參考書目

Acuna, R., Padilla, B.E., Florez-Ramos, C.P., Rubio, J.D., Herrera, J.C., Benavides, P., Lee, S-J., Yeats, T.H., Egan, A.N., Doyle, J.J., et al. (2012) 'Adaptive horizontal transfer of a bacterial gene to an invasive insect pest of coffee', *Proc. Natl. Acad. Sci.* 109, 4197–4202.

Adams, A.S., Aylward, F.O., Adams, S.M., Erbilgin, N., Aukema, B.H., Currie, C.R., Suen, G., and Raffa, K.F. (2013) 'Mountain pine beetles colonizing historical and naive host trees are associated with a bacterial community highly enriched in genes contributing to terpene metabolism', *Appl. Environ. Microbiol.* 79, 3468–3475.

Adams, R.I., Bateman, A.C., Bik, H.M., and Meadow, J.F. (2015) 'Microbiota of the indoor environment: a meta-analysis', *Microbiome* 3. doi: 10.1186/s40168-015-0108-3.

Alang, N. and Kelly, C.R. (2015) 'Weight gain after fecal microbiota transplantation', *Open Forum Infect. Dis.* 2, ofv004–ofv004.

Alcaide, M., Messina, E., Richter, M., Bargiela, R., Peplies, J., Huws, S.A., Newbold, C.J., Golyshin, P.N., Simón, M.A., López, G., et al. (2012) 'Gene sets for utilization of primary and secondary nutrition supplies in the distal gut of endangered Iberian lynx', *PLoS ONE* 7, e51521.

Alcock, J., Maley, C.C., and Aktipis, C.A. (2014) 'Is eating behavior manipulated by the gastrointestinal microbiota? Evolutionary pressures and potential mechanisms', *BioEssays* 36, 940–949.

Alegado, R.A. and King, N. (2014) 'Bacterial influences on animal origins', *Cold Spring Harb. Perspect. Biol.* 6, a016162–a016162.

Alegado, R.A., Brown, L.W., Cao, S., Dermenjian, R.K., Zuzow, R., Fairclough, S.R., Clardy, J., and King, N. (2012) 'A bacterial sulfonolipid triggers multicellular development in the closest living relatives of animals', *Elife* 1, e00013.

AlFaleh, K. and Anabrees, J. (2014) 'Probiotics for prevention of necrotizing enterocolitis in preterm infants', in *Cochrane Database of Systematic Reviews*, The Cochrane Collaboration (Chichester, UK: John Wiley & Sons).

Alivisatos, A.P., Blaser, M.J., Brodie, E.L., Chun, M., Dangl, J.L., Donohue, T.J., Dorrestein, P.C., Gilbert, J.A., Green, J.L., Jansson, J.K., et al. (2015) 'A unified initiative to harness Earth's microbiomes', *Science* 350, 507–508.

Allen, S.J., Martinez, E.G., Gregorio, G.V., and Dans, L.F. (2010) 'Probiotics for treating acute infectious diarrhoea', in *Cochrane Database of Systematic Reviews*, The Cochrane Collaboration (Chichester, UK: John Wiley & Sons).

Allison, M.J., Mayberry, W.R., Mcsweeney, C.S., and Stahl, D.A. (1992) '*Synergistes jonesii, gen. nov., sp.nov.*: a rumen bacterium that degrades toxic pyridinediols', *Syst. Appl. Microbiol.* 15, 522–529.

The Allium (2014) 'New Salmonella diet achieves 'amazing' weight-loss for microbiologist'.

Altman, L.K. (April 1993) 'Dr. Denis Burkitt is dead at 82; thesis changed diets of millions', *New York Times*.

Amato, K.R., Leigh, S.R., Kent, A., Mackie, R.I., Yeoman, C.J., Stumpf, R.M., Wilson, B.A., Nelson, K.E., White, B.A., and Garber, P.A. (2015) 'The gut microbiota appears to compensate for seasonal diet variation in the wild black howler monkey (*Alouatta pigra*)', *Microb. Ecol.* 69, 434–443.

American Chemical Society (1999) Alexander Fleming Discovery and Development of Penicillin. http://www.acs.org/content/acs/en/education/whatischemistry/landmarks/flemingpenicillin.html#alexander-fleming-penicillin.

Amphibian Ark (2012) Chytrid fungus – causing global amphibian mass extinction. http:\\www.amphibianark.org/the-crisis/chytrid-fungus/.

Anderson, D. (2014) 'Still going strong: Leeuwenhoek at eighty', *Antonie Van Leeuwenhoek* 106, 3–26.

Anderson, J.L., Edney, R.J., and Whelan, K. (2012) 'Systematic review: faecal microbiota transplantation in the management of inflammatory bowel disease', *Aliment. Pharmacol. Ther.* 36, 503–516.

Anukam, K.C. and Reid, G. (2007) 'Probiotics: 100 years (1907–2007) after Elie Metchnikoff's observation', in *Communicating Current Research and Educational Topics and Trends in Applied Microbiology* (FORMATEX).

Archibald. J. (2014) *One Plus One Equals One: Symbiosis and the Evolution of Complex Life* (Oxford: Oxford University Press).

Archie, E.A. and Theis, K.R. (2011) 'Animal behaviour meets microbial ecology', *Anim. Behav.* 82, 425–436.

Aroniadis, O.C. and Brandt, L.J. (2014) 'Intestinal microbiota and the efficacy of fecal microbiota transplantation in gastrointestinal disease', *Gastroenterol. Hepatol.* 10, 230–237.

Arrieta, M-C., Stiemsma, L.T., Dimitriu, P.A., Thorson, L., Russell, S., Yurist-Doutsch, S., Kuzeljevic, B., Gold, M.J., Britton, H.M., Lefebvre, D.L., et al. (2015) 'Early infancy microbial and metabolic alterations affect risk of childhood asthma', *Sci. Transl. Med.* 7, 307ra152.

Asano, Y., Hiramoto, T., Nishino, R., Aiba, Y., Kimura, T., Yoshihara, K., Koga, Y., and Sudo, N. (2012) 'Critical role of gut microbiota in the production of biologically active, free catecholamines in the gut lumen of mice', *AJP Gastrointest. Liver Physiol.* 303, G1288–G1295.

Atarashi, K., Tanoue, T., Shima, T., Imaoka, A., Kuwahara, T., Momose, Y., Cheng, G., Yamasaki, S., Saito, T., Ohba, Y., et al. (2011) 'Induction of colonic regulatory T cells by indigenous *Clostridium* species', *Science* 331, 337–341.

Atarashi, K., Tanoue, T., Oshima, K., Suda, W., Nagano, Y., Nishikawa, H., Fukuda, S., Saito, T., Narushima, S., Hase, K., et al. (2013) 'Treg induction by a rationally selected mixture of *Clostridia* strains from the human microbiota', *Nature* 500, 232–236.

Aung, A. (2007) *Feeding of Leucaena Mimosine on Small Ruminants: Investigation on the Control of its Toxicity in Small Ruminants* (Göttingen: Cuvillier Verlag).

Bäckhed, F., Ding, H., Wang, T., Hooper, L.V., Koh, G.Y., Nagy, A., Semenkovich, C.F., and Gordon, J.I. (2004) 'The gut microbiota as an environmental factor that regulates fat storage', *Proc. Natl. Acad. Sci. U. S. A.* 101, 15718–15723.

Bäckhed, F., Fraser, C.M., Ringel, Y., Sanders, M.E., Sartor, R.B., Sherman, P.M., Versalovic, J., Young, V., and Finlay, B.B. (2012) 'Defining a healthy human gut microbiome: current concepts, future directions, and clinical applications', *Cell Host Microbe* 12, 611–622.

Bäckhed, F., Roswall, J., Peng, Y., Feng, Q., Jia, H., Kovatcheva-Datchary, P., Li, Y., Xia, Y., Xie, H., Zhong, H., et al. (2015) 'Dynamics and stabilization of the human gut microbiome during the first year of life', *Cell Host Microbe* 17, 690–703.

Ballal, S.A., Veiga, P., Fenn, K., Michaud, M., Kim, J.H., Gallini, C.A., Glickman, J.N., Quéré, G., Garault, P., Béal, C., et al. (2015) 'Host lysozyme-mediated lysis of *Lactococcus lactis* facilitates delivery of colitis-attenuating superoxide dismutase to inflamed colons', *Proc. Natl. Acad. Sci.* 112, 7803–7808.

Barott, K.L., and Rohwer, F.L. (2012) 'Unseen players shape benthic competition on coral reefs', *Trends Microbiol.* 20, 621–628.

Barr, J.J., Auro, R., Furlan, M., Whiteson, K.L., Erb, M.L., Pogliano, J., Stotland, A., Wolkowicz, R., Cutting, A.S., and Doran, K.S. (2013) 'Bacteriophage adhering to mucus provide a non–host-derived immunity', *Proc. Natl. Acad. Sci.* 110, 10771–10776.

Bates, J.M., Mittge, E., Kuhlman, J., Baden, K.N., Cheesman, S.E., and Guillemin, K. (2006) 'Distinct signals from the microbiota promote different aspects of zebrafish gut differentiation', *Dev. Biol.* 297, 374–386.

Baumann, P., Lai, C., Baumann, L., Rouhbakhsh, D., Moran, N.A., and Clark, M.A. (1995) 'Mutualistic associations of aphids and prokaryotes: biology of the genus *Buchnera*', *Appl. Environ. Microbiol.* 61, 1–7.

BBC (23 January 2015) *The 25 biggest turning points in Earth's history.*

Beasley, D.E., Koltz, A.M., Lambert, J.E., Fierer, N., and Dunn, R.R. (2015) 'The evolution of stomach acidity and its relevance to the human microbiome', *PloS One* 10, e0134116.

Beaumont, W. (1838) *Experiments and Observations on the Gastric Juice, and the Physiology of Digestion* (Edinburgh: Maclachlan & Stewart).

Becerra, J.X., Venable, G.X., and Saeidi, V. (2015) '*Wolbachia*-free heteropterans do not produce defensive chemicals or alarm pheromones', *J. Chem. Ecol.* 41, 593–601.

Becker, M.H., Walke, J.B., Cikanek, S., Savage, A.E., Mattheus, N., Santiago, C.N., Minbiole, K.P.C., Harris, R.N., Belden, L.K. and Gratwicke, B. (2015) 'Composition of symbiotic bacteria predicts survival in Panamanian golden frogs infected with a lethal fungus', *Proc. R. Soc. B Biol. Sci.* 282, doi: 10.1098/rspb.2014.2881.

Belkaid, Y. and Hand, T.W. (2014) 'Role of the microbiota in immunity and inflammation; *Cell* 157, 121–141.

Bennett, G.M. and Moran, N.A. (2013) 'Small, smaller, smallest: the origins and evolution of ancient dual symbioses in a phloem-feeding insect', *Genome Biol. Evol.* 5, 1675–1688.

Bennett, G.M. and Moran, N.A. (2015) 'Heritable symbiosis: the advantages and perils of an evolutionary rabbit hole', *Proc. Natl. Acad. Sci.* 112, 10169–10176.

Benson, A.K., Kelly, S.A., Legge, R., Ma, F., Low, S.J., Kim, J., Zhang, M., Oh, P.L., Nehrenberg, D., Hua, K., et al. (2010) 'Individuality in gut microbiota composition is a complex polygenic trait shaped by multiple environmental and host genetic factors', *Proc. Natl. Acad. Sci.* 107, 18933–18938.

Bercik, P., Denou, E., Collins, J., Jackson, W., Lu, J., Jury, J., Deng, Y., Blennerhassett, P., Macri, J., McCoy, K.D., et al. (2011) 'The intestinal microbiota affect central levels of brain-derived neurotropic factor and behavior in mice', *Gastroenterology* 141, 599–609.e3.

Berer, K., Mues, M., Koutrolos, M., Rasbi, Z.A., Boziki, M., Johner, C., Wekerle, H., and Krishnamoorthy, G. (2011) 'Commensal microbiota and myelin autoantigen cooperate to trigger autoimmune demyelination', *Nature* 479, 538–541.

Bergman, E.N. (1990) 'Energy contributions of volatile fatty acids from the gastrointestinal tract in various species', *Physiol. Rev.* 70, 567–590.

Bevins, C.L. and Salzman, N.H. (2011) 'The potter's wheel: the host's role in sculpting its microbiota', *Cell. Mol. Life Sci.* 68, 3675–3685.

Bezier, A., Annaheim, M., Herbiniere, J., Wetterwald, C., Gyapay, G., Bernard-Samain, S., Wincker, P., Roditi, I., Heller, M., Belghazi, M., et al. (2009) 'Polydnaviruses of braconid wasps derive from an ancestral nudivirus', *Science* 323, 926–930.

Bian, G., Joshi, D., Dong, Y., Lu, P., Zhou, G., Pan, X., Xu, Y., Dimopoulos, G., and Xi, Z. (2013). 'Wolbachia invades Anopheles stephensi populations and induces refractoriness to Plasmodium infection', *Science* 340, 748–751.

Bindels, L.B., Delzenne, N.M., Cani, P.D., and Walter, J. (2015) 'Towards a more comprehensive concept for prebiotics', *Nat. Rev. Gastroenterol. Hepatol.* 12, 303–310.

Blakeslee, S. (15 October 1996) 'Microbial life's steadfast champion', *New York Times*.

Blaser, M. (1 February 2005) 'An endangered species in the stomach; *Sci. Am.*

Blaser, M. (2010) 'Helicobacter pylori and esophageal disease: wake-up call?', *Gastroenterology* 139, 1819–1822.

Blaser, M. (2014) *Missing Microbes: How the Overuse of Antibiotics Is Fueling Our Modern Plagues* (New York: Henry Holt & Co.).

Blaser, M. and Falkow, S. (2009) 'What are the consequences of the disappearing human microbiota?' *Nat. Rev. Microbiol.* 7, 887–894.

Blazejak, A., Erseus, C., Amann, R., and Dubilier, N. (2005) 'Coexistence of bacterial sulfide oxidizers, sulfate reducers, and spirochetes in a gutless worm (*Oligochaeta*) from the Peru Margin', *Appl. Environ. Microbiol.* 71, 1553–1561.

Bletz, M.C., Loudon, A.H., Becker, M.H., Bell, S.C., Woodhams, D.C., Minbiole, K.P.C., and Harris, R.N. (2013) 'Mitigating amphibian chytridiomycosis with bioaugmentation: characteristics of effective probiotics and strategies for their selection and use', *Ecol. Lett.* 16, 807–820.

Blumberg, R. and Powrie, F. (2012) 'Microbiota, disease, and back to health: a metastable journey', *Sci. Transl. Med.* 4, 137rv7–rv137rv7.

Bode, L. (2012) 'Human milk oligosaccharides: every baby needs a sugar mama', *Glycobiology* 22, 1147–1162.

Bode, L., Kuhn, L., Kim, H-Y., Hsiao, L., Nissan, C., Sinkala, M., Kankasa, C., Mwiya, M., Thea, D.M., and Aldrovandi, G.M. (2012) 'Human milk oligosaccharide concentration and risk of postnatal transmission of HIV through breastfeeding', *Am. J. Clin. Nutr.* 96, 831–839.

Bohnhoff, M., Miller, C.P., and Martin, W.R. (1964) 'Resistance of the mouse's intestinal tract to experimental *Salmonella* infection', *J. Exp. Med.* 120, 817–828.

Boone, C.K., Keefover-Ring, K., Mapes, A.C., Adams, A.S., Bohlmann, J., and Raffa, K.F. (2013) 'Bacteria associated with a tree-killing insect reduce concentrations of plant defense compounds', *J. Chem. Ecol.* 39, 1003–1006.

Bordenstein, S.R. and Theis, K.R. (2015) 'Host biology in light of the microbiome: ten principles of holobionts and hologenomes', *PLoS Biol.* 13, e1002226.

Bordenstein, S.R., O'Hara, F.P., and Werren, J.H. (2001) 'Wolbachia-induced incompatibility precedes other hybrid incompatibilities in *Nasonia*', *Nature* 409, 707–710.

Bosch, T.C. (2012) 'What *Hydra* has to say about the role and origin of symbiotic interactions', *Biol. Bull.* 223, 78–84.

Boto, L. (2014) 'Horizontal gene transfer in the acquisition of novel traits by metazoans', *Proc. R. Soc. B Biol. Sci.* 281, doi: 10.1098/rspb.2013.2450.

Bouskra, D., Brézillon, C., Bérard, M., Werts, C., Varona, R., Boneca, I.G., and Eberl, G. (2008) 'Lymphoid tissue genesis induced by commensals through NOD1 regulates intestinal homeostasis', *Nature* 456, 507–510.

Bouslimani, A., Porto, C., Rath, C.M., Wang, M., Guo, Y., Gonzalez, A., Berg-Lyon, D., Ackermann, G., Moeller Christensen, G.J., Nakatsuji, T. et al. (2015) 'Molecular cartography of the human skin surface in 3D', *Proc. Natl. Acad. Sci. U. S. A.* 112, E2120–E2129.

Braniste, V., Al-Asmakh, M., Kowal, C., Anuar, F., Abbaspour, A., Tóth, M., Korecka, A., Bakocevic, N., Ng, L.G., Kundu, P. et al. (2014) 'The gut microbiota influences blood-brain barrier permeability in mice', *Sci. Transl. Med.* 6, 263ra158.

Bravo, J.A., Forsythe, P., Chew, M.V., Escaravage, E., Savignac, H.M., Dinan, T.G., Bienenstock, J., and Cryan, J.F. (2011) 'Ingestion of *Lactobacillus* strain regulates emotional behavior and central GABA receptor expression in a mouse via the vagus nerve', *Proc. Natl. Acad. Sci.* 108, 16050–16055.

Broderick, N.A., Raffa, K.F., and Handelsman, J. (2006) 'Midgut bacteria required for *Bacillus thuringiensis* insecticidal activity', *Proc. Natl. Acad. Sci.* 103, 15196–15199.

Brown, C.T., Hug, L.A., Thomas, B.C., Sharon, I., Castelle, C.J., Singh, A., Wilkins, M.J., Wrighton, K.C., Williams, K.H., and Banfield, J.F. (2015) 'Unusual biology across a group comprising more than 15% of domain bacteria', *Nature* 523, 208–211.

Brown, E.M., Arrieta, M-C., and Finlay, B.B. (2013) 'A fresh look at the hygiene hypothesis: how intestinal microbial exposure drives immune effector responses in atopic disease', *Semin. Immunol.* 25, 378–387.

Bruce-Keller, A.J., Salbaum, J.M., Luo, M., Blanchard, E., Taylor, C.M., Welsh, D.A., and Berthoud, H-R. (2015) 'Obese-type gut microbiota induce neurobehavioral changes in the absence of obesity', *Biol. Psychiatry* 77, 607–615.

Brucker, R.M. and Bordenstein, S.R. (2013) 'The hologenomic basis of speciation: gut bacteria cause hybrid lethality in the genus *Nasonia*', *Science* 341, 667–669.

Brucker, R.M., and Bordenstein, S.R. (2014) Response to Comment on 'The hologenomic basis of speciation: gut bacteria cause hybrid lethality in the genus *Nasonia*', Science 345, 1011–1011.

Bshary, R. (2002) 'Biting cleaner fish use altruism to deceive image-scoring client reef fish', *Proc. Biol. Sci.* 269, 2087–2093.

Buchner, P. (1965) *Endosymbiosis of Animals with Plant Microorganisms* (New York: Interscience Publishers / John Wiley).

Buffie, C.G., Bucci, V., Stein, R.R., McKenney, P.T., Ling, L., Gobourne, A., No, D., Liu, H., Kinnebrew, M., Viale, A., et al. (2014) 'Precision microbiome reconstitution restores bile acid mediated resistance to *Clostridium difficile*', *Nature* 517, 205–208.

Bull, J.J. and Turelli, M. (2013) 'Wolbachia versus dengue: evolutionary forecasts', *Evol. Med. Public Health* 2013, 197–201.

Bulloch, W. (1938) *The History of Bacteriology* (Oxford: Oxford University Press).

Cadwell, K., Patel, K.K., Maloney, N.S., Liu, T-C., Ng, A.C.Y., Storer, C.E., Head, R.D., Xavier, R., Stappenbeck, T.S., and Virgin, H.W. (2010) 'Virus-plus-susceptibility gene interaction determines Crohn's Disease gene Atg16L1 phenotypes in intestine', *Cell* 141, 1135–1145.

Cafaro, M.J., Poulsen, M., Little, A.E.F., Price, S.L., Gerardo, N.M., Wong, B., Stuart, A.E., Larget, B., Abbot, P., and Currie, C.R. (2011) 'Specificity in the symbiotic association between fungus-growing ants and protective *Pseudonocardia* bacteria', *Proc. R. Soc. B Biol. Sci.* 278, 1814–1822.

Campbell, M.A., Leuven, J.T.V., Meister, R.C., Carey, K.M., Simon, C., and McCutcheon, J.P. (2015), 'Genome expansion via lineage splitting and genome reduction in the cicada endosymbiont Hodgkinia', *Proc. Natl. Acad. Sci.* 112, 10192–10199.

Caporaso, J.G., Lauber, C.L., Costello, E.K., Berg-Lyons, D., Gonzalez, A., Stombaugh, J., Knights, D., Gajer, P., Ravel, J., and Fierer, N. (2011) 'Moving pictures of the human microbiome', *Genome Biol.* 12, R50.

Carmody, R.N. and Turnbaugh, P.J. (2014) 'Host–microbial interactions in the metabolism of therapeutic and diet-derived xenobiotics', *J. Clin. Invest.* 124, 4173–4181.

Caspi-Fluger, A., Inbar, M., Mozes-Daube, N., Katzir, N., Portnoy, V., Belausov, E., Hunter, M.S., and Zchori-Fein, E. (2012) 'Horizontal transmission of the insect symbiont *Rickettsia* is plant-mediated', *Proc. R. Soc. B Biol. Sci.* 279, 1791–1796.

Cavanaugh, C.M., Gardiner, S.L., Jones, M.L., Jannasch, H.W., and Waterbury, J.B. (1981) 'Prokaryotic cells in the hydrothermal vent tube worm *Riftia pachyptila Jones*: possible chemoautotrophic symbionts', *Science* 213, 340–342.

Ceja-Navarro, J.A., Vega, F.E., Karaoz, U., Hao, Z., Jenkins, S., Lim, H.C., Kosina, P., Infante, F., Northen, T.R., and Brodie, E.L. (2015) 'Gut microbiota mediate caffeine detoxification in the primary insect pest of coffee', *Nat. Commun.* 6, 7618.

Chandler, J.A. and Turelli, M. (2014) Comment on 'The hologenomic basis of speciation: gut bacteria cause hybrid lethality in the genus *Nasonia*', *Science* 345, 1011–1011.

Chassaing, B., Koren, O., Goodrich, J.K., Poole, A.C., Srinivasan, S., Ley, R.E., and Gewirtz, A.T. (2015) 'Dietary emulsifiers impact the mouse gut microbiota promoting colitis and metabolic syndrome', *Nature* 519, 92–96.

Chau, R., Kalaitzis, J.A., and Neilan, B.A. (2011) 'On the origins and biosynthesis of tetrodotoxin', *Aquat. Toxicol. Amst. Neth.* 104, 61–72.

Cheesman, S.E. and Guillemin, K. (2007) 'We know you are in there: conversing with the indigenous gut microbiota', *Res. Microbiol.* 158, 2–9.

Chen, Y., Segers, S., and Blaser, M.J. (2013) 'Association between *Helicobacter pylori* and mortality in the NHANES III study', *Gut* 62, 1262–1269.

Chichlowski, M., German, J.B., Lebrilla, C.B., and Mills, D.A. (2011) 'The influence of milk oligosaccharides on microbiota of infants: opportunities for formulas', *Annu. Rev. Food Sci. Technol.* 2, 331–351.

Cho, I. and Blaser, M.J. (2012) 'The human microbiome: at the interface of health and disease', *Nat. Rev. Genet.* 13, 260–270.

Cho, I., Yamanishi, S., Cox, L., Methé, B.A., Zavadil, J., Li, K., Gao, Z., Mahana, D., Raju, K., Teitler, I., et al. (2012) 'Antibiotics in early life alter the murine colonic microbiome and adiposity', *Nature* 488, 621–626.

Chou, S., Daugherty, M.D., Peterson, S.B., Biboy, J., Yang, Y., Jutras, B.L., Fritz-Laylin, L.K., Ferrin, M.A., Harding, B.N., Jacobs-Wagner, C., et al. (2014) 'Transferred interbacterial antagonism genes augment eukaryotic innate immune function', *Nature* 518, 98–101.

Chrostek, E., Marialva, M.S.P., Esteves, S.S., Weinert, L.A., Martinez, J., Jiggins, F.M., and Teixeira, L. (2013) 'Wolbachia variants induce differential protection to viruses in *Drosophila melanogaster*: a phenotypic and phylogenomic analysis', *PLoS Genet.* 9, e1003896.

Chu, C-C., Spencer, J.L., Curzi, M.J., Zavala, J.A., and Seufferheld, M.J. (2013) 'Gut bacteria facilitate adaptation to crop rotation in the western corn rootworm', *Proc. Natl. Acad. Sci.* 110, 11917–11922.

Chung, K-T. and Bryant, M.P. (1997) 'Robert E. Hungate: pioneer of anaerobic microbial ecology', *Anaerobe* 3, 213–217.

Chung, K-T. and Ferris, D.H. (1996) 'Martinus Willem Beijerinck', *ASM News* 62, 539–543.

Chung, H., Pamp, S.J., Hill, J.A., Surana, N.K., Edelman, S.M., Troy, E.B., Reading , N.C., Villablanca, E.J., Wang, S., Mora, J.R., et al. (2012) 'Gut immune maturation depends on colonization with a host-specific microbiota', *Cell* 149, 1578–1593.

Chung, S.H., Rosa, C., Scully, E.D., Peiffer, M., Tooker, J.F., Hoover, K., Luthe, D.S., and Felton, G.W. (2013) 'Herbivore exploits orally secreted bacteria to suppress plant defenses', *Proc. Natl. Acad. Sci. U. S. A.* 110, 15728–15733.

Ciorba, M.A. (2012) 'A gastroenterologist's guide to probiotics', *Clin. Gastroenterol. Hepatol.* 10, 960–968.

Claesen, J. and Fischbach, M.A. (2015) 'Synthetic microbes as drug delivery systems', *ACS Synth. Biol.* 4, 358–364.

Clayton, A.L., Oakeson, K.F., Gutin, M., Pontes, A., Dunn, D.M., von Niederhausern, A.C., Weiss, R.B., Fisher, M., and Dale, C. (2012) 'A novel human-infection-derived bacterium provides insights into the evolutionary origins of mutualistic insect–bacterial symbioses', *PLoS Genet.* 8, e1002990.

Clayton, T.A., Baker, D., Lindon, J.C., Everett, J.R., and Nicholson, J.K. (2009) 'Pharmacometabonomic identification of a significant host–microbiome metabolic interaction affecting human drug metabolism', *Proc. Natl. Acad. Sci. U. S. A.* 106, 14728–14733.

Clemente, J.C., Pehrsson, E.C., Blaser, M.J., Sandhu, K., Gao, Z., Wang, B., Magris, M., Hidalgo, G., Contreras, M., Noya-Alarcon, O., et al. (2015) 'The microbiome of uncontacted Amerindians', *Sci. Adv.* 1, e1500183.

Cobb, M. (3 June 2013) 'Oswald T. Avery, the unsung hero of genetic science', *The Guardian*.

Cockburn, S.N., Haselkorn, T.S., Hamilton, P.T., Landzberg, E., Jaenike, J., and Perlman, S.J. (2013) 'Dynamics of the continent-wide spread of a *Drosophila* defensive symbiont', *Ecol. Lett.* 16, 609–616.

Collins, S.M., Surette, M., and Bercik, P. (2012) 'The interplay between the intestinal microbiota and the brain', *Nat. Rev. Microbiol.* 10, 735–742.

Coon, K.L., Vogel, K.J., Brown, M.R., and Strand, M.R. (2014) 'Mosquitoes rely on their gut microbiota for development', *Mol. Ecol.* 23, 2727–2739.

Costello, E.K., Lauber, C.L., Hamady, M., Fierer, N., Gordon, J.I., and Knight, R. (2009) 'Bacterial community variation in human body habitats across space and time', *Science* 326, 1694–1697.

Cox, L.M. and Blaser, M.J. (2014) 'Antibiotics in early life and obesity', *Nat. Rev. Endocrinol.* 11, 182–190.

Cox, L.M., Yamanishi, S., Sohn, J., Alekseyenko, A.V., Leung, J.M., Cho, I., Kim, S.G., Li, H., Gao, Z., Mahana, D., et al. (2014) 'Altering the intestinal microbiota during a critical developmental window has lasting metabolic consequences', *Cell* 158, 705–721.

Cryan, J.F. and Dinan, T.G. (2012) 'Mind-altering microorganisms: the impact of the gut microbiota on brain and behaviour', *Nat. Rev. Neurosci.* 13, 701–712.

CSIROpedia Leucaena toxicity solution.

Dalal, S.R., and Chang, E.B. (2014) 'The microbial basis of inflammatory bowel diseases', *J. Clin. Invest.* 124, 4190–4196.

Dale, C. and Moran, N.A. (2006) 'Molecular interactions between bacterial symbionts and their hosts', *Cell* 126, 453–465.

Danchin, E.G.J. and Rosso, M-N. (2012) 'Lateral gene transfers have polished animal genomes: lessons from nematodes', *Front. Cell. Infect. Microbiol.* 2. doi: 10.3389/fcimb.2012.00027.

Danchin, E.G.J., Rosso, M-N., Vieira, P., de Almeida-Engler, J., Coutinho, P.M., Henrissat, B., and Abad, P. (2010) 'Multiple lateral gene transfers and duplications have promoted plant parasitism ability in nematodes', *Proc. Natl. Acad. Sci.* 107, 17651–17656.

Darmasseelane, K., Hyde, M.J., Santhakumaran, S., Gale, C., and Modi, N. (2014) 'Mode of delivery and offspring body mass index, overweight and obesity in adult life: a systematic review and meta-analysis', *PloS One* 9, e87896.

David, L.A., Maurice, C.F., Carmody, R.N., Gootenberg, D.B., Button, J.E., Wolfe, B.E., Ling, A.V., Devlin, A.S., Varma, Y., Fischbach, M.A., et al. (2013) 'Diet rapidly and reproducibly alters the human gut microbiome', *Nature* 505, 559–563.

David, L.A., Materna, A.C., Friedman, J., Campos-Baptista, M.I., Blackburn, M.C., Perrotta, A., Erdman, S.E., and Alm, E.J. (2014) 'Host lifestyle affects human microbiota on daily timescales', *Genome Biol.* 15, R89.

Dawkins, Richard (1982) *The Extended Phenotype* (Oxford: Oxford University Press).

De Filippo, C., Cavalieri, D., Di Paola, M., Ramazzotti, M., Poullet, J.B., Massart, S., Collini, S., Pieraccini, G., and Lionetti, P. (2010) 'Impact of diet in shaping gut microbiota revealed by a comparative study in children from Europe and rural Africa', *Proc. Natl. Acad. Sci.* 107, 14691–14696.

Delsuc, F., Metcalf, J.L., Wegener Parfrey, L., Song, S.J., González, A., and Knight, R. (2014) 'Convergence of gut microbiomes in myrmecophagous mammals', *Mol. Ecol.* 23, 1301–1317.

Delzenne, N.M., Neyrinck, A.M., and Cani, P.D. (2013) 'Gut microbiota and metabolic disorders: how prebiotic can work?' *Br. J. Nutr.* 109, S81–S85.

Derrien, M., and van Hylckama Vlieg, J.E.T. (2015) 'Fate, activity, and impact of ingested bacteria within the human gut microbiota', *Trends Microbiol.* 23, 354–366.

Dethlefsen, L. and Relman, D.A. (2011) 'Incomplete recovery and individualized responses of the human distal gut microbiota to repeated antibiotic perturbation', *Proc. Natl. Acad. Sci.* 108, 4554–4561.

Dethlefsen, L., McFall-Ngai, M., and Relman, D.A. (2007) 'An ecological and evolutionary perspective on human–microbe mutualism and disease', *Nature* 449, 811–818.

Dethlefsen, L., Huse, S., Sogin, M.L., and Relman, D.A. (2008) 'The pervasive effects of an antibiotic on the human gut microbiota, as revealed by deep 16S rRNA sequencing', *PLoS Biol.* 6, e280.

Devkota, S., Wang, Y., Musch, M.W., Leone, V., Fehlner-Peach, H., Nadimpalli, A., Antonopoulos, D.A., Jabri, B., and Chang, E.B. (2012) 'Dietary-fat-induced taurocholic acid promotes pathobiont expansion and colitis in Il10−/− mice', *Nature* 487, 104–108.

Dill-McFarland, K.A., Weimer, P.J., Pauli, J.N., Peery, M.Z., and Suen, G. (2015) 'Diet specialization selects for an unusual and simplified gut microbiota in two- and three-toed sloths', *Environ. Microbiol.* 509, 357–360.

Dillon, R.J., Vennard, C.T., and Charnley, A.K. (2000) 'Pheromones: exploitation of gut bacteria in the locust', *Nature* 403, 851.

Ding, T. and Schloss, P.D. (2014) 'Dynamics and associations of microbial community types across the human body', *Nature* 509, 357–360.

Dinsdale, E.A., Pantos, O., Smriga, S., Edwards, R.A., Angly, F., Wegley, L., Hatay, M., Hall, D., Brown, E., Haynes, M., et al. (2008) 'Microbial ecology of four coral atolls in the Northern Line Islands', *PLoS ONE* 3, e1584.

Dobell, C. (1932) *Antony Van Leeuwenhoek and His 'Little Animals'* (New York: Dover Publications).

Dobson, A.J., Chaston, J.M., Newell, P.D., Donahue, L., Hermann, S.L., Sannino, D.R., Westmiller, S., Wong, A.C-N., Clark, A.G., Lazzaro, B.P., et al. (2015) 'Host genetic determinants of microbiota-dependent nutrition revealed by genome-wide analysis of *Drosophila melanogaster*', *Nat. Commun.* 6, 6312.

Dodd, D.M.B. (1989) 'Reproductive isolation as a consequence of adaptive divergence in *Drosophila pseudoobscura*', *Evolution* 43, 1308–1311.

Dominguez-Bello, M.G., Costello, E.K., Contreras, M., Magris, M., Hidalgo, G., Fierer, N., and Knight, R. (2010) 'Delivery mode shapes the acquisition and structure of the initial microbiota across multiple body habitats in newborns', *Proc. Natl. Acad. Sci.* 107, 11971–11975.

Dorrestein, P.C., Mazmanian, S.K., and Knight, R. (2014) 'Finding the missing links among metabolites, microbes, and the host', *Immunity* 40, 824–832.

Doudoumis, V., Alam, U., Aksoy, E., Abd-Alla, A.M.M., Tsiamis, G., Brelsfoard, C., Aksoy, S., and Bourtzis, K. (2013) 'Tsetse–*Wolbachia* symbiosis: comes of age and has great potential for pest and disease control', *J. Invertebr. Pathol.* 112, S94–S103.

Douglas, A.E. (2006) 'Phloem-sap feeding by animals: problems and solutions', *J. Exp. Bot.* 57, 747–754.

Douglas, A.E. (2008) 'Conflict, cheats and the persistence of symbioses', *New Phytol.* 177, 849–858.

Dubilier, N., Mülders, C., Ferdelman, T., de Beer, D., Pernthaler, A., Klein, M., Wagner, M., Erséus, C., Thiermann, F., Krieger, J., et al. (2001) 'Endosymbiotic sulphate-reducing and sulphide-oxidizing bacteria in an oligochaete worm', *Nature* 411, 298–302.

Dubilier, N., Bergin, C., and Lott, C. (2008) 'Symbiotic diversity in marine animals: the art of harnessing chemosynthesis', *Nat. Rev. Microbiol.* 6, 725–740.

Dubos, R.J. (1965) *Man Adapting* (New Haven and London: Yale University Press).

Dubos, R.J. (1987) *Mirage of Health: Utopias, Progress, and Biological Change* (New Brunswick, NJ: Rutgers University Press).

Dunlap, P.V. and Nakamura, M. (2011) 'Functional morphology of the luminescence system of *Siphamia versicolor* (*Perciformes: Apogonidae*), a bacterially luminous coral reef fish', *J. Morphol.* 272, 897–909.

Dunning-Hotopp, J.C. (2011) 'Horizontal gene transfer between bacteria and animals', *Trends Genet.* 27, 157–163.

Eakin, E. (1 December 2014) 'The excrement experiment', *New Yorker.*

Eckburg, P.B. (2005) 'Diversity of the human intestinal microbial flora', *Science* 308, 1635–1638.

Eisen, J. (2014) Overselling the microbiome award: *Time* Magazine & Martin Blaser for 'antibiotics are extinguishing our microbiome'. http://phylogenomics.blogspot.co.uk/2014/05/overselling-microbiome-award-time.html.

Elahi, S., Ertelt, J.M., Kinder, J.M., Jiang, T.T., Zhang, X., Xin, L., Chaturvedi, V., Strong, B.S., Qualls, J.E., Steinbrecher, K.A., et al. (2013) 'Immunosuppressive CD71+ erythroid cells compromise neonatal host defence against infection', *Nature* 504, 158–162.

Ellis, M.L., Shaw, K.J., Jackson, S.B., Daniel, S.L., and Knight, J. (2015) 'Analysis of commercial kidney stone probiotic supplements', *Urology* 85, 517–521.

Eskew, E.A. and Todd, B.D. (2013) 'Parallels in amphibian and bat declines from pathogenic fungi', *Emerg. Infect. Dis.* 19, 379–385.

Everard, A., Belzer, C., Geurts, L., Ouwerkerk, J.P., Druart, C., Bindels, L.B., Guiot, Y., Derrien, M., Muccioli, G.G., Delzenne, N.M., et al. (2013) 'Cross-talk between *Akkermansia muciniphila* and intestinal epithelium controls diet-induced obesity', *Proc. Natl. Acad. Sci*, 110, 9066–9071.

Ezenwa, V.O. and Williams, A.E. (2014) 'Microbes and animal olfactory communication: where do we go from here?', *BioEssays* 36, 847–854.

Faith, J.J., Guruge, J.L., Charbonneau, M., Subramanian, S., Seedorf, H., Goodman, A.L., Clemente, J.C., Knight, R., Heath, A.C., and Leibel, R.L. (2013) 'The long-term stability of the human gut microbiota', *Science* 341. doi: 10.1126/science.1237439.

Falkow, S. (2013) Fecal Transplants in the 'Good Old Days'. http://schaechter.asmblog.org/schaechter/2013/05/fecal-transplants-in-the-good-old-days.html.

Feldhaar, H. (2011) 'Bacterial symbionts as mediators of ecologically important traits of insect hosts', *Ecol. Entomol.* 36, 533–543.

Fierer, N., Hamady, M., Lauber, C.L., and Knight, R. (2008) 'The influence of sex, handedness, and washing on the diversity of hand surface bacteria', *Proc. Natl. Acad. Sci. U. S. A.* 105, 17994–17999.

Finucane, M.M., Sharpton, T.J., Laurent, T.J., and Pollard, K.S. (2014) 'A taxonomic signature of obesity in the microbiome? Getting to the guts of the matter', *PLoS ONE* 9, e84689.

Fischbach, M.A. and Sonnenburg, J.L. (2011) 'Eating for two: how metabolism establishes interspecies interactions in the gut', *Cell Host Microbe* 10, 336–347.

Folsome, C. (1985) *Microbes,* in *The Biosphere Catalogue* (Fort Worth, Texas: Synergistic Press).

Franzenburg, S., Walter, J., Kunzel, S., Wang, J., Baines, J.F., Bosch, T.C.G., and Fraune, S. (2013) 'Distinct antimicrobial peptide expression determines host species-specific bacterial associations', *Proc. Natl. Acad. Sci.* 110, E3730–E3738.

Fraune, S. and Bosch, T.C. (2007) 'Long-term maintenance of species-specific bacterial microbiota in the basal metazoan *Hydra*', *Proc. Natl. Acad. Sci.* 104, 13146–13151.

Fraune, S. and Bosch, T.C.G. (2010) 'Why bacteria matter in animal development and evolution', *BioEssays* 32, 571–580.

Fraune, S., Abe, Y., and Bosch, T.C.G. (2009) 'Disturbing epithelial homeostasis in the metazoan *Hydra* leads to drastic changes in associated microbiota', *Environ. Microbiol.* 11, 2361–2369.

Fraune, S., Augustin, R., Anton-Erxleben, F., Wittlieb, J., Gelhaus, C., Klimovich, V.B., Samoilovich, M.P., and Bosch, T.C.G. (2010) 'In an early branching metazoan, bacterial colonization of the embryo is controlled by maternal antimicrobial peptides', *Proc. Natl. Acad. Sci.* 107, 18067–18072.

Freeland, W.J. and Janzen, D.H. (1974) 'Strategies in herbivory by mammals: the role of plant secondary compounds', *Am. Nat.* 108, 269–289.

Frese, S.A., Benson, A.K., Tannock, G.W., Loach, D.M., Kim, J., Zhang, M., Oh, P.L., Heng, N.C.K., Patil, P.B., Juge, N., et al. (2011) 'The evolution of host specialization in the vertebrate gut symbiont *Lactobacillus reuteri*', *PLoS Genet.* 7, e1001314.

Fujimura, K.E. and Lynch, S.V. (2015) 'Microbiota in allergy and asthma and the emerging relationship with the gut microbiome', *Cell Host Microbe* 17, 592–602.

Fujimura, K.E., Demoor, T., Rauch, M., Faruqi, A.A., Jang, S., Johnson, C.C., Boushey, H.A., Zoratti, E., Ownby, D., Lukacs, N.W., et al. (2014) 'House dust exposure mediates gut microbiome *Lactobacillus* enrichment and airway immune defense against allergens and virus infection', *Proc. Natl. Acad. Sci.* 111, 805–810.

Funkhouser, L.J. and Bordenstein, S.R. (2013) 'Mom knows best: the universality of maternal microbial transmission', *PLoS Biol.* 11, e1001631.

Furusawa, Y., Obata, Y., Fukuda, S., Endo, T.A., Nakato, G., Takahashi, D., Nakanishi, Y., Uetake, C., Kato, K., Kato, T., et al. (2013) 'Commensal microbe-derived butyrate induces the differentiation of colonic regulatory T cells', *Nature* 504, 446–450.

Gajer, P., Brotman, R.M., Bai, G., Sakamoto, J., Schutte, U.M.E., Zhong, X., Koenig, S.S.K., Fu, L., Ma, Z., Zhou, X., et al. (2012) 'Temporal dynamics of the human vaginal microbiota', *Sci. Transl. Med.* 4, 132ra52–ra132ra52.

Garcia, J.R. and Gerardo, N.M. (2014) 'The symbiont side of symbiosis: do microbes really benefit?' *Front. Microbiol.* 5. doi: 10.3389/fmicb.2014.00510.

Gareau, M.G., Sherman, P.M., and Walker, W.A. (2010) 'Probiotics and the gut microbiota in intestinal health and disease', *Nat. Rev. Gastroenterol. Hepatol.* 7, 503–514.

Garrett, W.S., Lord, G.M., Punit, S., Lugo-Villarino, G., Mazmanian, S.K., Ito, S., Glickman, J.N., and Glimcher, L.H. (2007) 'Communicable ulcerative colitis induced by T-bet deficiency in the innate immune system', Cell 131, 33–45.

Garrett, W.S., Gallini, C.A., Yatsunenko, T., Michaud, M., DuBois, A., Delaney, M.L., Punit, S., Karlsson, M., Bry, L., Glickman, J.N., et al. (2010) 'Enterobacteriaceae act in concert with the gut microbiota to induce spontaneous and maternally transmitted colitis', *Cell Host Microbe* 8, 292–300.

Gehrer, L. and Vorburger, C. (2012) 'Parasitoids as vectors of facultative bacterial endosymbionts in aphids', *Biol. Lett.* 8, 613–615.

Gerrard, J.W., Geddes, C.A., Reggin, P.L., Gerrard, C.D., and Horne, S. (1976) 'Serum IgE levels in white and Metis communities in Saskatchewan', *Ann. Allergy* 37, 91–100.

Gerritsen, J., Smidt, H., Rijkers, G.T., and Vos, W.M. (2011) 'Intestinal microbiota in human health and disease: the impact of probiotics', *Genes Nutr.* 6, 209–240.

Gevers, D., Kugathasan, S., Denson, L.A., Vázquęz-Baeza, Y., Van Treuren, W., Ren, B., Schwager, E., Knights, D., Song, S.J., Yassour, M., et al. (2014) 'The treatment-naive microbiome in new-onset Crohn's Disease', *Cell Host Microbe* 15, 382–392.

Gibbons, S.M., Schwartz, T., Fouquier, J., Mitchell, M., Sangwan, N., Gilbert, J.A., and Kelley, S.T. (2015) 'Ecological succession and viability of human-associated microbiota on restroom surfaces', *Appl. Environ. Microbiol.* 81, 765–773.

Gilbert, J.A. and Neufeld, J.D. (2014) 'Life in a world without microbes', *PLoS Biol.* 12, e1002020.

Gilbert, J.A., Meyer, F., Antonopoulos, D., Balaji, P., Brown, C.T., Desai, N., Eisen, J.A., Evers, D., Field, D., et al. (2010) 'Meeting Report: The Terabase Metagenomics Workshop and the Vision of an Earth Microbiome Project', *Stand. Genomic Sci.* 3, 243–248.

Gilbert, S.F., Sapp, J., and Tauber, A.I. (2012) 'A symbiotic view of life: we have never been individuals', *Q. Rev. Biol.* 87, 325–341.

Godoy-Vitorino, F., Goldfarb, K.C., Karaoz, U., Leal, S., Garcia-Amado, M.A., Hugenholtz, P., Tringe, S.G., Brodie, E.L., and Dominguez-Bello, M.G. (2012) 'Comparative analyses of foregut and hindgut bacterial communities in hoatzins and cows', *ISME J.* 6, 531–541.

Goldenberg, J.Z., Ma, S.S., Saxton, J.D., Martzen, M.R., Vandvik, P.O., Thorlund, K., Guyatt, G.H., and Johnston, B.C. (2013) 'Probiotics for the prevention of

Clostridium difficile-associated diarrhea in adults and children', in *Cochrane Database of Systematic Reviews, The Cochrane Collaboration*, ed. (Chichester, UK: John Wiley & Sons).

Gomez, A., Petrzelkova, K., Yeoman, C.J., Burns, M.B., Amato, K.R., Vlckova, K., Modry, D., Todd, A., Robbinson, C.A.J., Remis, M., et al. (2015) 'Ecological and evolutionary adaptations shape the gut microbiome of BaAka African rainforest hunter-gatherers', bioRxiv 019232.

Goodrich, J.K., Waters, J.L., Poole, A.C., Sutter, J.L., Koren, O., Blekhman, R., Beaumont, M., Van Treuren, W., Knight, R., Bell, J.T., et al. (2014) 'Human genetics shape the gut microbiome', *Cell* 159, 789–799.

Graham, D.Y. (1997) 'The only good *Helicobacter pylori* is a dead *Helicobacter pylori*', *Lancet* 350, 70–71; author reply 72.

Green, J. (2011). Are we filtering the wrong microbes? TED https://www.ted.com/talks/jessica_green_are_we_filtering_the_wrong_microbes.

Green, J.L. (2014) 'Can bioinformed design promote healthy indoor ecosystems?' *Indoor Air* 24, 113–115.

Gruber-Vodicka, H.R., Dirks, U., Leisch, N., Baranyi, C., Stoecker, K., Bulgheresi, S., Heindl, N.R., Horn, M., Lott, C., Loy, A., et al. (2011) 'Paracatenula, an ancient symbiosis between thiotrophic *Alphaproteobacteria* and catenulid flatworms', *Proc. Natl. Acad. Sci.* 108, 12078–12083.

Hadfield, M.G. (2011) 'Biofilms and marine invertebrate larvae: what bacteria produce that larvae use to choose settlement sites', *Annu. Rev. Mar. Sci.* 3, 453–470.

Haiser, H.J. and Turnbaugh, P.J. (2012) 'Is it time for a metagenomic basis of therapeutics?' *Science* 336, 1253–1255.

Haiser, H.J., Gootenberg, D.B., Chatman, K., Sirasani, G., Balskus, E.P., and Turnbaugh, P.J. (2013) 'Predicting and manipulating cardiac drug inactivation by the human gut bacterium *Eggerthella lenta*', *Science* 341, 295–298.

Hamilton, M.J., Weingarden, A.R., Unno, T., Khoruts, A., and Sadowsky, M.J. (2013) 'High-throughput DNA sequence analysis reveals stable engraftment of gut microbiota following transplantation of previously frozen fecal bacteria', *Gut Microbes* 4, 125–135.

Handelsman, J. (2007) 'Metagenomics and microbial communities', in *Encyclopedia of Life Sciences* (Chichester, UK: John Wiley & Sons).

Harley, I.T.W. and Karp, C.L. (2012) 'Obesity and the gut microbiome: striving for causality', *Mol. Metab.* 1, 21–31.

Harris, R.N., James, T.Y., Lauer, A., Simon, M.A., and Patel, A. (2006) 'Amphibian pathogen *Batrachochytrium dendrobatidis* is inhibited by the cutaneous bacteria of amphibian species', *EcoHealth* 3, 53–56.

Harris, R.N., Brucker, R.M., Walke, J.B., Becker, M.H., Schwantes, C.R., Flaherty, D.C., Lam, B.A., Woodhams, D.C., Briggs, C.J., Vredenburg, V.T., et al. (2009)

'Skin microbes on frogs prevent morbidity and mortality caused by a lethal skin fungus', *ISME J.* 3, 818–824.

Haselkorn, T.S., Cockburn, S.N., Hamilton, P.T., Perlman, S.J., and Jaenike, J. (2013) 'Infectious adaptation: potential host range of a defensive endosymbiont in *Drosophila*: host range of *Spiroplasma* in *Drosophila*', *Evolution* 67, 934–945.

Hecht, G.A., Blaser, M.J., Gordon, J., Kaplan, L.M., Knight, R., Laine, L., Peek, R., Sanders, M.E., Sartor, B., Wu, G.D., et al. (2014) 'What is the value of a food and drug administration investigational new drug application for fecal microbiota transplantation to treat *Clostridium difficile* infection?' *Clin. Gastroenterol. Hepatol. Off. Clin. Pract. J. Am. Gastroenterol. Assoc.* 12, 289–291.

Hedges, L.M., Brownlie, J.C., O'Neill, S.L., and Johnson, K.N. (2008) 'Wolbachia and virus protection in insects', *Science* 322, 702.

Hehemann, J-H., Correc, G., Barbeyron, T., Helbert, W., Czjzek, M., and Michel, G. (2010) 'Transfer of carbohydrate-active enzymes from marine bacteria to Japanese gut microbiota', *Nature* 464, 908–912.

Heijtz, R.D., Wang, S., Anuar, F., Qian, Y., Bjorkholm, B., Samuelsson, A., Hibberd, M.L., Forssberg, H., and Pettersson, S. (2011) 'Normal gut microbiota modulates brain development and behavior', *Proc. Natl. Acad. Sci.* 108, 3047–3052.

Heil, M., Barajas-Barron, A., Orona-Tamayo, D., Wielsch, N., and Svatos, A. (2014) 'Partner manipulation stabilises a horizontally transmitted mutualism', *Ecol. Lett.* 17, 185–192.

Henry, L.M., Peccoud, J., Simon, J-C., Hadfield, J.D., Maiden, M.J.C., Ferrari, J., and Godfray, H.C.J. (2013) 'Horizontally transmitted symbionts and host colonization of ecological niches', *Curr. Biol.* 23, 1713–1717.

Herbert, E.E. and Goodrich-Blair, H. (2007) 'Friend and foe: the two faces of *Xenorhabdus nematophila*', *Nat. Rev. Microbiol.* 5, 634–646.

Herniou, E.A., Huguet, E., Thézé, J., Bézier, A., Periquet, G., and Drezen, J-M. (2013) 'When parasitic wasps hijacked viruses: genomic and functional evolution of polydnaviruses', *Philos. Trans. R. Soc. Lond. B Biol. Sci.* 368, 20130051.

Hilgenboecker, K., Hammerstein, P., Schlattmann, P., Telschow, A., and Werren, J.H. (2008) 'How many species are infected with *Wolbachia*? – a statistical analysis of current data: *Wolbachia* infection rates', *FEMS Microbiol. Lett.* 281, 215–220.

Hill, C., Guarner, F., Reid, G., Gibson, G.R., Merenstein, D.J., Pot, B., Morelli, L., Canani, R.B., Flint, H.J., Salminen, S., et al. (2014) 'Expert consensus document: The International Scientific Association for Probiotics and Prebiotics consensus statement on the scope and appropriate use of the term probiotic', *Nat. Rev. Gastroenterol. Hepatol.* 11, 506–514.

Himler, A.G., Adachi-Hagimori, T., Bergen, J.E., Kozuch, A., Kelly, S.E., Tabashnik, B.E., Chiel, E., Duckworth, V.E., Dennehy, T.J., Zchori-Fein, E., et al. (2011) 'Rapid spread of a bacterial symbiont in an invasive whitefly is driven by fitness benefits and female bias', *Science* 332, 254–256.

Hird, S.M., Carstens, B.C., Cardiff, S.W., Dittmann, D.L., and Brumfield, R.T. (2014) 'Sampling locality is more detectable than taxonomy or ecology in the gut microbiota of the brood-parasitic Brown-headed Cowbird (*Molothrus ater*)', *PeerJ 2*, e321.

Hiss, P.H. and Zinsser, H. (1910) *A Text-book of Bacteriology: a Practical Treatise for Students and Practitioners of Medicine* (New York and London: D. Appleton & Co.).

Hoerauf, A., Volkmann, L., Hamelmann, C., Adjei, O., Autenrieth, I.B., Fleischer, B., and Büttner, D.W. (2000) 'Endosymbiotic bacteria in worms as targets for a novel chemotherapy in filariasis', *Lancet* 355, 1242–1243.

Hoerauf, A., Mand, S., Adjei, O., Fleischer, B., and Büttner, D.W. (2001) 'Depletion of *Wolbachia* endobacteria in *Onchocerca volvulus* by doxycycline and microfilaridermia after ivermectin treatment', *Lancet* 357, 1415–1416.

Hof, C., Araújo, M.B., Jetz, W., and Rahbek, C. (2011) 'Additive threats from pathogens, climate and land-use change for global amphibian diversity', *Nature* 480, 516–519.

Hoffmann, A.A., Montgomery, B.L., Popovici, J., Iturbe-Ormaetxe, I., Johnson, P.H., Muzzi, F., Greenfield, M., Durkan, M., Leong, Y.S., Dong, Y., et al. (2011) 'Successful establishment of *Wolbachia* in *Aedes* populations to suppress dengue transmission', *Nature* 476, 454–457.

Holmes, E., Kinross, J., Gibson, G., Burcelin, R., Jia, W., Pettersson, S., and Nicholson, J. (2012) 'Therapeutic modulation of microbiota–host metabolic interactions', *Sci. Transl. Med.* 4, 137rv6.

Honda, K., and Littman, D.R. (2012). 'The Microbiome in Infectious Disease and Inflammation', *Annu. Rev. Immunol.* 30, 759–795.

Hongoh, Y. (2011) 'Toward the functional analysis of uncultivable, symbiotic microorganisms in the termite gut', *Cell. Mol. Life Sci.* 68, 1311–1325.

Hooper, L.V. (2001) 'Molecular analysis of commensal host-microbial relationships in the intestine', *Science* 291, 881–884.

Hooper, L.V., Stappenbeck, T.S., Hong, C.V., and Gordon, J.I. (2003) 'Angiogenins: a new class of microbicidal proteins involved in innate immunity', *Nat. Immunol.* 4, 269–273.

Hooper, L.V., Littman, D.R., and Macpherson, A.J. (2012) 'Interactions between the microbiota and the immune system', *Science* 336, 1268–1273.

Hornett, E.A., Charlat, S., Wedell, N., Jiggins, C.D., and Hurst, G.D.D. (2009) 'Rapidly shifting sex ratio across a species range', *Curr. Biol.* 19, 1628–1631.

Hosokawa, T., Kikuchi, Y., Shimada, M., and Fukatsu, T. (2008) 'Symbiont acquisition alters behaviour of stinkbug nymphs', *Biol. Lett.* 4, 45–48.

Hosokawa, T., Koga, R., Kikuchi, Y., Meng, X.-Y., and Fukatsu, T. (2010). '*Wolbachia* as a bacteriocyte-associated nutritional mutualist', *Proc. Natl. Acad. Sci.* 107, 769–774.

Hosokawa, T., Hironaka, M., Mukai, H., Inadomi, K., Suzuki, N., and Fukatsu, T. (2012) 'Mothers never miss the moment: a fine-tuned mechanism for vertical symbiont transmission in a subsocial insect', *Anim. Behav.* 83, 293–300.

Hotopp, J.C.D., Clark, M.E., Oliveira, D.C.S.G., Foster, J.M., Fischer, P., Torres, M.C.M., Giebel, J.D., Kumar, N., Ishmael, N., Wang, S., et al. (2007) 'Widespread lateral gene transfer from intracellular bacteria to multicellular eukaryotes', *Science* 317, 1753–1756.

Hsiao, E.Y., McBride, S.W., Hsien, S., Sharon, G., Hyde, E.R., McCue, T., Codelli, J.A., Chow, J., Reisman, S.E., Petrosino, J.F., et al. (2013) 'Microbiota modulate behavioral and physiological abnormalities associated with neurodevelopmental disorders', *Cell* 155, 1451–1463.

Huang, L., Chen, Q., Zhao, Y., Wang, W., Fang, F., and Bao, Y. (2015) 'Is elective Cesarean section associated with a higher risk of asthma? A meta-analysis', *J. Asthma Off. J. Assoc. Care Asthma* 52, 16–25.

Hughes, G.L., Dodson, B.L., Johnson, R.M., Murdock, C.C., Tsujimoto, H., Suzuki, Y., Patt, A.A., Cui, L., Nossa, C.W., Barry, R.M., et al. (2014) 'Native microbiome impedes vertical transmission of *Wolbachia* in *Anopheles* mosquitoes', *Proc. Natl. Acad. Sci.* 111, 12498–12503.

Husnik, F., Nikoh, N., Koga, R., Ross, L., Duncan, R.P., Fujie, M., Tanaka, M., Satoh, N., Bachtrog, D., Wilson, A.C.C., et al. (2013) 'Horizontal gene transfer from diverse bacteria to an insect genome enables a tripartite nested mealybug symbiosis', *Cell* 153, 1567–1578.

Huttenhower, C., Gevers, D., Knight, R., Abubucker, S., Badger, J.H., Chinwalla, A.T., Creasy, H.H., Earl, A.M., FitzGerald, M.G., Fulton, R.S., et al. (2012) 'Structure, function and diversity of the healthy human microbiome', *Nature* 486, 207–214.

Huttenhower, C., Kostic, A.D., and Xavier, R.J. (2014) 'Inflammatory bowel disease as a model for translating the microbiome', *Immunity* 40, 843–854.

Iturbe-Ormaetxe, I., Walker, T., and O' Neill, S.L. (2011) '*Wolbachia* and the biological control of mosquito-borne disease', *EMBO Rep.* 12, 508–518.

Ivanov, I.I., Atarashi, K., Manel, N., Brodie, E.L., Shima, T., Karaoz, U., Wei, D., Goldfarb, K.C., Santee, C.A., Lynch, S.V., et al. (2009) 'Induction of intestinal Th17 cells by segmented filamentous bacteria', *Cell* 139, 485–498.

Jaenike, J., Polak, M., Fiskin, A., Helou, M., and Minhas, M. (2007) 'Interspecific transmission of endosymbiotic *Spiroplasma* by mites', *Biol. Lett.* 3, 23–25.

Jaenike, J., Unckless, R., Cockburn, S.N., Boelio, L.M., and Perlman, S.J. (2010) 'Adaptation via symbiosis: recent spread of a *Drosophila* defensive symbiont', *Science* 329, 212–215.

Jakobsson, H.E., Jernberg, C., Andersson, A.F., Sjölund-Karlsson, M., Jansson, J.K., and Engstrand, L. (2010) 'Short-term antibiotic treatment has differing long-term impacts on the human throat and gut microbiome', *PLoS ONE* 5, e9836.

Jansson, J.K. and Prosser, J.I. (2013) 'Microbiology: the life beneath our feet', *Nature* 494, 40–41.

Jefferson, R. (2010). The hologenome theory of evolution – Science as Social Enterprise. http://blogs.cambia.org/raj/2010/11/16/the-hologenome-theory-of-evolution/.

Jernberg, C., Lofmark, S., Edlund, C., and Jansson, J.K. (2010) 'Long-term impacts of antibiotic exposure on the human intestinal microbiota', *Microbiology* 156, 3216–3223.

Jiggins, F.M. and Hurst, G.D.D. (2011) 'Rapid insect evolution by symbiont transfer', *Science* 332, 185–186.

Johnston, K.L., Ford, L., and Taylor, M.J. (2014) 'Overcoming the challenges of drug discovery for neglected tropical diseases: the A·WoL experience', *J. Biomol. Screen.* 19, 335–343.

Jones, R.J. and Megarrity, R.G. (1986) 'Successful transfer of DHP-degrading bacteria from Hawaiian goats to Australian ruminants to overcome the toxicity of *Leucaena*', *Aust. Vet. J.* 63, 259–262.

Kaiser, W., Huguet, E., Casas, J., Commin, C., and Giron, D. (2010) 'Plant green-island phenotype induced by leaf-miners is mediated by bacterial symbionts', *Proc. R. Soc. B Biol. Sci.* 277, 2311–2319.

Kaiwa, N., Hosokawa, T., Nikoh, N., Tanahashi, M., Moriyama, M., Meng, X-Y., Maeda, T., Yamaguchi, K., Shigenobu, S., Ito, M., et al. (2014) 'Symbiont-supplemented maternal investment underpinning host's ecological adaptation', *Curr. Biol.* 24, 2465–2470.

Kaltenpoth, M., Göttler, W., Herzner, G., and Strohm, E. (2005) 'Symbiotic bacteria protect wasp larvae from fungal infestation', *Curr. Biol.* 15, 475–479.

Kaltenpoth, M., Roeser-Mueller, K., Koehler, S., Peterson, A., Nechitaylo, T.Y., Stubblefield, J.W., Herzner, G., Seger, J., and Strohm, E. (2014) 'Partner choice and fidelity stabilize coevolution in a Cretaceous-age defensive symbiosis', *Proc. Natl. Acad. Sci.* 111, 6359–6364.

Kane, M., Case, L.K., Kopaskie, K., Kozlova, A., MacDearmid, C., Chervonsky, A.V., and Golovkina, T.V. (2011) 'Successful transmission of a retrovirus depends on the commensal microbiota', *Science* 334, 245–249.

Karasov, W.H., Martínez del Rio, C., and Caviedes-Vidal, E. (2011) 'Ecological physiology of diet and digestive systems', *Annu. Rev. Physiol.* 73, 69–93.

Katan, M.B. (2012) 'Why the European Food Safety Authority was right to reject health claims for probiotics', *Benef. Microbes* 3, 85–89.

Kau, A.L., Planer, J.D., Liu, J., Rao, S., Yatsunenko, T., Trehan, I., Manary, M.J., Liu, T-C., Stappenbeck, T.S., Maleta, K.M., et al. (2015) 'Functional characterization of IgA-targeted bacterial taxa from undernourished Malawian children that produce diet-dependent enteropathy', *Sci. Transl. Med.* 7, 276ra24–ra276ra24.

Keeling, P.J. and Palmer, J.D. (2008) 'Horizontal gene transfer in eukaryotic evolution', *Nat. Rev. Genet.* 9, 605–618.

Kelly, L.W., Barott, K.L., Dinsdale, E., Friedlander, A.M., Nosrat, B., Obura, D., Sala, E., Sandin, S.A., Smith, J.E., and Vermeij, M.J. (2012) 'Black reefs: iron-induced phase shifts on coral reefs', *ISME J. 6*, 638–649.

Kembel, S.W., Jones, E., Kline, J., Northcutt, D., Stenson, J., Womack, A.M., Bohannan, B.J., Brown, G.Z., and Green, J.L. (2012) 'Architectural design influences the diversity and structure of the built environment microbiome', *ISME J.* 6, 1469–1479.

Kembel, S.W., Meadow, J.F., O'Connor, T.K., Mhuireach, G., Northcutt, D., Kline, J., Moriyama, M., Brown, G.Z., Bohannan, B.J.M., and Green, J.L. (2014) 'Architectural design drives the biogeography of indoor bacterial communities', *PLoS ONE* 9, e87093.

Kendall, A.I. (1909) 'Some observations on the study of the intestinal bacteria', *J. Biol. Chem.* 6, 499–507.

Kendall, A.I. (1921) *Bacteriology, General, Pathological and Intestinal* (Philadelphia and New York: Lea & Febiger).

Kendall, A.I. (1923) *Civilization and the Microbe* (Boston: Houghton Mifflin).

Kernbauer, E., Ding, Y., and Cadwell, K. (2014) 'An enteric virus can replace the beneficial function of commensal bacteria', *Nature* 516, 94–98.

Khoruts, A. (2013) 'Faecal microbiota transplantation in 2013: developing human gut microbiota as a class of therapeutics', *Nat. Rev. Gastroenterol. Hepatol.* 11, 79–80.

Kiers, E.T. and West, S.A. (2015) 'Evolving new organisms via symbiosis', *Science* 348, 392–394.

Kikuchi, Y., Hayatsu, M., Hosokawa, T., Nagayama, A., Tago, K., and Fukatsu, T. (2012) 'Symbiont-mediated insecticide resistance', *Proc. Natl. Acad. Sci.* 109, 8618–8622.

Kilpatrick, A.M., Briggs, C.J., and Daszak, P. (2010) 'The ecology and impact of chytridiomycosis: an emerging disease of amphibians', *Trends Ecol. Evol.* 25, 109–118.

Kirk, R.G. (2012) '"Life in a germ-free world": isolating life from the laboratory animal to the bubble boy', *Bull. Hist. Med.* 86, 237–275.

Koch, H. and Schmid-Hempel, P. (2011) 'Socially transmitted gut microbiota protect bumble bees against an intestinal parasite', *Proc. Natl. Acad. Sci.* 108, 19288–19292.

Kohl, K.D., Weiss, R.B., Cox, J., Dale, C., and Denise Dearing, M. (2014) 'Gut microbes of mammalian herbivores facilitate intake of plant toxins', *Ecol. Lett.* 17, 1238–1246.

Koren, O., Goodrich, J.K., Cullender, T.C., Spor, A., Laitinen, K., Kling Bäckhed, H., Gonzalez, A., Werner, J.J., Angenent, L.T., Knight, R., et al. (2012) 'Host remodeling of the gut microbiome and metabolic changes during pregnancy', *Cell* 150, 470–480.

Koropatkin, N.M., Cameron, E.A., and Martens, E.C. (2012) 'How glycan metabolism shapes the human gut microbiota', *Nat. Rev. Microbiol.* 10, 323–335.

Koropatnick, T.A., Engle, J.T., Apicella, M.A., Stabb, E.V., Goldman, W.E., and McFall-Ngai, M.J. (2004) 'Microbial factor-mediated development in a host–bacterial mutualism', *Science* 306, 1186–1188.

Kostic, A.D., Gevers, D., Siljander, H., Vatanen, T., Hyötyläinen, T., Hämäläinen, A-M., Peet, A., Tillmann, V., Pöhö, P., Mattila, I., et al. (2015) 'The dynamics of the human infant gut microbiome in development and in progression toward Type 1 Diabetes', *Cell Host Microbe* 17, 260–273.

Kotula, J.W., Kerns, S.J., Shaket, L.A., Siraj, L., Collins, J.J., Way, J.C., and Silver, P.A. (2014) 'Programmable bacteria detect and record an environmental signal in the mammalian gut', *Proc. Natl. Acad. Sci.* 111, 4838–4843.

Kozek, W.J. (1977) 'Transovarially-transmitted intracellular microorganisms in adult and larval stages of *Brugia malayi*', *J. Parasitol.* 63, 992–1000.

Kozek, W.J., and Rao, R.U. (2007) 'The Discovery of Wolbachia in arthropods and nematodes – a historical perspective', in *Wolbachia: A Bug's Life in another Bug*, A. Hoerauf and R.U. Rao, eds., pp. 1–14 (Basel: Karger).

Kremer, N., Philipp, E.E.R., Carpentier, M-C., Brennan, C.A., Kraemer, L., Altura, M.A., Augustin, R., Häsler, R., Heath-Heckman, E.A.C., Peyer, S.M., et al. (2013) 'Initial symbiont contact orchestrates host-organ-wide transcriptional changes that prime tissue colonization', *Cell Host Microbe* 14, 183–194.

Kroes, I., Lepp, P.W., and Relman, D.A. (1999) 'Bacterial diversity within the human subgingival crevice', *Proc. Natl. Acad. Sci.* 96, 14547–14552.

Kruif, P.D. (2002) *Microbe Hunters* (Boston: Houghton Mifflin Harcourt).

Kueneman, J.G., Parfrey, L.W., Woodhams, D.C., Archer, H.M., Knight, R., and McKenzie, V.J. (2014) 'The amphibian skin-associated microbiome across species, space and life history stages', *Mol. Ecol.* 23, 1238–1250.

Kunz, C. (2012) 'Historical aspects of human milk oligosaccharides', *Adv. Nutr. Int. Rev. J.* 3, 430S – 439S.

Kunzig, R. (2000) *Mapping the Deep: The Extraordinary Story of Ocean Science* (New York: W. W. Norton & Co.).

Kuss, S.K., Best, G.T., Etheredge, C.A., Pruijssers, A.J., Frierson, J.M., Hooper, L.V., Dermody, T.S., and Pfeiffer, J.K. (2011) 'Intestinal microbiota promote enteric virus replication and systemic pathogenesis', *Science* 334, 249–252.

Kwong, W.K. and Moran, N.A. (2015) 'Evolution of host specialization in gut microbes: the bee gut as a model', *Gut Microbes* 6, 214–220.

Lander, E.S., Linton, L.M., Birren, B., Nusbaum, C., Zody, M.C., Baldwin, J., Devon, K., Dewar, K., Doyle, M., FitzHugh, W., et al. (2001) 'Initial sequencing and analysis of the human genome', *Nature* 409, 860–921.

Lane, N. (2015a) *The Vital Question: Why Is Life the Way It Is?* (London: Profile Books).

Lane, N. (2015b) 'The unseen world: reflections on Leeuwenhoek (1677) "Concerning little animals"' *Philos. Trans. R. Soc. B Biol. Sci.* 370, doi: 10.1098/rstb. 2014. 0344.

Lang, J.M., Eisen, J.A., and Zivkovic, A.M. (2014) 'The microbes we eat: abundance and taxonomy of microbes consumed in a day's worth of meals for three diet types', *PeerJ 2*, e659.

Lawley, T.D., Clare, S., Walker, A.W., Stares, M.D., Connor, T.R., Raisen, C., Goulding, D., Rad, R., Schreiber, F., Brandt, C., et al. (2012) 'Targeted restoration of the intestinal microbiota with a simple, defined bacteriotherapy resolves relapsing *Clostridium difficile* disease in mice', *PLoS Pathog.* 8, e1002995.

Lax, S. and Gilbert, J.A. (2015) 'Hospital-associated microbiota and implications for nosocomial infections', *Trends Mol. Med.* 21, 427–432.

Lax, S., Smith, D.P., Hampton-Marcell, J., Owens, S.M., Handley, K.M., Scott, N.M., Gibbons, S.M., Larsen, P., Shogan, B.D., Weiss, S., et al. (2014) 'Longitudinal analysis of microbial interaction between humans and the indoor environment', *Science* 345, 1048–1052.

Le Chatelier, E., Nielsen, T., Qin, J., Prifti, E., Hildebrand, F., Falony, G., Almeida, M., Arumugam, M., Batto, J-M., Kennedy, S., et al. (2013) 'Richness of human gut microbiome correlates with metabolic markers', *Nature* 500, 541–546.

Le Clec'h, W., Chevalier, F.D., Genty, L., Bertaux, J., Bouchon, D., and Sicard, M. (2013) 'Cannibalism and predation as paths for horizontal passage of *Wolbachia* between terrestrial isopods', *PLoS ONE* 8, e60232.

Lee, Y.K. and Mazmanian, S.K. (2010) 'Has the microbiota played a critical role in the evolution of the adaptive immune system?', *Science* 330, 1768–1773.

Lee, B.K., Magnusson, C., Gardner, R.M., Blomström, Å., Newschaffer, C.J., Burstyn, I., Karlsson, H., and Dalman, C. (2015) 'Maternal hospitalization with infection during pregnancy and risk of autism spectrum disorders', *Brain. Behav. Immun.* 44, 100–105.

Leewenhoeck, A. van (1677) 'Observation, communicated to the publisher by Mr. Antony van Leewenhoeck, in a Dutch letter of the 9 Octob. 1676 here English'd: concerning little animals by him observed in rain-well-sea and snow water; as also in water wherein pepper had lain infused', *Phil. Trans.* 12, 821–831.

Leewenhook, A. van (1674), More Observations from Mr. Leewenhook, in a Letter of Sept. 7, 1674. sent to the Publisher', *Phil Trans* 12, 178–182.

Lemon, K.P., Armitage, G.C., Relman, D.A., and Fischbach, M.A. (2012) 'Microbiota-targeted therapies: an ecological perspective', *Sci. Transl. Med.* 4, 137rv5–rv137rv5.

LePage, D., and Bordenstein, S.R. (2013) '*Wolbachia*: can we save lives with a great pandemic?', *Trends Parasitol.* 29, 385–393.

Leroi, A.M. (2014) *The Lagoon: How Aristotle Invented Science* (New York: Viking Books).

Leroy, P.D., Sabri, A., Heuskin, S., Thonart, P., Lognay, G., Verheggen, F.J., Francis, F., Brostaux, Y., Felton, G.W., and Haubruge, E. (2011) 'Microorganisms from aphid honeydew attract and enhance the efficacy of natural enemies', *Nat. Commun.* 2, 348.

Ley, R.E., Bäckhed, F., Turnbaugh, P., Lozupone, C.A., Knight, R.D., and Gordon, J.I. (2005) 'Obesity alters gut microbial ecology', *Proc. Natl. Acad. Sci. U. S. A.* 102, 11070–11075.

Ley, R.E., Peterson, D.A., and Gordon, J.I. (2006) 'Ecological and evolutionary forces shaping microbial diversity in the human intestine', *Cell* 124, 837–848.

Ley, R.E., Hamady, M., Lozupone, C., Turnbaugh, P.J., Ramey, R.R., Bircher, J.S., Schlegel, M.L., Tucker, T.A., Schrenzel, M.D., Knight, R., et al. (2008a) 'Evolution of mammals and their gut microbes', *Science* 320, 1647–1651.

Ley, R.E., Lozupone, C.A., Hamady, M., Knight, R., and Gordon, J.I. (2008b) 'Worlds within worlds: evolution of the vertebrate gut microbiota', *Nat. Rev. Microbiol.* 6, 776–788.

Li, J., Jia, H., Cai, X., Zhong, H., Feng, Q., Sunagawa, S., Arumugam, M., Kultima, J.R., Prifti, E., Nielsen, T., et al. (2014) 'An integrated catalog of reference genes in the human gut microbiome', *Nat. Biotechnol.* 32, 834–841.

Linz, B., Balloux, F., Moodley, Y., Manica, A., Liu, H., Roumagnac, P., Falush, D., Stamer, C., Prugnolle, F., van der Merwe, S.W., et al. (2007) 'An African origin for the intimate association between humans and *Helicobacter pylori*', *Nature* 445, 915–918.

Liou, A.P., Paziuk, M., Luevano, J.-M., Machineni, S., Turnbaugh, P.J., and Kaplan, L.M. (2013) 'Conserved shifts in the gut microbiota due to gastric bypass reduce host weight and adiposity', *Sci. Transl. Med.* 5, 178ra41.

Login, F.H. and Heddi, A. (2013) 'Insect immune system maintains long-term resident bacteria through a local response', *J. Insect Physiol.* 59, 232–239.

Lombardo, M.P. (2008) 'Access to mutualistic endosymbiotic microbes: an underappreciated benefit of group living', *Behav. Ecol. Sociobiol.* 62, 479–497.

Lyte, M., Varcoe, J.J., and Bailey, M.T. (1998) 'Anxiogenic effect of subclinical bacterial infection in mice in the absence of overt immune activation', *Physiol. Behav.* 65, 63–68.

Ma, B., Forney, L.J., and Ravel, J. (2012) 'Vaginal microbiome: rethinking health and disease,' *Annu. Rev. Microbiol.* 66, 371–389.

Malkova, N.V., Yu, C.Z., Hsiao, E.Y., Moore, M.J., and Patterson, P.H. (2012) 'Maternal immune activation yields offspring displaying mouse versions of the three core symptoms of autism', *Brain. Behav. Immun.* 26, 607–616.

Manichanh, C., Borruel, N., Casellas, F., and Guarner, F. (2012) 'The gut microbiota in IBD', *Nat. Rev. Gastroenterol. Hepatol.* 9, 599–608.

Marcobal, A., Barboza, M., Sonnenburg, E.D., Pudlo, N., Martens, E.C., Desai, P., Lebrilla, C.B., Weimer, B.C., Mills, D.A., German, J.B., et al. (2011) 'Bacteroides in the infant gut consume milk oligosaccharides via mucus-utilization pathways', *Cell Host Microbe* 10, 507–514.

Margulis, L., and Fester, R. (1991) *Symbiosis as a Source of Evolutionary Innovation: Speciation and Morphogenesis* (Cambridge, Mass: The MIT Press).

Margulis, L. and Sagan, D. (2002) *Acquiring Genomes: A Theory of the Origin of Species* (New York: Perseus Books Group).

Martel, A., Sluijs, A.S. der, Blooi, M., Bert, W., Ducatelle, R., Fisher, M.C., Woeltjes, A., Bosman, W., Chiers, K., Bossuyt, F., et al. (2013) '*Batrachochytrium salamandrivorans sp. nov.* causes lethal chytridiomycosis in amphibians', *Proc. Natl. Acad. Sci.* 110, 15325–15329.

Martens, E.C., Kelly, A.G., Tauzin, A.S., and Brumer, H. (2014) 'The devil lies in the details: how variations in polysaccharide fine-structure impact the physiology and evolution of gut microbes', *J. Mol. Biol.* 426, 3851–3865.

Martínez, I., Stegen, J.C., Maldonado-Gómez, M.X., Eren, A.M., Siba, P.M., Greenhill, A.R., and Walter, J. (2015) 'The gut microbiota of rural Papua New Guineans: composition, diversity patterns, and ecological processes', *Cell Rep.* 11, 527–538.

Mayer, E.A., Tillisch, K., and Gupta, A. (2015) 'Gut/brain axis and the microbiota', *J. Clin. Invest.* 125, 926–938.

Maynard, C.L., Elson, C.O., Hatton, R.D., and Weaver, C.T. (2012) 'Reciprocal interactions of the intestinal microbiota and immune system', *Nature* 489, 231–241.

Mazmanian, S.K., Liu, C.H., Tzianabos, A.O., and Kasper, D.L. (2005) 'An immunomodulatory molecule of symbiotic bacteria directs maturation of the host immune system', *Cell* 122, 107–118.

Mazmanian, S.K., Round, J.L., and Kasper, D.L. (2008) 'A microbial symbiosis factor prevents intestinal inflammatory disease', *Nature* 453, 620–625.

McCutcheon, J.P. (2013) 'Genome evolution: a bacterium with a Napoleon Complex', *Curr. Biol.* 23, R657–R659.

McCutcheon, J.P. and Moran, N.A. (2011) 'Extreme genome reduction in symbiotic bacteria', *Nat. Rev. Microbiol.* 10, 13–26.

McDole, T., Nulton, J., Barott, K.L., Felts, B., Hand, C., Hatay, M., Lee, H., Nadon, M.O., Nosrat, B., Salamon, P., et al. (2012) 'Assessing coral reefs on a Pacific-wide scale using the microbialization score', *PLoS ONE* 7, e43233.

McFall-Ngai, M.J. (1998) 'The development of cooperative associations between animals and bacteria: establishing detente among domains', *Integr. Comp. Biol.* 38, 593–608.

McFall-Ngai, M. (2007) 'Adaptive immunity: care for the community', *Nature* 445, 153.

McFall-Ngai, M. (2014) 'Divining the essence of symbiosis: insights from the Squid-Vibrio Model', *PLoS Biol.* 12, e1001783.

McFall-Ngai, M.J. and Ruby, E.G. (1991) 'Symbiont recognition and subsequent morphogenesis as early events in an animal–bacterial mutualism', *Science* 254, 1491–1494.

McFall-Ngai, M., Hadfield, M.G., Bosch, T.C., Carey, H.V., Domazet-Lošo, T., Douglas, A.E., Dubilier, N., Eberl, G., Fukami, T., and Gilbert, S.F. (2013) 'Animals in a bacterial world, a new imperative for the life sciences', *Proc. Natl. Acad. Sci.* 110, 3229–3236.

McFarland, L.V. (2014) 'Use of probiotics to correct dysbiosis of normal microbiota following disease or disruptive events: a systematic review', *BMJ Open* 4, e005047.

McGraw, E.A. and O'Neill, S.L. (2013) 'Beyond insecticides: new thinking on an ancient problem', *Nat. Rev. Microbiol.* 11, 181–193.

McKenna, M. (2010) *Superbug: The Fatal Menace of MRSA* (New York: Free Press).

McKenna, M. (2013) Imagining the Post-Antibiotics Future. https://medium.com/@fernnews/imagining-the-post-antibiotics-future-892b57499e77.

Mclaren, D.J., Worms, M.J., Laurence, B.R., and Simpson, M.G. (1975) 'Micro-organisms in filarial larvae (*Nematoda*)', *Trans. R. Soc. Trop. Med. Hyg.* 69, 509–514.

McMaster, J. (2004). How Did Life Begin? http:www.pbs.org/wgbn/nova/evolution/how-did-life-begin.html.

McMeniman, C.J., Lane, R.V., Cass, B.N., Fong, A.W.C., Sidhu, M., Wang, Y-F., and O'Neill, S.L. (2009) 'Stable introduction of a life-shortening *Wolbachia* infection into the mosquito *Aedes aegypti*', *Science* 323, 141–144.

McNulty, N.P., Yatsunenko, T., Hsiao, A., Faith, J.J., Muegge, B.D., Goodman, A.L., Henrissat, B., Oozeer, R., Cools-Portier, S., Gobert, G., et al. (2011) 'The impact of a consortium of fermented milk strains on the gut microbiome of gnotobiotic mice and monozygotic twins', *Sci. Transl. Med.* 3, 106ra106.

Meadow, J.F., Bateman, A.C., Herkert, K.M., O'Connor, T.K., and Green, J.L. (2013) 'Significant changes in the skin microbiome mediated by the sport of roller derby', *PeerJ* 1, e53.

Meadow, J.F., Altrichter, A.E., Bateman, A.C., Stenson, J., Brown, G.Z., Green, J.L., and Bohannan, B.J.M. (2015) 'Humans differ in their personal microbial cloud', *PeerJ* 3, e1258.

Metcalf, J.A., Funkhouser-Jones, L.J., Brileya, K., Reysenbach, A-L., and Bordenstein, S.R. (2014) 'Antibacterial gene transfer across the tree of life', eLife 3.

Miller, A.W., Kohl, K.D., and Dearing, M.D. (2014) 'The gastrointestinal tract of the white-throated woodrat (*Neotoma albigula*) harbors distinct consortia of oxalate-degrading bacteria', *Appl. Environ. Microbiol.* 80, 1595–1601.

Mimee, M., Tucker, A.C., Voigt, C.A., and Lu, T.K. (2015) 'Programming a human commensal bacterium, *Bacteroides thetaiotaomicron*, to sense and respond to stimuli in the murine gut microbiota', *Cell Syst.* 1, 62–71.

Min, K.-T., and Benzer, S. (1997) 'Wolbachia, normally a symbiont of Drosophila, can be virulent, causing degeneration and early death', *Proc. Natl. Acad. Sci. U. S. A.* 94, 10792–10796.

Moberg, S. (2005) *René Dubos, Friend of the Good Earth: Microbiologist, Medical Scientist, Environmentalist* (Washington, DC: ASM Press).

Moeller, A.H., Li, Y., Mpoudi Ngole, E., Ahuka-Mundeke, S., Lonsdorf, E.V., Pusey, A.E., Peeters, M., Hahn, B.H., and Ochman, H. (2014) 'Rapid changes in the gut microbiome during human evolution', *Proc. Natl. Acad. Sci. U. S. A.* 111, 16431–16435.

Montgomery, M.K. and McFall-Ngai, M. (1994) 'Bacterial symbionts induce host organ morphogenesis during early postembryonic development of the squid *Euprymna scolopes*', *Dev. Camb. Engl.* 120, 1719–1729.

Moran, N.A. and Dunbar, H.E. (2006) 'Sexual acquisition of beneficial symbionts in aphids', *Proc. Natl. Acad. Sci.* 103, 12803–12806.

Moran, N.A. and Sloan, D.B. (2015) 'The Hologenome Concept: helpful or hollow?' *PLoS Biol.* 13, e1002311.

Moran, N.A., Degnan, P.H., Santos, S.R., Dunbar, H.E., and Ochman, H. (2005) 'The players in a mutualistic symbiosis: insects, bacteria, viruses, and virulence genes', *Proc. Natl. Acad. Sci. U. S. A.* 102, 16919–16926.

Moreira, L.A., Iturbe-Ormaetxe, I., Jeffery, J.A., Lu, G., Pyke, A.T., Hedges, L.M., Rocha, B.C., Hall-Mendelin, S., Day, A., Riegler, M., et al. (2009) 'A *Wolbachia* symbiont in *Aedes aegypti* limits infection with dengue, chikungunya, and plasmodium', *Cell* 139, 1268–1278.

Morell, V. (1997) 'Microbial biology: microbiology's scarred revolutionary', *Science* 276, 699–702.

Morgan, X.C., Tickle, T.L., Sokol, H., Gevers, D., Devaney, K.L., Ward, D.V., Reyes, J.A., Shah, S.A., LeLeiko, N., Snapper, S.B., et al. (2012) 'Dysfunction of the intestinal microbiome in inflammatory bowel disease and treatment', *Genome Biol.* 13, R79.

Mukherjee, S. (2011) *The Emperor of All Maladies* (London:Fourth Estate).
Mullard, A. (2008) 'Microbiology: the inside story', *Nature* 453, 578–580.
National Research Council (US) Committee on Metagenomics (2007) *The New Science of Metagenomics: Revealing the Secrets of Our Microbial Planet* (Washington, DC: National Academies Press (US)).
Nature (1975) 'Oh, New Delhi; oh, Geneva', *Nature* 256, 355–357.
Nature (2013) 'Culture shock', *Nature* 493, 133–134.
Nelson, B. (2014). Medicine's dirty secret. http://mosaicscience.com/story/medicine%E2%80%99s-dirty-secret.
Neufeld, K.M., Kang, N., Bienenstock, J., and Foster, J.A. (2011) 'Reduced anxiety-like behavior and central neurochemical change in germ-free mice: behavior in germ-free mice', *Neurogastroenterol. Motil.* 23, 255–e119.
Newburg, D.S., Ruiz-Palacios, G.M., and Morrow, A.L. (2005) 'Human milk glycans protect infants against enteric pathogens', *Annu. Rev. Nutr.* 25, 37–58.
New York Times (12 February 1985) 'Science watch: miracle plant tested as cattle fodder'.
Nicholson, J.K., Holmes, E., Kinross, J., Burcelin, R., Gibson, G., Jia, W., and Pettersson, S. (2012) 'Host–Gut Microbiota Metabolic Interactions', *Science* 336, 1262–1267.
Nightingale, F. (1859) *Notes on Nursing: What It Is, and What It Is Not* (New York: D. Appleton & Co.).
Nougué, O., Gallet, R., Chevin, L-M., and Lenormand, T. (2015) 'Niche limits of symbiotic gut microbiota constrain the salinity tolerance of brine shrimp', *Am. Nat.* 186, 390–403.
Nováková, E., Hypša, V., Klein, J., Foottit, R.G., von Dohlen, C.D., and Moran, N.A. (2013) 'Reconstructing the phylogeny of aphids (*Hemiptera: Aphididae*) using DNA of the obligate symbiont *Buchnera aphidicola', Mol. Phylogenet. Evol.* 68, 42–54.
Obregon-Tito, A.J., Tito, R.Y., Metcalf, J., Sankaranarayanan, K., Clemente, J.C., Ursell, L.K., Zech Xu, Z., Van Treuren, W., Knight, R., Gaffney, P.M., et al. (2015) 'Subsistence strategies in traditional societies distinguish gut microbiomes', *Nat. Commun.* 6, 6505.
Ochman, H., Lawrence, J.G., and Groisman, E.A. (2000) 'Lateral gene transfer and the nature of bacterial innovation', *Nature* 405, 299–304.
Ohbayashi, T., Takeshita, K., Kitagawa, W., Nikoh, N., Koga, R., Meng, X-Y., Tago, K., Hori, T., Hayatsu, M., Asano, K., et al. (2015) 'Insect's intestinal organ for symbiont sorting', *Proc. Natl. Acad. Sci.* 112, E5179–E5188.
Oliver, K.M., Moran, N.A., and Hunter, M.S. (2005) 'Variation in resistance to parasitism in aphids is due to symbionts not host genotype', *Proc. Natl. Acad. Sci. U. S. A.* 102, 12795–12800.

Oliver, K.M., Campos, J., Moran, N.A., and Hunter, M.S. (2008) 'Population dynamics of defensive symbionts in aphids', *Proc. R. Soc. B Biol. Sci.* 275, 293–299.

Olle, B. (2013) 'Medicines from microbiota', *Nat. Biotechnol.* 31, 309–315.

Olszak, T., An, D., Zeissig, S., Vera, M.P., Richter, J., Franke, A., Glickman, J.N., Siebert, R., Baron, R.M., Kasper, D.L., et al. (2012) 'Microbial exposure during early life has persistent effects on natural killer T cell function', *Science* 336, 489–493.

O'Malley, M.A. (2009) 'What did Darwin say about microbes, and how did microbiology respond?', *Trends Microbiol.* 17, 341–347.

Osawa, R., Blanshard, W., and Ocallaghan, P. (1993) 'Microbiological studies of the intestinal microflora of the Koala, *Phascolarctos-Cinereus* .2. Pap, a special maternal feces consumed by juvenile koalas', *Aust. J. Zool.* 41, 611–620.

Ott, S.J., Musfeldt, M., Wenderoth, D.F., Hampe, J., Brant, O., Fölsch, U.R., Timmis, K.N., and Schreiber, S. (2004) 'Reduction in diversity of the colonic mucosa associated bacterial microflora in patients with active inflammatory bowel disease', *Gut* 53, 685–693.

Ott, B.M., Rickards, A., Gehrke, L., and Rio, R.V.M. (2015) 'Characterization of shed medicinal leech mucus reveals a diverse microbiota', *Front. Microbiol.* 5. doi: 10.3389/fmicb.2014.00757.

Pace, N.R., Stahl, D.A., Lane, D.J., and Olsen, G.J. (1986) 'The analysis of natural microbial populations by ribosomal RNA Sequences', in *Advances in Microbial Ecology*, K.C. Marshall, ed. (New York: Springer US), pp. 1–55.

Paine, R.T., Tegner, M.J., and Johnson, E.A. (1998) 'Compounded perturbations yield ecological surprises', *Ecosystems* 1, 535–545.

Pais, R., Lohs, C., Wu, Y., Wang, J., and Aksoy, S. (2008) 'The obligate mutualist *Wigglesworthia glossinidia* influences reproduction, digestion, and immunity processes of its host, the tsetse fly', *Appl. Environ. Microbiol.* 74, 5965–5974.

Pannebakker, B.A., Loppin, B., Elemans, C.P., Humblot, L., and Vavre, F. (2007) 'Parasitic inhibition of cell death facilitates symbiosis', *Proc. Natl. Acad. Sci.* 104, 213–215.

Payne, A.S. (1970) *The Cleere Observer. A Biography of Antoni Van Leeuwenhoek* (London: Macmillan).

Petrof, E.O. and Khoruts, A. (2014) 'From stool transplants to next-generation microbiota therapeutics', *Gastroenterology* 146, 1573–1582.

Petrof, E., Gloor, G., Vanner, S., Weese, S., Carter, D., Daigneault, M., Brown, E., Schroeter, K., and Allen-Vercoe, E. (2013) 'Stool substitute transplant therapy for the eradication of *Clostridium difficile* infection: 'RePOOPulating' the gut', *Microbiome 2013*, 3.

Petschow, B., Doré, J., Hibberd, P., Dinan, T., Reid, G., Blaser, M., Cani, P.D., Degnan, F.H., Foster, J., Gibson, G., et al. (2013) 'Probiotics, prebiotics, and the host microbiome: the science of translation', *Ann. N. Y. Acad. Sci.* 1306, 1–17.

Pickard, J.M., Maurice, C.F., Kinnebrew, M.A., Abt, M.C., Schenten, D., Golovkina, T.V., Bogatyrev, S.R., Ismagilov, R.F., Pamer, E.G., Turnbaugh, P.J., et al. (2014) 'Rapid fucosylation of intestinal epithelium sustains host–commensal symbiosis in sickness', *Nature* 514, 638–641.

Poulsen, M., Hu, H., Li, C., Chen, Z., Xu, L., Otani, S., Nygaard, S., Nobre, T., Klaubauf, S., Schindler, P.M., et al. (2014) 'Complementary symbiont contributions to plant decomposition in a fungus-farming termite', *Proc. Natl. Acad. Sci.* 111, 14500–14505.

Qian, J., Hospodsky, D., Yamamoto, N., Nazaroff, W.W., and Peccia, J. (2012). 'Size-resolved emission rates of airborne bacteria and fungi in an occupied classroom: size-resolved bioaerosol emission rates', *Indoor Air* 22, 339–351.

Quammen, D. (1997) *The Song of the Dodo: Island Biogeography in an Age of Extinction* (New York: Scribner).

Rawls, J.F., Samuel, B.S., and Gordon, J.I. (2004) 'Gnotobiotic zebrafish reveal evolutionarily conserved responses to the gut microbiota', *Proc. Natl. Acad. Sci. U. S. A.* 101, 4596–4601.

Rawls, J.F., Mahowald, M.A., Ley, R.E., and Gordon, J.I. (2006) 'Reciprocal gut microbiota transplants from zebrafish and mice to germ-free recipients reveal host habitat selection', *Cell* 127, 423–433.

Redford, K.H., Segre, J.A., Salafsky, N., del Rio, C.M., and McAloose, D. (2012) 'Conservation and the Microbiome: Editorial. *Conserv. Biol.* 26, 195–197.

Reid, G. (2011) 'Opinion paper: Quo vadis – EFSA?', *Benef. Microbes* 2, 177–181.

Relman, D.A. (2008), '"Til death do us part": coming to terms with symbiotic relationships', Foreword. *Nat. Rev. Microbiol.* 6, 721–724.

Relman, D.A. (2012) 'The human microbiome: ecosystem resilience and health', *Nutr. Rev.* 70, S2–S9.

Ridaura, V.K., Faith, J.J., Rey, F.E., Cheng, J., Duncan, A.E., Kau, A.L., Griffin, N.W., Lombard, V., Henrissat, B., Bain, J.R., et al. (2013). 'Gut microbiota from twins discordant for obesity modulate metabolism in mice', *Science* 341, 1241214.

Rigaud, T., and Juchault, P. (1992). Heredity – Abstract of article: 'Genetic control of the vertical transmission of a cytoplasmic sex factor in *Armadillidium vulgare Latr.* (Crustacea, Oniscidea)', *Heredity* 68, 47–52.

Riley, D.R., Sieber, K.B., Robinson, K.M., White, J.R., Ganesan, A., Nourbakhsh, S., and Dunning Hotopp, J.C. (2013) 'Bacteria–human somatic cell lateral gene transfer is enriched in cancer samples', *PLoS Comput. Biol.* 9, e1003107.

Roberts, C.S. (1990) 'William Beaumont, the man and the opportunity', in *Clinical Methods: The History, Physical, and Laboratory Examinations*, H.K. Walker, W.D. Hall, and J.W. Hurst, eds (Boston: Butterworths).

Roberts, S.C., Gosling, L.M., Spector, T.D., Miller, P., Penn, D.J., and Petrie, M. (2005) 'Body Odor Similarity in Noncohabiting Twins', *Chem. Senses* 30, 651–656.

Rogier, E.W., Frantz, A.L., Bruno, M.E., Wedlund, L., Cohen, D.A., Stromberg, A.J., and Kaetzel, C.S. (2014) 'Secretory antibodies in breast milk promote long-term intestinal homeostasis by regulating the gut microbiota and host gene expression', *Proc. Natl. Acad. Sci.* 111, 3074–3079.

Rohwer, F. and Youle, M. (2010) *Coral Reefs in the Microbial Seas* (United States: Plaid Press).

Rook, G.A.W., Lowry, C.A., and Raison, C.L. (2013) 'Microbial 'Old Friends', immunoregulation and stress resilience', *Evol. Med. Public Health* 2013, 46–64.

Rosebury, T. (1962) *Microorganisms Indigenous to Man* (New York: McGraw-Hill).

Rosebury, T. (1969) *Life on Man* (New York: Viking Press).

Rosenberg, E., Sharon, G., and Zilber-Rosenberg, I. (2009) 'The hologenome theory of evolution contains Lamarckian aspects within a Darwinian framework', *Environ. Microbiol.* 11, 2959–2962.

Rosner, J. (2014) 'Ten times more microbial cells than body cells in humans?', *Microbe* 9, 47.

Round, J.L., and Mazmanian, S.K. (2009) 'The gut microbiota shapes intestinal immune responses during health and disease', *Nat. Rev. Immunol.* 9, 313–323.

Round, J.L. and Mazmanian, S.K. (2010) 'Inducible Foxp3+ regulatory T-cell development by a commensal bacterium of the intestinal microbiota', *Proc. Natl. Acad. Sci. U. S. A.* 107, 12204–12209.

Russell, C.W., Bouvaine, S., Newell, P.D., and Douglas, A.E. (2013a) 'Shared metabolic pathways in a coevolved insect–bacterial symbiosis', *Appl. Environ. Microbiol.* 79, 6117–6123.

Russell, J.A., Funaro, C.F., Giraldo, Y.M., Goldman-Huertas, B., Suh, D., Kronauer, D.J.C., Moreau, C.S., and Pierce, N.E. (2012) 'A veritable menagerie of heritable bacteria from ants, butterflies, and beyond: broad molecular surveys and a systematic review', *PLoS ONE* 7, e51027.

Russell, J.A., Weldon, S., Smith, A.H., Kim, K.L., Hu, Y., Łukasik, P., Doll, S., Anastopoulos, I., Novin, M., and Oliver, K.M. (2013b) 'Uncovering symbiont-driven genetic diversity across North American pea aphids', *Mol. Ecol.* 22, 2045–2059.

Rutherford, A. (2013). *Creation: The Origin of Life / The Future of Life* (London: Penguin).

Sachs, J.L., Skophammer, R.G., and Regus, J.U. (2011) 'Evolutionary transitions in bacterial symbiosis', *Proc. Natl. Acad. Sci.* 108, 10800–10807.

Sacks, O. (23 April 2015) 'A General Feeling of Disorder.' *N. Y. Rev. Books.*

Saeidi, N., Wong, C.K., Lo, T-M., Nguyen, H.X., Ling, H., Leong, S.S.J., Poh, C.L., and Chang, M.W. (2011) 'Engineering microbes to sense and eradicate *Pseudomonas aeruginosa*, a human pathogen', *Mol. Syst. Biol.* 7, 521.

Sagan, L. (1967) 'On the origin of mitosing cells', *J. Theor. Biol.* 14, 255–274.

Salter, S.J., Cox, M.J., Turek, E.M., Calus, S.T., Cookson, W.O., Moffatt, M.F., Turner, P., Parkhill, J., Loman, N.J., and Walker, A.W. (2014) 'Reagent and laboratory contamination can critically impact sequence-based microbiome analyses', *BMC Biol.* 12, 87.

Salzberg, S.L. (2001) 'Microbial genes in the human genome: lateral transfer or gene loss?', *Science* 292, 1903–1906.

Salzberg, S.L., Hotopp, J.C., Delcher, A.L., Pop, M., Smith, D.R., Eisen, M.B., and Nelson, W.C. (2005) 'Serendipitous discovery of *Wolbachia* genomes in multiple *Drosophila* species', *Genome Biol.* 6, R23.

Sanders, J.G., Beichman, A.C., Roman, J., Scott, J.J., Emerson, D., McCarthy, J.J., and Girguis, P.R. (2015) 'Baleen whales host a unique gut microbiome with similarities to both carnivores and herbivores', *Nat. Commun.* 6, 8285.

Sangodeyi, F.I. (2014) 'The Making of the Microbial Body, 1900s–2012.' Harvard University.

Sapp, J. (1994) *Evolution by Association: A History of Symbiosis* (New York: Oxford University Press).

Sapp, J. (2002) 'Paul Buchner (1886–1978) and hereditary symbiosis in insects', *Int. Microbiol.* 5, 145–150.

Sapp, J. (2009) *The New Foundations of Evolution: On the Tree of Life* (Oxford and New York: Oxford University Press).

Savage, D.C. (2001) 'Microbial biota of the human intestine: a tribute to some pioneering scientists', *Curr. Issues Intest. Microbiol.* 2, 1–15.

Schilthuizen, M.O. and Stouthamer, R. (1997) Horizontal transmission of parthenogenesis-inducing microbes in *Trichogramma* wasps', *Proc. R. Soc. Lond. B Biol. Sci.* 264, 361–366.

Schluter, J. and Foster, K.R. (2012) 'The evolution of mutualism in gut microbiota via host epithelial selection', *PLoS Biol.* 10, e1001424.

Schmidt, C. (2013) 'The startup bugs', *Nat. Biotechnol.* 31, 279–281.

Schmidt, T.M., DeLong, E.F., and Pace, N.R. (1991) 'Analysis of a marine picoplankton community by 16S rRNA gene cloning and sequencing', *J. Bacteriol.* 173, 4371–4378.

Schnorr, S.L., Candela, M., Rampelli, S., Centanni, M., Consolandi, C., Basaglia, G., Turroni, S., Biagi, E., Peano, C., Severgnini, M., et al. (2014) 'Gut microbiome of the Hadza hunter-gatherers', *Nat. Commun.* 5, 3654.

Schubert, A.M., Sinani, H., and Schloss, P.D. (2015) 'Antibiotic-induced alterations of the murine gut microbiota and subsequent effects on colonization resistance against *Clostridium difficile*', mBio 6, e00974–15.

Sela, D.A. and Mills, D.A. (2014) 'The marriage of nutrigenomics with the microbiome: the case of infant-associated bifidobacteria and milk', *Am. J. Clin. Nutr.* 99, 697S–703S.

Sela, D.A., Chapman, J., Adeuya, A., Kim, J.H., Chen, F., Whitehead, T.R., Lapidus, A., Rokhsar, D.S., Lebrilla, C.B., and German, J.B. (2008) 'The genome sequence of *Bifidobacterium longum subsp. infantis* reveals adaptations for milk utilization within the infant microbiome', *Proc. Natl. Acad. Sci.* 105, 18964–18969.

Selosse, M-A., Bessis, A., and Pozo, M.J. (2014) 'Microbial priming of plant and animal immunity: symbionts as developmental signals', *Trends Microbiol.* 22, 607–613.

Shanahan, F. (2010) 'Probiotics in perspective', *Gastroenterology* 139, 1808–1812.

Shanahan, F. (2012) 'The microbiota in inflammatory bowel disease: friend, bystander, and sometime-villain', *Nutr. Rev.* 70, S31–S37.

Shanahan, F. and Quigley, E.M.M. (2014) 'Manipulation of the microbiota for treatment of IBS and IBD – challenges and controversies', *Gastroenterology* 146, 1554–1563.

Sharon, G., Segal, D., Ringo, J.M., Hefetz, A., Zilber-Rosenberg, I., and Rosenberg, E. (2010) 'Commensal bacteria play a role in mating preference of *Drosophila melanogaster*', *Proc. Natl. Acad. Sci.* 107, 20051–20056.

Sharon, G., Garg, N., Debelius, J., Knight, R., Dorrestein, P.C., and Mazmanian, S.K. (2014) 'Specialized metabolites from the microbiome in health and disease. *Cell Metab.* 20, 719–730.

Shikuma, N.J., Pilhofer, M., Weiss, G.L., Hadfield, M.G., Jensen, G.J., and Newman, D.K. (2014) 'Marine tubeworm metamorphosis induced by arrays of bacterial phage tail-Like structures', *Science* 343, 529–533.

Six, D.L. (2013) 'The Bark Beetle holobiont: why microbes matter', *J. Chem. Ecol.* 39, 989–1002.

Sjögren, K., Engdahl, C., Henning, P., Lerner, U.H., Tremaroli, V., Lagerquist, M.K., Bäckhed, F., and Ohlsson, C. (2012) 'The gut microbiota regulates bone mass in mice', *J. Bone Miner. Res. Off. J. Am. Soc. Bone Miner. Res.* 27, 1357–1367.

Slashinski, M.J., McCurdy, S.A., Achenbaum, L.S., Whitney, S.N., and McGuire, A.L. (2012) "Snake-oil,' 'quack medicine,' and 'industrially cultured organisms:' biovalue and the commercialization of human microbiome research', *BMC Med. Ethics* 13, 28.

Slatko, B.E., Taylor, M.J., and Foster, J.M. (2010) 'The *Wolbachia* endosymbiont as an anti-filarial nematode target', *Symbiosis* 51, 55–65.

Smillie, C.S., Smith, M.B., Friedman, J., Cordero, O.X., David, L.A., and Alm, E.J. (2011) 'Ecology drives a global network of gene exchange connecting the human microbiome', *Nature* 480, 241–244.

Smith, C.C., Snowberg, L.K., Gregory Caporaso, J., Knight, R., and Bolnick, D.I. (2015) 'Dietary input of microbes and host genetic variation shape among-population differences in stickleback gut microbiota', *ISME J.* 9, 2515–2526.

Smith, J.E., Shaw, M., Edwards, R.A., Obura, D., Pantos, O., Sala, E., Sandin, S.A., Smriga, S., Hatay, M., and Rohwer, F.L. (2006) 'Indirect effects of algae on coral: algae-mediated, microbe-induced coral mortality', *Ecol. Lett.* 9, 835–845.

Smith, M., Kelly, C., and Alm, E. (2014) 'How to regulate faecal transplants', *Nature* 506, 290–291.

Smith, M.I., Yatsunenko, T., Manary, M.J., Trehan, I., Mkakosya, R., Cheng, J., Kau, A.L., Rich, S.S., Concannon, P., Mychaleckyj, J.C., et al. (2013a) 'Gut microbiomes of Malawian twin pairs discordant for kwashiorkor', *Science* 339, 548–554.

Smith, P.M., Howitt, M.R., Panikov, N., Michaud, M., Gallini, C.A., Bohlooly-Y, M., Glickman, J.N., and Garrett, W.S. (2013b) 'The microbial metabolites, short-chain fatty acids, regulate colonic Treg cell homeostasis', *Science* 341, 569–573.

Smithsonian National Museum of Natural History (2010) Giant Tube Worm: *Riftia pachyptila*. http://www.mnh.si.edu/onehundredyears/featured-objects/Riftia.html.

Sneed, J.M., Sharp, K.H., Ritchie, K.B., and Paul, V.J. (2014) 'The chemical cue tetrabromopyrrole from a biofilm bacterium induces settlement of multiple Caribbean corals', *Proc. R. Soc. B Biol. Sci.* 281, 20133086.

Sokol, H., Pigneur, B., Watterlot, L., Lakhdari, O., Bermúdez-Humarán, L.G., Gratadoux, J-J., Blugeon, S., Bridonneau, C., Furet, J-P., Corthier, G., et al. (2008) '*Faecalibacterium prausnitzii* is an anti-inflammatory commensal bacterium identified by gut microbiota analysis of Crohn disease patients', *Proc. Natl. Acad. Sci.*

Soler, J.J., Martín-Vivaldi, M., Ruiz-Rodríguez, M., Valdivia, E., Martín-Platero, A.M., Martínez-Bueno, M., Peralta-Sánchez, J.M., and Méndez, M. (2008) 'Symbiotic association between hoopoes and antibiotic-producing bacteria that live in their uropygial gland', *Funct. Ecol.* 22, 864–871.

Sommer, F. and Bäckhed, F. (2013) 'The gut microbiota — masters of host development and physiology', *Nat. Rev. Microbiol.* 11, 227–238.

Sonnenburg, E.D. and Sonnenburg, J.L. (2014) 'Starving our microbial self: the deleterious consequences of a diet deficient in microbiota-accessible carbohydrates', *Cell Metab.* 20, 779–786.

Sonnenburg, E.D., Smits, S.A., Tikhonov, M., Higginbottom, S.K., Wingreen, N.S., and Sonnenburg, J.L. (2016) 'Diet-induced extinctions in the gut microbiota compound over generations', *Nature* 529, 212–215.

Sonnenburg, J.L., and Fischbach, M.A. (2011) 'Community health care: therapeutic opportunities in the human microbiome', *Sci. Transl. Med.* 3, 78ps12.

Sonnenburg, J. and Sonnenburg, E. (2015) *The Good Gut: Taking Control of Your Weight, Your Mood, and Your Long-Term Health* (New York: The Penguin Press).

Spor, A., Koren, O., and Ley, R. (2011) 'Unravelling the effects of the environment and host genotype on the gut microbiome', *Nat. Rev. Microbiol.* 9, 279–290.

Stahl, D.A., Lane, D.J., Olsen, G.J., and Pace, N.R. (1985) 'Characterization of a Yellowstone hot spring microbial community by 5S rRNA sequences', *Appl. Environ. Microbiol.* 49, 1379–1384.

Stappenbeck, T.S., Hooper, L.V., and Gordon, J.I. (2002) 'Developmental regulation of intestinal angiogenesis by indigenous microbes via Paneth cells', *Proc. Natl. Acad. Sci. U. S. A.* 99, 15451–15455.

Stefka, A.T., Feehley, T., Tripathi, P., Qiu, J., McCoy, K., Mazmanian, S.K., Tjota, M.Y., Seo, G-Y., Cao, S., Theriault, B.R., et al. (2014) 'Commensal bacteria protect against food allergen sensitization', *Proc. Natl. Acad. Sci.* 111, 13145–13150.

Stevens, C.E. and Hume, I.D. (1998) 'Contributions of microbes in vertebrate gastrointestinal tract to production and conservation of nutrients', *Physiol. Rev.* 78, 393–427.

Stewart, F.J. and Cavanaugh, C.M. (2006) 'Symbiosis of thioautotrophic bacteria with *Riftia pachyptila*', *Prog. Mol. Subcell. Biol.* 41, 197–225.

Stilling, R.M., Dinan, T.G., and Cryan, J.F. (2015) 'The brain's Geppetto – microbes as puppeteers of neural function and behaviour?', *J. Neurovirol.* doi: 10.3389/fcimb.2014.00147.

Stoll, S., Feldhaar, H., Fraunholz, M.J., and Gross, R. (2010) 'Bacteriocyte dynamics during development of a holometabolous insect, the carpenter ant *Camponotus floridanus*', *BMC Microbiol.* 10, 308.

Strachan, D.P. (1989) 'Hay fever, hygiene, and household size', *BMJ* 299, 1259–1260.

Strachan, D.P. (2015). Re: 'The 'hygiene hypothesis' for allergic disease is a misnomer.' *BMJ* 349, g5267.

Strand, M.R. and Burke, G.R. (2012) 'Polydnaviruses as symbionts and gene delivery systems', *PLoS Pathog.* 8, e1002757.

Subramanian, S., Huq, S., Yatsunenko, T., Haque, R., Mahfuz, M., Alam, M.A., Benezra, A., DeStefano, J., Meier, M.F., Muegge, B.D., et al. (2014) 'Persistent gut microbiota immaturity in malnourished Bangladeshi children', *Nature* 510, 417–421.

Sudo, N., Chida, Y., Aiba, Y., Sonoda, J., Oyama, N., Yu, X-N., Kubo, C., and Koga, Y. (2004) 'Postnatal microbial colonization programs the hypothalamic-pituitary–adrenal system for stress response in mice', *J. Physiol.* 558, 263–275.

Sundset, M.A., Barboza, P.S., Green, T.K., Folkow, L.P., Blix, A.S., and Mathiesen, S.D. (2010) 'Microbial degradation of usnic acid in the reindeer rumen', *Naturwissenschaften* 97, 273–278.

Svoboda, E. (2015) How Soil Microbes Affect the Environment. http://www.quantamagazine.org/20150616-soil-microbes-bacteria-climate-change/.

Tang, W.H.W. and Hazen, S.L. (2014) 'The contributory role of gut microbiota in cardiovascular disease', *J. Clin. Invest.* 124, 4204–4211.

Taylor, M.J. and Hoerauf, A. (1999) '*Wolbachia* bacteria of filarial nematodes', *Parasitol. Today* 15, 437–442.

Taylor, M.J., Makunde, W.H., McGarry, H.F., Turner, J.D., Mand, S., and Hoerauf, A. (2005) 'Macrofilaricidal activity after doxycycline treatment of *Wuchereria bancrofti*: a double-blind, randomised placebo-controlled trial', *Lancet* 365, 2116–2121.

Taylor, M.J., Hoerauf, A., and Bockarie, M. (2010) 'Lymphatic filariasis and onchocerciasis', *Lancet* 376, 1175–1185.

Taylor, M.J., Voronin, D., Johnston, K.L., and Ford, L. (2013) '*Wolbachia* filarial interactions: *Wolbachia* filarial cellular and molecular interactions', *Cell. Microbiol.* 15, 520–526.

Taylor, M.J., Hoerauf, A., Townson, S., Slatko, B.E., and Ward, S.A. (2014) 'Anti-*Wolbachia* drug discovery and development: safe macrofilaricides for onchocerciasis and lymphatic filariasis', *Parasitology* 141, 119–127.

Teixeira, L., Ferreira, Á., and Ashburner, M. (2008) 'The bacterial symbiont *Wolbachia* induces resistance to RNA viral infections in *Drosophila melanogaster*', *PLoS Biol.* 6, e1000002.

Thacker, R.W. and Freeman, C.J. (2012) 'Sponge–microbe symbioses', in *Advances in Marine Biology* (Philadelphia: Elsevier), pp. 57–111.

Thaiss, C.A., Zeevi, D., Levy, M., Zilberman-Schapira, G., Suez, J., Tengeler, A.C., Abramson, L., Katz, M.N., Korem, T., Zmora, N., et al. (2014) 'Transkingdom control of microbiota diurnal oscillations promotes metabolic homeostasis', *Cell* 159, 514–529.

Theis, K.R., Venkataraman, A., Dycus, J.A., Koonter, K.D., Schmitt-Matzen, E.N., Wagner, A.P., Holekamp, K.E., and Schmidt, T.M. (2013) 'Symbiotic bacteria appear to mediate hyena social odors', *Proc. Natl. Acad. Sci.* 110, 19832–19837.

Thurber, R.L.V., Barott, K.L., Hall, D., Liu, H., Rodriguez-Mueller, B., Desnues, C., Edwards, R.A., Haynes, M., Angly, F.E., Wegley, L., et al. (2008) 'Metagenomic analysis indicates that stressors induce production of herpes-like viruses in the coral *Porites compressa*', *Proc. Natl. Acad. Sci.* 105, 18413–18418.

Thurber, R.V., Willner-Hall, D., Rodriguez-Mueller, B., Desnues, C., Edwards, R.A., Angly, F., Dinsdale, E., Kelly, L., and Rohwer, F. (2009) 'Metagenomic analysis of stressed coral holobionts', *Environ. Microbiol.* 11, 2148–2163.

Tillisch, K., Labus, J., Kilpatrick, L., Jiang, Z., Stains, J., Ebrat, B., Guyonnet, D., Legrain-Raspaud, S., Trotin, B., Naliboff, B., et al. (2013) 'Consumption of fermented milk product with probiotic modulates brain activity', *Gastroenterology* 144, 1394–1401.e4.

Tito, R.Y., Knights, D., Metcalf, J., Obregon-Tito, A.J., Cleeland, L., Najar, F., Roe, B., Reinhard, K., Sobolik, K., Belknap, S., et al. (2012) 'Insights from "Characterizing Extinct Human Gut Microbiomes"', *PLoS ONE* 7, e51146.

Trasande, L., Blustein, J., Liu, M., Corwin, E., Cox, L.M., and Blaser, M.J. (2013) 'Infant antibiotic exposures and early-life body mass', *Int. J. Obes.* 2005 37, 16–23.

Tung, J., Barreiro, L.B., Burns, M.B., Grenier, J-C., Lynch, J., Grieneisen, L.E., Altmann, J., Alberts, S.C., Blekhman, R., and Archie, E.A. (2015) 'Social networks predict gut microbiome composition in wild baboons', *eLife* 4.

Turnbaugh, P.J., Ley, R.E., Mahowald, M.A., Magrini, V., Mardis, E.R., and Gordon, J.I. (2006) 'An obesity-associated gut microbiome with increased capacity for energy harvest', *Nature* 444, 1027–1131.

Underwood, M.A., Salzman, N.H., Bennett, S.H., Barman, M., Mills, D.A., Marcobal, A., Tancredi, D.J., Bevins, C.L., and Sherman, M.P. (2009) 'A randomized placebo-controlled comparison of 2 prebiotic/probiotic combinations in preterm infants: impact on weight gain, intestinal microbiota, and fecal short-chain fatty acids', *J. Pediatr. Gastroenterol. Nutr.* 48, 216–225.

University of Utah (2012). How Insects Domesticate Bacteria. http://archive.unews.utah.edu/news-releases/how-insects-domesticate-bacteria/.

Vaishnava, S., Behrendt, C.L., Ismail, A.S., Eckmann, L., and Hooper, L.V. (2008) 'Paneth cells directly sense gut commensals and maintain homeostasis at the intestinal host–microbial interface', *Proc. Natl. Acad. Sci.* 105, 20858–20863.

Van Bonn, W., LaPointe, A., Gibbons, S.M., Frazier, A., Hampton-Marcell, J., and Gilbert, J. (2015) 'Aquarium microbiome response to ninety-percent system water change: clues to microbiome management', *Zoo Biol.* 34, 360–367.

Van Leuven, J.T., Meister, R.C., Simon, C., and McCutcheon, J.P. (2014) 'Sympatric speciation in a bacterial endosymbiont results in two genomes with the functionality of one', *Cell* 158, 1270–1280.

Van Nood, E., Vrieze, A., Nieuwdorp, M., Fuentes, S., Zoetendal, E.G., de Vos, W.M., Visser, C.E., Kuijper, E.J., Bartelsman, J.F.W.M., Tijssen, J.G.P., et al. (2013) 'Duodenal infusion of donor feces for recurrent *Clostridium difficile*', *N. Engl. J. Med.* 368, 407–415.

Verhulst, N.O., Qiu, Y.T., Beijleveld, H., Maliepaard, C., Knights, D., Schulz, S., Berg-Lyons, D., Lauber, C.L., Verduijn, W., Haasnoot, G.W., et al. (2011) 'Composition of human skin microbiota affects attractiveness to malaria mosquitoes', *PLoS ONE* 6, e28991.

Vétizou, M., Pitt, J.M., Daillère, R., Lepage, P., Waldschmitt, N., Flament, C., Rusakiewicz, S., Routy, B., Roberti, M.P., Duong, C.P.M., et al. (2015) 'Anticancer immunotherapy by CTLA-4 blockade relies on the gut microbiota', *Science* 350, 1079–1084.

Vigneron, A., Masson, F., Vallier, A., Balmand, S., Rey, M., Vincent-Monégat, C., Aksoy, E., Aubailly-Giraud, E., Zaidman-Rémy, A., and Heddi, A. (2014) 'Insects recycle endosymbionts when the benefit is over', *Curr. Biol.* 24, 2267–2273.

Voronin, D., Cook, D.A.N., Steven, A., and Taylor, M.J. (2012) 'Autophagy regulates Wolbachia populations across diverse symbiotic associations', *Proc. Natl. Acad. Sci.* 109, E1638–E1646.

Vrieze, A., Van Nood, E., Holleman, F., Salojärvi, J., Kootte, R.S., Bartelsman, J.F.W.M., Dallinga-Thie, G.M., Ackermans, M.T., Serlie, M.J., Oozeer, R., et al. (2012) 'Transfer of intestinal microbiota from lean donors increases insulin sensitivity in individuals with metabolic syndrome', *Gastroenterology* 143, 913–916.e7.

Wada-Katsumata, A., Zurek, L., Nalyanya, G., Roelofs, W.L., Zhang, A., and Schal, C. (2015) 'Gut bacteria mediate aggregation in the German cockroach', *Proc. Natl. Acad. Sci* doi: 10.1073/pnas.1504031112.

Wahl, M., Goecke, F., Labes, A., Dobretsov, S., and Weinberger, F. (2012) 'The second skin: ecological role of epibiotic biofilms on marine organisms', *Front. Microbiol.* 3 doi: 10.3389/fmicb.2012.00292.

Walke, J.B., Becker, M.H., Loftus, S.C., House, L.L., Cormier, G., Jensen, R.V., and Belden, L.K. (2014) 'Amphibian skin may select for rare environmental microbes', *ISME J.* 8, 2207–2217.

Walker, T., Johnson, P.H., Moreira, L.A., Iturbe-Ormaetxe, I., Frentiu, F.D., McMeniman, C.J., Leong, Y.S., Dong, Y., Axford, J., Kriesner, P., et al. (2011) 'The wMel Wolbachia strain blocks dengue and invades caged Aedes aegypti populations', *Nature* 476, 450–453.

Wallace, A.R. (1855) 'On the law which has regulated the introduction of new species', *Ann. Mag. Nat. Hist.* 16, 184–196.

Wallin, I.E. (1927) *Symbionticism and the Origin of Species* (Baltimore: Williams & Wilkins Co.).

Walter, J. and Ley, R. (2011) 'The human gut microbiome: ecology and recent evolutionary changes', *Annu. Rev. Microbiol.* 65, 411–429.

Walters, W.A., Xu, Z., and Knight, R. (2014) 'Meta-analyses of human gut microbes associated with obesity and IBD', *FEBS Lett.* 588, 4223–4233.

Wang, Z., Roberts, A.B., Buffa, J.A., Levison, B.S., Zhu, W., Org, E., Gu, X., Huang, Y., Zamanian-Daryoush, M., Culley, M.K., et al. (2015) 'Non-lethal inhibition of gut microbial trimethylamine production for the treatment of atherosclerosis. *Cell* 163, 1585–1595.

Ward, R.E., Ninonuevo, M., Mills, D.A., Lebrilla, C.B., and German, J.B. (2006) 'In vitro fermentation of breast milk oligosaccharides by *Bifidobacterium infantis* and *Lactobacillus gasseri*', *Appl. Environ. Microbiol.* 72, 4497–4499.

Weeks, P. (2000) 'Red-billed oxpeckers: vampires or tickbirds?', *Behav. Ecol.* 11, 154–160.

Wells, H.G., Huxley, J., and Wells, G.P. (1930) *The Science of Life* (London: Cassell).

Wernegreen, J.J. (2004) 'Endosymbiosis: lessons in conflict resolution', *PLoS Biol.* *2*, e68.

Wernegreen, J.J. (2012) 'Mutualism meltdown in insects: bacteria constrain thermal adaptation', *Curr. Opin. Microbiol.* 15, 255–262.

Wernegreen, J.J., Kauppinen, S.N., Brady, S.G., and Ward, P.S. (2009) 'One nutritional symbiosis begat another: phylogenetic evidence that the ant tribe *Camponotini* acquired *Blochmannia* by tending sap-feeding insects', *BMC Evol. Biol.* 9, 292.

Werren, J.H., Baldo, L., and Clark, M.E. (2008) '*Wolbachia*: master manipulators of invertebrate biology', *Nat. Rev. Microbiol.* 6, 741–751.

West, S.A., Fisher, R.M., Gardner, A., and Kiers, E.T. (2015) 'Major evolutionary transitions in individuality', *Proc. Natl. Acad. Sci. U. S. A.* 112, 10112–10119.

Westwood, J., Burnett, M., Spratt, D., Ball, M., Wilson, D.J., Wellsteed, S., Cleary, D., Green, A., Hutley, E., Cichowska, A., et al. (2014). The Hospital Microbiome Project: meeting report for the UK science and innovation network UK–USA workshop 'Beating the superbugs: hospital microbiome studies for tackling antimicrobial resistance', 14 October 2013. *Stand. Genomic Sci.* 9, 12.

The Wilde Lecture (1901) 'The Wilde Medal and Lecture of the Manchester Literary and Philosophical Society.' *Br. Med. J.* 1, 1027–1028.

Willingham, E. (2012). Autism, immunity, inflammation, and the *New York Times*. http://www.emilywillinghamphd.com/2012/08/autism-immunity-inflammation-and-new.html.

Wilson, A.C.C., Ashton, P.D., Calevro, F., Charles, H., Colella, S., Febvay, G., Jander, G., Kushlan, P.F., Macdonald, S.J., Schwartz, J.F., et al. (2010) 'Genomic insight into the amino acid relations of the pea aphid, *Acyrthosiphon pisum*, with its symbiotic bacterium *Buchnera aphidicola*', *Insect Mol. Biol.* 19 Suppl. 2, 249–258.

Wlodarska, M., Kostic, A.D., and Xavier, R.J. (2015) 'An integrative view of microbiome-host interactions in inflammatory bowel diseases', *Cell Host Microbe* 17, 577–591.

Woese, C.R. and Fox, G.E. (1977) 'Phylogenetic structure of the prokaryotic domain: the primary kingdoms', *Proc. Natl. Acad. Sci. U. S. A.* 74, 5088–5090.

Woodhams, D.C., Vredenburg, V.T., Simon, M-A., Billheimer, D., Shakhtour, B., Shyr, Y., Briggs, C.J., Rollins-Smith, L.A., and Harris, R.N. (2007) 'Symbiotic bacteria contribute to innate immune defenses of the threatened mountain yellow-legged frog, *Rana muscosa*', *Biol. Conserv.* 138, 390–398.

Woodhams, D.C., Brandt, H., Baumgartner, S., Kielgast, J., Küpfer, E., Tobler, U., Davis, L.R., Schmidt, B.R., Bel, C., Hodel, S., et al. (2014) 'Interacting symbionts and immunity in the amphibian skin mucosome predict disease risk and probiotic effectiveness', *PLoS ONE* 9, e96375.

Wu, H., Tremaroli, V., and Bäckhed, F. (2015) 'Linking microbiota to human diseases: a systems biology perspective', *Trends Endocrinol. Metab.* 26, 758–770.

Wybouw, N., Dermauw, W., Tirry, L., Stevens, C., Grbić, M., Feyereisen, R., and Van Leeuwen, T. (2014) 'A gene horizontally transferred from bacteria protects arthropods from host plant cyanide poisoning', *eLife* 3.

Yatsunenko, T., Rey, F.E., Manary, M.J., Trehan, I., Dominguez-Bello, M.G., Contreras, M., Magris, M., Hidalgo, G., Baldassano, R.N., Anokhin, A.P., et al. (2012) 'Human gut microbiome viewed across age and geography', *Nature* 486 (7402), 222–227.

Yong, E. (2014a) The Unique Merger That Made You (and Ewe, and Yew). http://nautil.us/issue/10/mergers-acquisitions/the-unique-merger-that-made-you-and-ewe-and-yew.

Yong, E. (2014b) Zombie roaches and other parasite tales. https://www.ted.com/talks/ed_yong_suicidal_wasps_zombie_roaches_and_other_tales_of_parasites?language=en.

Yong, E. (2014c) 'There is no 'healthy' microbiome', *N. Y. Times*.

Yong, E. (2015a) 'A visit to Amsterdam's Microbe Museum', *New Yorker*.

Yong, E. (2015b) 'Microbiology: here's looking at you, squid', *Nature* 517, 262–264.

Yong, E. (2015c) 'Bugs on patrol', *New Sci.* 226, 40–43.

Yoshida, N., Oeda, K., Watanabe, E., Mikami, T., Fukita, Y., Nishimura, K., Komai, K., and Matsuda, K. (2001) 'Protein function: chaperonin turned insect toxin', *Nature* 411, 44–44.

Youngster, I., Russell, G.H., Pindar, C., Ziv-Baran, T., Sauk, J., and Hohmann, E.L. (2014) 'Oral, capsulized, frozen fecal microbiota transplantation for relapsing *Clostridium difficile* infection', *JAMA* 312, 1772.

Zhang, F., Luo, W., Shi, Y., Fan, Z., and Ji, G. (2012) 'Should we standardize the 1,700-year-old fecal microbiota transplantation?', *Am. J. Gastroenterol.* 107, 1755–1755.

Zhang, Q., Raoof, M., Chen, Y., Sumi, Y., Sursal, T., Junger, W., Brohi, K., Itagaki, K., and Hauser, C.J. (2010) 'Circulating mitochondrial DAMPs cause inflammatory responses to injury', *Nature* 464, 104–107.

Zhao, L. (2013) 'The gut microbiota and obesity: from correlation to causality', *Nat. Rev. Microbiol.* 11, 639–647.

Zilber-Rosenberg, I. and Rosenberg, E. (2008) 'Role of microorganisms in the evolution of animals and plants: the hologenome theory of evolution', *FEMS Microbiol. Rev.* 32, 723–735.

Zimmer, C. (2008) *Microcosm: E-coli and The New Science of Life* (London: William Heinemann).

Zug, R. and Hammerstein, P. (2012) 'Still a host of hosts for *Wolbachia*: analysis of recent data suggests that 40% of terrestrial arthropod species are infected', *PLoS ONE* 7, e38544.